											GRUPPEN						
													V	VI	VII	VIII
																4,0 He 2
											10,8 B 5	12,0 C 6	14,0 N 7	16,0 O 8	19,0 F 9	20,2 Ne 10
		GRUPPEN														
		IVa	Va	VIa	VIIa	VIIIa			Ia	IIa	27,0 Al 13	28,1 Si 14	31,0 P 15	32,1 S 16	35,5 Cl 17	39,9 Ar 18
		47,9 Ti 22	50,9 V 23	52,0 Cr 24	54,9 Mn 25	55,8 Fe 26	58,9 Co 27	58,7 Ni 28	63,5 Cu 29	65,4 Zn 30	69,7 Ga 31	72,6 Ge 32	74,9 As 33	79,0 Se 34	79,9 Br 35	83,8 Kr 36
DEN		91,2 Zr 40	92,9 Nb 41	95,9 Mo 42	(98) Tc 43	101,1 Ru 44	102,9 Rh 45	106,4 Pd 46	107,9 Ag 47	112,4 Cd 48	114,8 In 49	118,7 Sn 50	121,8 Sb 51	127,6 Te 52	126,9 I 53	131,3 Xe 54
,0 b)	175,0 Lu 71	178,5 Hf 72	180,9 Ta 73	183,8 W 74	186,2 Re 75	190,2 Os 76	192,2 Ir 77	195,1 Pt 78	197,0 Au 79	200,6 Hg 80	204,4 Tl 81	207,2 Pb 82	209,0 Bi 83	(209) Po 84	(210) At 85	(222) Rn 86
9) o 2	(260) Lr 103	(261) Ku 104	(262) Ha 105	106	107	108	109	110	111	112	113	114	115	116	117	118

Element Name	Symbol	OZ[1]	Atommasse (u)
Stickstoff	N	7	14,0067
Strontium	Sr	38	87,62
Tantal	Ta	73	180,9479
Tellur	Te	52	127,60
Terbium	Tb	65	158,9254
Thallium	Tl	81	204,37
Thorium	Th	90	232,0381
Thulium	Tm (Tu)	69	168,9342
Titan	Ti	22	47,90
Uran	U	92	238,029
Vanadium	V	23	50,9415
Wasserstoff	H	1	1,0079
Wismut	Bi	83	208,9804
Wolfram	W	74	183,85
Xenon	Xe	54	131,30
Ytterbium	Yb	70	173,04
Yttrium	Y	39	88,9059
ink	Zn	30	65,38
inn	Sn	50	118,69
irkonium	Zr	40	91,22

rdnungszahl

Radioaktive Elemente

Element Name	Symbol	OZ[1]	Langlebigstes Isotop Massenzahl	Halbwertszeit	
Technetium	Tc	43	98	$4{,}2 \cdot 10^{6}$	Jahre
Promethium	Pm	61	145	17,7	Jahre
Polonium	Po	84	209	102	Jahre
Astatin	At	85	210	8,1	Stunden
Radon	Rn	86	222	3,824	Tage
Francium	Fr	87	223	21,8	Minuten
Radium	Ra	88	226	1600	Jahre
Actinium	Ac	89	227	21,8	Jahre
Thorium	Th	90	232	$1{,}405 \cdot 10^{10}$	Jahre
Protactinium	Pa	91	231	$3{,}25 \cdot 10^{4}$	Jahre
Uran	U	92	238	$4{,}47 \cdot 10^{9}$	Jahre
Neptunium	Np	93	237	$2{,}14 \cdot 10^{6}$	Jahre
Plutonium	Pu	94	244	$8{,}26 \cdot 10^{7}$	Jahre
Americium	Am	95	243	$7{,}40 \cdot 10^{3}$	Jahre
Curium	Cm	96	247	$1{,}54 \cdot 10^{7}$	Jahre
Berkelium	Bk	97	247	$1{,}38 \cdot 10^{3}$	Jahre
Californium	Cf	98	251	898	Jahre
Einsteinium	Es	99	252	401	Tage
Fermium	Fm	100	257	100,5	Tage
Mendelevium	Md (Mv)	101	258	55	Tage
Nobelium	No	102	259	58	Minuten
Lawrencium	Lr (Lw)	103	260	3	Minuten
Kurtschatorium (Rutherfordium)	Ku (Rf)	104	261	65	Sekunden
Hahnium (Nielsbohrium)	Ha (Ns)	105	262	~40	Sekunden

Chemie
in Versuch, Theorie
und Übung

Walter Botsch
Erich Höfling
Jürgen Mauch

Chemie

in Versuch, Theorie und Übung

Band 1

Verlag Moritz Diesterweg
Frankfurt am Main · Berlin · München

Verlag Sauerländer
Aarau · Frankfurt am Main · Salzburg

Genehmigt für den Gebrauch in Schulen.
Genehmigungsdaten teilt der Verlag auf Anfrage mit.

Bestellnummer: 5428

Chemie in Versuch, Theorie und Übung
Band 1: 288 Seiten (Best.-Nr. 5428)
Band 2: 252 Seiten (Best.-Nr. 5429)
Diese Ausgabe wurde speziell für den Lehrplan Baden-Württemberg (Band 1: Schuljahre 9–11, Band 2: Schuljahre 12/13) entwickelt.

Verfasser:
Walter Botsch, Gymnasialprofessor, Schwäbisch Gmünd
Dr. Erich Höfling, Professor an der Pädagogischen Hochschule Schwäbisch Gmünd
Jürgen Mauch, Professor am Seminar für Studienreferendare Esslingen

Grafik: Harald Hager
Einband: Jörg Müller

ISBN 3-425-05428-7 (Diesterweg)
ISBN 3-7941-2528-2 (Sauerländer)

Gesamtherstellung: Oscar Brandstetter Druckerei GmbH & Co. KG, Wiesbaden

Inhaltsverzeichnis

Zur Benutzung des Buches

Die Versuchsbeschreibungen geben die Mittel und das Vorgehen an, enthalten aber keine Versuchsergebnisse.

Die durch selbständiges Beobachten gewonnenen Ergebnisse sollten in einem Protokoll festgehalten werden. Sie bilden auf diese Weise eine Grundlage zum Verständnis des Textes.

Viele Versuche sind sowohl für den Demonstrations- wie auch für den Arbeitsunterricht geeignet. Schülerexperimente sollen aber gründsätzlich der Anleitung und Aufsicht des Lehrers unterstehen. Er muß auch entscheiden, welche Versuche gegebenenfalls von Schülern durchgeführt werden können.

Auf gefährliche Stoffe und besondere Vorsichtsmaßnahmen wird durch *Kursivdruck* hingewiesen. Eine Schutzbrille ist aber auch ohne besonderen Hinweis zu tragen.

Der Lehrtext ist durch größere Schrift gekennzeichnet und in einzelne Lernschritte gegliedert. Die Schritte sind innerhalb der Kapitel durchnumeriert. Dadurch wird ein geordnetes und folgerichtiges Lernen ermöglicht.

Die wichtigsten Lerninhalte werden auf der Randspalte mit roter Schrift in kurzen Merksätzen, Schlagworten oder Fragen hervorgehoben. Dies hilft beim Einprägen und Wiederholen des Lernstoffs und erleichtert die Orientierung.

Die Aufgaben ermöglichen eine erste Lernkontrolle. Nach Durchführung der Versuche und gründlichem Lesen des Lehrtextes sollte es möglich sein, sie zu lösen. Zum Teil verlangen sie nur eine Wiedergabe der erlernten Fakten, häufig ist es aber auch notwendig, das Gelernte auf andere, noch unbekannte Sachverhalte anzuwenden. Bei der Kontrolle der Lösungen hilft der Lehrer.

Die Abbildungen

– zu den Versuchen helfen beim Aufbau und Verständnis komplizierterer Apparaturen. Sie entsprechen immer dem Zustand zu Beginn des Versuchs.
– zur technischen Chemie zeigen, wie für den Menschen wichtige Stoffe hergestellt werden, und geben gleichzeitig einen Einblick in die Bedeutung der Chemie für die moderne Welt.
– zur Struktur und Anordnung der Atome, Moleküle und Ionen sollen Unsichtbares anschaulich machen. Solche Bilder sind aus Modellvorstellungen abgeleitet, sie dürfen nicht mit wirklichen Gegenständen verwechselt werden.

Die in großer Zahl verwendeten Strukturformeln erleichtern das Verständnis für den Aufbau vor allem von komplizierter gebauten Molekülen.

Warum Chemie?

Rauchfahnen rings um das Chemiewerk, Explosion einer Werksanlage mit Verseuchung der Umgebung, Fässer mit hochgiftigem Material auf dem Meeresgrund, Giftstoffe in den Flüssen, Spritzmittelrückstände auf Obst und Gemüse, Phosphate in den Gewässern: das ist es, was wir immer wieder – mit dicken Schlagzeilen – in den Zeitungen lesen. Das ist sie, «die Chemie». Aber ist sie wirklich nur das?

Das menschliche Leben dauert heute im Durchschnitt rund 70 Jahre. Vor 150 Jahren war das noch anders, damals hatte das Neugeborene eine durchschnittliche Lebenserwartung von 37 Jahren. Der moderne Mensch hat also eine erheblich größere Chance, alt zu werden, sein Leben länger zu genießen. Warum das? Nicht zuletzt dank besserer Hygiene und dank besserer ärztlicher Versorgung. An beiden ist die Chemie maßgeblich beteiligt: sie liefert Seifen, Wasch- und Desinfektionsmittel für die tägliche Hygiene, und sie liefert die Medikamente, die der Arzt verschreibt. Chemie also hilft, das Leben zu verlängern. Aber nicht nur das: Heute leben auf der Erde über 4 Milliarden Menschen. Ein großer Teil von ihnen leidet Hunger, die Nahrungsmittelerträge reichen nicht aus. Es wäre unmöglich, diese Menschenmenge überhaupt zu ernähren, wenn es keine Mineraldünger und keine Pflanzenschutzmittel gäbe. Nur bei ausreichender Düngung liefern die Böden genügend Nahrungsmittel. Der Dünger aber stammt aus dem Chemiewerk.

Chemie hilft, das Leben zu erhalten. Und sie hilft auch, dieses Leben angenehm zu machen. Die Chemie liefert Kunststoffe für den Stab des Stabhochspringers und den Ski des Abfahrtsläufers, aber auch für Möbelstücke, Bodenbeläge und Lacke, für Haushaltsgeräte und Maschinenteile. Chemische Erkenntnisse ermöglichen die Gewinnung und Verarbeitung von Metallen, der Chemiker produziert Farbstoffe, die das Leben bunter und schöner machen. Im chemischen Labor forscht man über die Zusammensetzung des Benzins für unser Auto, über den Stoff, der unser Hemd bügelfrei macht, über neue und wirkungsvollere Medikamente und auch über die Zusammensetzung und Wirkung von Birnenschnaps. Und über viele andere, wichtige und weniger wichtige Dinge.

Und schließlich forscht der Chemiker einfach deshalb, weil er neugierig ist, weil der Mensch den Drang hat, zu wissen, was in ihm und um ihn herum vorgeht. Warum Wasser flüssig und Kochsalz fest, warum die Rose rot, der Honig aber süß ist. Diese Neugier ist wohl Grundlage jeder Wissenschaft und damit des gesamten wissenschaftlich-technischen Fortschritts. Jeder von uns sollte darauf achten, daß dieser Fortschritt zum Wohle aller Menschen optimal genutzt wird und daß die negativen Seiten des Fortschritts so weit wie möglich ausgeschaltet werden. Das können wir allerdings nur, wenn wir von Wissenschaft und Fortschritt auch etwas «wissen».

1 Grundbegriffe der Chemie

1.1 Die chemische Reaktion

Chemische Reaktion oder nicht?

V_1 Ein dünner Holzstab wird in Stücke zerbrochen; anschließend wird eines der Stücke verbrannt. Produkte vergleichen.

V_2 Mit der Tiegelzange halten wir ein Stück Platindraht in die Gasflamme. Dasselbe machen wir anschließend mit einem Stück Magnesiumdraht oder -band.

V_3 Auf eine feuerfeste Unterlage bringen wir je ein höchstens bohnengroßes Häufchen feingepulvertes *Kaliumchlorat (brandfördernd; bildet mit brennbaren Stoffen explosive Gemische)* und feingepulvertes Natriumchlorid. Beide Häufchen werden mit etwa der gleichen Menge feingepulvertem Schwefel gut vermischt. *Dabei äußerst vorsichtig vorgehen, keinen Druck ausüben (Schutzbrille!).* Beide Häufchen werden dann mit einem längeren brennenden Holzstab kurz berührt.

V_4 In ein am Stativ befestigtes Reagenzglas wird etwa 2 bis 3 cm hoch feingepulvertes *Ammoniumdichromat (explosiv; Feuergefahr bei Berührung mit brennbaren Stoffen)* gegeben. Mit dem Brenner erhitzt man das Reagenzglas.

Woran erkennt man eine chemische Reaktion?

V_5 Fünf Standzylinder oder große Reagenzgläser werden je zur Hälfte mit folgenden Lösungen gefüllt:
1) stark verdünnte Kaliumrhodanidlösung
2) 10%ige *Natronlauge (ätzend)*
3) Lösung von Phenol in Wasser
4) verdünnte Lösung von gelbem Blutlaugensalz
5) stark verdünnte Lösung von Natriumacetat in Wasser

Allen Lösungen setzt man stark verdünnte Eisenchloridlösung (schwach gelb) zu.

Versuchsanordnung zu V_5

V_6 In einen Standzylinder, der mit verdünnter Salzsäure gefüllt ist, werfen wir ein Stück Marmor.

V_7 In zwei kleine Bechergläser geben wir je 40 cm^3 Wasser. In das Wasser taucht ein Demonstrationsthermometer (am Stativ befestigt). Dem Wasser des einen Becherglases werden 10 g Ammoniumchlorid, dem Wasser des anderen Becherglases 10 g *Natriumhydroxid (ätzend)* zugegeben. Man rührt um und beobachtet die Temperaturänderung.

1. Die hier beschriebenen Experimente zeigen uns im Verhalten der Körper zwei grundsätzlich verschiedene Möglichkeiten:
- Die verwendeten Körper verändern ihre äußere Form, bleiben aber in ihrer stofflichen Substanz unverändert (z. B. Brechen von Holz; wir erhalten Holzstücke).
- Die stoffliche Substanz der verwendeten Körper wird verändert (z. B. Verbrennen von Holz; wir erhalten aus Holz gasförmige Produkte und Asche).

2. Der Vorgang, bei dem stoffliche Veränderungen auftreten, bei dem also neue Stoffe entstehen, wird chemische Reaktion genannt. Treten bei einem Vorgang keine stofflichen Veränderungen auf, so sprechen wir von einem physikalischen Vorgang.

Chemische Reaktionen ergeben neue Stoffe mit neuen Eigenschaften

Bei einer chemischen Reaktion können zwei oder mehr Stoffe miteinander reagieren. Gelegentlich reagiert auch nur ein einzelner Stoff. Immer jedoch entstehen neue Stoffe, die sich von den ursprünglich vorhandenen Stoffen unterscheiden.

Merkmale chemischer Reaktionen

3. Wollen wir wissen, ob eine chemische Reaktion stattgefunden hat, so müssen wir zunächst feststellen, ob ein neuer Stoff entstanden ist. Zu diesem Zweck vergleichen wir die Eigenschaften der Stoffe vor und nach der fraglichen Reaktion. Oft erkennt man eine chemische Reaktion auf Grund von Farbänderungen, an der Bildung von Gasblasen oder daran, daß in einer Lösung ein unlöslicher Stoff entsteht, der die Lösung trübt und schließlich als Niederschlag ausfällt.
Die äußere Form eines Gegenstandes hat keine Auswirkung auf die Eigenschaft des Stoffs, aus dem der Gegenstand besteht. Ob aus einem Stück Stahl eine Schere oder eine Nadel geformt ist, die stoffliche Substanz bleibt unverändert Stahl und hat daher die für Stahl charakteristischen Stoffeigenschaften. Andererseits bestehen die im Bild gezeigten Würfel aus verschiedenen Stoffarten und besitzen daher trotz gleicher äußerer Form unterschiedliche Stoffeigenschaften.

Exotherme und endotherme Reaktionen

4. Wie Versuch V_7 zeigt, sind chemische Reaktionen immer von Energieänderungen begleitet. Energie kann z. B. in Form von Wärme frei werden (exotherme Reaktionen), oder es wird Energie aus der Umgebung aufgenommen (endotherme Reaktionen).

Die Chemie befaßt sich mit Eigenschaften, Zusammensetzung und Veränderungen der Stoffe

5. Die Unterteilung der Naturwissenschaften in Chemie, Physik und Biologie ist historisch begründet. Da alle naturwissenschaftlichen Disziplinen mit demselben Material arbeiten, kann es aber keine scharfen Grenzen zwischen ihnen geben. Manche Gebiete können daher nicht eindeutig einer der Wissenschaften zugeordnet werden. Gerade in jüngster Zeit verwischen sich die Grenzen zwischen den verschiedenen Wissenschaften immer mehr. Viele Forschungsergebnisse sind nur durch die Zusammenarbeit von Forschern verschiedener Disziplinen zu erhalten. Da die verschiedenen Naturwissenschaften aber unterschiedliche Denk- und Arbeitsmethoden anwenden, wird die Unterteilung in Chemie, Physik und Biologie sicher auch in der Zukunft bestehen bleiben.

A_1 Warum ist das Verbrennen von Papier eine chemische Reaktion?

A_2 Ein Nagel bricht ab, ein anderer Nagel rostet. In welchem der beiden Fälle findet eine chemische Reaktion statt? Begründung der Antwort.

A_3 Welche Vorgänge aus der täglichen Erfahrung sind chemische Reaktionen? Die Auswahl soll begründet werden.

Gegenstände verschiedener Formen aus dem gleichen Stoff (Schwefel)

Gegenstände gleicher Form aus verschiedenen Stoffen

Kristalle von Hämatit, Magnetit und Smaragd. Diese Stoffe können schon auf Grund ihrer Farbe und Kristallform voneinander unterschieden werden

1.2 Eigenschaften der Stoffe

Woran erkennt man die Stoffe?

V_1 Ein Stahl- und ein Glasstab etwa gleicher Länge und Dicke werden wie folgt untersucht:
a) In die Nähe der Stäbe bringen wir einen Magnet.
b) Wir bestimmen die Dichte der Stäbe (Dichte = Masse pro Volumeneinheit).
c) An eine 2-Volt-Stromquelle schließen wir hintereinander ein Lämpchen und zwei Elektroden an. Durch Berühren jeweils eines Stabes mit den Elektroden wird der Stromkreis geschlossen.
d) In jeder Hand halten wir einen der beiden Stäbe etwa 5 cm vom Stabende entfernt. Das Ende beider Stäbe wird gleichzeitig mehrere Minuten lang in die leuchtende Flamme des Bunsenbrenners gehalten.

Messung der elektrischen Leitfähigkeit (V_1 c)

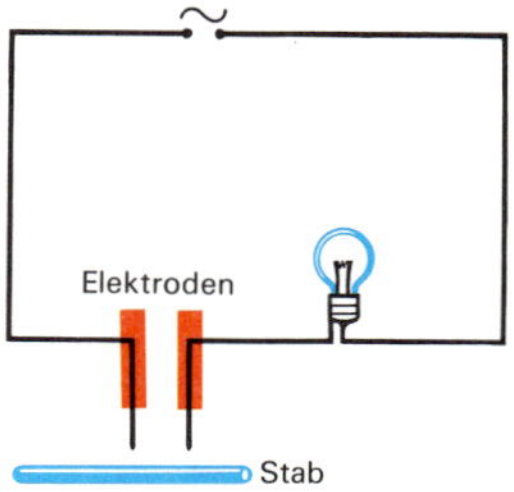

V_2 Feingepulvertes reines Kochsalz und feingepulverte Soda (Natriumcarbonat) werden äußerlich miteinander verglichen. In zwei Reagenzgläsern gibt man dann je einen Spatel dieser Substanzen in reines Wasser. Was ist vergleichend zu beobachten? Schließlich werden die Reagenzgläser jeweils mit etwas Salzsäure versetzt. Beobachtungen?

Woran erkennt man Salzsäure?

V_3 Zwei große Reagenzgläser sind etwa halbvoll zu füllen: das eine mit verdünnter Salzsäure, das andere mit Natriumcarbonatlösung. Beide Lösungen werden gleichzeitig in ein Becherglas geschüttet. Der Versuch wird mit verdünnter Salzsäure und Silbernitratlösung und schließlich noch mit verdünnter Salzsäure und Lackmuslösung wiederholt.

Wie verhalten sich Stoffe bei Temperaturänderungen?

V_4 a) In einem Becherglas lassen wir einige Stücke Eis schmelzen und messen die Temperatur der Eis-Wasser-Mischung.
b) Wir bestimmen die Temperatur, bei der das Wasser siedet.

V_5 In ein größeres Becherglas kommt ein Spatel Iod. Ein auf das Becherglas aufgelegtes Uhrglas wird durch nasses Filterpapier gekühlt. Dann erwärmen wir das Becherglas. *(Giftige Dämpfe)*

Verschiedene Stoffe, Verschiedene Eigenschaften

1. Jede Stoffart hat verschiedene Eigenschaften, an denen sie erkannt und von anderen unterschieden werden kann. Zu diesen Eigenschaften gehören zum Beispiel: Farbe, Kristallform, Dichte (spezifisches Gewicht), elektrische Leitfähigkeit, Wärmeleitfähigkeit, Härte, Schmelztemperatur (Temperatur, bei der die feste Substanz schmilzt), Siedetemperatur (Temperatur, bei der die flüssige Substanz siedet), Brennbarkeit, Verhalten gegenüber Säuren, Reaktionsfähigkeit mit anderen Stoffen.

Identifizierung der Stoffe durch Eigenschaftskombinationen

2. Oft stimmen verschiedenartige Stoffe in bestimmten Eigenschaften überein. So bilden sowohl Kochsalz wie Zucker farblose Kristalle, die in feinverteilter Form weiß erscheinen und sich in Wasser lösen. Daß es trotzdem verschiedenartige Stoffe sind, zeigt sich beim Erhitzen: Während Kochsalz bei etwa 800 °C schmilzt, wird aus Zucker schon bei niedrigerer Temperatur braunes Karamel.
Ähnlich ist es bei Wasser und Alkohol, beide sind farblose Flüssigkeiten. Alkohol siedet aber bei 78 °C, Wasser erst bei 100 °C.
Zur eindeutigen Identifizierung einer Stoffart müssen im allgemeinen mehrere Eigenschaften herangezogen werden.

Einteilung in Stoffklassen

3. Unterschiedliche Stoffarten können, wenn sie in bestimmten Eigenschaften übereinstimmen, zu Stoffklassen zusammengefaßt werden. So rechnet man zum Beispiel Stoffe, die bei Raumtemperatur fest sind und in geschmolzenem Zustand den elektrischen Strom leiten, zur Stoffklasse der salzartigen Stoffe. Durch Vergleichen der Eigenschaften läßt sich so eine gewisse Ordnung in die Vielzahl der Stoffe bringen.

Folgende Grobeinteilung ist dabei möglich:
– Salzartige Stoffe: fest, bilden Kristalle, spröde, ziemlich hart, relativ hohe Schmelztemperatur.
– Metalle: fest, metallischer Glanz, elektrisch leitend.
– Leichtflüchtige Stoffe. Gasförmig, flüssig oder fest, relativ niedrige Schmelztemperatur, elektrisch nicht leitend, weich.

4. Zu den Eigenschaften eines Stoffes gehören auch sein Geruch und sein Geschmack. Die betreffenden Empfindungen werden durch chemische Reaktionen an Geruchs- und Geschmackssinneszellen ausgelöst. Unbekannte Stoffe sollten aber niemals auf ihren Geschmack und nur sehr vorsichtig auf ihren Geruch untersucht werden. Die Gefahr einer Vergiftung wäre zu groß.

Aggregatzustände

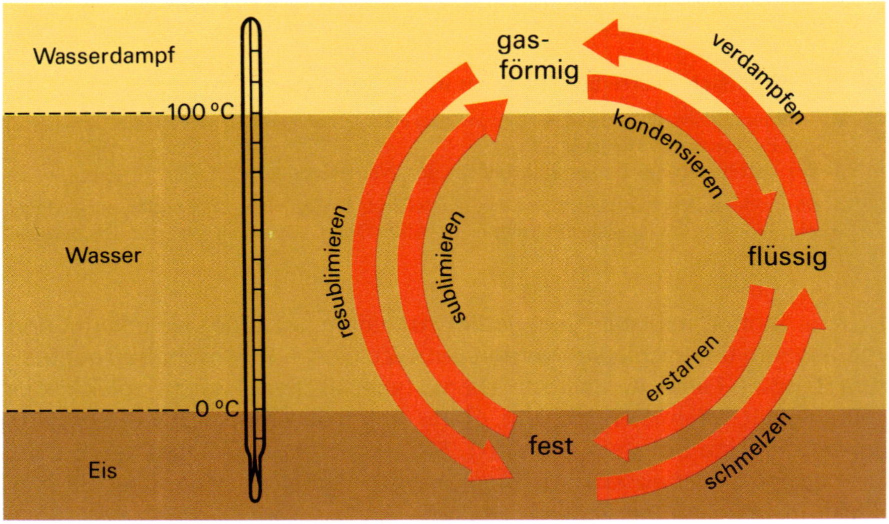

5. Viele Eigenschaften sind nicht nur von der Art des Stoffes, sondern auch von den äußeren Bedingungen, d. h. von Druck und Temperatur, abhängig. Angaben zu diesen Eigenschaften sind daher nur sinnvoll, wenn gleichzeitig die Bedingungen angegeben oder festgelegt sind, bei denen die Eigenschaften bestimmt wurden. So ist die Siedetemperatur eines Stoffes von der Höhe des Luftdrucks abhängig. Mit Erhöhung der Temperatur können sich Farbe und Dichte eines Stoffes verändern.

Eigenschaften sind von äußeren Bedingungen abhängig

6. Auch der Aggregatzustand eines Stoffes ändert sich mit der Temperatur. Wir unterscheiden dabei den festen, den flüssigen und den gasförmigen Zustand. Feste Stoffe gehen beim Erwärmen zunächst in den flüssigen Zustand über (Schmelzen). Bei weiterem Erwärmen werden sie gasförmig (Sieden oder Verdampfen). Geht ein Stoff aus dem festen Zustand direkt in den gasförmigen Zustand über, ohne erst zu schmelzen, so spricht man von Sublimation (Versuch V_5).

A_1 In welchen Eigenschaften sind sich Kochsalz und Soda gleich, worin unterscheiden sie sich? (Versuch V_2)

A_2 Die Siedetemperatur des Wassers wird in den Büchern mit 100 °C angegeben. Wie läßt es sich erklären, wenn bei Durchführung von V_4 abweichende Ergebnisse erhalten werden?

1.3 Gemische

Herstellung und Eigenschaften von Gemischen

V_1 In eine kleine Glasschale geben wir Schwefel- und Eisenpulver und vermischen die beiden Stoffe gut. Auf diese Weise werden mehrere Mischungen in verschiedenen Mischungsverhältnissen hergestellt. Diese Mischungen untersucht man wie folgt:
a) Welche Farben haben die Mischungen?
b) Wie verhalten sie sich gegenüber dem Magnet?
c) Eine Probe des Gemischs wird im Reagenzglas mit *Schwefelkohlenstoff (sehr leicht entzündlich; giftig)* versetzt und gut geschüttelt *(Vorsicht: Schwefelkohlenstoffdämpfe nicht einatmen, Abzug benutzen, keine offene Flamme!)*. Dann läßt man absitzen und gibt die überstehende klare Lösung auf ein Uhrglas, das unter dem laufenden Abzug einige Zeit stehenbleibt.
d) In einem hohen schlanken Standzylinder wird die Mischung mit Wasser kräftig geschüttelt. Anschließend läßt man den Zylinder stehen.

V_2 Drei hohe schlanke Standzylinder werden zu etwa $^2/_3$ mit Wasser gefüllt. Dann fügen wir – jeweils einige Milliliter – *Alkohol (feuergefährlich)* in den ersten, *Benzin (feuergefährlich)* in den zweiten und *Nitrobenzol (giftig)* in den dritten Standzylinder zu *(Vorsicht: Dämpfe nicht einatmen, keine offene Flamme!)*.

V_3 Wie betrachten Milch unter dem Mikroskop.

Wie trennt man Gemische in ihre Bestandteile auf?

V_4 Die Wasser-*Benzin*-Mischung von Versuch V_2 wird in einem Scheidetrichter getrennt.

V_5 Eine Portion Kochsalz vermischt man mit einer Portion Marmorpulver (oder feinem Sand). Die Mischung wird im Becherglas mit Wasser versetzt und einige Zeit gerührt. Die so entstandene Aufschlämmung filtriert man ab (dabei können gewöhnliche Glastrichter oder eine Saugflasche mit Büchnertrichter verwendet werden). Die dabei erhaltene klare Lösung wird als Filtrat, der im Filter zurückbleibende feste Stoff als Filter-Rückstand bezeichnet. Das erhaltene Filtrat dampft man in einer Porzellan- oder Quarzschale ein.

V_6 In einer einfachen Destillierapparatur wird verdünnte Kaliumdichromatlösung destilliert.

Scheidetrichter (links)
Filterstativ mit Trichter (Mitte)
Saugflasche (rechts) mit Büchnertrichter (Nutsche) (V_5)

Gemische: Bestandteile in beliebigen Mischungsverhältnissen, Eigenschaften der Bestandteile unverändert

1. Mischen wir zwei verschiedene Stoffe miteinander, so kommt es sehr häufig nicht zu einer chemischen Reaktion. Es entstehen keine neuen Stoffe mit neuen Eigenschaften. Im Gemisch behalten die Bestandteile (Komponenten) ihre Eigenschaften bei. Die meisten der in der Natur vorkommenden Stoffe sind solche Gemische.
Die Mischungsverhältnisse können dabei beliebig wechseln. Je nach Mischungsverhältnissen treten die Eigenschaften der Bestandteile mehr oder weniger deutlich in Erscheinung.

Heterogenes Gemisch: mehrere Phasen

2. In einem Gemisch können die einzelnen Bestandteile mehr oder weniger deutlich zu erkennen sein. Man spricht dann von einem heterogenen Gemisch. Zum Beispiel lassen sich im Schwefel-Eisen-Gemisch Schwefel und Eisen unter dem Vergrößerungsglas an der Farbe unterscheiden. Jeden Stoffbereich, der sich dabei von einem anderen Bereich durch eine erkennbare Trennfläche abgrenzt, nennen wir eine Phase. Heterogene Gemische bestehen also aus zwei oder mehr Phasen. Das heterogene Gemisch Schwefel-Eisen besteht aus zwei festen Phasen, das ebenfalls heterogene Gemisch Wasser-Benzin aus zwei flüssigen Phasen.

Homogenes Gemisch: eine Phase

3. Gemische können aber auch völlig einheitlich erscheinen. Selbst unter dem stärksten Mikroskop sind dann keine Grenzflächen zu erkennen. Solche Gemische werden als homogen bezeichnet, denn sie bestehen aus nur einer Phase. Das homogene Gemisch Alkohol-Wasser zum Beispiel besteht aus einer flüssigen Phase.

Unterschiedliche Eigenschaften der Bestandteile ermöglichen Trennung

4. Stoffe, die der Chemiker untersuchen oder verwenden will, müssen meist in möglichst reiner Form vorliegen. Die Trennung von Gemischen in ihre Bestandteile ist daher eine wichtige Aufgabe in Forschung und Technik. Zur Trennung eines Gemisches können unterschiedliche Eigenschaften seiner Bestandteile ausgenutzt werden.

5. Gemische aus zwei flüssigen Phasen unterschiedlicher Dichte (zum Beispiel das Gemisch Wasser-Benzin) können im Scheidetrichter getrennt werden.

Gemische aus einer festen und einer flüssigen Phase können durch Absitzenlassen (Sedimentieren, Sedimentation) der festen Phase und Abgießen (Dekantieren) der flüssigen Phase oder durch Filtration getrennt werden. Insbesondere die Filtration ist eine sehr wichtige und häufig angewandte Methode. Im Labor benutzt man dazu meist Glastrichter und Filterpapier. Soll die Filtration etwas rascher gehen, so arbeitet man mit Saugflaschen, in die das Filtrat abgesaugt wird. Die Technik filtriert ihre Gemische durch Kies-, Sand-, Tuch- oder Kunststoff-Filter. Bei Verwendung von Tuch- oder Kunststoff-Filtern werden die Lösungen in besonderen Filterzellen durch die Filtertücher hindurchgedrückt.

Bau und Funktion einer solchen Zelle zeigt die Abbildung. In den sogenannten Filterpressen der Industrie sind viele derartige Filterzellen zusammengefaßt.

Trennung heterogener Gemische z. B. durch Filtration

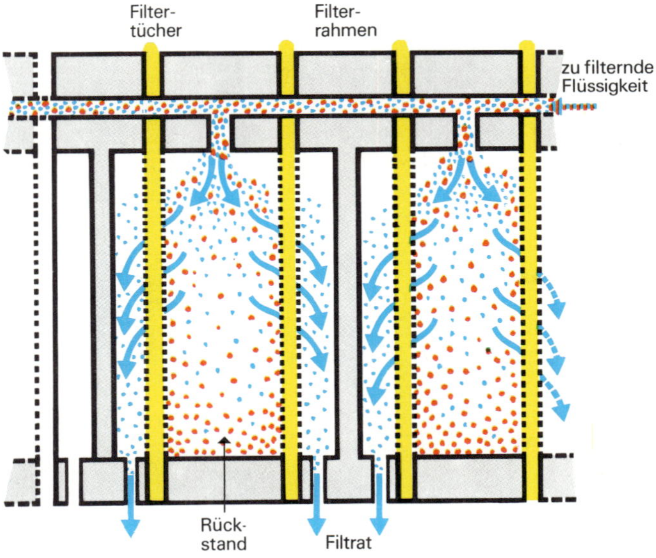

Filterzellen in einer Filterpresse

Filterpresse in einer Farbstoff-Fabrik

Trennung heterogener Gemische z. B. durch Sedimentation oder Extraktion

6. Für Gemische aus zwei festen Phasen gibt es unter anderem folgende Möglichkeiten der Trennung:

– Phasen mit verschiedenem spezifischem Gewicht können durch Aufschlämmen in einer Flüssigkeit und anschließende Sedimentation getrennt werden.
– Die verschiedene Löslichkeit der Bestandteile kann genutzt werden, um einen der beiden Bestandteile aus dem Gemisch herauszulösen (extrahieren, Extraktion). Dieser Bestandteil muß dann in einem weiteren Arbeitsgang vom Lösungsmittel getrennt werden (V_5).

Destillationsapparatur (V_6)

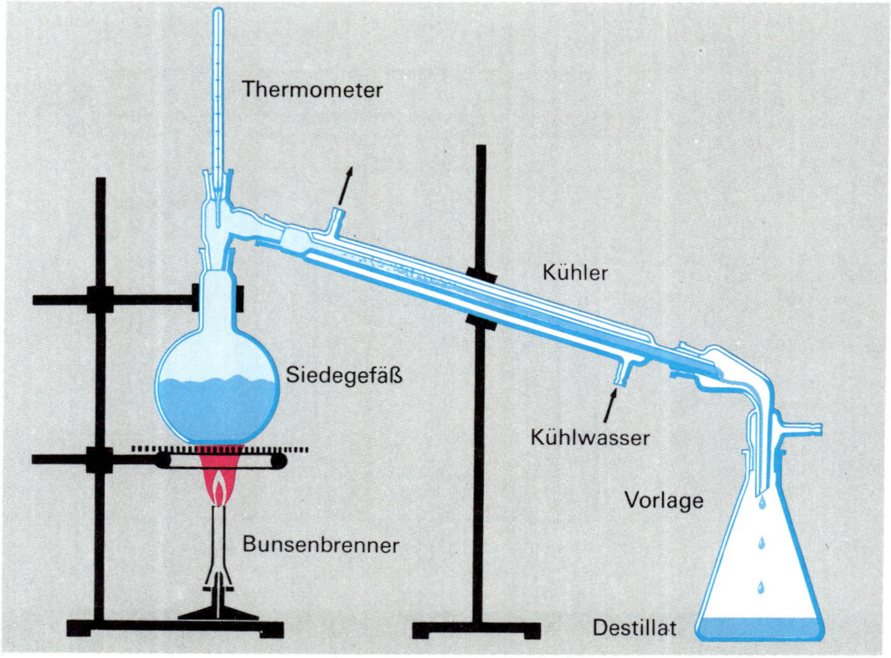

Trennung homogener Gemische z. B. durch Destillation

7. Bei der Trennung eines einheitlichen, nur aus einer Phase bestehenden Gemischs werden häufig die unterschiedlichen Siedetemperaturen der Bestandteile ausgenutzt. Der Vorgang wird Destillation genannt. Erhitzen wir z. B. eine wäßrige Farbstofflösung, so verdampft reines Wasser, das in einem Kühler wieder kondensiert und in der Vorlage aufgefangen wird. Der Farbstoff bleibt im Destillierkolben zurück.
Im Labor werden meist Destillierapparaturen aus Glas verwendet. Um bessere Trennung zu erreichen, kann dem Destillierkolben dabei ein sogenannter Fraktionieraufsatz angeschlossen werden. Die Fraktioniertürme der industriellen Destillationsanlagen sind geradezu ein Wahrzeichen der chemischen Großindustrie.

8. Gemische können durch verschiedene Methoden, bei denen man Unterschiede in bestimmten Eigenschaften ausnutzt, zerlegt werden. Stoffe, die völlig einheitliche Eigenschaften besitzen und sich daher durch die genannten Methoden nicht mehr zerlegen lassen, bezeichnen wir als Reinstoffe. Zum Beispiel ist Schwefel ein Reinstoff, ebenso wie Eisen oder wie reines Wasser.

Reinstoffe mit einheitlichen Eigenschaften

A1 Aus welchen Phasen besteht Milch (Betrachtung unter dem Mikroskop)?

A2 Aus wieviel Phasen besteht der im Bild gezeigte Granit?

A3 Welche Verfahren sind anwendbar, um die folgenden Gemische in ihre Bestandteile zu trennen:
a) Sägemehl und Sand
b) Sägemehl und Kochsalz
c) Wasser und Zucker

A4 Auch Luft ist ein Gemisch. Handelt es sich um ein homogenes oder ein heterogenes Gemisch? Aus wieviel Phasen besteht es? Die Antworten sollen begründet werden.

Granit

Großanlage mit Fraktioniertürmen (Benzinraffinerie)

1.4 Synthese und Analyse

Entstehung und Eigenschaften neuer Reinstoffe

V_1 14 g Eisenpulver (Ferrum reductum) werden mit 8 g feingepulvertem Schwefel gut vermischt. Eine kleine Menge der *Mischung* lassen wir als Vergleichssubstanz übrig; der Rest kommt in ein senkrecht am Stativ befestigtes Reagenzglas. Unter das Reagenzglas stellen wir eine Porzellanschale. Der Boden des Reagenzglases wird mit einem Bunsenbrenner kurz erhitzt *(Vorsicht: heftige Reaktion)*.

V_2 Das Reaktionsprodukt von Versuch V_1 wird auf Magnetismus und Farbe untersucht. Das feingepulverte Produkt schütteln wir in einem schlanken Standzylinder mit Wasser und lassen es dann stehen. Was ist im Vergleich mit den entsprechenden Untersuchungen des Schwefel-Eisen-Gemischs in Kap. 1.3 zu beobachten?

V_3 20 g Kupferpulver und 5 g feingepulverter Schwefel werden gut vermischt. Das *Gemisch* füllen wir etwa 3 bis 4 cm hoch in ein senkrecht am Stativ befestigtes Reagenzglas. Unter dem Reagenzglas sollen sich eine *feuerfeste Unterlage* und eine Porzellanschale befinden. Der Boden des Reagenzglases wird mit dem Bunsenbrenner kurz erhitzt *(Vorsicht: heftige Reaktion, Schutzscheibe, Schutzbrille)*.

V_4 Kupfer-Schwefel-Gemisch und feingepulvertes Reaktionsprodukt von Versuch V_3 werden jeweils a) auf ihre Farbe untersucht, b) in einem schlanken Standzylinder mit Wasser kräftig geschüttelt und dann stehengelassen. Ergebnisse vergleichen.

V_5 6 g Zinkpulver und 3 g Schwefelpulver werden gut vermischt und etwa $^1/_2$ cm hoch auf einer feuerfesten Platte verstrichen. Das *Gemisch* wird *unter dem Abzug* mit einer glühenden Stricknadel entzündet *(Vorsicht: heftige Reaktion; Schutzbrille, Schutzscheibe)*.

Wie zerlegt man einen Reinstoff?

V_6 In ein schwerschmelzbares, zweifach gebogenes Reagenzglas geben wir eine Spatelspitze *Quecksilberoxid*. In das Reagenzglas kommt oben ein Bausch Glaswolle, dann wird ein Gasableitungsrohr angeschlossen, das unter einem mit Wasser gefüllten Standzylinder endet. Das *Quecksilberoxid* wird erhitzt *(Vorsicht: Quecksilber, Quecksilberdämpfe und Quecksilberverbindungen sind sehr giftig!)*.
Welche Eigenschaften haben die *Reaktionsprodukte?* (In das aufgefangene Gas halten wir einen glimmenden Holzspan.)

Erhitzen von Quecksilberoxid (V_6)

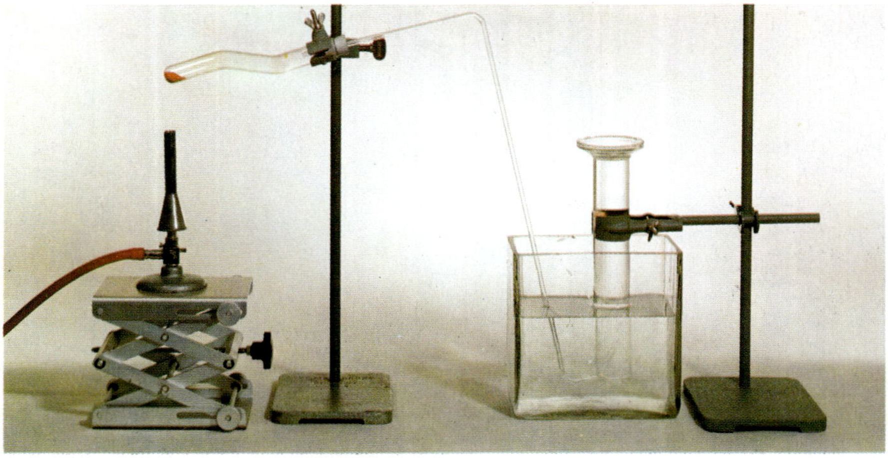

1. Jedes Gemisch zeigt die Eigenschaften seiner Bestandteile. Das gilt natürlich auch für das Eisen-Schwefel-Gemisch. Nach Erhitzen dieses Gemischs sind jedoch die Eigenschaften von Eisen und Schwefel nicht mehr

feststellbar. Vielmehr ist ein neuer Stoff mit neuen Eigenschaften entstanden. Es muß also eine chemische Reaktion stattgefunden haben.

2. Die Eigenschaften des neuen Stoffs sind nicht von den Eigenschaften seiner Bestandteile abhängig. Er besitzt durchweg einheitliche Eigenschaften und kann daher durch Filtration, Extraktion, Destillation oder entsprechende Methoden nicht getrennt werden. Es handelt sich um einen Reinstoff. Aus dem Eisen-Schwefel-Gemisch entsteht durch eine chemische Reaktion ein neuer Stoff, der Reinstoff Eisensulfid.

Chemische Reaktion liefert neuen Reinstoff

3. Die Herstellung eines neuen Stoffs durch chemische Reaktionen nennen wir eine Synthese[1]. Ursprünglich wurde der Begriff Synthese nur für solche Reaktionen angewandt, bei denen neue Reinstoffe aus einfacheren Stoffen entstehen. Heute bezeichnet man mit Synthese alle chemischen Reaktionen, durch die im Labor oder in der chemischen Technik neue Produkte gewonnen werden. Man spricht dann zum Beispiel von synthetischen Edelsteinen und synthetischem Alkohol, von Synthesefasern oder Synthesebenzin.

Synthese: Aufbau eines Stoffes durch chemische Reaktion

4. Das Gegenteil der Synthese ist die Analyse[2]. Unter Analyse versteht man ursprünglich die Zerlegung eines Reinstoffes in einfachere Stoffe durch chemische Reaktionen. So kommt es beim Erhitzen von Quecksilberoxid zu einer Analyse: Der Stoff wird in silbrig glänzendes flüssiges Quecksilber und ein farbloses Gas, Sauerstoff, zerlegt.
Mit Analyse bezeichnet man heute aber auch alle Untersuchungen, durch die Zusammensetzung und Aufbau eines Stoffs festgestellt werden können.

Analyse: Zerlegung eines Stoffes durch chemische Reaktion

A_1 Beim Erhitzen eines Zink-Schwefel- oder eines Kupfer-Schwefel-Gemischs kommt es zu einer chemischen Reaktion. Hierbei entsteht jeweils ein Reinstoff mit charakteristischen Eigenschaften (V_3 und V_5).
Welche Namen könnten diese Reinstoffe haben und welche Eigenschaften sind aus den Versuchen abzuleiten?

A_2 Ist die Synthese von Eisensulfid aus Eisen und Schwefel eine exo- oder eine endotherme Reaktion?

A_3 Wie verhält es sich in dieser Beziehung mit der Analyse von Quecksilberoxid?

1.5 Verbindung und Element

Massenverhältnisse der Elemente in einer Verbindung?

V Dünnes, 0,5 mm starkes Kupferblech wird in kleine Stücke geschnitten. Von diesen Stücken wiegen wir in drei Porzellantiegel (mit Deckel) jeweils genau 0,5 g ein. Dann werden unterschiedliche Mengen Schwefelpulver zugegeben: in den ersten Tiegel etwa 0,5 g, in den zweiten etwa 1 g und in den dritten etwa 1,5 g.
Die Tiegel werden abgedeckt zunächst so lange vorsichtig erhitzt *(es entsteht giftiges Gas; Abzug!)*, bis keine Schwefelflammen mehr zu sehen sind, dann wird noch etwa 10 Minuten kräftig erhitzt. Schließlich läßt man im Exsikkator abkühlen und wiegt den Inhalt der drei Tiegel wieder genau ab.

[1] *synthesis* (gr.) Zusammenfügung.
[2] *analysis* (gr.) Trennung.

Verbindungen lassen sich durch Analyse zerlegen, Elemente sind nicht weiter zerlegbar

1. Reinstoffe, die aus verschiedenen Bestandteilen aufgebaut und durch eine Analyse wieder in die Bestandteile zerlegt werden können, nennen wir Verbindungen. Reinstoffe, die durch chemische Reaktionen nicht weiter zerlegt werden können, bezeichnen wir als Grundstoffe oder Elemente[1]. Alle Verbindungen sind aus zwei oder mehr verschiedenen Elementen zusammengesetzt.
Der Gedanke, ein Element als eine Stoffart zu definieren, die nicht weiter in kleinere Bestandteile zerlegt werden kann, wurde erstmals im 17. Jahrhundert von dem englischen Chemiker Robert Boyle[2] ausgesprochen. Aber erst Lavoisier[3] führte diese Definition tatsächlich in die Chemie ein. Durch eine große Zahl von Analysen versuchte er, die verschiedenen Stoffarten entweder den Verbindungen oder den Elementen zuzuordnen. Vorher hatte man, der Lehre des Aristoteles[4] folgend, die vier Elemente Erde, Feuer, Luft und Wasser unterschieden. Dabei sollte es sich um bestimmte Prinzipien handeln, aus denen die verschiedenen Stoffarten in unterschiedlichen Mischungsverhältnissen zusammengesetzt sind.

Verbindungen enthalten Komponenten in bestimmten Massenverhältnissen

2. Ein Gemisch kann seine Bestandteile (Komponenten) in beliebigen Massenverhältnissen enthalten. Bei den Verbindungen ist das anders: sie enthalten die beteiligten Elemente immer in bestimmten, unveränderlichen Massenverhältnissen, und zwar unabhängig davon, wie die betreffende Verbindung hergestellt wurde (Gesetz der konstanten Massenverhältnisse). An chemischen Reaktionen sind die Reaktionsteilnehmer daher immer in ganz bestimmten Massenverhältnissen beteiligt.

3. Die Zahl der möglichen Verbindungen ist außerordentlich groß. Einige Millionen sind bekannt und beschrieben, und täglich werden in den Laboratorien neue, bisher unbekannte Verbindungen entdeckt oder hergestellt.
Zu den Verbindungen gehören z. B. Eisensulfid und Quecksilberoxid, aber auch Wasser, Alkohol und Kochsalz.

Elemente: Metalle und Nichtmetalle

4. Im Unterschied zur großen Zahl von Verbindungen kennen wir bis heute nur etwas über 100 Elemente. Die meisten davon gehören zu den Metallen. Diese leiten in festem und flüssigem Zustand den elektrischen Strom und zeigen in größeren Stücken metallischen Glanz. Metalle haben relativ hohe Siedetemperaturen; mit Ausnahme des flüssigen Quecksilbers sind sie bei Zimmertemperatur alle fest. Etwa 15 Elemente sind typische Nichtmetalle, sie leiten den elektrischen Strom nicht und zeigen keinen metallischen Glanz. Sie haben meist relativ niedere Siedetemperaturen; viele sind bei Zimmertemperatur gasförmig.
Einige Elemente stehen in ihren Eigenschaften zwischen Metallen und Nichtmetallen. Wir bezeichnen sie als Halbmetalle.

[1] *elementum* (lat.) Baustein.
[2] Robert Boyle, 1627–1691, in seinem Buch «The Sceptical Chemist» wurde erstmals die Definition des Elementbegriffs gegeben.
[3] Antoine Lavoisier, 1743–1794, französischer Chemiker, führte erstmals messende und wägende Experimente durch. Er wurde in der französischen Revolution hingerichtet.
[4] Aristoteles, griechischer Philosoph, 384–322 v. Chr.

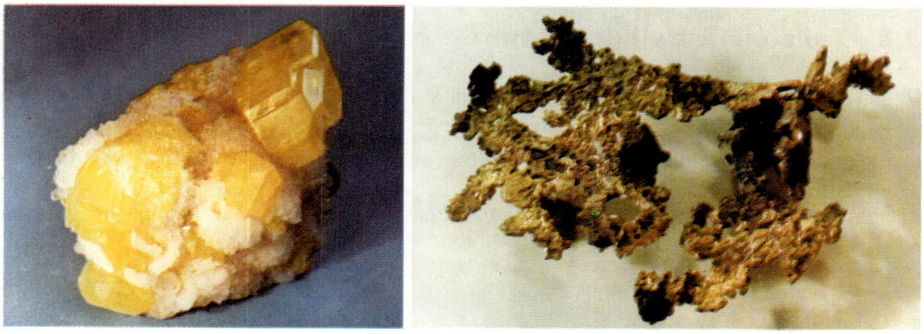

Zwei Elemente, die in der Natur elementar vorkommen: Schwefel und Kupfer

Einige wichtige chemische Elemente

Eisen	Metall, fest, hellglänzend, rostet an feuchter Luft, Bestandteil des Stahls.
Gold	Metall, fest, ziemlich weich, goldglänzend, chemisch sehr widerstandsfähig («edel»).
Quecksilber	Metall, flüssig, silberglänzend, sehr giftig.
Aluminium	Metall, fest, silberglänzend, geringes spezifisches Gewicht, Bestandteil von Leichtmetallen.
Silicium	Halbmetall, fest, sehr hart, hellglänzend, geringe elektrische Leitfähigkeit, die nach Beimengung von Verunreinigungen ansteigt, zweithäufigstes Element der Erdkruste, als Verbindung in Quarz und vielen Gesteinen enthalten.
Sauerstoff	Nichtmetall, gasförmig, farblos, häufigstes Element der Erdkruste, zur Atmung und Verbrennung notwendiger Bestandteil der Luft.
Schwefel	Nichtmetall, fest, gelb, brennbar, Verbindungsbestandteil bestimmter Erze, aber auch im Eiweiß, in Kohle und Erdöl enthalten.
Chlor	Nichtmetall, gasförmig, gelbgrün, sehr giftig, chemisch sehr aggressiv.

A_1 Worin zeigt es sich, daß Zuckerlösung kein Reinstoff, sondern ein Gemisch ist?

A_2 Ist die Zuckerlösung ein homogenes oder ein heterogenes Gemisch?

A_3 Ist das in V_5 von Kapitel 1.4 hergestellte Zinksulfid ein Element oder eine Verbindung?

A_4 Warum können wir Quecksilberoxid nicht zu den Elementen zählen?

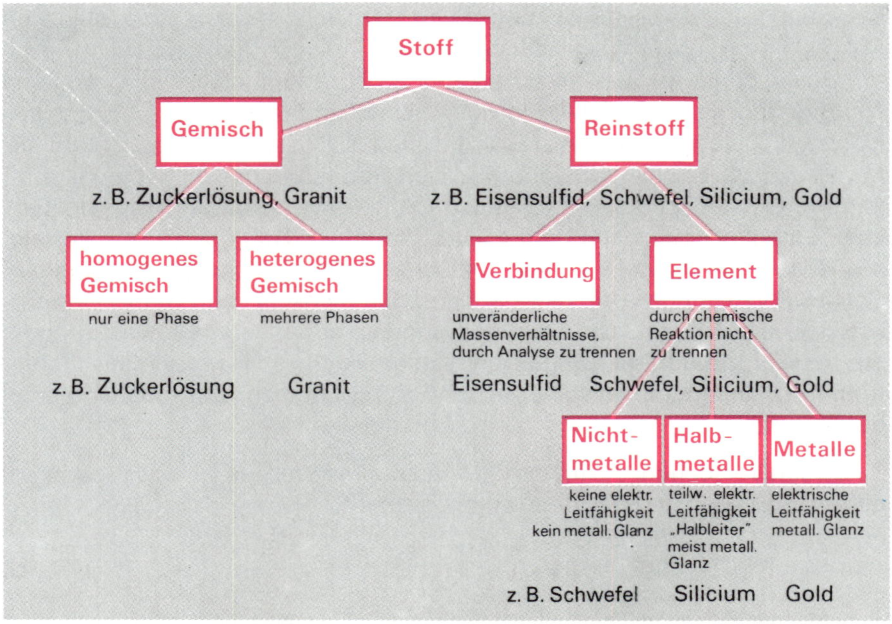

Einteilung der Stoffe

1.6 Teilchenmodell der Materie

Was spricht für die Existenz von Teilchen?

V_1 a) In zwei Meßzylinder füllt man je 50 cm^3 Wasser. Dann werden die beiden Wassermengen in einen größeren Meßzylinder gefüllt und gut vermischt. Welches Volumen hat die Mischung?

b) Der entsprechende Versuch wird mit 50 cm^3 Wasser und 50 cm^3 möglichst wasserfreiem Alkohol wiederholt. Welches Volumen hat diese Mischung?

Bewegen sich die Teilchen?

V_2 Auf den Boden eines Standzylinders gibt man mit der Pipette einen Tropfen *flüssiges Brom (stark ätzend, giftige Dämpfe)*. Der Standzylinder wird abgedeckt und ruhig stehen gelassen. Was ist im Lauf der Zeit zu beobachten?

V_3 Ein kleiner schlanker Standzylinder mit geschliffenem Rand wird randvoll mit Kaliumpermanganatlösung gefüllt. Einen zweiten, gleichen Standzylinder füllt man ebenso mit Wasser, deckt mit einer dünnen Aluminiumfolie ab und stellt ihn dann umgekehrt auf den anderen Zylinder. Die Aluminiumfolie wird vorsichtig herausgezogen. Was ist im Verlauf einiger Stunden und Tage zu beobachten?

1. Wenn wir ein Stück Eisen, einen Quarzkristall oder ein Glas voll reinen Wassers betrachten, so sehen wir eine homogene Substanz vor uns, ohne irgendwelche Trennflächen. Es scheint so, als würde die betreffende Stoffart den Raum, den sie einnimmt, voll und gleichmäßig ausfüllen. Und aus Erfahrung wissen wir, daß man die Materialien durch Zermahlen oder Zerstäuben zu immer kleineren Stoffportionen zerteilen kann. Trotz dieser Erfahrung haben einige griechische Philosophen schon vor rund 2500 Jahren angenommen, die Materie würde den ihr zur Verfügung stehenden Raum nicht gleichmäßig ausfüllen, sie würde vielmehr aus kleinsten Teilchen bestehen, die voneinander abgegrenzt sind und die sich nicht weiter teilen lassen.

Alle Materie besteht aus kleinsten Teilchen

2. In der griechischen Kultur jener Zeit hat diese Vorstellung keine große Bedeutung erlangt. Und auch in den später folgenden Kulturkreisen fand sie kaum Anhänger. Das ist nicht zu verwundern, denn niemand konnte diese kleinsten Teilchen sehen. Auch heute ist es selbst mit den stärksten Mikroskopen nicht möglich, solche kleinsten Teilchen zum Beispiel im Eisen, im Quarz oder im Wasser zu erkennen. Trotzdem nimmt die moderne Naturwissenschaft an, daß es solche Teilchen gibt und daß alle Materie aus kleinsten Teilchen aufgebaut ist, die man sich zunächst vereinfacht als Kugeln vorstellt. Daß die Stoffe also den Raum, den sie einnehmen, nicht kontinuierlich, gleichmäßig füllen, sondern voneinander abgegrenzte Teilchen enthalten, zwischen denen leerer Raum ist. Daß das so sein könnte, schließt man aus einer Reihe von Versuchsergebnissen und Beobachtungen. Solche Vorstellungen, die nicht auf direkten menschlichen Sinneseindrükken (wie sehen, hören usw.) beruhen, sondern aus anderen Beobachtungen, aus Versuchsergebnissen abgeleitet werden, nennt der Naturwissenschaftler Modellvorstellungen. Im vorliegenden Fall spricht man vom Teilchenmodell der Materie.

3. Zu den Versuchen, die für den Aufbau der Materie aus Teilchen sprechen, gehört der Versuch, bei dem eine bestimmte Menge Alkohol mit einer

bestimmten Menge Wasser gemischt wird. Gießt man 50 cm^3 Wasser und 50 cm^3 wasserfreien Alkohol zusammen und vermischt die beiden Stoffportionen miteinander, so erhält man nicht, wie zu erwarten, 100 cm^3 sondern nur etwa 96 cm^3 Alkohol-Wasser-Gemisch. Dieses überraschende Ergebnis läßt sich leicht erklären, wenn man annimmt, daß sowohl die Alkohol- wie auch die Wasserportion aus Teilchen besteht. In einem Modellversuch verwendet man für die Alkoholteilchen Holzkugeln von etwa 50 mm Durchmesser (oder zum Beispiel Erbsen) und für die Wasserteilchen Kugeln von etwa 20 mm Durchmesser (oder zum Beispiel Senfkörner). Mischt man jetzt 50 cm^3 der größeren Kugeln mit 50 cm^3 der kleineren Kugeln so erhält man ein Kugelgemisch, das einen Raum von weniger als 100 cm^3 einnimmt. Die kleineren Kugeln füllen Lücken zwischen den größeren Kugeln teilweise aus.

Modellvorstellungen werden aus Versuchsergebnissen abgeleitet

4. Kocht man einen guten Kaffee, dann riecht man dies im ganzen Haus. Die Bromdämpfe von Versuch V_2 füllen den abgeschlossenen und ruhig stehenden Standzylinder nach einer gewissen Zeit gleichmäßig aus. Solche und ähnliche Beobachtungen lassen sich nur erklären, wenn man annimmt, daß die Teilchen der betreffenden Stoffe eine Eigenbewegung besitzen. Das Teilchenmodell nimmt daher an, daß sich alle Teilchen bewegen. Und zwar um so schneller, je höher die Temperatur ist. In Feststoffen schwingen die Teilchen lediglich am Platz, im flüssigen Zustand sind die Teilchen schon erheblich beweglicher, sie halten zwar untereinander noch zusammen, lassen sich aber gegenseitig verschieben. Im gasförmigen Zustand bewegen sich die Teilchen mit hoher Geschwindigkeit unabhängig und ungeordnet im gesamten ihnen zur Verfügung stehenden Raum.

Aggregatzustand und Teilchenmodell: Höhere Temperatur bedingt höhere Teilchengeschwindigkeit

A_1 a) Warum tritt die in Versuch V_1 b beobachtete Volumenverminderung nicht auf, wenn man wie in Versuch V_1 a Wasser mit Wasser mischt?
b) Wie müßte dementsprechend der Mischungsversuch mit den Holzkugeln abgeändert werden, damit auch hier keine Volumenveränderung eintritt?

A_2 Beim Versuch V_3 ist im Verlauf von Stunden und Tagen zu beobachten, daß die Grenze zur Kaliumpermanganatlösung langsam nach oben rückt und sich das vorher farblose Wasser rotviolett färbt. Wie kann diese Erscheinung über das Teilchenmodell beschrieben werden?

A_3 a) Was geschieht an den Teilchen des Wassers, wenn man ein Stück Eis erwärmt und schmilzt?
b) Was geschieht entsprechend beim Sieden von Wasser?

1.7 Atome, Moleküle, chemische Formeln

Gleiche Elemente, unterschiedliche Verbindungen

V_1 Ein Rohr aus Quarz oder schwerschmelzbarem Glas wird über eine Waschflasche mit *konzentrierter Schwefelsäure (ätzend, Schutzbrille)* an eine Stahlflasche mit *Wasserstoff (sehr leicht entzündlich; in Mischung mit Luft explosiv; Schutzbrille!)* angeschlossen. In den vorderen Teil des Rohres führen wir ein Porzellanschiffchen mit schwarzem Kupferoxid ein und stecken auf das hintere Ende des Rohres einen Stopfen mit gebogenem Glasrohr. Durch die Apparatur leiten wir *Wasserstoff* und machen die *Knallgasprobe*. Dazu muß das Gas am Ende der Apparatur in einem übergestülpten Reagenzglas aufgefangen werden. *Erst wenn das Gas im Reagenzglas nach Entzündung ruhig abbrennt, darf der Wasserstoff am Ende der Apparatur entzündet werden. Andernfalls kann es zu gefährlichen Explosionen*

kommen. Brennt der *Wasserstoff* am Rohrende, so wird das Porzellanschiffchen mit einem Brenner erhitzt. Schiffcheninhalt, Rohrinneres und Wasserstofflamme sind dabei zu beobachten *(wenn Flamme erlischt, sie wieder entzünden)*.
Während des Abkühlens nach der Reaktion muß weiterhin *Wasserstoff* durch die Apparatur geleitet werden.

V_2 Der Versuch V_1 wird nochmals durchgeführt, jedoch unter Verwendung von rotem anstelle von schwarzem Kupferoxid.

Bleibt die Gesamtmasse bei chemischen Reaktionen konstant?

V_3 In einen größeren Erlenmeyerkolben füllen wir Eisenchloridlösung und stellen außerdem ein kleines Reagenzglas mit gelber Blutlaugensalzlösung aufrecht hinein. Der Erlenmeyerkolben wird mit einem Stopfen verschlossen und auf einer Waage genau austariert. Durch Schütteln kippt man das Reagenzglas im Erlenmeyerkolben um und stellt den Kolben erneut auf die Waage. Was ist zu beobachten?

Demokrit: Materie besteht aus Atomen

1. Die Theorie der kleinsten Teilchen wurde erstmals vom griechischen Philosophen Demokrit[1] ausgeprochen. Er nannte diese kleinsten Teilchen «Atome», nach dem griechischen Wort atomos, unteilbar. Für Demokrit waren diese Atome
– unsichtbar klein,
– alle aus dem gleichen Stoff aufgebaut, aber verschieden in Form und Größe,
– alle in ständiger Bewegung.

Durch Anhäufung und Verflechtung verschiedenartiger Atome sollte die ganze Mannigfaltigkeit der Materie zustande kommen.

Dalton: Jedes Element besteht aus gleichartigen Atomen (Massekügelchen)

2. Die atomistischen Vorstellungen Demokrits wurden mit dem Beginn der Neuzeit von dem deutschen Arzt Daniel Sennert wieder aufgegriffen und von dem französischen Philosophen Pierre Gassendi in die Naturwissenschaft eingeführt. Die moderne Atomtheorie begründete der englische Gelehrte John Dalton (1766–1844), der sie speziell für die Chemie nutzbar machte. Die Daltonsche Hypothese aus dem Jahre 1808 besagt: Alle Elemente bestehen aus Atomen; diese Atome sind außerordentlich klein und unzerstörbar; alle Atome eines Elements sind untereinander gleich; die Atome verschiedener Elemente unterscheiden sich z. B. in der Masse.

Atomtheorie erklärt die konstanten Massenverhältnisse in Verbindungen.

3. Nach Meinung Daltons bestehen die Verbindungen aus kleinsten Teilchen, die aus verschiedenartigen Atomen zusammengesetzt sind. Im Eisensulfid vermutete Dalton demnach Teilchen, die aus je einem Atom Eisen und einem Atom Schwefel bestehen. Nimmt man gleichzeitig an, daß die verschiedenen Atome jeweils ganz bestimmte Massen besitzen, dann müssen die verschiedenen Bestandteile einer Verbindung auch immer in bestimmten Massenverhältnissen vorliegen. Die Daltonsche Atomtheorie erklärt damit zwanglos das Gesetz von den konstanten Massenverhältnissen in Verbindungen.
Dalton kam zu dem Schluß, daß es möglich sein muß, aus zwei Elementen nicht nur eine, sondern mehrere voneinander verschiedene Verbindungen herzustellen. 1 Atom eines Elements sollte sich nämlich mit 1, 2 oder mehr Atomen des anderen Elements verbinden können. Die Versuche V_1 und V_2

[1] Demokrit (um 470 bis um 380 v. Chr.): «Scheinbar ist Farbe, scheinbar Süßigkeit, scheinbar Bitterkeit: wirklich nur Atome und Leeres» (Fragment 125).

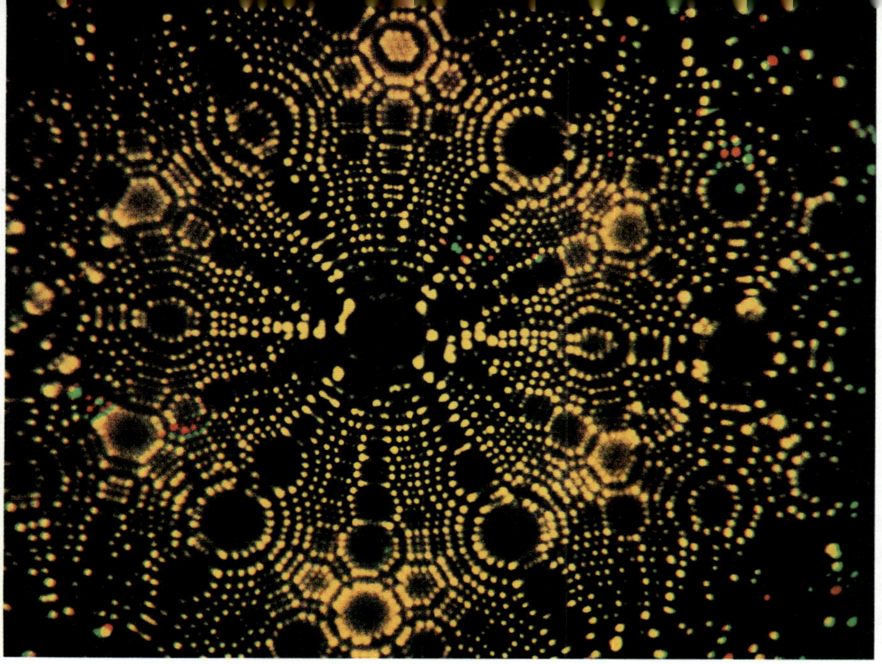

Durch raffinierte Verfahren sind wir heute in der Lage, die Plätze der Atome fotografisch abzubilden. Im nebenstehenden Bild werden durch das sogenannte Feldionenmikroskop die Plätze von Wolframatomen als gelbe oder orange Punkte dargestellt

zeigen das an einem Beispiel: Die beiden äußerlich ganz unterschiedlichen Verbindungen (schwarzes bzw. rotes Kupferoxid) bestehen aus denselben Elementen, aus Kupfer und Sauerstoff; sie unterscheiden sich lediglich in deren Massenverhältnis. Diese unterschiedlichen Massenverhältnisse sind aber voneinander abhängig. Im schwarzen Kupferoxid kommen nämlich auf ein Atom Sauerstoff auch ein Atom Kupfer, im roten Kupferoxid dagegen zwei Kupferatome. Auf dieselbe Masse Sauerstoff bezogen muß daher im roten Kupferoxid die doppelte Masse Kupfer kommen wie im schwarzen Kupferoxid. Als sich die Vorhersage Daltons später durch viele Messungen bestätigte, war das eine starke Stütze für seine Atomtheorie.

schwarzes Kupferoxid:	Auf 1 g Sauerstoff kommen 3,97 g Kupfer
rotes Kupferoxid:	Auf 1 g Sauerstoff kommen 7,94 g Kupfer

Moleküle: aus zwei oder mehr Atomen zusammengesetzt

4. Zu den Elementen, deren kleinste Teilchen einzelne Atome sind, gehören vor allem die Metalle. Daneben gibt es Elemente, deren Teilchen aus zwei oder mehreren, relativ fest aneinanderhaftenden Atomen zusammengesetzt sind. Solche mehratomigen Teilchen nennt man Moleküle. So ist das Element Sauerstoff aus zweiatomigen Molekülen aufgebaut, die Moleküle des Elements Schwefel bestehen aus 8 Schwefelatomen.

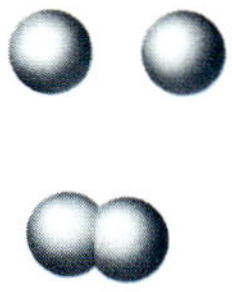

5. Auch zahlreiche Verbindungen bestehen aus Molekülen. Ein Beispiel für eine aus Molekülen aufgebaute Verbindung ist das Wasser. Seine Moleküle sind aus zwei Wasserstoffatomen und einem Sauerstoffatom zusammengesetzt. Ob eine Stoffart (Element oder Verbindung) Moleküle als kleinste Teilchen enthält, erkennt man oft an ihren Eigenschaften. So enthalten zum Beispiel gasförmige und leicht verdampfbare Stoffe meistens Moleküle.
Neben den gasförmigen bzw. leichtflüchtigen Molekülverbindungen gibt es die salzartigen Stoffe, die durch hohe Schmelz- und Siedetemperaturen ausgezeichnet sind. Ihre kleinsten Teilchen sind Atome, die elektrische

Materie aus neutralen Atomen oder geladenen Atomen oder Molekülen

Ladungen besitzen (sogenannte Ionen). So ist die Verbindung Eisensulfid aus elektrisch geladenen Eisenatomen und elektrisch geladenen Schwefelatomen aufgebaut.
Elektrisch neutrale Atome, elektrisch geladene Atome und Moleküle sind die drei Teilchenarten, aus denen Materie besteht.

elektrisch neutrale Atome	elektrisch geladene Atome	Moleküle
Metalle	salzartige Stoffe	flüchtige Stoffe (gasförmig oder flüssig)
z. B. Kupfer, Eisen	z. B. Eisensulfid, Kochsalz	z. B. das Element Sauerstoff die Verbindung Wasser

Symbole zur Bezeichnung von Elementen

6. Zur Bezeichnung der Elemente benutzt man Elementsymbole, die 1818 vom schwedischen Chemiker Berzelius[1] eingeführt wurden. Berzelius verwendete jeweils den Anfangsbuchstaben und eventuell einen weiteren Buchstaben des lateinischen Elementnamens als Symbol. Die meisten seiner Symbole gelten auch heute noch unverändert.

Beispiele:

Element	Lateinische Bezeichnung[2]	Symbol
Eisen	Ferrum	Fe
Schwefel	Sulfur	S
Quecksilber	Hydrargyrum	Hg
Sauerstoff	Oxygenium	O

Eine vollständige Tabelle mit allen Elementsymbolen findet sich auf dem vorderen inneren Buchdeckel.

Verhältnisformeln geben die Zusammensetzung von Verbindungen an

7. Zur Charakterisierung von Verbindungen benutzt man Formeln, in denen die Symbole aller in der Verbindung enthaltenen Elemente aneinandergereiht werden. Die Symbole dienen dabei nicht nur als Abkürzungen, sie haben auch eine quantitative Bedeutung. Jedes Elementsymbol steht nämlich für 1 Atom[3] des betreffenden Elements. Die Formel FeS für Eisensulfid sagt daher nicht nur, daß diese Verbindung aus Eisen und Schwefel besteht, sie sagt genauer, daß hier jeweils auf 1 Eisenatom auch 1 Schwefelatom kommt. Andere Verhältnisse werden durch Zahlen ausgedrückt, die man an das Symbol des jeweiligen Elements unten anhängt[4]. In der Verbindung CuO kommt auf 1 Atom Kupfer auch 1 Atom Sauerstoff, es handelt sich um schwarzes Kupferoxid. Die Verbindung Cu_2O dagegen enthält auf jeweils 2 Atome Kupfer 1 Atom Sauerstoff (rotes Kupferoxid). Da diese Formeln Atomzahlenverhältnisse angeben, bezeichnet man sie genauer als Verhältnisformeln.

[1] Jöns Jacob Berzelius (1779–1848), Professor für Chemie in Stockholm, veröffentlichte 1818 eine «große Tabelle» der Elementsymbole.
[2] Viele Elementnamen stammen ursprünglich aus dem Griechischen.
[3] Als Atome werden hier, im weiteren Sinn des Wortes, auch *elektrisch geladene* Atome bezeichnet.
[4] Die angehängte Zahl wird als Index (Mehrzahl Indizes) bezeichnet (*index*, lat.: Anzeiger).

John Dalton (1766–1844)

John Dalton wurde als Sohn einer armen Weberfamilie in Cumberland geboren; ab 12 Jahren (!) betätigte er sich als Lehrer, ab 1800 gab er nur noch Privatunterricht, daneben intensive Forschertätigkeit, Buchveröffentlichungen und Vorträge.
Erstmals konsequente Anwendung der Atomtheorie auf quantitative Untersuchungen zur Zusammensetzung der Stoffe; erste Atomgewichtstabellen.

«Therefore we may conclude that the ultimate particles of all homogenous bodies are perfectly alike in weight, figure, etc. In other words, every particle of water is like every other particle of water; every particle of hydrogen is like every other particle of hydrogen, etc.»

(aus «A new System of chemical Philosophy», 1808)

«. . . Wenn wir nicht die atomistische Hypothese annehmen, so erscheint mir die Lehre von den festen Verhältnissen mysteriös, wie die mystischen Verhältnisse Keplers, die Newton in so glücklicher Weise aufklärte. Der Verfolg der Untersuchung kann, wie es mir scheint, nur in dem von mir angenommenen System einen Abschluß finden, wonach sich, wie in meinen Zeichnungen dargelegt ist, Teilchen an Teilchen lehnt . . .»

(übersetzt aus einem Brief Daltons an Berzelius, 1812)

Einige Werte aus der ersten Atomgewichtstabelle von Dalton (1803).
Die beiden hinteren Spalten geben die von Dalton vermutete Zusammensetzung der betreffenden Stoffe an, einmal mit Hilfe der Daltonschen Elementzeichen, einmal in heutiger Schreibweise.

Wasserstoff	1	⊙	H
Sauerstoffgas	5,66	○	O
Stickstoff	4	⦶	N
Wasser	6,66	○⊙	OH
Ammonium	5	⦶⊙	NH
Salpetergas	9,66	⦶○	NO
Oxydiertes Stickgas	13,66	⦶○⦶	N_2O
Salpetersäure	15,32	○⦶○	NO_2
Schwefel	17	⊕	S
Schweflichte Säure	22,66	⊕○	SO
Schwefelsäure	28,32	○⊕○	SO_2

Die Werte zeigen, daß Dalton sowohl das Gesetz der einfachen wie der vielfachen Mengenverhältnisse konsequent anwandte.

1803 veröffentlichte Dalton seine erste Atomgewichtstabelle. Neue Analysenergebnisse veranlaßten ihn in den folgenden Jahren, die ermittelten Werte immer wieder abzuändern. Die Tabelle zeigt solche Werte aus den Daltonschen Veröffentlichungen der Jahre 1803–1810.

	(1) 1803	(2) 1803	(3) 1803	(4) 1805	(5) 1807	(6) 1806	(7) 1806	(8) 1808	(9) 1810
Wasserstoff	1	1	1	1	1	1	1	1	1
Sauerstoff	5.66	5.66	5.5	5.5	6	7	7	7	7
Stickstoff	4	4	4	4.2	5	5	5	5	5
Kohlenstoff	4.5	4.4		4.3				5	5.4
Schwefel	17	14.4		14.4		22	12	13	13
Phosphor		7.2		7.2		9+	9.3	9	9

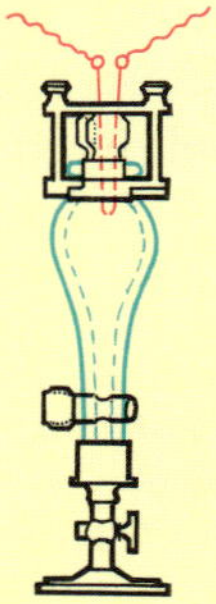

Ein von Dalton verwendetes Eudiometer. In ihm konnten über einen Zündfunken Gasgemische zur Entzündung gebracht werden. Das ermöglichte die Untersuchung von Volumänderungen bei Gasreaktionen.

Summenformel gibt die Zusammensetzung eines Moleküls an

8. Besteht eine Stoffart aus Molekülen, so wird die Zusammensetzung dieser Moleküle durch eine Summenformel beschrieben. Die Summenformel gibt also Auskunft über die Art und die Anzahl der Atome in einem Molekül. Verhältnisformel und Summenformel müssen nicht genau übereinstimmen. Eine Verbindung, die als kleinste Teilchen Moleküle enthält, ist zum Beispiel das Wasser. Seine Moleküle bestehen aus je 1 Sauerstoff- und 2 Wasserstoffatomen. Die Summenformel lautet daher H_2O. Sie ist identisch mit der Verhältnisformel des Wassers.
Auch Ethin ist eine Verbindung, die aus Molekülen besteht. Diese Moleküle haben die Summenformel C_2H_2, jedes Molekül enthält also 2 Atome Kohlenstoff und 2 Atome Wasserstoff. In der Verbindung Ethin kommt damit insgesamt auf je 1 Kohlenstoffatom auch 1 Wasserstoffatom, die Verhältnisformel lautet also CH.
Aus Verhältnisformeln ist nicht zu erkennen, ob die betreffende Verbindung Moleküle als kleinste Teilchen enthält oder einzelne geladene Atome. Verhältnisformeln geben auch keine Auskunft über die Größe eventuell vorhandener Moleküle.

Chemische Reaktionen werden durch Reaktionsgleichungen beschrieben

9. Die chemischen Formeln geben uns über die Zusammensetzung der Verbindungen Auskunft. Sie werden aber auch benutzt, um chemische Reaktionen einfach und klar zu beschreiben. Zu diesem Zweck stellt der Chemiker chemische Gleichungen auf. Dabei muß berücksichtigt werden, daß bei allen chemischen Reaktionen die Gesamtmasse aller Stoffe unverändert bleibt (Satz von der Erhaltung der Masse)[1]. Vor und nach der Reaktion müssen also gleich viele Atome desselben Elements vorhanden sein.

Wie man eine Reaktionsgleichung aufstellt

10. Die Reaktion zwischen Schwefel und Zink läuft nach folgender Gleichung ab:

$$Zn + S \rightarrow ZnS$$

Die Gleichung sagt, daß jeweils 1 Atom Zink mit 1 Atom Schwefel reagiert. Das bei der Reaktion von Kupfer mit Schwefel entstehende Kupfersulfid hat die Formel Cu_2S; in dieser Verbindung kommen also auf 1 Atom Schwefel immer 2 Atome Kupfer. Die Entstehung aus den Elementen folgt der Gleichung:

$$2\,Cu + S \rightarrow Cu_2S$$

Natürlich können wir eine chemische Gleichung nur dann aufstellen, wenn wir die Formeln aller an der Reaktion beteiligten Stoffe kennen. Diese Formeln dürfen auf keinen Fall verändert werden – auch dann nicht, wenn in der Gleichung die Anzahl von Atomen vor und nach der Reaktion (also links und rechts des Reaktionspfeils) zunächst nicht gleich ist. In diesem Fall muß eventuell die ganze Formel durch Vorsetzen eines Koeffizienten mehrfach genommen werden.

[1] Seit Einstein weiß man, daß auch der Energie eine Masse zukommt und der Satz von der Erhaltung der Masse korrekterweise durch den Satz von der Erhaltung der Masse und der Energie zu ersetzen ist. Der Energieumsatz gewöhnlicher chemischer Reaktionen hat demnach auch Massenveränderungen zur Folge. Diese sind jedoch so gering, daß sie mit den heute zur Verfügung stehenden Waagen nicht festgestellt werden können.

11. Eine Reaktionsgleichung ist keine eigentliche «Gleichung» im mathematischen Sinn. Auf den beiden Seiten rechts und links des Reaktionspfeils besteht keine Gleichheit. Keinesfalls sollte die Reaktionsgleichung das mathematische Gleichheitszeichen enthalten. Der zu verwendende Reaktionspfeil wird als «reagiert zu» gelesen. Auch das in der Reaktionsgleichung verwendete Zeichen + ist hier kein mathematisches Zeichen. Es steht hier nicht für eine Addition, sondern bedeutet soviel wie «reagiert mit».

Reaktionsgleichungen sind keine mathematischen Gleichungen

A1 «Eisenhammerschlag» hat die Formel Fe_3O_4, «rotes Eisenoxid» die Formel Fe_2O_3. Was sagen diese Formeln aus?

A2 Die Verbindung Benzol besteht aus Molekülen und hat die Summenformel C_6H_6. Was sagt diese Formel aus? Wie lautet die Verhältnisformel des Benzols?

A3 Bei den Versuchen V1 und V2 wird schwarzes bzw. rotes Kupferoxid mit Wasserstoff (Formel H_2) umgesetzt, wobei elementares Kupfer sowie Wasser (H_2O) entstehen. Für beide Reaktionen soll die Reaktionsgleichung aufgestellt werden.

A4 Beim Erwärmen von Quecksilberoxid der Formel HgO entstehen elementares Quecksilber und elementarer Sauerstoff (Formel O_2). Es soll die Reaktionsgleichung aufgestellt werden.

A5 Wie ist die Reaktionsgleichung $Hg + S \rightarrow HgS$ zu lesen und was sagt sie aus?

1.8 Quantitative Beziehungen

1. Nach Dalton sind alle Atome eines Elements untereinander gleich. Verschiedene Elemente haben unterschiedliche Eigenschaften; folglich müssen sich auch ihre kleinsten Teile, die Atome, unterscheiden.
Die Atome verschiedener Elemente unterscheiden sich z. B. in ihrer Masse. Jedes Atom hat eine ganz bestimmte Masse. Diese Masse ist außerordentlich gering. Dalton war der Meinung, sie sei so klein, daß sie experimentell nicht bestimmt werden könne. Er setzte daher die Atommasse des leichtesten Elements, des Wasserstoffs, willkürlich gleich 1 und versuchte nun zu bestimmen, um wievielmal schwerer die Atome anderer Elemente sind.
Im Jahre 1802 veröffentlichte Dalton die erste Tabelle der relativen Atommassen. Seine Werte wichen von den uns heute bekannten Werten zum Teil erheblich ab. Das lag nicht nur an den damals noch mangelhaften Geräten, mit denen die Bestimmungen durchgeführt wurden. Das lag insbesondere daran, daß Dalton das Atomzahlenverhältnis der Verbindungen, aus denen er seine Werte gewann, noch nicht kennen konnte.

Die Atome verschiedener Elemente haben unterschiedliche Massen

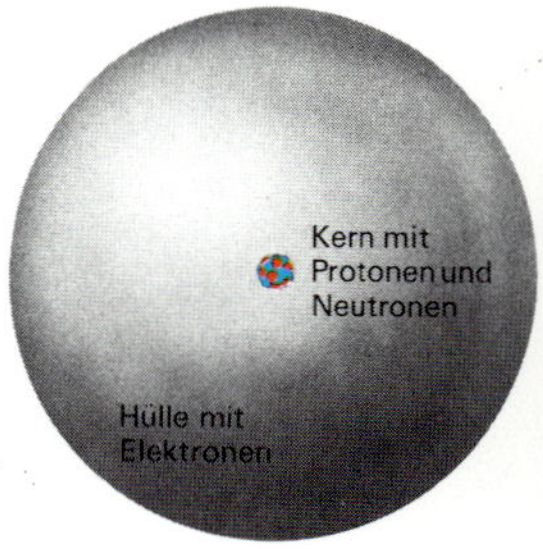

Einfaches Atommodell

2. Wir wissen heute, daß die Atome aus noch kleineren Bestandteilen aufgebaut sind. Im Zentrum des Atoms finden sich im sogenannten Atomkern die Protonen und Neutronen, in der Hülle des Atoms die Elektronen. Der Atomkern ist elektrisch positiv geladen, die Elektronen tragen negative Ladung. Die Masse der verschiedenen Atome hängt davon ab, wie viele solcher kleineren Teilchen im Atom enthalten sind. Alle Atome eines bestimmten Elements enthalten dieselbe Anzahl von Protonen und Elektronen. Bei gleicher Protonenzahl im Kern kann jedoch die Zahl der Neutronen verschieden sein. Solche verschiedenartigen Atome ein und desselben Elements werden als Isotope bezeichnet.

Atom: positiv geladener Kern, Hülle mit negativ geladenen Elektronen

Wie werden Atome «gewogen?»

3. Heute gibt es verschiedene Methoden, die Massen der Atome exakt zu bestimmen, so z. B. mit Hilfe des Massenspektrographen. Er macht sich das Prinzip zunutze, daß bewegte Teilchen unterschiedlicher Masse von ein und derselben Kraft verschieden stark abgelenkt werden.

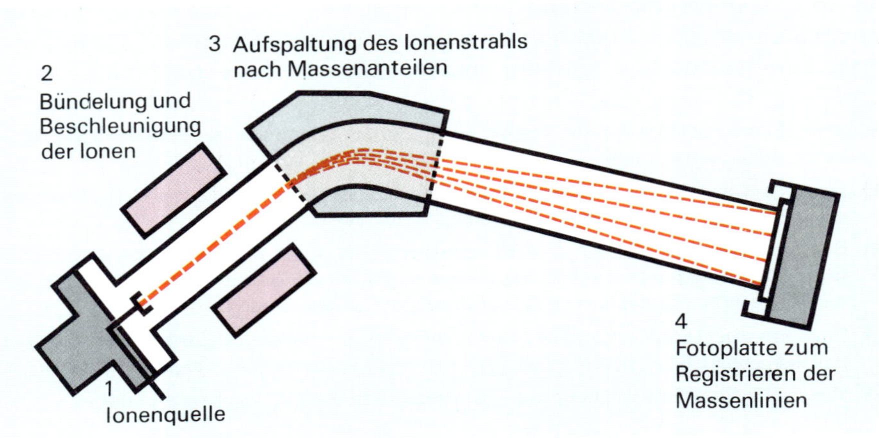

Funktionsweise eines Massenspektrographen (Erläuterung im Text)

Die grafische Abbildung zeigt die Funktionsweise eines modernen Massenspektrographen: Die Atome werden durch Abspaltung von Elektronen zunächst elektrisch geladen (1); die so entstehenden Ionen haben nahezu dieselbe Masse wie die entsprechenden Atome. Sie werden durch elektrische Felder beschleunigt (2) und in einem Magnetfeld abgelenkt (3). Eine fotografische Platte registriert die auftreffenden Teilchen in verschiedenen Linien, je nach Stärke der Ablenkung (4). Da die geladenen Teilchen um so weniger abgelenkt werden, je höher ihre Masse ist, läßt sich aus dem Grad der Ablenkung die Masse der Teilchen berechnen. Für das Wasserstoffatom ergeben solche Berechnungen eine Masse von $1{,}674 \cdot 10^{-24}$ g.

Atommasse: Masse eines Atoms in u

4. Dieser Zahlenwert macht deutlich, daß das Gramm als Einheit für die Massen der Atome nicht geeignet ist. Man benutzt daher eine sehr viel kleinere Einheit, die sogenannte atomare Masseneinheit mit dem Zeichen u[1]. 1 u ist definiert als ein Zwölftel der Masse eines Kohlenstoffatoms[2].
Diese Definition der Atommasse gilt seit 1961. Sie wählt das Kohlenstoffatom deswegen als Basis, weil die Mehrzahl aller bekannten Verbindungen Kohlenstoff enthalten. Und sie wählt für den Kohlenstoff die Atommasse 12 u, weil dann das Wasserstoffatom als leichtestes Atom die Masse 1,008 u erhält, also rund 1 u.
Die moderne Definiton der Atommasse ist damit der Daltonschen Definition sehr ähnlich. Mit einem kleinen Fehler können wir auch heute noch sagen: Die Atommasse gibt an, um wievielmal schwerer das betreffende Atom als ein Atom Wasserstoff ist. Eine Tabelle aller Atommassen findet sich im vorderen inneren Buchdeckel.

[1] u: atomic mass *u*nit.
[2] Dabei handelt es sich nicht um ein beliebiges Kohlenstoffatom sondern um ein Atom des Kohlenstoffisotops 12 (Erklärung folgt später).

5. Die Masse eines Moleküls, ausgedrückt in u, heißt Molekülmasse. Sie ist gleich der Summe der Massen der im Molekül enthaltenen Atome. Die Molekülmasse von H_2O beträgt also rund 18 u (2 mal 1 u von Wasserstoff + 16 u von Sauerstoff).

Molekülmasse: Masse eines Moleküls in u

Salzartige Verbindungen bestehen nicht aus Molekülen sondern aus geladenen Atomen. Bei ihnen gibt man statt der Molekülmasse die sogenannte Formelmasse an. Sie ist gleich der Summe der Massen der in der Formel auftretenden Atome. Zum Beispiel beträgt die Formelmasse der Verbindung FeS 87,9 u (55,8 u von Eisen + 32,1 u von Schwefel). Die Formelmasse ist nicht die Masse eines tatsächlich existierenden Teilchens, sondern die Masse einer gedachten Einheit, der sogenannten Formeleinheit.

6. Jede Stoffportion ist durch zwei charakteristische Größen gekennzeichnet: sie besitzt eine bestimmte Masse und ein bestimmtes Volumen. Eine weitere Größe ist die sogenannte Stoffmenge. Sie gibt an, wieviele Teilchen die betreffende Stoffportion enthält und wird in der Einheit Mol angegeben. Dabei gilt, daß 1 mol (als Einheitenzeichen wird «mol» klein geschrieben) der Anzahl von $6{,}02 \cdot 10^{23}$ Teilchen entspricht. Diese Zahl wird als Avogadrosche Zahl bezeichnet[1].

Bei der Anwendung der Einheit Mol muß immer mit angegeben werden, auf welche Teilchen, Atome oder Moleküle sie sich beziehen soll. Spricht man von 1 mol Eisen, so heißt das, daß die betreffende Stoffportion 1 mol (also $6{,}02 \cdot 10^{23}$) Eisenatome enthält. Bei 1 mol Wasser handelt es sich entsprechend um 1 mol Wassermoleküle. In der Praxis wird die Einheit Mol oft auch angewandt, wenn gar keine tatsächlich existierenden Teilchen gemeint sind. Eisensulfid zum Beispiel enthält keine Moleküle. Spricht man von 1 mol Eisensulfid (FeS), so ist damit gemeint, daß die Stoffportion 1 mol an Formeleinheiten des FeS enthält.

1 mol: Stoffportion, die $6{,}02 \cdot 10^{23}$ Teilchen enthält.

Ist die Art der Teilchen mit angegeben, so gilt ganz allgemein, daß 1 mol immer der Stoffmenge entspricht, die dieselbe Anzahl (nämlich $6{,}02 \cdot 10^{23}$) Teilchen enthält. Es kann sich dabei um Atome, Moleküle oder Formeleinheiten handeln.

7. Eine Stoffportion, die eine ganz bestimmte Anzahl von Teilchen enthält, besitzt auch eine ganz bestimmte Masse. Die Masse von 1 Mol wird als molare Masse bezeichnet. Dabei stellt die Avogadrosche Zahl $6{,}02 \cdot 10^{23}$ den Zusammenhang zwischen den Einheiten g und u her. Sie ist so festgelegt, daß die Zahlenwerte der Massen in u und g übereinstimmen. 1 mol Eisen (Atommasse 55,8 u) besitzt daher die molare Masse 55,8 g/mol, 1 mol Wasser die molare Masse 18 g/mol.

Molare Masse *(M)* entspricht der Summe der Atommassen in g/mol

Grundsätzlich gilt: Die molare Masse ist zahlenmäßig gleich der Atommasse oder der Summe der Atommassen, ausgedrückt in der Einheit Gramm. Sie wird durch das Formelzeichen *M* gekennzeichnet.

[1] Amadeo Avogadro di Quaregna (1776–1856), Professor für mathematische Physik in Turin, einer der Begründer der modernen Molekulartheorie.

Beispiel für die Berechnung von molaren Massen

8. Wie groß sind die molaren Massen von Magnesium und von Magnesiumoxid der Formel MgO?

- Magnesium hat die Atommasse 24,305 u, seine molare Masse (die Masse von 1 mol Magnesium) beträgt also 24,305 g/mol.
- Für die Formeleinheit MgO des Magnesiumoxids errechnet sich die Summe der Atommassen zu:

Magnesium	24,305 u	(rund 24,3 u)
Sauerstoff	15,9994 u	(rund 16,0 u)
	40,3044 u	(rund 40,3 u)

Die molare Masse des Magnesiumoxids beträgt also $M(\mathrm{MgO}) = 40{,}3$ g/mol[1].

A1 Welche molaren Massen haben folgende Verbindungen:
a) Eisenoxid der Formel Fe_2O_3
b) Kupfersulfid der Formel Cu_2S
c) Wasserstoffperoxid der Formel H_2O_2

A2 Welche Formelmasse hat Quecksilberoxid (HgO)?

A3 Wieviel Zinksulfid (ZnS) muß abgewogen werden, wenn eine Stoffportion von 2 mol ZnS erhalten werden soll?

A4 Wieviel Atome enthält 1 g Eisen?

1.9 Anwendung der molaren Massen Stöchiometrisches Rechnen

Aus der Formel kann die prozentuale Zusammensetzung der Verbindung berechnet werden

1. Die molaren Massen sind wichtig für die Auswertung chemischer Formeln. Mit ihrer Hilfe lassen sich quantitative Aussagen über die prozentuale Zusammensetzung der Verbindungen machen. Quecksilberoxid der Formel HgO hat z. B. die molare Masse 216,6 g/mol. Die molaren Massen der in dieser Verbindung enthaltenen Elemente Quecksilber und Sauerstoff verhalten sich wie 200,6 : 16 (vgl. Tabelle der Atommassen). Das heißt, daß in 216,6 g Quecksilberoxid 200,6 g Quecksilber und 16 g Sauerstoff enthalten sind.
Damit müssen aber in 100 g Quecksilberoxid

$$m(\mathrm{Hg})^2 = \frac{200{,}6\ \mathrm{g} \cdot 100\ \mathrm{g}}{216{,}6\ \mathrm{g}} = 92{,}6\ \mathrm{g\ Quecksilber}$$

und

$$m(\mathrm{O}) = \frac{16\ \mathrm{g} \cdot 100\ \mathrm{g}}{216{,}6\ \mathrm{g}} = 7{,}4\ \mathrm{g\ Sauerstoff}$$

enthalten sein. Quecksilberoxid besteht also zu 92,6%[3] aus Quecksilber und zu 7,4% aus Sauerstoff.

2. Natürlich lassen sich umgekehrt mit Hilfe der molaren Massen auch die Formeln der Verbindungen aufstellen, wenn deren prozentuale Zusam-

[1] Bei den in der Schule durchzuführenden Rechnungen empfiehlt es sich, die aus den Tabellen entnommenen Atommassen jeweils auf eine Stelle hinter dem Komma zu runden.

[2] $m(X)$ = Masse einer Stoffportion des Stoffes X in g.

[3] Es handelt sich hierbei um Gewichts- bzw. Massenprozent, d. h. Anzahl g pro 100 g Gesamtmasse. Wo nichts anderes steht, sind in diesem Buch % stets so zu verstehen.

mensetzung bekannt ist. Das soll am Beispiel des Ethins gezeigt werden: Die experimentelle Untersuchung ergibt, daß diese Verbindung zu 92,3% aus Kohlenstoff und zu 7,7% aus Wasserstoff besteht, daß also 100 g Ethin 92,3 g Kohlenstoff und 7,7 g Wasserstoff enthalten.

Aus der prozentualen Zusammensetzung kann die Verhältnisformel der Verbindung berechnet werden

Soll aus diesen Angaben die Formel ermittelt werden, so müssen wir zunächst feststellen, wieviel Mol der betreffenden Elemente in 100 g der Verbindung enthalten sind. Dazu ist die in 100 g Verbindung enthaltene Menge des Elements durch dessen molare Masse (sie kann zahlenmäßig aus der Atommassentabelle entnommen werden) zu dividieren. Das ergibt für Kohlenstoff

$$n(\mathrm{C})^{1} = \frac{92{,}3\ \mathrm{g}}{12\ \mathrm{g/mol}} = 7{,}69\ \mathrm{mol}$$

und für Wasserstoff

$$n(\mathrm{H}) = \frac{7{,}7\ \mathrm{g}}{1\ \mathrm{g/mol}} = 7{,}7\ \mathrm{mol}$$

Das heißt, daß in der Verbindung auf jeweils 7,7 mol Kohlenstoff auch 7,7 mol Wasserstoff und damit auf 1 mol Kohlenstoff auch 1 mol Wasserstoff kommen. Die Verbindung enthält also gleich viele Kohlenstoff- und Wasserstoffatome, die Verhältnisformel muß CH lauten.

3. Die Rechnung gibt uns aber nur das Molzahlen*verhältnis* der beteiligten Elemente an. In unserem Fall sagt sie, daß in der Verbindung auf 1 mol Kohlenstoff 1 mol Wasserstoff, also auf 1 Atom Kohlenstoff auch 1 Atom Wasserstoff kommt. Die Summenformel der im Ethin enthaltenen Moleküle muß aber nicht unbedingt CH lauten, genauso kämen auch die Formeln C_2H_2, C_3H_3, usw. in Frage.

Zur Berechnung der Summenformel muß man auch die molare Masse kennen

Um die Summenformel zu ermitteln, sind über die quantitative Bestimmung der Zusammensetzung hinaus noch weitere Untersuchungen notwendig. Die Bestimmung der molaren Masse ergibt z. B. für das Ethin einen Wert von 26 g/mol. Da die Verhältnisformel CH eine molare Masse von 13 g/mol ergeben würde, muß das Ethin tatsächlich die Summenformel C_2H_2 besitzen.

4. Die molaren Massen erlauben auch eine massenmäßige Deutung der Reaktionsgleichungen. Die Gleichung

$$\mathrm{Zn} + \mathrm{S} \rightarrow \mathrm{ZnS}$$

sagt uns, daß

- Zink mit Schwefel reagiert und dabei die Verbindung Zinksulfid der Formel ZnS entsteht;
- bei der Reaktion immer 1 Atom Zink mit 1 Atom Schwefel reagiert;
- 1 mol Zink mit 1 mol Schwefel reagiert und dabei 1 mol Zinksulfid entsteht.

Was eine Reaktionsgleichung alles aussagt

Letzteres heißt, in molaren Massen ausgedrückt: 65,4 g Zink reagieren mit 32 g Schwefel zu 97,4 g Zinksulfid. Aus dieser Beziehung lassen sich durch einfache Rechenoperationen beliebige andere Massenverhältnisse berechnen.

[1] n = Stoffmenge in mol

5. Zwei Aufgabenbeispiele

Wie löst man stöchiometrische Aufgaben?

– *Aufgabe:* Wieviel Gramm Schwefel sind notwendig, um 100 g Zink vollständig zu Zinksulfid umzusetzen?

Lösungsschritte:

① Zuerst wird die korrekte Reaktionsgleichung aufgestellt: $Zn + S \rightarrow ZnS$.

② Die gesuchte Menge wird dann gleich x gesetzt und auf die angegebene Menge bezogen. Also: x g Schwefel sind notwendig, um 100 g Zink umzusetzen.

③ Entsprechend werden die molaren Massen des gesuchten und des gegebenen Stoffs aufeinander bezogen. Also: 32 g Schwefel sind notwendig, um 65,4 g Zink umzusetzen.

④ Die Beziehungen ② und ③ werden in eine mathematische Gleichung eingesetzt: $x : 100\ g = 32\ g : 65{,}4\ g$.

⑤ Daraus wird x berechnet: $x = \frac{32\ g \cdot 100\ g}{65{,}4\ g} = 48{,}9\ g$.

Ergebnis: Zur Überführung von 100 g Zink in Zinksulfid sind 48,9 g Schwefel notwendig.

– *Aufgabe:* Wieviel Gramm Zink brauchen wir, um 250 g Zinksulfid zu erhalten?

Lösungsschritte:

① Reaktionsgleichung: $Zn + S \rightarrow ZnS$.

② Gesuchte Menge gleich x setzen und auf angegebene Menge beziehen: x g Zink für 250 g Zinksulfid.

③ Entsprechende molare Massen aufeinander beziehen: 65,4 g Zink für 97,4 g Zinksulfid.

④ Beziehungen in mathematische Gleichung einsetzen: $x : 250\ g = 65{,}4\ g : 97{,}4\ g$.

⑤ x ausrechnen: $x = \frac{65{,}4\ g \cdot 250\ g}{97{,}4\ g} = 167{,}9\ g$.

Ergebnis: Um 250 g Zinksulfid zu erhalten, brauchen wir 167,9 g Zink.

A1 Welche Verhältnisformel hat eine Verbindung, die aus 63,6% Stickstoff und 36,4% Sauerstoff besteht?

A2 Wieviel Gramm Zinksulfid erhalten wir bei der Umsetzung von 200 g Zink mit Schwefel?

A3 Rohrzucker hat die Formel $C_{12}H_{22}O_{11}$.
a) Welche molare Masse hat er?
b) Wieviel Gewichtsprozent Kohlenstoff, Wasserstoff und Sauerstoff enthält der Zucker?

A4 Wie groß ist die Masse von a) 0,5 mol Kohlenstoffdioxid (Formel CO_2),
b) 0,1 mol Schwefelsäure (Formel H_2SO_4)?

A5 Metallisches Quecksilber kann durch Umsetzung von Zinnober (Quecksilbersulfid der Formel HgS) mit Eisen erhalten werden: $HgS + Fe \rightarrow Hg + FeS$.
a) Wieviel Kilogramm Zinnober müssen zur Gewinnung von 1 kg Quecksilber umgesetzt werden?
b) Wieviel Gramm Eisen sind dazu notwendig?

2 Luft, Sauerstoff, Gasgesetze

2.1 Zusammensetzung der Luft

Ist zur Verbrennung Luft erforderlich?

V_1 Ein blankes Stück dünnes Kupferblech wird mehrfach zusammengefaltet und an den Rändern leicht festgeklopft. Mit der Tiegelzange hält man den «Kupferbrief» in die nichtleuchtende Flamme des Bunsenbrenners und erhitzt etwa 1 Minute lang. Nach dem Erkalten wird das Blech wieder auseinandergefaltet. Beobachtungen?

V_2 Auf einer Asbestplatte wird ein etwa 3 cm hoher Kegel von *Magnesiumpulver (feuergefährlich; mit Wasser entsteht brennbares Gas)* aufgehäuft und mit der heißen Flamme des Bunsenbrenners entzündet. Das Aufglühen der Pulveroberfläche kann durch Anblasen gefördert oder durch Bedecken mit einem Becherglas zum Stillstand gebracht werden.

Was geschieht bei der Verbrennung?

V_3 Ein Bausch feiner Stahlwolle wird auf der Waage genau austariert. Mit Hilfe eines Gasanzünders kann der Bausch entzündet werden. Beobachtungen?

V_4 Auf der Waagschale tarieren wir eine kleine Kerze genau aus und entzünden sie. Welche Massenänderung ist zu beobachten?

V_5 Entsprechend der Abbildung wird das Rohr mit Natronkalk (Natriumcarbonat) gefüllt und die gesamte Vorrichtung dann an der Waage austariert. Welche Massenänderung ist nach dem Entzünden der Kerze zu beobachten?

Wird die Luft beim Verbrennen ganz verbraucht?

V_6 Eine Glasglocke mit Volumenskala wird so am Stativ befestigt, daß ihr unterer Rand etwa 1 cm über dem Boden einer Wanne steht. Das als Sperrflüssigkeit dienende Wasser ist mit Phenolphthalein und etwas Natronlauge rot gefärbt; der Wasserstand wird an der Glocke markiert. In den Tubus der Glocke setzt man einen Gummistopfen, in den von unten her der Stiel eines Verbrennungslöffels eingebohrt ist. In den Verbrennungslöffel gibt man eine erbsengroße Menge *roten Phosphors (leicht entzündlich)*, entzündet am Bunsenbrenner und führt den Löffel möglichst rasch in die Glasglocke, die sofort dicht verschlossen wird. Nach Erlöschen des Phosphors und nach Abkühlung wird so viel Wasser in die Wanne gegeben, daß es hier ebenso hoch steht wie in der Glasglocke. Wir lesen erneut den Wasserstand ab.
In das in der Glocke befindliche Restgas wird eine brennende Kerze eingesenkt.

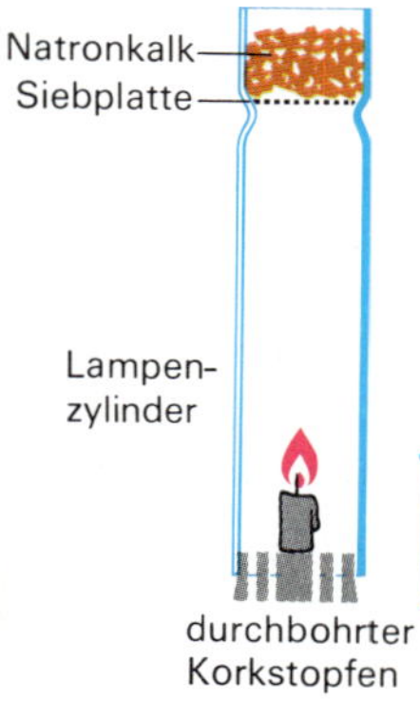

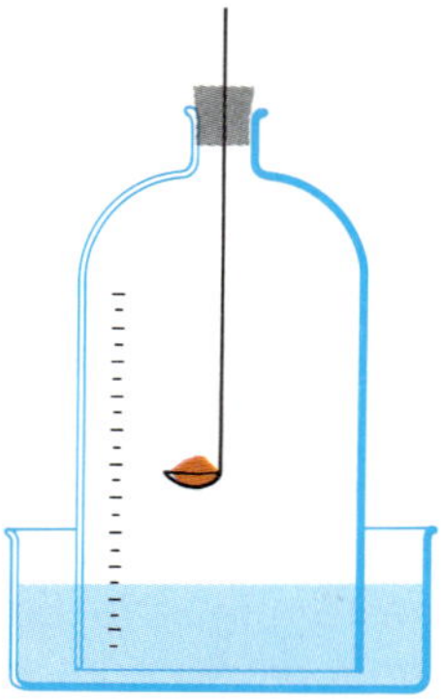

Kerzenversuch (V_5)

Versuch mit Phosphor (V_6)

Verbrennung: heftige chemische Reaktion mit Luft

1. An vielen chemischen Reaktionen ist die Luft oder zumindest ein Teil der Luft beteiligt. Das zeigt sich unter anderem daran, daß bei Reaktionen an der Luft Reaktionsprodukte entstehen, die eine höhere Masse haben (V3, V5). Bei der Reaktion wird also ein Teil der Luft in die neuentstehende Verbindung mit eingebaut. Verlaufen Reaktionen mit Luft heftig und unter Feuererscheinung, so werden sie als Verbrennungen bezeichnet.

Sauerstoff unterhält die Verbrennung
Stickstoff erstickt die Flamme

2. Bei den Verbrennungen wird nur ein Teil der Luft verbraucht. Dieser Teil ist Sauerstoff. Der Rest der Luft erstickt eine Kerzenflamme, er besteht hauptsächlich aus Stickstoff.
Neben Sauerstoff und Stickstoff enthält die Luft noch sogenannte Edelgase und Kohlenstoffdioxid (häufig noch als Kohlendioxid bezeichnet). Sauerstoff, Stickstoff und Edelgase sind Elemente, Kohlenstoffdioxid ist eine Verbindung.

Luft enthält:
etwa 78 Vol.% Stickstoff
etwa 21 Vol.% Sauerstoff
Edelgase
Kohlenstoffdioxid

Zusammensetzung von trockener Luft

	Formel	Gehalt in Vol.%[1]	Siedetemperatur in °C
Stickstoff	N_2	78,09	−195,8
Sauerstoff	O_2	20,95	−182,9
Edelgase: Argon	Ar	0,93	−185,8
Neon	Ne	0,0018	−245,9
Helium	He	0,0005	−268,9
Kohlenstoffdioxid	CO_2	Im Mittel 0,03	Sublimiert bei −78,5

[1] Anzahl Liter pro 100 Liter Luft.

Luft ist ein Gemisch

3. Je nach Wetter und Klima kann die Luft unterschiedlichen Feuchtigkeitsgehalt aufweisen. Auch der Kohlenstoffdioxidgehalt ist nicht absolut konstant, er ist bei Nacht höher als am Tag und über Städten und Industriegebieten höher als z. B. über Wäldern. Von solchen Schwankungen abgesehen ist die Zusammensetzung der Luft überall an der Erdoberfläche nahezu gleich. Trotzdem ist die Luft keine Verbindung, sondern ein Gemisch, und kann z. B. durch Verflüssigung und nachfolgende stufenweise Destillation in ihre Bestandteile aufgetrennt werden.

Fraktionierte Destillation von flüssiger Luft liefert Sauerstoff, Stickstoff und Edelgase

4. Die Luftzerlegung ist ein wichtiger technischer Prozeß, bei dem die Luft zunächst durch Abkühlung verflüssigt werden muß. Dazu wird die vorgekühlte Luft zuerst komprimiert und dann mit Hilfe der Endprodukte des Verfahrens (Stickstoff und Sauerstoff sehr tiefer Temperatur) stark abgekühlt. Durch Entspannung kühlt sich die Luft weiter ab und wird schließlich flüssig. Zur Trennung benutzt man jetzt die unterschiedlichen Siedetemperaturen der verschiedenen Bestandteile. Bei einer fraktionierten Destillation der verflüssigten Luft geht zuerst der bei tieferer Temperatur siedende Stickstoff in den gasförmigen Zustand über und kann abgetrennt werden. Erst bei weiterer Erwärmung werden auch die übrigen Bestandteile der Luft gasförmig. Die Endprodukte Stickstoff und Sauerstoff dienen, bevor sie weiterverwendet werden, zur Kühlung frischer komprimierter Luft. Da beim Anlaufen des Verfahrens noch keine Endprodukte mit sehr tiefer Temperatur

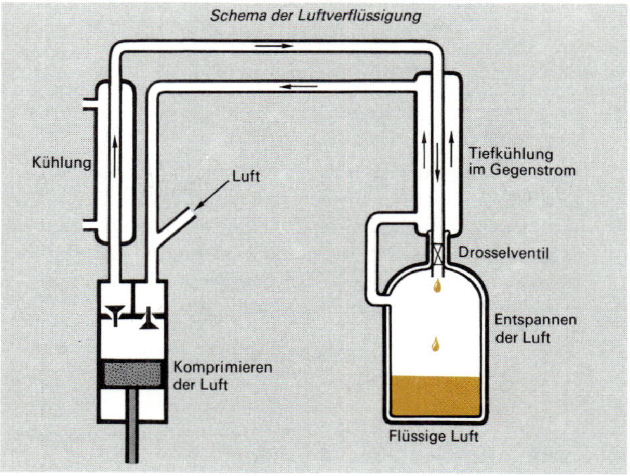

Schematische Darstellung der Luftverflüssigung

vorliegen, muß in diesem Fall das Komprimieren und Entspannen mehrmals wiederholt werden.
Große Luftzerlegungsanlagen dieser Art liefern stündlich bis zu 40000 m^3 Sauerstoff, 160000 m^3 Stickstoff und 2000 m^3 Argon. Insgesamt wurden 1980 in der Bundesrepublik Deutschland über 4,5 Milliarden m^3 Sauerstoff gewonnen.
An Laboratorien oder Betriebe wird Sauerstoff in blauen, Stickstoff in grünen Stahlflaschen verkauft. Beide Gase stehen in den Flaschen unter einem Druck von 150 bar (15 MPa).

5. Genauere Messungen haben gezeigt, daß der Kohlenstoffdioxidgehalt der Luft in den letzten Jahren und Jahrzehnten leicht angestiegen ist. Das dürfte unter anderem auf den gestiegenen Energiebedarf der Menschheit zurückzuführen sein. Kohlenstoffdioxid entsteht z. B. bei der Verbrennung von Holz und Kohle, von Benzin, Öl und Erdgas, Die Veränderung des Kohlenstoffdioxidgehalts der Luft könnte in der Zukunft Klimaveränderungen zur Folge haben. Bei der Verbrennung vieler Brennstoffe entsteht auch Schwefeldioxid, ein Gas, das giftig ist und mit Wasser eine saure Lösung bildet. Diese Lösung schädigt Pflanzen und Tiere und greift Gesteine und Metalle an. Schwefeldioxid gilt daher als gefährliche Luftverschmutzung. Um sie zu vermeiden, sollten nur schwefelfreie oder schwefelarme Brennstoffe verwendet werden. Außerdem müssen die Verbrennungsgase gereinigt, entschwefelt werden. 1983 wurde durch Gesetz festgelegt, daß Abgase nicht mehr als 0,4 g Schwefeldioxid im Kubikmeter enthalten dürfen.

Schwefeldioxid gibt saueren Regen

A_1 Wie sind die unterschiedlichen Ergebnisse der Versuche V_4 und V_5 zu erklären?

A_2 An welchen Eigenschaften zeigt sich, daß Luft keine Verbindung, sondern ein Gemisch ist?

A_3 Man füllt einen Glaszylinder mit ausgeatmeter Luft und führt eine brennende Kerze in den Zylinder ein. Die Kerze erlischt augenblicklich. Was sagt dieser Versuch über die ausgeatmete Luft und über den Vorgang der Atmung aus?

2.2 Sauerstoff

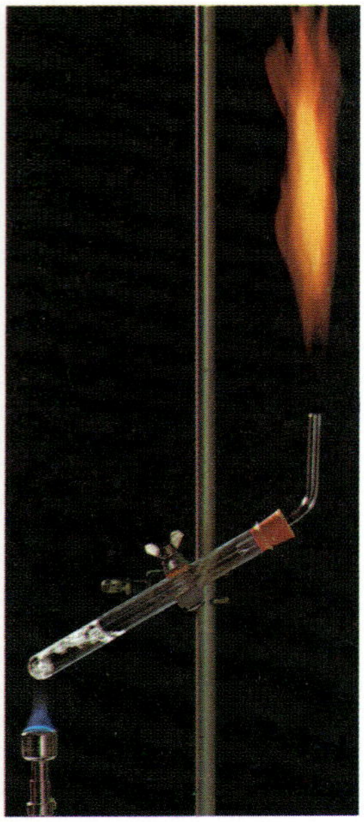

Wenn brennbare Gase (z. B. Alkoholdämpfe) mit Sauerstoff reagieren, bilden sich Flammen

Welche Eigenschaften hat Sauerstoff?

V1 Ein glimmender Holzspan wird nacheinander in kleine Standzylinder getaucht, die Luft, Sauerstoff bzw. Stickstoff enthalten.

V2 Man stellt sich einige 500-cm^3-Standzylinder zurecht, die durch aufgelegte Glasplatten verschlossen werden können und deren Boden durch eine 2 bis 3 cm hohe Sandschicht geschützt ist. Nachdem die Zylinder mit Sauerstoff aus der Flasche gefüllt worden sind, werden folgende Stoffe mit dem Verbrennungslöffel eingetaucht oder mit Hilfe einer Tiegelzange eingeworfen *(Schutzbrille!)*:

a) schmale brennende Schwefelschnitte
b) glimmende Zigarette
c) kleines Stück glimmende Holzkohle
d) brennender *roter Phosphor (leicht entzündlich)*
e) erhitztes Zinkpulver
f) erhitzter Platindraht
g) erhitzte Stahlspäne

Wie kann man einen Brand bekämpfen?

V3 In drei Porzellanschalen von etwa 10 cm Durchmesser wird jeweils etwas *Benzin (feuergefährlich)* gegeben. Eine der Schalen wird *unter dem Abzug* entzündet, dann spritzt man aus einer kleinen Spritzflasche von der Seite her *Tetrachlorkohlenstoff* (CCl_4, *giftige Dämpfe)* auf die Oberfläche des brennenden Benzins. Die Flamme erstickt. Bei der zweiten Schale wird entsprechend dieselbe Menge Wasser auf das brennende Benzin gespritzt, bei der dritten Schale bläst man, ebenfalls von der Seite her direkt auf die Oberfläche, Kohlenstoffdioxid.

Wie stellt man Sauerstoff her?

V4 Etwa 2 g Kaliumpermanganat werden in einem schwerschmelzbaren Reagenzglas erhitzt. Das entstehende Gas fängt man in einem kleinen Standzylinder über einer mit angefärbtem Wasser gefüllten Wanne auf. Das Gas wird mit dem glimmenden Holzspan geprüft.

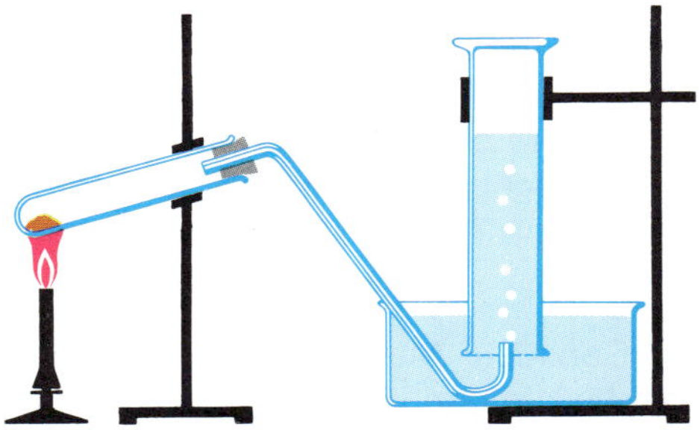

Entwicklung von Sauerstoff (V4)

V5 In einem schwerschmelzbaren Reagenzglas wird etwas Kaliumnitrat erhitzt. An die Mündung des Reagenzglases hält man einen glimmenden Holzspan.

Sauerstoffnachweis: glimmender Holzspan

1. Verbrennungen sind rasch und unter Feuererscheinung ablaufende Reaktionen bestimmter Stoffe mit Sauerstoff. Sind die brennbaren Stoffe schon vor der Reaktion mit Sauerstoff gemischt, so kann es zu heftigen Verpuffungen oder gar zu Explosionen kommen.
Natürlich verlaufen Verbrennungen in reinem Sauerstoff heftiger als an der Luft. So flammt z. B. ein an der Luft nur glimmender Holzspan in reinem Sauerstoff auf. Mit dem glimmenden Span kann man daher prüfen, ob es sich bei einem unbekannten Gas um Sauerstoff handelt. Er dient als Nachweismittel für Sauerstoff.

Brandbekämpfung durch Abkühlen und Sauerstoffentzug

2. Zwei Voraussetzungen führen zu einem Brand: Der brennbare Stoff kommt mit Sauerstoff in Berührung und es wird eine bestimmte Temperatur, die Entzündungstemperatur, erreicht. Dementsprechend gibt es auch zwei Möglichkeiten der Brandbekämpfung. Man kann versuchen, den Brandherd unter die Entzündungstemperatur abzukühlen, zum Beispiel durch Wasser

oder durch festes Kohlenstoffdioxid. Und man kann versuchen, die weitere Zufuhr von Sauerstoff zu verhindern, indem der Brandherd mit spezifisch schwerem Kohlenstoffdioxidgas oder mit einem Schaum überdeckt wird.

3. Sauerstoff gehört zu den Elementen. In der chemischen Zeichensprache hat er das Symbol O (von seinem latinisierten Namen Oxygenium). Bei Zimmertemperatur ist der Sauerstoff gasförmig. Seine Atome sind immer paarweise aneinander gebunden. Der elementare gasförmige Sauerstoff besteht also aus zweiatomigen Molekülen und erhält daher die Formel O_2. Daneben gibt es noch eine andere Form des Sauerstoffs, dessen Moleküle jeweils drei aneinander gebundene Sauerstoffatome enthalten: Ozon mit der Formel O_3. Ozon besitzt einen intensiven Geruch, ist noch erheblich reaktionsfreudiger als der gewöhnliche Sauerstoff und findet sich unter anderem in den höheren Schichten der Stratosphäre.

Elementarer Sauerstoff: O_2
Ozon: O_3

4. Reagiert Sauerstoff mit anderen Elementen, so entstehen Oxide. Dabei wird meist Energie frei. Oxide sind Verbindungen eines Elements mit Sauerstoff.

Oxide: Verbindungen von Elementen mit Sauerstoff

$$2\,Mg + O_2 \rightarrow 2\,MgO \qquad \text{Magnesiumoxid}$$
$$C + O_2 \rightarrow CO_2 \qquad \text{Kohlenstoffdioxid}$$

Die Oxide der Nichtmetalle sind häufig gasförmig, die der Metalle dagegen fest. Unedle Metalle reagieren leicht mit Sauerstoff, edle Metalle, wie Silber, Gold oder Platin, nur schwer oder gar nicht.

5. In der Erdrinde – so bezeichnet man die oberflächliche Schicht der Erde die einer chemischen Untersuchung zugänglich ist – gibt es sehr viele Oxide. Zu ihnen gehören so verschiedenartige Verbindungen wie Wasser (eine Verbindung aus Wasserstoff und Sauerstoff) und Quarz (das Oxid des Siliciums). Aber auch viele Erze sind Oxide, so z. B. der Roteisenstein, ein Eisenoxid der Formel Fe_2O_3, oder Bauxit, eine Verbindung, die im wesentlichen aus Sauerstoff und Aluminium besteht.
Sauerstoff ist mit großem Abstand das häufigste Elemente der Erdrinde. Er findet sich in der Luft, ist Bestandteil des Wassers und auch Bestandteil der meisten Gesteine und Böden. 50% der Masse der Erdrinde bestehen aus Sauerstoff, 25% aus Silicium und etwa 7,5% aus Aluminium. Der Anteil der restlichen Elemente ist sehr gering.

Sauerstoff, häufigstes Element der Erdrinde

Oxidische Erze

Name	Formel	Vorkommen	Verarbeitung
Magneteisenstein	Fe_3O_4	Kiruna (Nordschweden)	Reduktion mit Kohlenstoffmonoxid und Koks im Hochofen
Roteisenstein	Fe_2O_3	Luxemburg und Lothringen (Minette)	Wie oben
Braunstein	MnO_2	UdSSR, Südafrika	Reduktion mit Aluminium oder durch Elektrolyse
Zinnstein	SnO_2	Indonesien, Singapur	Reduktion mit Kohle
Titandioxid	TiO_2	Weitverbreitet, aber in geringer Konzentration	Reduktion mit Magnesium

6. In technischem Maßstab wird Sauerstoff aus der Luft gewonnen. Er kommt in blauen Stahlflaschen in den Handel. Steht keine solche Flasche zur Verfügung, dann kann Sauerstoff im Labor auch aus seinen Verbindungen freigesetzt werden, zum Beispiel aus manchen Oxiden, aus Kaliumpermanganat oder aus Kaliumnitrat:

$$2\ KNO_3 \rightarrow 2\ KNO_2 + O_2$$

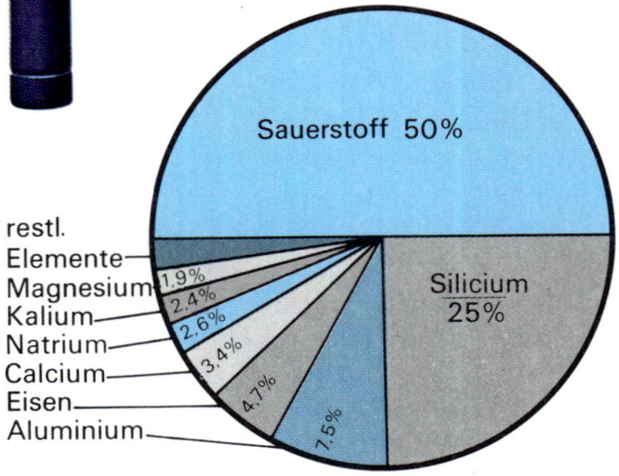

Die verbreitetsten Elemente der Erdrinde

Atommasse	15,999 u
Siedetemperatur	−182,9 °C
Schmelztemperatur	−218,4 °C
Litergewicht	1,429 g bei 0 °C und 760 Torr (101 kPa)
Löslichkeit	49 cm^3 in 1 Liter Wasser
Entdeckung	1772 durch Scheele als «Feuerluft»; 1774 durch Lavoisier als Element erkannt
Name	Der Sauerstoff wurde fälschlicherweise für die charakteristischen Eigenschaften der Säuren verantwortlich gemacht

Sauerstoff

A1 Durch Reaktion mit dem Sauerstoff der Luft können aus Kupfer (Symbol Cu), Zink (Zn) und Aluminium (Al) Oxide der Formeln Cu_2O, ZnO bzw. Al_2O_3 entstehen. Die entsprechenden Reaktionsgleichungen sollen formuliert werden.

A2 Silberoxid (Ag_2O) und Quecksilberoxid (HgO) können durch Erhitzen in die Elemente zerlegt werden. Wie lauten die zugehörigen Reaktionsgleichungen?

2.3 Oxidation und Reduktion

Wie wirken Oxidationsmittel?

V1 1 bis 2 g Kaliumnitrat werden in einem senkrecht am Stativ befestigten schwerschmelzbaren Reagenzglas zum Schmelzen gebracht. In die heiße Schmelze wirft man erbsengroße Stückchen Stangenschwefel oder Holzkohle *(Vorsicht: heftige Reaktion; Schutzscheibe und -brille!)*.

V2 In einem Eisentiegel erhitzt man die Mischung von 30 g gelbem Bleioxid [Blei(II)-oxid] und 1 g Holzkohlepulver. Nach 3 bis 5 Minuten kann das entstandene flüssige Metall vorsichtig auf eine feuerfeste Platte abgegossen werden, wo es erstarrt.

Wie wird Eisen an der Luft oxidiert?

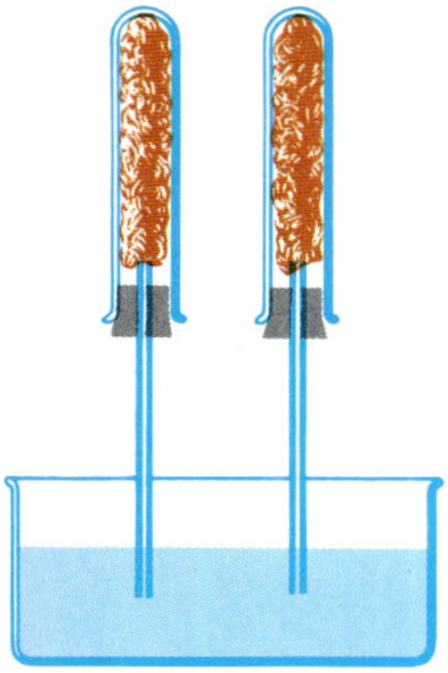

Oxidation von trockener und feuchter Stahlwolle (V3)

V3 Zwei Reagenzgläser werden mit trockener bzw. feuchter Stahlwolle gefüllt. Dann setzt man je einen durchbohrten Stopfen mit Glasrohr auf und spannt die Reagenzgläser so in ein Stativ ein, daß die Glasrohre in Wasser eintauchen. Was ist im Verlauf der nächsten Stunden und Tage zu beobachten?

1. Alle Stoffe besitzen Energie. Sie wird als chemische Energie bezeichnet. Die Höhe des Energiebetrags ist dabei von der Art des Stoffes abhängig. Wenn bei einer chemischen Reaktion neue Stoffe entstehen,

verändert sich auch der Gehalt an chemischer Energie bei den beteiligten Stoffen. Ist der Energiegehalt der entstehenden Stoffe ingesamt geringer als derjenige der Ausgangsstoffe, so wird bei der Reaktion Energie abgegeben, die Reaktion ist exotherm.

Verschiedene Stoffarten besitzen unterschiedliche chemische Energie

Die chemische Energie kann mit der potentiellen Energie (Lageenergie) der Körper verglichen werden. Das auf einen Wasserfall zufließende Wasser besitzt eine bestimmte potentielle Energie, die am Fuß des Wasserfalls abgenommen hat. Der Fehlbetrag an potentieller Energie wurde beim Sturz als Wärmeenergie oder als Arbeit abgegeben.

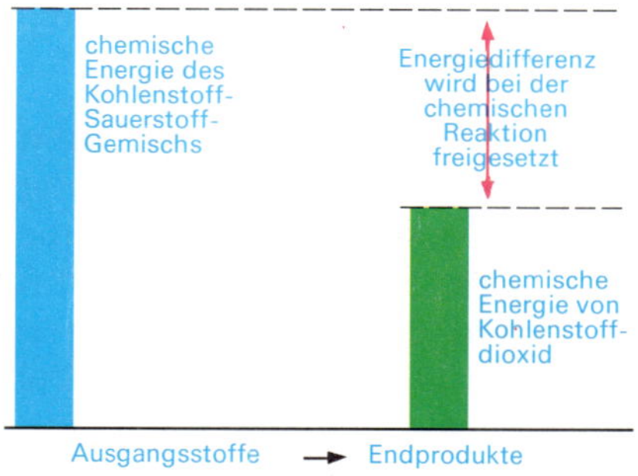

Energiediagramm für die Bildung von Kohlenstoffdioxid aus Kohlenstoff und Sauerstoff

2. Bei der Reaktion von Sauerstoff mit Elementen entstehen Oxide. Sie sind meist erheblich energieärmer als das Elementgemisch, aus dem sie entstehen. Daher wird bei der Reaktion Energie abgegeben. Diese Energie kann als Licht auftreten, bei Verpuffungen als mechanische Energie, bei geeigneter Anordnung auch als elektrische Energie. Der Hauptanteil tritt aber fast immer in Form von Wärmeenergie auf. Bei chemischen Reaktionen genügt es im allgemeinen, diesen Anteil der Gesamtenergie zu berücksichtigen. Wir wollen daher den bei chemischen Reaktionen auftretenden Energieumsatz zunächst einmal vereinfacht als Reaktionswärme bezeichnen und ihm das Zeichen ΔH (sprich «Delta H»)[1] geben.

Reaktionswärme

Unter Reaktionswärme verstehen wir also zunächst die Energie, die bei einer chemischen Reaktion abgegeben oder aufgenommen wird. Als Einheit dient das Kilojoule (kJ)[2].

3. Sind die Endprodukte einer Reaktion energieärmer als die Ausgangsstoffe, dann wird bei der Reaktion Energie an die Umgebung abgegeben. Die Reaktion ist exotherm. Für das System selbst ist die Energiebilanz negativ (es gibt ja Energie ab), bei exothermen Reaktionen erhält daher die Reaktionswärme negatives Vorzeichen:

Exotherme Reaktion: ΔH ist negativ

Endotherme Reaktion: ΔH ist positiv

$$C + O_2 \rightarrow CO_2 \quad | \Delta H \ -393 \text{ kJ}$$

Bei endothermen Reaktionen erhält die Reaktionswärme positives Vorzeichen. Hier wird ja aus der Umgebung Energie aufgenommen, die Reaktionsprodukte sind energiereicher als die Ausgangsstoffe (Edukte).

[1] Der griechische Buchstabe Δ (Delta) wird benutzt, wenn Veränderungen bestimmter Größen zu beobachten sind. H. steht für engl. *heat,* Wärme.

[2] 4.19 Joule (früher 1 cal) entspricht der Wärmemenge, die notwendig ist, um 1 g Wasser von 14,5 °C auf 15,5 °C zu erwärmen.

Die angeführten Energiebeträge beziehen sich immer auf den Umsatz der in der Gleichung auftretenden Stoffmenge (in der Einheit mol), den sogenannten Formelumsatz:

$$2\ Mg + O_2 \rightarrow 2\ MgO \quad | \ \Delta H = -1204\ kJ$$
$$4\ Mg + 2\ O_2 \rightarrow 4\ MgO \quad | \ \Delta H = -2408\ kJ$$

Aktivierungsenergie ist zum Anlaufen einer Reaktion notwendig

4. Wasser fließt immer nach unten und damit in einen Zustand geringerer potentieller Energie. Auch chemische Reaktionen laufen bevorzugt so ab, daß möglichst energieärmere Produkte entstehen[1]. In vielen Fällen kommt es aber auch zu einer exothermen Reaktion erst dann, wenn anfangs Energie zugeführt wurde. Magnesium zum Beispiel reagiert mit Sauerstoff sehr stürmisch. Die Reaktion kommt aber erst in Gang, nachdem das Magnesium entzündet wurde, also nach Zufuhr von Energie. Dasselbe gilt auch für die meisten anderen Verbrennungsvorgänge, auch Heizgas muß erst entzündet werden. Dann allerdings wird bei der Reaktion sehr viel Energie abgegeben. Die für das Anlaufen einer Reaktion erforderliche Energie wird als Aktivierungsenergie bezeichnet. Durch sie werden Ausgangsstoffe der Reaktion «aktiviert», indem zum Beispiel kurzzeitig existierende Zwischenprodukte entstehen. Die zugeführte Aktivierungsenergie wird bei exothermen Reaktionen zusammen mit der Reaktionswärme wieder abgegeben.

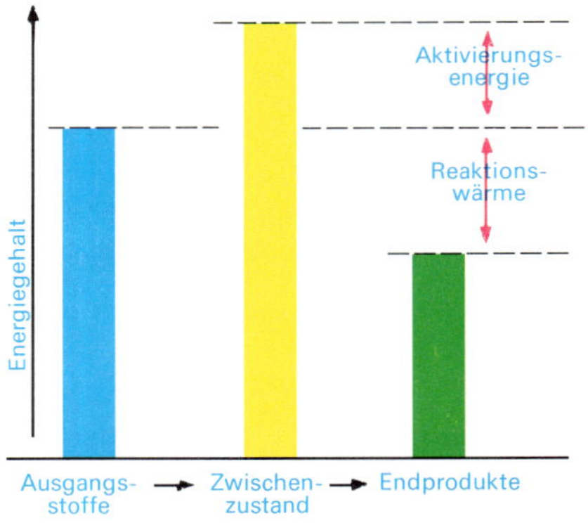

Oxide sind meist energiearme und daher stabile Verbindungen

5. Da chemische Reaktionen bevorzugt so ablaufen, daß möglichst energieärmere Produkte entstehen, lassen sich umgekehrt Stoffe mit geringem Energieinhalt nur schwer zerlegen oder weiter umsetzen; sie sind stabil. Im Kapitel 2.2 haben wir bereits festgestellt, daß die Erdrinde viele Elemente in Form ihrer Oxide enthält. Das liegt nicht zuletzt daran, daß diese Oxide energiearme und damit stabile Verbindungen sind.

[1] Für den Ablauf einer chemischen Reaktion ist allerdings nicht nur die Energie-Differenz maßgebend; hier spielen auch noch andere Faktoren eine Rolle, die erst später besprochen werden können.

6. Eine chemische Reaktion, bei der ein Stoff Sauerstoff aufnimmt, wird als Oxidation[1] bezeichnet; der betreffende Stoff wird oxidiert. Die umgekehrte Reaktion, bei der ein Stoff Sauerstoff abgibt, ist eine Reduktion[1]; der Stoff wird reduziert.

Oxidation: Aufnahme von Sauerstoff
Reduktion: Abgabe von Sauerstoff

Oxidation: $S + O_2 \rightarrow SO_2 \quad | \Delta H = -297 \text{ kJ}$
Reduktion: $2\,HgO \rightarrow 2\,Hg + O_2 \quad | \Delta H = +181{,}5 \text{ kJ}$

7. Für Oxidationen muß nicht unbedingt elementarer Sauerstoff verwendet werden. Der Chemiker kennt eine ganze Reihe von Verbindungen, die Sauerstoff abspalten und daher andere Stoffe oxidieren können. Solche Verbindungen werden Oxidationsmittel genannt. Zu ihnen gehört z. B. das Kaliumnitrat (V_1):

Oxidationsmittel oxidieren, Reduktionsmittel reduzieren andere Stoffe

$$2\,KNO_3 + C \rightarrow 2\,KNO_2 + CO_2$$

Umgekehrt gibt es auch Stoffe, die andere Stoffe reduzieren, indem sie ihnen Sauerstoff entziehen. Es handelt sich um Reduktionsmittel. Ein Beispiel dafür ist der Kohlenstoff (V_2):

$$2\,PbO + C \rightarrow CO_2 + 2\,Pb$$

Obige Gleichung zeigt uns, daß bei der Reaktion Oxidation und Reduktion miteinander gekoppelt sind. Das Bleioxid (PbO) wird zu Blei reduziert, der Kohlenstoff zu Kohlenstoffdioxid oxidiert.
Reaktionen, bei denen Oxidation und Reduktion miteinander gekoppelt sind, werden Redox-Reaktionen genannt.

8. Oxidationen können mit sehr unterschiedlichen Reaktionsgeschwindigkeiten ablaufen. Holz verbrennt an der Luft sehr rasch, durch Oxidation entstehen unter anderem Kohlenstoffdioxid und Wasser. Auch die Atmung von Mensch, Tier und Pflanze ist ein Oxidationsvorgang. Dabei werden die Nahrungsmittel im Körper unter Sauerstoffaufnahme langsam oxidiert. Die bei diesen Reaktionen freigesetzte Energie ist zur Erhaltung des Lebens notwendig.

Rost: ein Oxidationsprodukt des Eisens

Metallisches Magnesium oxidiert, wenn es einmal entzündet ist, sehr rasch zu Magnesiumoxid. Eisen dagegen oxidiert an der Luft nur langsam. Bei Anwesenheit von Wasser entsteht dabei Rost, eine Verbindung aus Eisen, Sauerstoff und Wasserstoff. Der Vorgang des Rostens hat erhebliche volkswirtschaftliche Bedeutung: man schätzt, daß in der Bundesrepublik Deutschland jedes Jahr annähernd 1 Million Tonnen Stahl durch Rost verloren gehen. Der wirtschaftliche Schaden geht dabei in die Milliarden. Zum Schutz gegen das Rosten kann das Eisen mit Farbe oder mit Lack überzogen, verzinnt oder verzinkt werden. Auch durch Beimengung anderer Metalle in relativ hoher Konzentration läßt sich das Rosten verhindern (rostfreier Stahl).

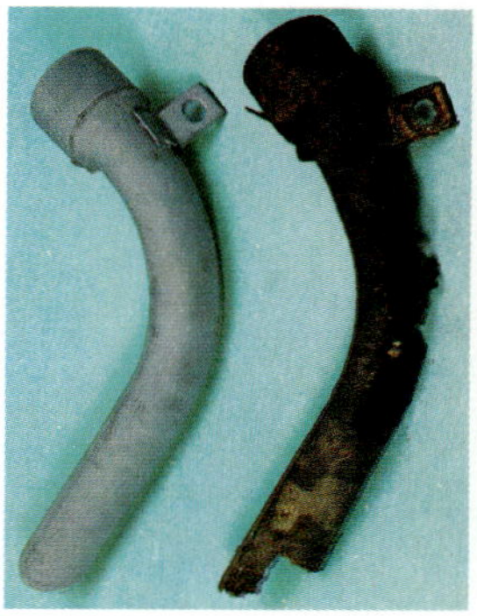

[1] In einem späteren Kapitel werden wir sehen, daß die Begriffe Oxidation und Reduktion üblicherweise umfassender und allgemeiner benutzt werden. Bei der hier angegebenen Definition handelt es sich lediglich um einen Sonderfall.

A1 Aus Eisenoxid kann durch Umsetzung mit Aluminiumpulver metallisches Eisen gewonnen werden: $Fe_2O_3 + 2\,Al \rightarrow Al_2O_3 + 2\,Fe$. Welcher Stoff ist bei dieser Reaktion Oxidationsmittel, welcher Reduktionsmittel?

A2 Kupfer(II)-oxid hat die Formel CuO. Bei der Reaktion mit elementarem Kohlenstoff (C) entstehen elementares Kupfer und Kohlenstoffdioxid. Wie lautet die Reaktionsgleichung dieser Reaktion? Welche Stoffart reagiert hier als Oxidationsmittel, welche als Reduktionsmittel?

A3 Was ist beim Versuch V3 in den beiden Reagenzgläsern zu beobachten? Wie können die Beobachtungen erklärt werden?

A4 Was sagt die folgende Reaktionsgleichung aus?
$2\,CuO \rightarrow 2\,Cu + O_2 \quad | \Delta H = +314\ kJ$

2.4 Reduktion von Metalloxiden. Metallische Werkstoffe.

Wie können Metalloxide reduziert werden?

V1 An eine Kohlenstoffdioxid-Stahlflasche werden hintereinander zwei schwerschmelzbare Reaktionsrohre angeschlossen. Das erste Rohr füllt man mit einer etwa 8 cm langen Schicht kleiner Holzkohlestücke, die, beidseitig von einem Glaswollebausch gehalten, den ganzen Querschnitt des Rohres ausfüllen sollen. In das zweite Reaktionsrohr kommt eine Magnesiarinne mit etwa 0,3 g Eisen(III)-oxid. Man erhitzt die Holzkohle auf Rotglut und leitet dann einen langsamen Kohlenstoffdioxidstrom durch die Apparatur. Die Holzkohle wird dabei weiter kräftig erhitzt, auch das Eisen(III)-oxid im zweiten Reaktionsrohr wird jetzt erhitzt. Nach etwa 8–10 Minuten beendet man das Erhitzen, nach weiteren 3 Min. kann der Kohlenstoffdioxidstrom abgestellt werden. Nach dem Erkalten wird das im Rohr zwei erhaltene Produkt auf Farbe und magnetisches Verhalten untersucht. *(Abzug benutzen)*

V2 Auf den Boden eines Schamottetiegels gibt man etwa 8 g Calciumfluorid und füllt darauf ein *Gemisch (feuergefährlich)* von 50 g vorher ausgeglühtem Eisen(III)-oxid und 17 g Aluminiumpulver. Darauf wiederum wird ein *Gemisch (explosiv)* gegeben, das man durch sehr vorsichtiges Mischen von 1 g Bariumperoxid und 1 g *Magnesiumpulver (feuergefährlich)* hergestellt hat. Das Peroxid-Magnesium-Gemisch wird durch ein Magnesiumband oder eine Zündschnur entzündet *(Die Reaktion muß unbedingt im Freien durchgeführt werden. Nach Entzünden der Zündschnur ist sofort weit zurückzutreten)* Was ist nach Abkühlen des Tiegels auf dessen Boden zu erkennen?

Metallgewinnung durch Reduktion

1. In großtechnischem Maßstab dienen Reduktions-Reaktionen vor allem zur Gewinnung von Metallen. Sehr viele Erze sind Oxide, die bei der Aufarbeitung zum Metall reduziert werden müssen. Als Reduktionsmittel können dabei zum Beispiel Kohlenstoff oder Kohlenstoffmonoxid (V1), aber auch bestimmte Metalle verwendet werden. Gelegentlich erfolgt die Reduktion auch mit Hilfe des elektrischen Stroms durch Elektrolyse.
Manche Erze, zum Beispiel Kupfererze, lassen sich leicht zum Metall reduzieren, bei anderen, zum Beispiel den Aluminiumerzen, geht das sehr schwer. Daher kennt und verwendet der Mensch Kupfer als Gebrauchsmetall schon seit einigen tausend Jahren, Aluminium dagegen wurde erst Anfang des 19. Jahrhunderts entdeckt und ist als Gebrauchsmetall noch kaum 100 Jahre alt.

2. Wichtigstes Gebrauchsmetall ist das Eisen. Es findet sich in der Natur vor allem in Form von oxidischen oder von sulfidischen Erzen. Die sulfidischen, also schwefelhaltigen Erze, zu denen zum Beispiel der Pyrit FeS_2 gehört,

werden zunächst «abgeröstet». Dabei kommt es zur Reaktion mit dem Sauerstoff der Luft und es entstehen Eisenoxide und Schwefeldioxid:

$$4\ FeS_2 + 11\ O_2 \rightarrow 2\ Fe_2O_3 + 8\ SO_2$$

Die Oxide des Eisens werden dann im Hochofen zu Eisen reduziert.

3. Moderne Hochöfen sind rund 40 m hoch, ihr Gestell hat einen Durchmesser von bis zu 15 m. Sie können täglich bis 12000 t Roheisen erzeugen. Dazu werden die oxidischen Eisenerze zunächst mit bestimmten Zuschlägen gemischt (z. B. mit Kalkstein). Diese Zuschläge sind notwendig, damit das im Erz noch enthaltene Begleitgestein, die sogenannte Gangart, im Ofen schmilzt und sich dann als Schlacke vom Roheisen trennt. Die Art der Zuschläge wechselt je nach Art des Begleitgesteins. Das Gemisch aus Erz und Zuschlägen wird dann, abwechselnd mit Koks, von oben her, durch die sogenannte Gicht, in den Hochofen eingefüllt.

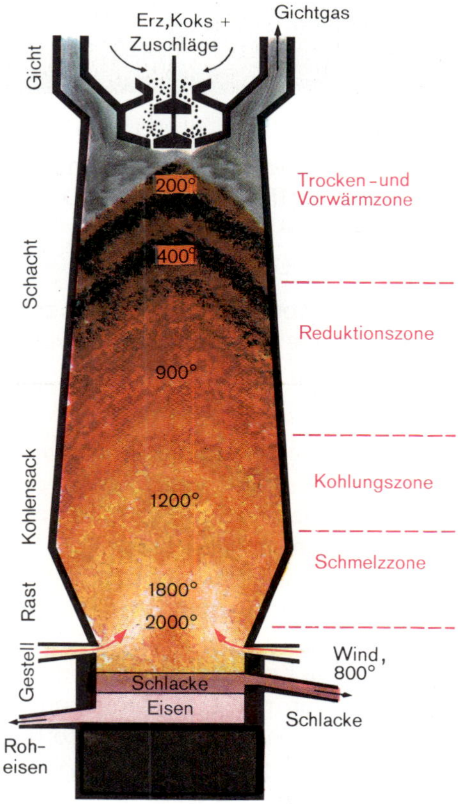

Schematische Darstellung eines Hochofens

Von unten her leitet man auf etwa 800 °C erhitzte Luft in den Hochofen. Sie verbrennt den Koks zu Kohlenstoffdioxid:

Im Hochofen Reduktion von Eisenoxiden durch CO und C

$$C + O_2 \rightarrow CO_2 \qquad | \Delta H = -393{,}8\ kJ$$

Der untere Teil des Hochofens wird dadurch auf etwa 2000 °C aufgeheizt.

Im Gestell des Hochofens sammelt sich das flüssige Roheisen unter der ebenfalls flüssigen Schlacke. Durch das Eisenstichloch wird es von Zeit zu Zeit abgelassen (abgestochen) und fließt dann in offenen Rinnen z. B. in eine Roheisentransportpfanne.

Bei dieser hohen Temperatur entsteht neben Kohlenstoffdioxid auch sehr viel Kohlenstoffmonoxid (CO). Dieses Gas reduziert in der Reduktionszone die Eisenoxide zu Eisen:

$$Fe_2O_3 + 3\ CO \rightarrow 2\ Fe + 3\ CO_2 \qquad |\ \Delta H = -\ 26{,}8\ kJ$$

Ein Teil des Kohlenstoffmonoxids zerfällt wieder. Auch der dabei entstehende feinstverteilte Kohlenstoff wirkt als Reduktionsmittel und reduziert Eisenoxide zu Eisen:

$$Fe_2O_3 + 3\ C \rightarrow 2\ Fe + 3\ CO \qquad |\ \Delta H = +\ 491{,}1\ kJ$$

Abstich von Eisen und Schlacke.
Gewinnung von Gichtgas

4. Feinstverteilter Kohlenstoff wird außerdem vom metallischen Eisen aufgenommen. Das geschieht in der Kohlungszone des Hochofens. Das kohlenstoffhaltige Eisen schmilzt und tropft in das Gestell. In der Schmelzzone schmelzen schließlich auch die Begleitgesteine. Diese flüssige Schlacke ist spezifisch leichter und sammelt sich daher über dem flüssigen Eisen an. Von Zeit zu Zeit werden Eisen und Schlacke getrennt voneinander abgestochen.

Das restliche Kohlenstoffmonoxid verläßt, zusammen mit Kohlenstoffdioxid und dem aus der Luft stammenden Stickstoff, den Hochofen oben als sogenanntes Gichtgas. Kohlenstoffmonoxid ist brennbar:

$$2\ CO + O_2 \rightarrow 2\ CO_2 \qquad |\ \Delta H = -\ 566{,}5\ kJ$$

Gichtgas kann daher als Heizgas verwendet werden. Es dient z. B. zum Erhitzen des «Winds», so nennt man die Luft, die von unten her in den Hochofen eingeblasen wird.

Roheisen enthält 3–4% C

5. Das aus dem Hochofen abgestochene Roheisen enthält etwa 3–4% Kohlenstoff sowie geringe Mengen anderer Verunreinigungen, wie Silicium, Phosphor und Schwefel. Es schmilzt schon bei etwa 1100–1300 °C und

kann daher gut vergossen werden (sogenanntes Gußeisen). Andererseits ist das Roheisen bis knapp unterhalb seiner Schmelztemperatur spröde, es läßt sich weder walzen noch schmieden. Daher wird nur ein kleiner Anteil des Roheisens direkt als Gußeisen verwendet, weitaus die größte Menge des Eisens, nämlich rund 95%, dienen zur Herstellung von Stahl.

Stahl ist schmiedbares Eisen

6. Wenn Eisen geschmiedet, also in festem Zustand verformt werden soll, dann darf es nicht mehr als 1,7% Kohlenstoff enthalten. Dieses schmiedbare Eisen wird als Stahl bezeichnet. Zur Herstellung von Stahl aus Roheisen müssen die Verunreinigungen aus dem Eisen entfernt werden. Dazu kommt im Sauerstoff-Aufblasverfahren das Roheisen noch flüssig in große Tiegel, sogenannte Konverter. Durch eine Lanze wird dann von oben her Sauerstoff auf das Eisen aufgeblasen. Er verbrennt einen Teil des im Eisen enthaltenen Kohlenstoffs und die anderen Verunreinigungen zu den entsprechenden Oxiden. Aus dem Roheisen entsteht hochwertiger Stahl.

Edelstahl enthält Zusätze anderer Metalle

7. Weltweit werden derzeit im Jahr etwa 700 Millionen Tonnen Rohstahl produziert. Das meiste davon ist «Massenstahl», bei dem es sich lediglich um Eisen handelt, das weniger als 1,5% Kohlenstoff enthält. Spricht man dagegen von «Edelstahl», dann ist im allgemeinen ein Stahl gemeint, der neben Eisen noch andere Metalle enthält. Solche Stähle haben meist ganz besondere Eigenschaften. So ist ein Chromnickelstahl, der neben Eisen rund 18% Chrom, 8% Nickel und nur 0,2% Kohlenstoff enthält, besonders hart und rostet praktisch nicht.

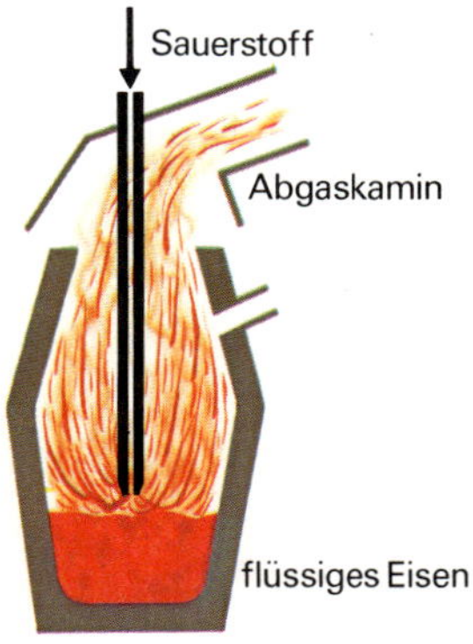

Schema des Sauerstoff-Aufblasverfahrens

8. Eisen wird, trotz der dazu erforderlichen hohen Temperaturen, seit annähernd 3000 Jahren aus seinen Erzen gewonnen. Seit dem Beginn der «Eisenzeit» ist es der wichtigste Werkstoff zur Herstellung von Werkzeugen, Waffen und Geräten. Mit dem Beginn des Industriezeitalters haben sich daher viele Industriezweige in der Umgebung von Hochöfen und Stahlwerken angesiedelt. Es bildeten sich ganze Industriegebiete, die weitgehend von der Eisen- und Stahlgewinnung abhängig sind.

Im Walzwerk wird der noch heiße Stahl zu Bändern, Blechen oder Rohren ausgewalzt.

Stahlkarosserien werden von Robotern verschweißt

Da im Hochofen enorme Mengen an Koks gebraucht werden, entstanden die Hochöfen vor allem dort, wo Kohle abgebaut wurde, im Gebiet der Bundesrepublik Deutschland zum Beispiel an der Ruhr und an der Saar.

Thermitverfahren: Reduktion von Eisenoxid durch Aluminium

9. Wie Versuch V2 zeigt, können Eisenoxide auch durch Reaktion mit Aluminiumpulver zu Eisen reduziert werden. In diesem Fall dient das Aluminium als Reduktionsmittel, es wird selbst zu Aluminiumoxid oxidiert:

$$2\,Al + Fe_2O_3 \rightarrow Al_2O_3 + 2\,Fe$$

Bei der Reaktion wird so viel Energie frei, daß das entstehende Eisen schmilzt. Diese Schmelze dient zum Beispiel zum Verschweißen von Eisenbahnschienen. Das Verfahren wird auch als Thermitverfahren bezeichnet.

10. Das Termitverfahren zeigt, daß Aluminiumoxid eine Verbindung ist, die in stark exothermer Reaktion entsteht. Daher ist es umgekehrt sehr schwierig, Aluminiumoxid zu Aluminium zu reduzieren. Einigermaßen wirtschaftlich läßt sich Aluminium erst gewinnen, seitdem elektrischer Strom in ausreichendem Maße zur Verfügung steht.

Aluminium durch elektrolytische Reduktion von Aluminiumoxid

Wichtigstes Rohmaterial zur Gewinnung von Aluminium ist der Bauxit, ein Gemisch aus Aluminiumoxid, Wasser und verschiedenen anderen Oxiden. Bauxit muß zuerst gereinigt und in reines Aluminiumoxid übergeführt werden. Bei knapp 5 Volt Spannung und Stromstärken von bis zu 200 000 Ampere führt man dann eine Schmelzelektrolyse durch. An der Kathode, dem negativen Pol der Elektrolyse, kommt es dabei zur Reduktion und es entsteht metallisches Aluminium.

11. Reines Aluminium ist silberweiß und recht weich. Es läßt sich zu feinstem Draht ausziehen oder zu hauchdünnen Folien auswalzen. Aluminium hat ein sehr niedriges spezifisches Gewicht und wird daher vor allem im Flugzeug-, Schiffs- und Motorenbau verwendet. Auch die Fahrradindustrie, Maschinenbau und Bauindustrie verarbeiten große Mengen an Aluminium. Da reines Aluminium für diese Zwecke zu weich ist, werden ihm andere Elemente, wie Magnesium oder Kupfer beigemischt.
An der Luft überzieht sich Aluminium mit einer dünnen Schicht von Aluminiumoxid. Obwohl kaum sichtbar, schützt sie das Metall vor dem Zutritt von Wasser und Luftsauerstoff. Aluminium wird daher an der Luft kaum angegriffen.

Aluminium als wichtiges Gebrauchsmetall

Aluminiumfahrrad

12. Im Vergleich zu Aluminium, aber auch zu Eisen, ist Kupfer relativ leicht aus seinen Erzen zu gewinnen. Daher ist Kupfer eines der ältesten Gebrauchsmetalle. Die Bronze, aus der die Menschen schon vor rund 3500 Jahren in der Bronzezeit Waffen und Geräte herstellten, war ein Gemisch aus Kupfer und etwa 6% Zinn. Auch heute ist Kupfer, zum Beispiel als Messing (gemischt mit Zink), ein wichtiges Gebrauchsmetall. Da reines Kupfer ausgezeichnete elektrische Leitfähigkeit besitzt, wird es für elektrische Leitungen verwendet. Wegen seiner guten Wärmeleitfähigkeit dient es zur Herstellung von Kühlschlangen, Waschkesseln und Brauereipfannen.
Kupfer findet sich in der Natur meist in Form sulfidischer Erze, zum Beispiel als Kupferglanz (Cu_2S) oder zusammen mit Eisen als Kupferkies ($CuFeS_2$). Durch einfaches Erhitzen an der Luft

$$3\ Cu_2S + 3\ O_2 \rightarrow 6\ Cu + 3\ SO_2$$

wird daraus ein Rohkupfer erhalten, das allerdings noch gereinigt werden muß.

Kupfer als Gebrauchsmetall z. B. in Bronze und Messing

A1 Neben dem Eisenoxid Fe_2O_3 sind auch Oxide der Formeln FeO und Fe_3O_4 bekannt. Die Reduktion dieser Oxide zu Eisen mit Hilfe von Kohlenstoffmonoxid soll als Reaktionsgleichung formuliert werden.

A2 Durch Reaktion mit Aluminium läßt sich auch das Metall Mangan (Mn) aus Mangandioxid (MnO_2) gewinnen. Die Reaktionsgleichung soll formuliert werden.

A3 Wieviel reines Eisenoxid der Formel Fe_2O_3 ist notwendig, um 1 Tonne Eisen zu gewinnen?

A4 Worin unterscheiden sich Roheisen und Stahl? (Zusammensetzung und Eigenschaften).

A5 Die im Roheisen enthaltenen Verunreinigungen Kohlenstoff (C), Phosphor (P), Schwefel (S) und Silicium (Si) verbrennen bei der Stahlherstellung zu Oxiden der Formeln CO_2, P_2O_5, SO_2, SiO_2. Die entsprechenden Reaktionen sollen als Reaktionsgleichungen formuliert werden.

2.5 Die Gasgesetze

Wie schwer sind Gase?

V1 a) Eine starkwandige Glaskugel mit zwei Hähnen (Gaswägekugel) wird an der Wasserstrahlpumpe weitgehend luftleer gemacht (evakuiert) und auf einer empfindlichen Waage genau abgewogen *(Schutzbrille)*. Dann saugt man aus einem mindestens 200 cm^3 großen Kolbenprober in bestimmtes Volumen Sauerstoff in die Kugel und wiegt erneut. Die Ergebnisse sind vergleichend zu notieren.

b) Der Versuch wird mit Kohlenstoffdioxid an Stelle von Sauerstoff wiederholt.

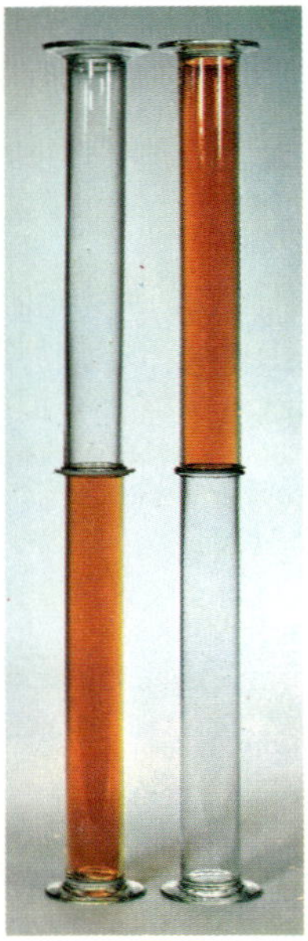

Unterschiedliche Diffusion von Brom und Luft (V_4)

In welche Richtung bewegen sich Gase?

V_2 Zwei Standzylinder werden mit *Stadtgas* oder *Erdgas (beide Gase sind leicht entzündlich und bilden mit Luft explosive Gemische)* gefüllt und in ein Stativ eingespannt. Dabei ist die Öffnung des einen Zylinders nach oben, die des anderen nach unten gerichtet. Nach kurzer Zeit versucht man, das Gas in den Zylindern zu entzünden.

V_3 Die Standzylinder werden anstelle von Stadtgas oder Erdgas mit Kohlenstoffdioxidgas gefüllt und wie bei Versuch V_2 in das Stativ eingespannt. Nach kurzer Zeit führt man in beide Zylinder eine brennende Kerze ein.

V_4 Ein mit *Bromdämpfen (giftig; ätzend)* und ein mit Luft gefüllter Zylinder werden mit ihren Öffnungen so aufeinandergestellt, daß die *Bromdämpfe* oben sind. Dann entfernt man die Glasplatte zwischen den Zylindern (weißer Hintergrund). Der Versuch wird wiederholt, wobei sich aber diesmal das *Brom* unten befindet.

Wie rasch bewegen sich Gasteilchen?

V_5 Man spannt ein weites Glasrohr waagerecht in ein Stativ ein und legt in jedes Rohrende einen Wattebausch, wovon der eine mit *konzentrierter Salzsäure (ätzend)*, der andere mit *konzentrierter Ammoniaklösung (ätzend)* getränkt ist. Das Rohr wird dann auf beiden Seiten mit einem Stopfen verschlossen. Was ist nach einiger Zeit zu beobachten?

V_6 Auf eine Glasflasche mit zwei Öffnungen wird ein Tonzylinder aufgesetzt (siehe Abb. S. 53). Über diesen Tonzylinder stülpt man ein Becherglas. In der zweiten Öffnung der Flasche steckt ein Glasrohr mit Spitze. In die Flasche füllt man gefärbtes Wasser und leitet dann unter das übergestülpte Becherglas *Wasserstoffgas (leicht entzündlich; bildet mit Luft explosive Gemische)*. Was ist zu beobachten?

Wie hängen Druck, Volumen und Temperatur eines Gases zusammen?

V_7 Auf einen Rundkolben setzt man einen Kolbenprober auf und erwärmt den Rundkolben.

V_8 Über ein T-Stück schließt man an das Gasthermometer einen Kolbenprober und ein Manometer an. Bei verschiedenen Stellungen des Kolbenprobers werden jeweils Druck und Volumen abgelesen und die erhaltenen Werte zueinander in Beziehung gesetzt.

Gasdichte: Masse einer bestimmten Volumeneinheit

1. So wie Feststoffe und Flüssigkeiten haben auch Gase eine bestimmte Dichte. Es gibt spezifisch leichtere und spezifisch schwerere Gase. Unter der Gasdichte versteht man die Masse einer bestimmten Volumeneinheit des Gases. Sie wird bei bestimmten äußeren Bedingungen gemessen und kann auch als Litergewicht *(L)* in g/1000 cm^3 angegeben werden.

Diffusion: selbsttätiges Vermischen von Gasen (auch von Flüssigkeiten und Lösungen)

2. Experimente zeigen, daß sich zwei Gase auch dann vermischen, wenn das schwerere Gas unten, das leichtere oben ist. Die Gase bewegen sich also auch entgegen der Schwerkraft. Die selbsttätige Durchmischung von Gasen geht so lange vor sich, bis die Gase im gesamten zur Verfügung stehenden Raum gleichmäßig verteilt sind. Diesen Vorgang nennen wir Diffusion. Er ist analog auch bei Flüssigkeiten und Lösungen zu beobachten.

Diffusionsgeschwindigkeit abhängig von molarer Masse

3. Die Diffusionsgeschwindigkeit, also die Geschwindigkeit, mit der sich die Gase vermischen, ist unter anderem von der molaren Masse der Gase abhängig. Gase mit geringer molarer Masse breiten sich rascher, solche mit hoher molarer Masse langsamer aus. Daher hat Ammoniak mit seiner molaren Masse von 17 g/mol eine beträchtlich höhere Diffusionsgeschwindigkeit als das aus der konzentrierten Salzsäure stammende Gas, das eine molare Masse von 36,5 g/mol besitzt.

4. Die Diffusion kann durch die sogenannte kinetische Gastheorie erklärt werden. Diese Theorie besagt, daß sich alle Teilchen (Moleküle oder Atome) eines Gases ständig und unabhängig voneinander bewegen. Die Bewegung der Teilchen ist dabei völlig regellos und erfolgt geradlinig in jede Richtung des Raumes. Natürlich stoßen die Gasmoleküle häufig aufeinander oder auf die Gefäßwand. Dabei werden sie vollelastisch abgelenkt. Die Summe aller Stöße auf die Gefäßwand ergibt den Gasdruck (siehe Bild a).

Diffusion von Wasserstoff (V_6)

5. Erhöhen wir die Konzentration des Gases, also die Anzahl der Teilchen pro Volumeneinheit, auf das Doppelte, so steigt entsprechend die Anzahl der Stöße auf die Gefäßwand, der Gasdruck wird doppelt so hoch (siehe Bild b). Verdoppeln wir die Teilchenzahl bei gleichbleibendem Druck, so steigt das Volumen des Gases auf das Doppelte (siehe Bild c).
Nach dem Gesetz von Boyle-Mariotte[1] stehen bei konstanter Temperatur Druck p und Volumen V der Gase in einem bestimmten Verhältnis zueinander:

$$p \cdot V = k' \qquad (k' = \text{Konstante})$$

Druck und Volumen von 16 g Sauerstoff bei 25 °C (1 bar = 100 kPa)

Druck (bar)	Volumen (l)	$p \cdot V$ (bar · l)	
0,6	20,7	12,4	Unter Berücksichtigung experimenteller Ungenauigkeiten ergibt das Produkt aus Druck und Volumen einen konstanten Wert.
0,8	15,3	12,2	
1,0	12,5	12,5	
1,2	10,1	12,1	
1,4	8,8	12,3	

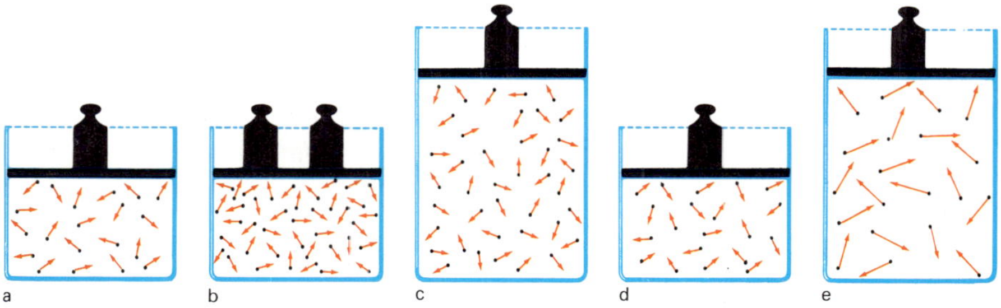

Schematische Darstellung des Verhaltens von Gasteilchen bei verschiedenen Bedingungen

6. Gasteilchen geringerer Masse bewegen sich rascher als solche mit höherer Masse. Daher wird auch die unterschiedliche Diffusionsgeschwindigkeit von der molaren Masse bestimmt. Die Wucht, mit der die Teilchen auf

[1] Robert Boyle (1627–1691), Physiker und Chemiker in Oxford, einer der glänzendsten Wissenschaftler seiner Zeit, Mitbegründer der Atomtheorie. Er untersuchte die Neutralisationsvorgänge, die Verbrennungserscheinungen und das Verhältnis von Druck und Volumen in Gasen.
Edme Mariotte (1620–1684), Physiker in Paris, erste präzise Formulierung des Gesetzes von Boyle-Mariotte.

die Gefäßwand prallen, ist jedoch bei allen Gasen gleich groß. Die Bewegungsenergie, die sogenannte kinetische Energie E_{kin}, hängt von der Masse m und der Geschwindigkeit v der Teilchen ab:

$$E_{kin} = \frac{1}{2} m \cdot v^2 \quad \left[\frac{kg \cdot m^2}{s^2}\right]$$

Die geringere Masse leichterer Atome oder Moleküle wird durch deren höhere Geschwindigkeit kompensiert.

Temperatur-Volum-Gesetz: Temperaturänderung um 1 °C bedeutet Volumänderung um $^1/_{273}\ V_0$

7. Die Geschwindigkeit der Gasteilchen ist aber nicht nur von ihrer Masse, sondern auch von der Temperatur abhängig. Alle Teilchen bewegen sich bei höherer Temperatur rascher. Beim Erwärmen steigt daher die Bewegungsenergie der Gasteilchen; sie prallen mit größerer Wucht auf die Wände auf. Der Druck des Gases oder aber – bei gleichbleibendem Druck – das Gasvolumen wird größer (Bilder d und e, S. 53).
Wenn wir ein Gas bei konstantem Druck um 1 Grad erwärmen, so dehnt es sich nach Gay-Lussac[1] um $^1/_{273}$ seines Volumens bei 0 °C aus. Dasselbe gilt auch umgekehrt, d. h. bei Abkühlung um 1 Grad verringert sich das Volumen entsprechend.

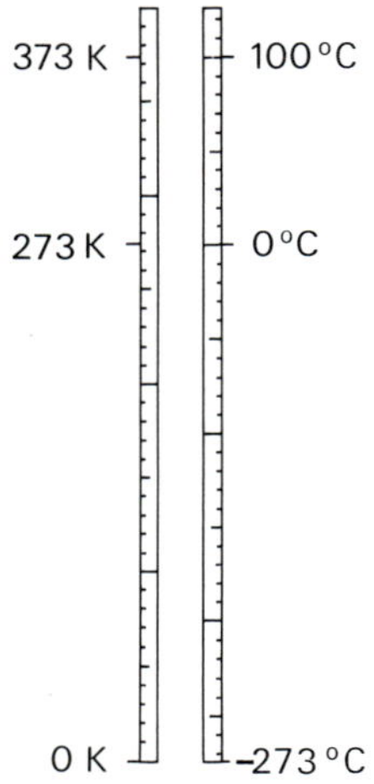

Vergleich der Temperaturskalen nach Celsius und Kelvin

8. Bei Abkühlung auf −273 °C wäre also das Volumen aller Gase gleich Null. Das bedeutet, daß bei dieser Temperatur jede Molekülbewegung aufhört, die kinetische Energie der Teilchen also gleich Null wird. Diese Temperatur, die als absoluter Nullpunkt bezeichnet wird[2], dient als Nullpunkt für die Temperaturskala nach Kelvin[3], deren Werte als «absolute Temperatur» bezeichnet werden.
Das Gesetz von Gay-Lussac besagt also, daß das Volumen V einer Gasmenge bei konstantem Druck der absoluten Temperatur T proportional ist:

$$V \sim T \quad \text{oder} \quad \frac{V}{T} = k''$$

k'' = Konstante
$\sim$ bedeutet: proportional zu

9. Die beiden Gasgesetze von Boyle-Mariotte und Gay-Lussac:

$$p \cdot V = k' \quad \text{und} \quad \frac{V}{T} = k''$$

lassen sich in der sogenannten Zustandsgleichung der Gase zusammenfassen:

$$\frac{p \cdot V}{T} = k$$

(p = Druck, V = Volumen, T = absolute Temperatur, k = Konstante).
Die Zustandsgleichung läßt sich auch in der Form

$$\frac{p_1 \cdot V_1}{T_1} = \frac{p_2 \cdot V_2}{T_2}$$

schreiben. Darin bedeuten: p_1, T_1, V_1 Druck, absolute Temperatur und Volumen der Gasmenge bei den Bedingungen 1; p_2, T_2, V_2 Druck, absolute Temperatur und Volumen derselben Gasmenge bei den Bedingungen 2.

[1] Gay-Lussac (1778–1850), Physiker und Chemiker in Paris.
[2] Genauer liegt der absolute Nullpunkt bei −273,15 °C.
[3] William Thomson, später Lord Kelvin (1824–1907), Professor für Physik in Glasgow, arbeitete auf dem Gebiet der kinetischen Gastheorie und stellte die Zustandsgleichung der Gase auf.

10. Das Volumen einer Gasportion ist also von Druck und Temperatur abhängig. Der Vergleich zweier Gasportionen ist daher nur sinnvoll, wenn dieselben äußeren Bedingungen vorliegen. Üblicherweise vergleicht man bei «Normbedingungen»: 101 kPa (760 Torr) und 273 K (0 °C).

Umrechnen auf Normbedingungen (101 kPa, 273 K)

Wird das Volumen eines Gases bei 96 kPa (p_1) und 293 K (T_1) zu 100 cm³ gemessen, so gilt für das Volumen V_0 bei Normbedingungen die Zustandsgleichung:

$$\frac{p \cdot V}{T}: \qquad \frac{96\text{ kPa} \cdot 100\text{ cm}^3}{293\text{ K}} = \frac{101\text{ kPa} \cdot V_0}{273\text{ K}}$$

Daraus ergibt sich für das Volumen V_0:

$$V_0 = \frac{96\text{ kPa} \cdot 273\text{ K} \cdot 100\text{ cm}^3}{101\text{ kPa} \cdot 293\text{ K}}$$

Wurde das Volumen eines Gases bei beliebigen Bedingungen experimentell bestimmt, so läßt sich sein Volumen bei Normbedingungen (V_0) also nach folgender Gleichung berechnen:

$$V_0 = \frac{p_1 \cdot V_1 \cdot 273}{T_1 \cdot 101}$$

wobei V_1 das gemessene Volumen beim Druck p_1 (in kPa) und der Temperatur T_1 (in Kelvin) ist.

Genaugenommen gilt die allgemeine Zustandsgleichung allerdings nur für «ideale Gase». Die in der Natur auftretenden realen Gase zeigen in ihrem Verhalten gewisse Abweichungen. Das liegt daran, daß sich ihre Teilchen gegenseitig etwas anziehen.

11. Die überraschende Tatsache, daß das Verhalten verschiedenartiger Gase durch ein und dieselbe Zustandsgleichung beschrieben werden kann, hat zwei Gründe:

- Die Teilchen verschiedener Gase besitzen bei gleicher Temperatur die gleiche kinetische Energie (siehe unter 6.).
- Alle Gase enthalten bei gleichem Druck und gleicher Temperatur im gleichen Volumen die gleiche Anzahl selbständiger Teilchen.

Der Satz von Avogadro

Der zweite Satz stammt von Avogadro. Er hat ihn als Hypothese anhand von Volumenmessungen bei Gasreaktionen formuliert und bereits 1811 erstmals ausgesprochen. Die Hypothese wurde für die Chemie außerordentlich wichtig und fruchtbar und konnte später als Gesetz erhärtet werden.

Das molare Volumen idealer Gase beträgt 22,4 Liter

12. Heute ist es möglich, den Satz von Avogadro auch quantitativ auszudrücken: 22,4 Liter jeden Gases enthalten bei Normbedingungen immer 1 mol (also $6{,}02 \cdot 10^{23}$) Teilchen.

22,4 Liter sind das molare Volumen (V_m) eines Gases. Auch dieser Zahlenwert gilt streng genommen nur für «ideale Gase». Reale Gase weichen je nach Molekülstruktur von diesem Wert mehr oder weniger stark ab.
Mit Hilfe dieser quantitativen Aussage lassen sich die molaren Massen gasförmiger und leichtflüchtiger Stoffe aus der Gasdichte berechnen. Zur Bestimmung von Gasdichte und molarer Masse wird ein beliebiges Volumen des betreffenden gasförmigen Stoffs abgewogen und dann auf ein Volumen von 1000 cm³ (Gasdichte, Litergewicht) oder auf ein Volumen von 22,4 Liter (molare Masse, M) umgerechnet.

Molare Volumina einiger realer Gase

Wasserstoff	H_2	22,43 Liter/Mol	Obwohl die molaren Volumina zum Teil nicht unerheblich vom «Idealwert» abweichen, genügt es für Unterrichtszwecke völlig, das molare Volumen einheitlich mit 22,4 Litern durch Mol anzusetzen.
Helium	He	22,424 »	
Stickstoff	N_2	22,402 »	
Kohlenstoffmonoxid	CO	22,402 »	
Sauerstoff	O_2	22,392 »	
Kohlenstoffdioxid	CO_2	22,262 »	
Chlorwasserstoff	HCl	22,248 »	
Chlor	Cl_2	22,063 »	
Schwefeldioxid	SO_2	21,888 »	
«Ideales Gas»	–	22,414 »	

Die Bestimmung von molaren Massen

13. Ein Experiment hat folgende Werte ergeben: 693 cm³ eines Gases wiegen bei 97 kPa und 20 °C (293 K) 1,2256 g. Wie groß ist die molare Masse dieses Gases?
Zunächst muß die ermittelte Gasmenge auf Normbedingungen umgerechnet werden. Nach Abschnitt 10 gilt dabei:

$$V_0 = \frac{97\ \text{kPa} \cdot 693\ \text{cm}^3 \cdot 273\ \text{K}}{293\ \text{K} \cdot 101\ \text{kPa}} = 620\ \text{cm}^3$$

620 cm³ des Gases (bei NB) wiegen also 1,2256 g. Damit wiegen 22,4 Liter, also ein Mol:

$$M = \frac{1{,}2256\ \text{g} \cdot 22\,400\ \text{cm}^3}{620\ \text{cm}^3} = 44{,}28\ \text{g}$$

Die molare Masse des Gases beträgt $M = 44{,}28$ g/mol. Es handelt sich, im Rahmen der experimentell bedingten Fehlergrenze, um Kohlenstoffdioxidgas der Formel CO_2 (theoretischer Wert 44,0 g/mol). Da Kohlenstoffdioxid aus Molekülen besteht, liefert die Bestimmung der molaren Masse gleichzeitig auch den Zahlenwert der Molekülmasse. Die Molekülmasse des Kohlenstoffdioxids beträgt 44 u.

A1 Das bei Versuch V6 zu beobachtende Ergebnis ist darauf zurückzuführen, daß die verschiedenen Gase unterschiedlich rasch durch die poröse Tonwand diffundieren. Die bei diesem Versuch ablaufenden Vorgänge sollen erklärt werden.

A2 Warum enthalten Wetterballone beim Start erheblich weniger Wasserstoffgas, als ihre Ballonhülle räumlich aufnehmen könnte?

A3 Das Wasserstoffgas der Wetterballone wird häufig durch eine chemische Reaktion gewonnen, bei der aus Calciumhydrid (Formel CaH_2) und Wasser (H_2O) Wasserstoffgas und Calciumhydroxid [Formel $Ca(OH)_2$] erzeugt werden.
a) Wie lautet die Gleichung dieser Reaktion?
b) Wieviel Gramm Calciumhydrid und wieviel Gramm Wasser sind notwendig, damit in einen Ballon 250 Liter Wasserstoff eingefüllt werden können (Normbedingungen)?

A4 Ein Gas nimmt bei 96 kPa und 25 °C einen Raum von 1 Liter ein. Welches Volumen besitzt dieses Gas bei Normbedingungen?

A5 Welchen Raum nehmen folgende Gasmengen bei NB ein:
a) 32 g Sauerstoff
b) 20 g Wasserstoff
c) 14 g Ethen (Formel C_2H_4)
d) 1 mol Kohlenstoffdioxid

A6 1 Liter eines Gases wiegt bei NB 1,251 g.
a) Wie groß ist die molare Masse des Gases?
b) Um welches Gas könnte es sich der molaren Masse nach handeln?

A7 Auszug aus einem Versuchsprotokoll zu Versuch V1:
Masse der Kugel nach dem Evakuieren: 199,950 g
Masse der Kugel nach Einziehen von 200 cm^3 Sauerstoffgas: 200,212 g
Luftdruck 98 kPa, Raumtemperatur 18 °C.
Zu welchen Werten berechnen sich aus diesen Ergebnissen
a) das Litergewicht *(L)* in g/1000 cm^3?
b) die molare Masse *M*?

3 Wasser

3.1 Zusammensetzung des Wassers

Vorsicht: Wasserstoff ist sehr leicht entzündlich und bildet mit Luft explosive Gemische.

Analyse von Wasser

Umsetzung von Wasser mit Magnesium (V_1)

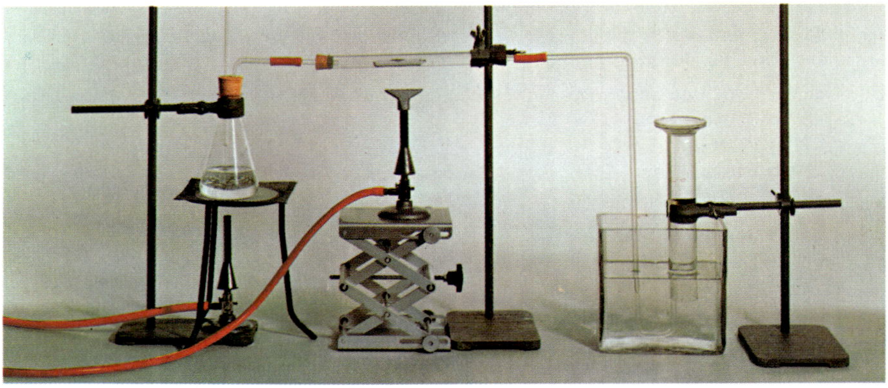

V_1 An einen Erlenmeyerkolben, der zu etwa $^1/_3$ mit Wasser gefüllt ist, schließen wir ein Quarzrohr an. Dieses Rohr hat eine Gasableitung in eine pneumatische Wanne (siehe Abb.). In das Quarzrohr kommt eine Magnesiarinne mit *Magnesiumspänen (feuergefährlich)*. Das Wasser im Kolben wird zum Sieden erhitzt. Ist die Luft in der Apparatur ganz durch Wasserdampf verdrängt, erhitzt man das Porzellanschiffchen kräftig *(Vorsicht: heftige Reaktion! Schutzbrille! Schutzscheibe!)*. Nach der Reaktion wird das Porzellanschiffchen aus dem Rohr herausgenommen. Was ist zu beobachten?

V_2 Das in Versuch V_1 aufgefangene *Gas (leicht entzündlich; mit Luft explosives Gemisch)* wird auf seine Brennbarkeit untersucht.

Synthese von Wasser

Verbrennung von Wasserstoff (V_3)

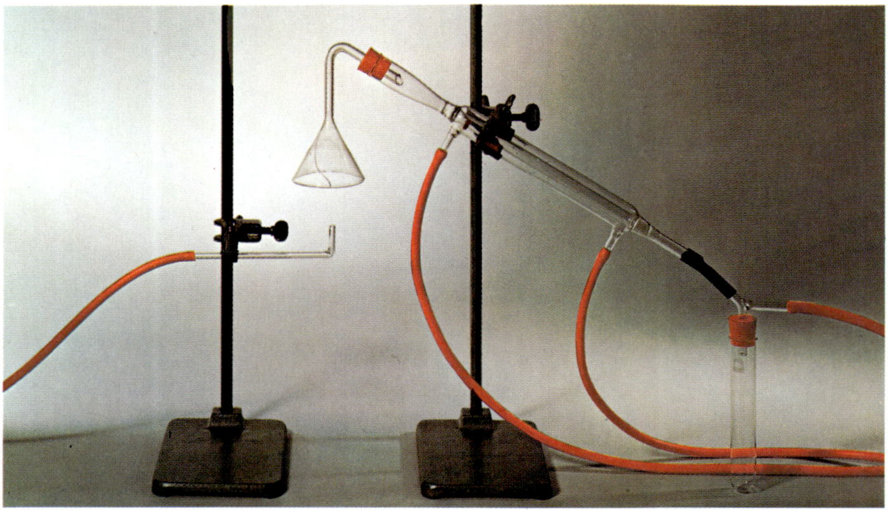

V3 Über eine kleine Flamme brennenden *Wasserstoffgases* hängt man gemäß Abbildung einen umgekehrten Trichter, an den ein Kühler angeschlossen ist. Das als Vorlage dienende Reagenzglas ist über ein T-Rohr mit dem Kühler verbunden. Die Verbrennungsgase werden mit Hilfe einer angeschlossenen Wasserstrahlpumpe in die Apparatur gesaugt.

V4 In einem kleinen, dickwandigen Gaszylinder mischt man *Sauerstoff- und Wasserstoffgas (explosiv)*. Der Zylinder wird *mit einem Handtuch gut umwickelt* und mit der Öffnung an eine Flamme gehalten *(Schutzbrille !)*. Was ist zu beobachten, wenn der Versuch mit unterschiedlichen Mischungsverhältnissen wiederholt wird?

1. Wasser hat die Verhältnisformel H_2O. Es besteht aus Molekülen, und jedes dieser Wassermoleküle setzt sich aus 2 Atomen Wasserstoff und einem Atom Sauerstoff zusammen. Die Summenformel lautet also gleich wie die Verhältnisformel. Die Zusammensetzung des Wassers läßt sich durch Reaktion mit Magnesium und durch Synthese aus den Elementen bestätigen.

Wasser hat die Formel H_2O

2. Bei der Reaktion von Wasser mit Magnesium entsteht ein weißes Pulver. Wir kennen es bereits von der Reaktion des Magnesiums mit Sauerstoff her: es ist Magnesiumoxid. Wasser muß also Sauerstoff enthalten. Gleichzeitig entsteht bei dieser Reaktion ein brennbares Gas. Dabei handelt es sich um das Element Wasserstoff, dessen Moleküle die Formel H_2 besitzen. Auch der Wasserstoff muß aus dem Wasser stammen. Wasser enthält also Wasserstoff und Sauerstoff. Daß es darüber hinaus keine weiteren Elemente enthält, zeigt uns die Synthese, bei der durch Verbrennen von Wasserstoff mit Sauerstoff Wasser entsteht.

3. Die Explosionsversuche sowie quantitative Versuche zur Verbrennung von Wasserstoff mit Sauerstoff zeigen, daß sich die beiden Gase *dann* völlig, also ohne Rest, zu Wasser umsetzen, wenn Wasserstoff zu Sauerstoff im Volumenverhältnis 2 : 1 vorliegen. Nach dem Satz von Avogadro enthalten aber gleiche Volumina verschiedener Gase bei gleichen Bedingungen die gleiche Anzahl von Molekülen. Wenn ein bestimmtes Volumen Sauerstoff immer mit dem doppelten Volumen Wasserstoff reagiert, dann muß ein Sauerstoffmolekül auch mit jeweils zwei Wasserstoffmolekülen reagieren. Im Wassermolekül selbst müssen dann auf 1 Sauerstoffatom 2 Wasserstoffatome kommen:

$$2\,H_2 + O_2 \rightarrow 2\,H_2O \quad |\,\Delta H = -572\ \text{kJ}$$

Wasserstoff verbrennt exotherm zu Wasser

4. Die Reaktion zwischen Wasserstoff und Sauerstoff ist stark exotherm. Wasser ist eine sehr energiearme und stabile Verbindung. Das Gemisch aus zwei Raumteilen Wasserstoff und einem Raumteil Sauerstoff reagiert nach Entzündung augenblicklich und explosionsartig. Es wird daher Knallgas genannt. *Bei allen Arbeiten mit Wasserstoff muß unbedingt darauf geachtet werden, daß kein explosives Gemisch mit Sauerstoff oder Luft entsteht.* Beim Entzünden von Wasserstoffgas ist immer zuerst die sogenannte *Knallgasprobe* zu machen (siehe Kapitel 1.7, Versuch V1).

Knallgas: Gemisch aus 2 Raumteilen Wasserstoff und 1 Raumteil Sauerstoff

A1 a) Nach welcher Reaktionsgleichung setzt sich Magnesium mit Wasser um?
b) Welcher Reaktionspartner wird dabei oxidiert, welcher reduziert?

A2 In welchem Massenverhältnis liegen Wasserstoff und Sauerstoff im Wasser vor?

A3 Wir mischen je 100 cm^3 Wasserstoff und Sauerstoff und entzünden dann das Gemisch. Wieviel cm^3 Sauerstoff bleiben nach der Reaktion übrig? Um wieviel Gramm Sauerstoff handelt es sich dabei?

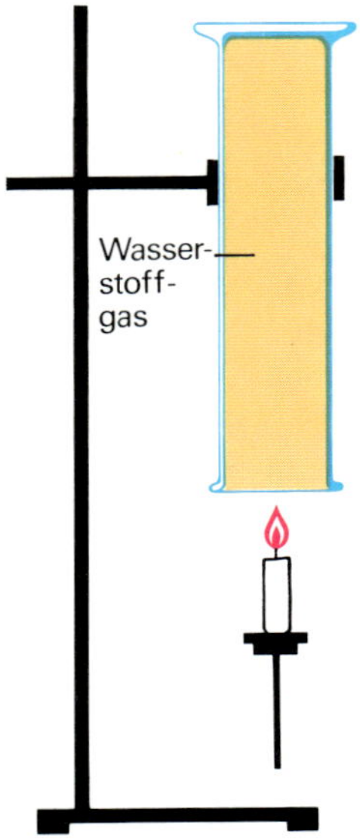

Versuchsanordnung zu V2

3.2 Wasserstoff, Katalyse

Vorsicht: Wasserstoff ist sehr leicht entzündlich und bildet mit Luft explosive Gemische.

Welche Eigenschaften hat Wasserstoff?

V1 Zwei Zylinder werden mit *Wasserstoff* gefüllt und in ein Stativ eingespannt. Dabei zeigt die Öffnung des einen Zylinders nach unten, die des anderen nach oben. Nach einiger Zeit versucht man, den Zylinderinhalt zu entzünden.

V2 In einen mit *Wasserstoff* gefüllten Zylinder wird von unten her eine brennende Kerze eingeführt und langsam wieder herausgezogen.

V3 Ein Kolbenprober wird mit der Kolbenöffnung nach oben so an einem Gestell befestigt, daß der Zylinder beweglich bleibt. Auf die Öffnung ist eine feine Düse aufzusetzen. Dann füllt man den Prober einmal mit Luft und einmal mit *Wasserstoff*. Jedesmal wird dabei die Zeit gemessen, die der Zylinder braucht, um ein bestimmtes Stück abzusinken, d. h. um eine bestimmte Menge Gas durch die Düse zu drücken.

V4 Der Versuch V1 von Kapitel 1.7 wird statt mit Kupferoxid mit rotem Eisenoxid (Fe_2O_3) durchgeführt.

Brennt Wasserstoff auch ohne Anzünden?

V5 Durch ein Glasrohr läßt man vorsichtig *Wasserstoffgas* ausströmen. Mit der Tiegelzange wird ein Platinasbestnetz in den Wasserstoff gehalten.

Wasserstoff ist das leichteste aller Gase

1. Das Element Wasserstoff kann aus Wasser gewonnen und wiederum zu Wasser verbrannt werden – daher sein Name Hydrogenium[1] und das Symbol H. Bei Zimmertemperatur ist Wasserstoff gasförmig. Das Gas ist farb- und geruchlos und verbrennt mit fahler Flamme.
Mit Ausnahme der Edelgase bestehen alle gasförmigen Elemente aus zweiatomigen Molekülen. Das gilt auch für den Wasserstoff, seine Summenformel lautet H_2. Die molare Masse des Wasserstoffs beträgt daher rund 2 g/mol. Nach Avogadro nehmen diese 2 g einen Raum von 22,4 Litern ein. Damit ist Wasserstoff bei einem Litergewicht von etwa 0,09 g/1000 cm^3 das leichteste aller Gase. Daher diffundiert es sehr rasch auch durch kleinste Öffnungen.

Wasserstoff ist ein Reduktionsmittel

2. Bei der Verbrennung von Wasserstoff mit Sauerstoff entsteht Wasser. Der Wasserstoff kann auch dazu benutzt werden, bestimmten Metalloxiden den Sauerstoff zu entziehen und dadurch das reine Metall zu gewinnen. Wasserstoff reagiert in diesem Fall als Reduktionsmittel. In der Praxis wird dieses Verfahren zum Beispiel zur Gewinnung von metallischem Wolfram angewandt:

$$WO_3 + 3\ H_2 \rightarrow W + 3\ H_2O$$

In der Technik werden neben Wasserstoff auch andere Reduktionsmittel eingesetzt. Zur Gewinnung von Eisen aus Eisenerzen dienen im Hochofen zum Beispiel Kohlenstoff und Kohlenstoffmonoxid.

3. Die chemische Großindustrie gewinnt den Wasserstoff durch Zerlegung von Wasser mit heißem Koks (Wassergasherstellung) oder mit Hilfe des elektrischen Stroms (Elektrolyse). Außerdem wird Wasserstoff auch aus Erdöl und Erdölprodukten gewonnen.

[1] *Hydrogenium* (gr.) Wassererzeuger.

Wasserstoff wird in großer Menge insbesondere zur Herstellung von Ammoniak aus Luftstickstoff gebraucht, aber auch zur Härtung flüssiger Fette, für die Synthese verschiedener Produkte der organischen Chemie, zum Schweißen von Metallen, zur Füllung von Ballonen und als Raketentreibstoff, z. B. in den Trägerraketen der Weltraumforschung.
Laboratorien und Handwerk beziehen den Wasserstoff in Stahlflaschen, die – um Verwechslungen zu verhindern – rot gestrichen und mit einem Linksgewinde versehen sind.

4. Obwohl die Reaktion zwischen Wasserstoff und Sauerstoff stark exotherm ist, reagieren die beiden Stoffe bei Zimmertemperatur nicht miteinander. Dem Gemisch muß zuerst die notwendige Aktivierungsenergie zugeführt, es muß entzündet werden. Kommt das Gemisch jedoch mit feinverteiltem Platin in Berührung (V_5), dann entzündet sich der Wasserstoff auch ohne Wärmezufuhr. Das Platin sorgt dafür, daß die Reaktion über Zwischenprodukte niedrigerer Energie abläuft und daher weniger Aktivierungsenergie benötigt. Als Aktivierungsenergie genügt in diesem Fall schon die Wärme des Zimmers. Einen Stoff, der die für eine Reaktion notwendige Aktivierungsenergie herabsetzt und dadurch den Ablauf dieser Reaktion beschleunigt beziehungsweise erst ermöglicht, nennt man Katalysator. Der Vorgang wird als Katalyse bezeichnet. Katalysatoren nehmen an den durch sie katalysierten Reaktionen zwar teil, verbrauchen sich aber nicht. Nach der Reaktion liegt der Katalysator wieder im gleichen Zustand vor wie zu Beginn der Reaktion. Die Chemie kennt viele Katalysatoren, die jeweils ganz bestimmte Reaktionen katalysieren. Für die Reaktion zwischen Wasserstoff und Sauerstoff dient zum Beispiel feinverteiltes Platin als Katalysator.

Katalysatoren setzen die Aktivierungsenergie herab: Reaktionsbeschleuniger

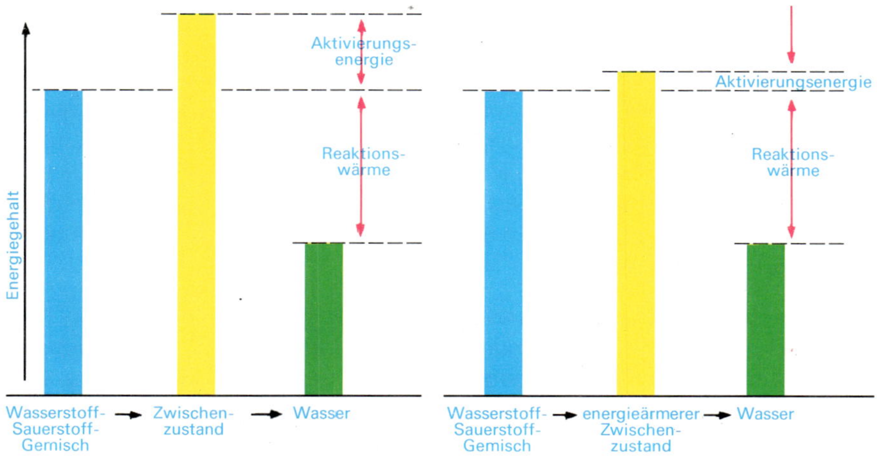

Reaktion ohne Katalysator — Reaktion mit Katalysator

A1 Die folgenden Oxide können mit Wasserstoff reduziert werden: Eisenoxid (Fe_2O_3), Cobaltoxid (Co_3O_4), Cadmiumoxid (CdO). Für die dabei ablaufenden Reaktionen sollen die Reaktionsgleichungen formuliert werden.

A2 Bei Durchführung von Versuch V_1 läßt sich der Inhalt des einen Zylinders entzünden, der des anderen Zylinders nicht. Überläßt man die beiden Zylinder über Stunden hinweg sich selbst und versucht dann, die Zylinderinhalte zu entzünden, so zeigt sich, daß beide Zylinder kein brennbares Gas mehr enthalten. Wie lassen sich diese Beobachtungen erklären?

3.3 Eigenschaften des Wassers. Lösungen

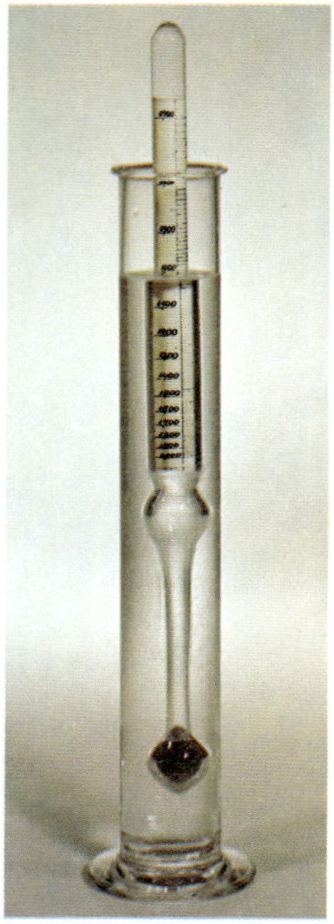

Aräometer zur Messung der Dichte einer Lösung (V_1 und V_5)

Welche Eigenschaften hat Wasser?

V_1 Wasser wird auf folgende physikalische Eigenschaften untersucht: Farbe, Dichte, Schmelztemperatur (Temperatur einer Eis-Wasser-Mischung) und Siedetemperatur (Temperatur von siedendem Wasser).

V_2 Mit dem Leitfähigkeitsprüfer und einer Glühbirne wird reines (destilliertes) Wasser auf seine elektrische Leitfähigkeit geprüft (vgl. Kapitel 1.2, Versuch V_1 c).

Wie verhält es sich mit der Löslichkeit in Wasser?

V_3 Folgende Stoffe werden auf ihre Löslichkeit in Wasser untersucht, indem man jeweils gleiche Mengen im Reagenzglas mit Wasser schüttelt: Kochsalz, rotes Eisenoxid, Kaliumpermanganat, Calciumcarbonat (Marmorpulver), Kaliumdichromat.

V_4 *Alkohol (feuergefährlich)* und *Benzin (feuergefährlich)* werden im Reagenzglas je mit angefärbtem Wasser geschüttelt.

V_5 Mit dem Aräometer wird die Dichte von 100 cm^3 Wasser gemessen. Dann geben wir mehrmals nacheinander je 10 g Kochsalz zu und messen jeweils die Dichte.
Dasselbe geschieht mit 50 cm^3 Wasser und mehrmaligem Zusatz von je 10 cm^3 *Brennspiritus (feuergefährlich)*.

Ist Leitungswasser ein Reinstoff?

V_6 In einer einfachen Destillierapparatur (siehe Kapitel 1.3, Versuch V_6) wird Leitungswasser destilliert. Jeweils eine Probe des Leitungswassers und des destillierten Wassers wird im Reagenzglas mit wenig Silbernitratlösung versetzt.

Wie ist die Löslichkeit von der Temperatur abhängig?

V_7 In zwei Reagenzgläsern mit je 10 cm^3 Wasser werden im einen 6 g Ammoniumchlorid, im anderen 6 g Kaliumnitrat durch Erwärmen gelöst. Dann läßt man abkühlen.

V_8 Eine Sprudelflasche wird geöffnet und in ein warmes Wasserbad gestellt.

1. Rund zwei Drittel der Erdoberfläche sind von Meer bedeckt, bestehen also aus Wasser. Auch auf dem festen Land findet sich Wasser in flüssiger Form in Bächen, Flüssen und Seen oder in fester Form als Eis und Schnee. Schließlich enthalten alle Lebewesen Wasser in teilweise beträchtlichen Mengen. Wasser ist absolut lebensnotwendig, alle Vorgänge im menschlichen, tierischen und pflanzlichen Stoffwechsel sind auf das Vorhandensein von Wasser angewiesen.

2. Reines Wasser ist bei Zimmertemperatur eine geruch-, geschmack- und farblose Flüssigkeit. Seine Schmelztemperatur liegt bei 0 °C, die Siedetemperatur bei 100 °C[1]. Die angegebenen Werte gelten für einen Druck von 101 kPa. Unter höherem Druck siedet Wasser erst bei höherer Temperatur, unter niedrigerem Druck auch bei tieferer Temperatur.
Die größte Dichte hat das Wasser bei 4 °C[2]. Im Unterschied zu fast allen anderen Flüssigkeiten nimmt seine Dichte bei Temperaturen unter 4 °C wieder ab.

[1] Die Temperaturskala von Celsius (1701–1744) richtet sich nach Schmelztemperatur (0 °C) und Siedetemperatur (100 °C) des Wassers bei 101 kPa.

[2] Wasser von 4 °C hat die Dichte 1 g/cm^3. 1 g wird nämlich definiert als die Masse von 1 cm^3 Wasser von 4 °C.

Wasser besitzt zwar eine höhere Wärmeleitfähigkeit als Luft, leitet die Wärme aber bedeutend schlechter als z. B. Metalle. Auch die elektrische Leitfähigkeit von reinem Wasser ist sehr gering.

Echte Lösung: Teilchen sehr klein, nicht sichtbar

3. Viele Stoffe, wie zum Beispiel Zucker, Salz oder Kaliumpermanganat lösen sich in Wasser sehr gut, Wasser ist für diese Stoffe ein gutes Lösungsmittel. Vermischt sich dabei der gelöste Stoff in Form möglichst kleiner Teilchen mit dem Wasser, dann sprechen wir von einer echten Lösung. Da die Teilchen des so gelösten Stoffes für das menschliche Auge auch unter dem Mikroskop nicht sichtbar sind, erscheint die Lösung völlig klar. Es handelt sich um ein homogenes Gemisch mit nur einer flüssigen Phase.

Bei allen natürlich vorkommenden Wässern handelt es sich um Lösungen, die verschiedenartige Stoffe in Wasser gelöst enthalten. Meerwasser ist eine 3–4%ige Kochsalzlösung, auch Grund- und Flußwasser enthält verschiedenartige Salze gelöst. Selbst Regenwasser ist nicht ganz rein, es enthält unter anderem gelösten Sauerstoff und gelöstes Kohlenstoffdioxid.

Der im Wasser gelöste Sauerstoff ist dabei insbesondere für alle durch Kiemen atmenden Wassertiere, also auch für alle Fische lebensnotwendig. Sie brauchen ihn zur Atmung. In ganz reinem, sauerstofffreiem Wasser würden kiemenatmende Tiere ersticken.

Unechte Lösungen: Suspension und Emulsion

4. Viele Stoffe, wie zum Beispiel Marmorpulver oder Eisenoxid, lösen sich in Wasser nur schwer, manche sind nahezu unlöslich (V_3). Eventuell vermischt sich der Stoff mit dem Wasser nicht in Form kleinstmöglicher Teilchen, sondern in Form größerer Partikel. Dann entsteht ein heterogenes Gemisch, das unserem Auge trüb erscheint («unechte Lösung»). Enthält das flüssige Lösungsmittel dabei Partikel eines festen Stoffes, so sprechen wir von einer Suspension. Sind die Partikel ebenfalls flüssig, so haben wir eine Emulsion vor uns. Ein natürliches Beispiel für eine Emulsion ist Milch, für eine Suspension das durch Lehm braun gefärbte Flußwasser.

5. In einer gegebenen Menge des Lösungsmittels löst sich nur eine bestimmte Menge eines festen Stoffes zu einer echten Lösung auf. Verschiedene Stoffe besitzen unterschiedliche Löslichkeiten, d.h. in derselben

Löslichkeit verschiedener Stoffe (in g) in 100 g Wasser bei 20 °C

Kochsalz (Natriumchlorid, $NaCl$)	35,88
Soda (Natriumcarbonat, Na_2CO_3)	21,66
Kupfersulfid (CuS)	0,000033
Kaliumnitrat (KNO_3)	31,66
Rohrzucker ($C_{12}H_{22}O_{11}$)	203,9
Kalk (Calciumcarbonat, $CaCO_3$)	0,0015
Sauerstoffgas (O_2)	0,0043
Kohlenstoffdioxidgas (CO_2)	0,17
Benzol (C_6H_6)	0,07
Alkohol (Ethanol, C_2H_5OH)	Unbegrenzt mischbar

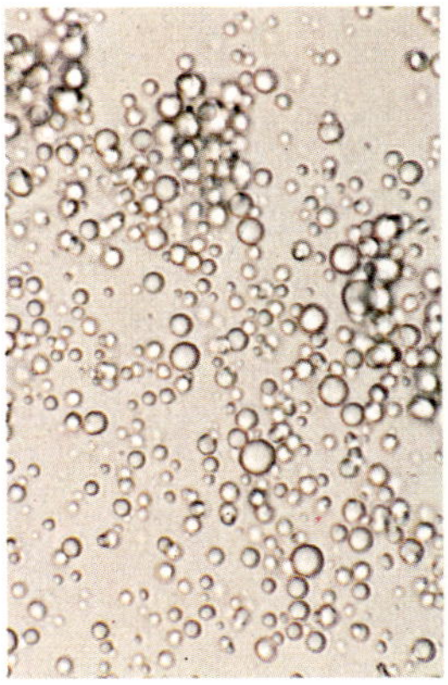

Mikrofotografie von Milch (Emulsion)

Gesättigte Lösung: größtmögliche Menge ist gelöst

Menge Lösungsmittel lösen sich unterschiedliche Mengen der einzelnen Stoffe. Enthält das Lösungsmittel die größtmögliche Menge an gelöstem Stoff, so sprechen wir von einer gesättigten Lösung. Gibt man zu dieser Lösung weitere Mengen des betreffenden Stoffes hinzu, so bleiben sie als Bodensatz ungelöst.
Flüssige Stoffe verhalten sich gegenüber einem Lösungsmittel teils so wie die Feststoffe, teils sind sie mit dem Lösungsmittel auch unbegrenzt mischbar. Gase werden von einem Lösungsmittel immer nur in begrenzter Menge aufgenommen.

Löslichkeit: größte Stoffmenge, die sich in einer bestimmten Menge Lösungsmittel löst

6. Die Konzentration der gesättigten Lösung an gelöstem Stoff ist gleichzeitig das Maß für die Löslichkeit dieses Stoffes. Je nach Lösung unterscheiden wir in der Schule Massenkonzentration (g/l), Volumenkonzentration (cm^3/l) oder Teilchenmengenkonzentration (mol/l). Man gibt Konzentrationen häufig auch in Prozent an, z. B. eine 10%ige Kochsalzlösung enthält 10 g Kochsalz in 100 g Lösung oder eine 40%ige Alkohollösung enthält 40 cm^3 Alkohol in 100 cm^3 Lösung. Lösungen fester Stoffe in Wasser besitzen meist eine höhere Dichte als reines Wasser. Die Dichte ist umso höher, je mehr Feststoff im Wasser gelöst wurde. Die Konzentration kann daher durch Bestimmen der Dichte einer Lösung ermittelt werden. Lösen sich in Wasser spezifisch leichtere Stoffe wie Alkohol oder bestimmte Gase, so hat die Lösung eine geringere Dichte als reines Wasser.

Dichten verschieden konzentrierter Lösungen

Alkohol %	Dichte (g/cm^3)	Kochsalz %	Dichte (g/cm^3)
10	0,9837	5	1,0359
20	0,9702	10	1,0726
30	0,9556	15	1,1105
40	0,9371	20	1,1498
50	0,9147	26	1,1993

Die Löslichkeit ist abhängig von der Art der Stoffe, von Temperatur und Druck

7. Die Löslichkeit ist nicht nur von der Art der Stoffe, sondern auch von der Temperatur abhängig. Feste Stoffe lösen sich bei höherer Temperatur meist besser als bei niedrigerer Temperatur. Bei Gasen nimmt die Löslichkeit dagegen mit höherer Temperatur ab. Wärmeres Wasser enthält also weniger gelösten Sauerstoff. Die gegen Sauerstoffmangel sehr empfindlichen Forellen leben daher nur in kühlen Seen oder Bächen, in wärmerem Wasser verenden sie rasch.

Löslichkeitskurven (Abhängigkeit der Löslichkeit von der Temperatur)

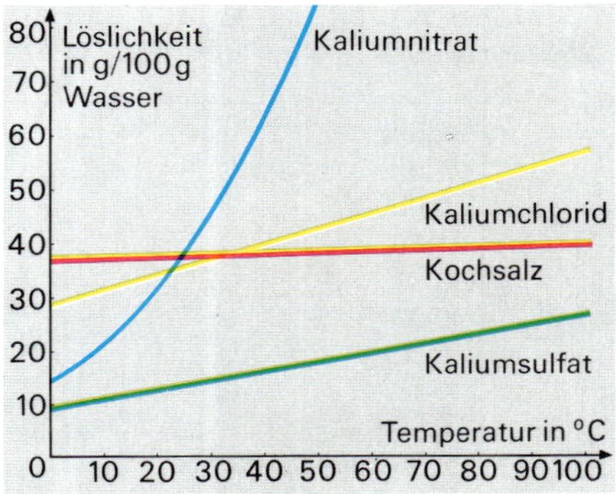

Die Löslichkeit von Gasen in Wasser ist außerdem vom Druck abhängig. Bei höherem Druck löst sich mehr Gas im Lösungsmittel auf.
Vergrößern wir die Oberfläche eines Feststoffs, indem wir ihn zerkleinern, so löst er sich rascher auf. Die Löslichkeit wird dadurch aber nicht beeinflußt.

A1 Wieviel Gramm Kochsalz braucht man zur Herstellung von 150 g 20%iger Kochsalzlösung?

A2 Beim Öffnen einer Sprudelflasche steigen Gasblasen auf. Wie ist diese Beobachtung zu erklären?

3.4 Diffusion und Osmose. Der Dampfdruck

Wie verhalten sich Teilchen in Flüssigkeiten?

V1 Rohe Vollmilch wird mit Wasser auf etwa das Fünffache verdünnt und dann bei starker Vergrößerung unter dem Mikroskop betrachtet. Dabei ist darauf zu achten, daß das Objekt weder erwärmt (Sonne, Mikroskopierlampe) noch abgekühlt wird (Luftzug).

V2 a) In ein zur Spitze ausgezogenes Glasrohr werden Kaliumpermanganatkristalle eingefüllt. Die Spitze taucht man dann in einen mit Wasser gefüllten Standzylinder ein.
b) Durch ein Glasrohr läßt man Kaliumpermanganatkristalle auf den Boden eines mit Wasser gefüllten Standzylinders fallen.

Was geschieht an halbdurchlässigen Membranen?

V3 In ein Osmose-Gerät nach Stoje (siehe Abb.) spannt man eine halbdurchlässige Membran ein. Die Apparatur wird unterhalb der Membran mit Wasser, oberhalb mit einer Zucker-Methylenblau-Lösung gefüllt. Der Spiegel der Lösung im oberen Kapillarrohr ist zu markieren und nach einiger Zeit wieder zu beobachten.

V4 Ein mikroskopischer Schnitt durch eine rote Rübe wird unter dem Mikroskop betrachtet. Zwischen Objektträger und Deckglas saugt man dann eine etwa 2%ige Kochsalzlösung (mit Hilfe eines Filterpapiers) durch.

Bei welchen Temperaturen sieden Lösungen verschiedener Konzentrationen?

V5 In der Vorrichtung gemäß Abbildung wird die Siedetemperatur von 50 cm^3 Wasser gemessen. Nach kurzer Abkühlung gibt man 10 g Harnstoff zu und bestimmt erneut die Siedetemperatur der Lösung. Nach Zugabe von weiteren 10 g Harnstoff wird die Siedetemperatur noch einmal gemessen.

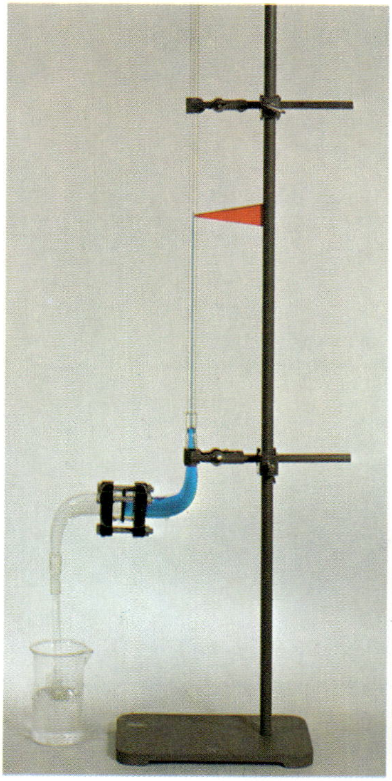

Osmose-Gerät nach Stoye (V3)

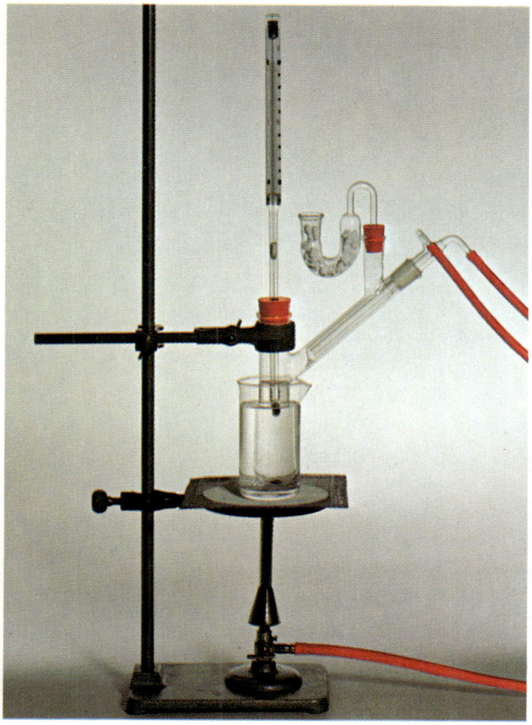

Vorrichtung zur Bestimmung der Siedetemperaturerhöhung (V5)

1. Wie wir schon festgestellt haben, sind die Teilchen aller Stoffe dauernd in Bewegung. In Suspensionen und Emulsionen (wie zum Beispiel Milch) kann diese Bewegung unter dem Mikroskop sichtbar gemacht werden. Die in solchen unechten Lösungen enthaltenen größeren Partikel werden durch ständiges Auftreffen von an sich nicht sichtbaren Teilchen (z. B. Atomen oder Molekülen) in zitternde Bewegung gebracht.

Diffusion auch bei Flüssigkeiten

Infolge der Teilchenbewegung kommt es auch in Flüssigkeiten zur Diffusion. Genau wie in den Gasen diffundieren auch hier die verschiedenartigen Teilchen in Richtung des Konzentrationsgefälles bis gleichmäßige Verteilung eingetreten ist.

Osmose: Diffusion durch semipermeable Membran

2. In einem Gefäß sind reines Wasser und eine wäßrige Lösung durch eine Wand voneinander getrennt (Bild a). Wird die Trennwand entfernt, so diffundieren Wasser und gelöster Stoff (Bild b) so lange, bis beide überall gleichmäßig verteilt sind (Bild c).

In einem anderen Versuch (V_3) seien die beiden Flüssigkeiten durch eine semipermeable (halbdurchlässige) Membran getrennt, die Wasser durchläßt, den gelösten Stoff aber nicht. Jetzt diffundiert zwar das Wasser in die Lösung hinein, nicht aber der gelöste Stoff in das reine Wasser (Bild d). Die Lösung wird dadurch verdünnt, gleichzeitig nimmt die Lösungsmenge zu. Der Spiegel steigt; dadurch übt die Lösung einen höheren Druck auf die Gefäßwände aus. Dieser Druck wird als osmotischer Druck bezeichnet, er bewirkt schließlich, daß keine weiteren Wassermoleküle durch die Membran diffundieren (Bild e). Den ganzen Vorgang nennt man Osmose[1]. Unter Osmose verstehen wir also die Diffusion durch eine semipermeable Membran.

[1] *osmos* (gr.) Stoß.

Diffusion und Osmose

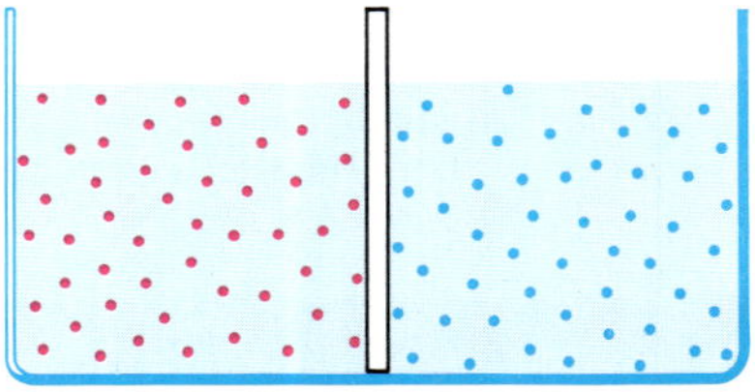

a Lösung Wasser

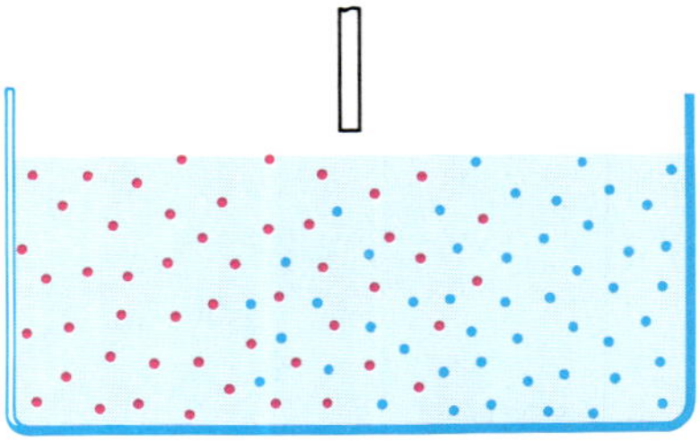

b Diffusion

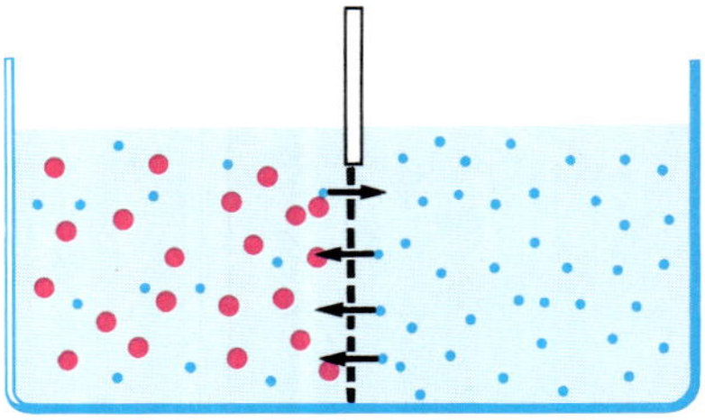

d Osmose

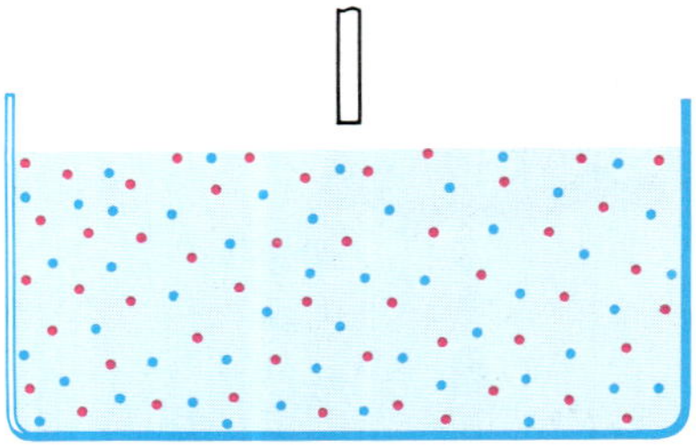

c verdünnte Lösung

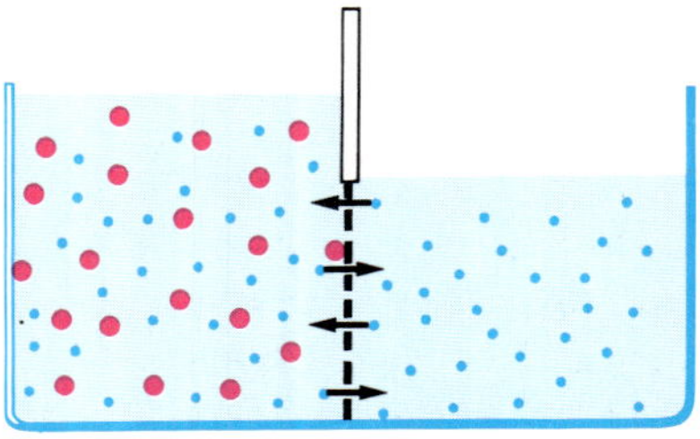

e

3. Die Osmose spielt insbesondere bei lebenden Zellen eine große Rolle. Alle Zellen enthalten Lösungen unterschiedlicher Konzentrationen. Die Außenmembran der Zellen ist zwar nicht undurchlässig, wohl aber schwerer durchlässig für gelöste Stoffe als für Wasser. Bringt man z. B. rote Blutkörperchen in Wasser, so diffundiert Wasser in die Körperchen ein. Unter dem dadurch entstehenden Druck platzen die roten Blutkörperchen fast augenblicklich. Daher muß bei Infusionen immer eine Lösung verwendet werden, die dieselbe Konzentration besitzt wie das Blut.
Bei pflanzlichen Zellen verhindert eine stabile Zellwand das Platzen. Der im Inneren der Zelle herrschende Druck, verhindert schließlich das Einströmen weiteren Wassers und festigt den gesamten Pflanzenkörper.
Legt man Pflanzenteile in eine Lösung höherer Konzentration ein, so diffundiert Wasser aus den Zellen aus, das Zellinnere schrumpft und löst sich dabei von der stabilen Zellwand ab (sogenannte Plasmolyse).

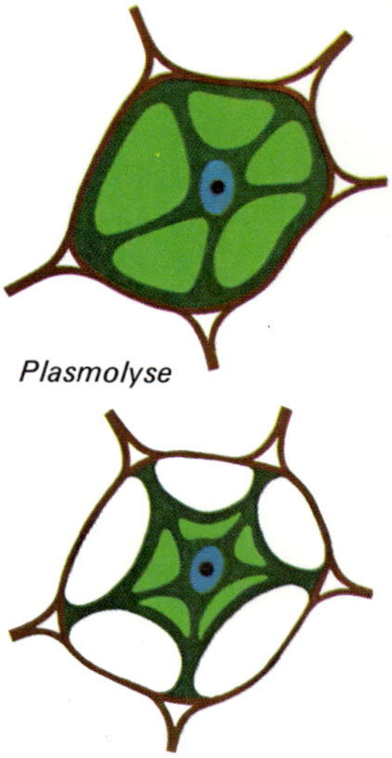
Plasmolyse

4. Da sich die Teilchen einer Flüssigkeit in Bewegung befinden, treten immer einige Teilchen durch die Oberfläche der Flüssigkeit in den Gasraum über: die Flüssigkeit verdunstet. Umgekehrt können auch Flüssigkeitsteilchen, die sich im Gasraum bewegen, an der Oberfläche der Flüssigkeit wieder eingefangen werden. Daher finden sich in der Gasphase über einer Flüssigkeit immer eine bestimmte Anzahl von Flüssigkeitsteilchen. Der Druck, den diese Teilchen auf die Wand eines geschlossenen Gefäßes ausüben, wird als der Dampfdruck der Flüssigkeit bezeichnet.

Verdunsten bewirkt Dampfdruck

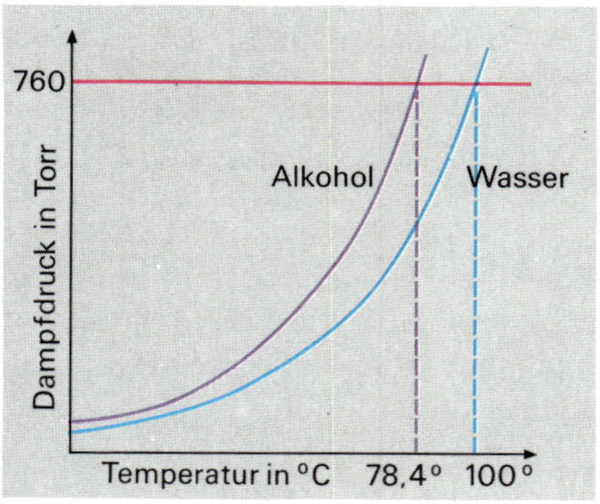

Dampfdruckkurven von Wasser und Alkohol

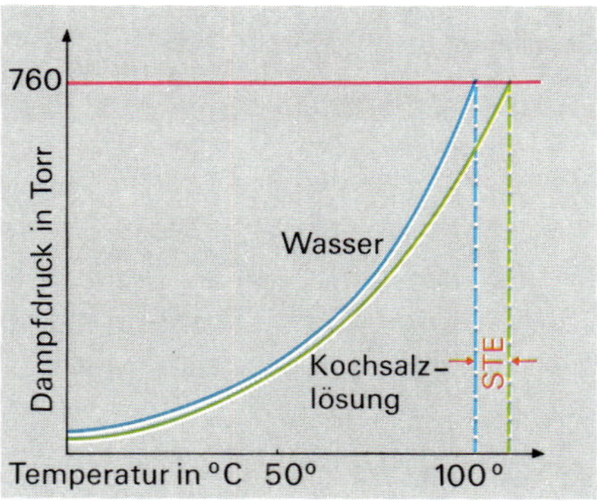

Dampfdruckkurven von Wasser und Kochsalzlösung

5. Bei höherer Temperatur nimmt die Geschwindigkeit der Teilchen zu. Infolgedessen treten mehr Teilchen aus der Flüssigkeit aus: der Dampfdruck steigt (vgl. Dampfdruckkurve des Wassers). Wird der Dampfdruck gleich dem in der Umgebung herrschenden Druck, so bilden sich auch innerhalb der Flüssigkeit Gasblasen, d. h. die Flüssigkeit siedet. Die Siedetemperatur ist die Temperatur, bei welcher der Dampfdruck der Flüssigkeit gleich dem Atmosphärendruck ist (101 kPa). Jede Flüssigkeit hat einen bestimmten Dampfdruck und damit eine ganz bestimmte Siedetemperatur. Alkohol zum Beispiel besitzt bei gleicher Temperatur einen höheren Dampfdruck und damit auch eine niedrigere Siedetemperatur als Wasser.

Höhere Temperatur ergibt höheren Dampfdruck

Die Erhöhung der Siedetemperatur ist proportional der Konzentration an gelöstem Stoff

6. Lösungen haben einen niedrigeren Dampfdruck als das reine Lösungsmittel (vgl. die Dampfdruckkurven von Wasser und Kochsalzlösung). Der Dampfdruck wird dabei um so niedriger, je höher die Konzentration an gelöstem Stoff ist. Als Folge des niedrigeren Dampfdrucks siedet die Lösung erst bei höherer Temperatur als das reine Lösungsmittel. Diese sogenannte Siedetemperaturerhöhung (Sdt.-Erhöhung) ist der Anzahl der gelösten Teilchen proportional. Lösen wir z. B. 1 mol Harnstoff in 1000 g Wasser (1 Liter), so steigt die Siedetemperatur um 0,52 °C an. Lösen wir 2 mol Harnstoff in derselben Menge Wasser, so beobachten wir eine Sdt.-Erhöhung von 1,04 °C, usw. Diese Sdt.-Erhöhung ist charakteristisch für das Lösungsmittel Wasser.

Der Betrag der Sdt.-Erhöhung ist von der Art der gelösten Teilchen unabhängig. Er ist jedoch abhängig von der Art des Lösungsmittels. Bei gleichen Voraussetzungen (gleiche Masse Lösungsmittel und gleiche Anzahl gelöster Teilchen) zeigt jedes Lösungsmittel eine charakteristische Sdt.-Erhöhung.

Siedetemperaturerhöhung und Gefriertemperaturerniedrigung in Grad Celsius nach Auflösen von 1 mol Substanz in 1000 g des betreffenden Lösungsmittels

Lösungsmittel	Siedetemperatur-erhöhung (°C)	Gefriertemperatur-erniedrigung (°C)
Wasser	0,521	1,86
Alkohol (Ethanol)	1,07	
Aceton	1,69	
Ether (Diethylether)	2,16	1,79
Essigsäure	3,08	3,59
Chloroform	3,80	4,90
Benzol	2,54	5,065
Tetrachlormethan	5,07	29,8

Bestimmen der molaren Masse durch Messen der Sdt.-Erhöhung

7. Löst sich ein Stoff in Form von Molekülen im Lösungsmittel auf, so können aus der Sdt.-Erhöhung die Molekülmasse bzw. die molare Masse des gelösten Stoffes berechnet werden. Dazu ist es notwendig, Konzentration und Sdt.-Erhöhung der Lösung experimentell zu ermitteln.

Im Versuch V_5 sei die Siedetemperatur von 50 cm^3 Wasser zu 98,4 °C bestimmt worden. Nach Auflösen von 10 g Harnstoff betrage die Siedetemperatur der Lösung 100,14 °C.

Setzen wir die molare Masse des Harnstoffs gleich x, so ergeben sich folgende Beziehungen:

Eine Sdt.-Erhöhung von 1,74 ° entspricht 200 g Harnstoff/Liter H_2O,
eine Sdt.-Erhöhung von 0,52 ° entspricht x g Harnstoff/Liter H_2O.
Also ist:

$$x : 200 = 0{,}52 : 1{,}74 \quad \text{und} \quad x = \frac{0{,}52 \cdot 200}{1{,}74} = 60$$

Die molare Masse von Harnstoff beträgt somit rund 60 g/mol.

8. Auch feste Stoffe besitzen einen Dampfdruck. Der Punkt, in dem sich die Dampfdruckkurven von flüssiger und fester Phase schneiden, ist die Schmelztemperatur des betreffenden Stoffes. Bei dieser Temperatur haben flüssige und feste Phase des Stoffes denselben Dampfdruck und existieren daher nebeneinander. Unterhalb dieser Temperatur kann der betreffende Stoff nur in fester, oberhalb nur in flüssiger Form vorliegen. Die grafische Darstellung zeigt, daß die Dampfdruckkurve der Lösung die Kurve der festen Phase erst bei tieferer Temperatur schneidet. Die Lösung gefriert also erst bei tieferer Temperatur als das reine Lösungsmittel. Natürlich ist diese Gefriertemperaturerniedrigung, genau wie die Siedetemperaturerhöhung, der Anzahl der gelösten Teilchen proportional. Auch die Gefriertemperaturerniedrigung ist von der Art der gelösten Teilchen unabhängig, jedoch abhängig von der Art des Lösungsmittels. Jedes Lösungsmittel hat eine charakteristische molare Gefriertemperaturerniedrigung. Somit kann die molare Masse einer Substanz auch durch Messen der Gefriertemperaturerniedrigung bestimmt werden.

Die Erniedrigung der Gefriertemperatur ist proportional der Konzentration an gelöstem Stoff

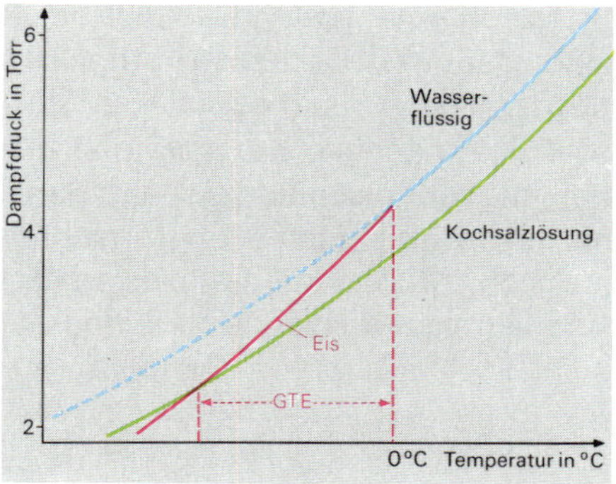

Dampfdruckkurven von Wasser, Eis und Kochsalzlösung

A1 Nach Auflösen von 10 g Campher in 50 g reinem *Alkohol (feuergefährlich)* zeigt sich eine Sdt.-Erhöhung von 1,40 °. Welche molare Masse hat Campher?

A2 Nach Auflösen von 1 g Naphthalin in 25 g Benzol zeigt sich eine Gefriertemperaturerniedrigung von 1,57 °. Wie groß ist die molare Masse von Naphthalin?

A3 Bei Glatteisgefahr werden die Straßen im Winter oft mit Salz gestreut. Wie erklärt sich die Wirkung dieser Maßnahme?

3.5 Reines Wasser – eine Aufgabe des Umweltschutzes

V Mit Hilfe von Teststäbchen (z. B. Merckoquant) wird Wasser verschiedenen Ursprungs auf Nitrat, Schwermetalle, Kalium-Ionen und Säure-Gehalt geprüft. Zur Untersuchung können Leitungswasser, Abwasser, Quellwasser und Wässer verschiedener Flüsse, Seen oder Bäche verwendet werden *(Vorsicht: Beim Arbeiten mit Abwasser die Hygienevorschriften beachten)*.

Das Wasser in der Natur

1. Auf das Gebiet der Bundesrepublik Deutschland fallen im Durchschnitt pro Jahr etwa 200 Milliarden m^3 Wasser in Form von Regen, Schnee, Hagel usw. Rund die Hälfte davon verdunstet verhältnismäßig rasch wieder, knapp 25 Milliarden m^3 versickern als Grundwasser im Boden.
Das in der Natur vorkommende Wasser ist nie ganz rein. Schon das Regenwasser enthält gelöste Gase. Im Boden lösen sich dann noch eine ganze Reihe verschiedener Salze. Wird Kalk oder Gips gelöst, so erhalten wir sogenannt «hartes» Wasser; zusammen mit anderen Salzen können verschiedenartige Mineralwässer entstehen.

Reagenz: Nachweisstoff für bestimmte Substanzen

2. Aus Industrie, Landwirtschaft, Haushalten, Verkehr und öffentlichen Einrichtungen gelangen zusätzliche Verunreinigungen ins Wasser. Um die Art und Menge dieser Verunreinigungen festzustellen, muß eine Analyse durchgeführt werden. Dazu benutzt man Nachweisstoffe, die mit dem jeweils zu bestimmenden Stoff reagieren und als Reagenzien bezeichnet werden. Zeigt sich nach Zugabe des Reagenz die erwartete Reaktion, so ist die Anwesenheit der gesuchten Substanz nachgewiesen. Die verwendeten Reagenzien müssen spezifisch sein, dürfen die erwartete Reaktion also nur mit dem gesuchten Stoff zeigen. Sie sollten darüber hinaus möglichst empfindlich sein, also auch bei großer Verdünnung noch reagieren.

Qualitative und quantitative Analyse zeigen Art und Menge der Inhaltsstoffe

3. Durch eine qualitative Analyse stellt man fest, welche Stoffe vorhanden sind. Bei der quantitativen Analyse wird bestimmt, in welcher Menge und Konzentration der betreffende Stoff vorliegt. In den letzten Jahren sind sowohl qualitative wie auch quantitative Analyseverfahren entwickelt worden, die sehr rasch ausreichend genaue Ergebnisse liefern. Die so gewonnene Erkenntnis über den Verschmutzungsgrad der Gewässer macht es möglich, Maßnahmen einzuführen, durch die Verunreinigungen des Wassers vermieden oder doch vermindert werden.

Wasserkreislauf in der Natur

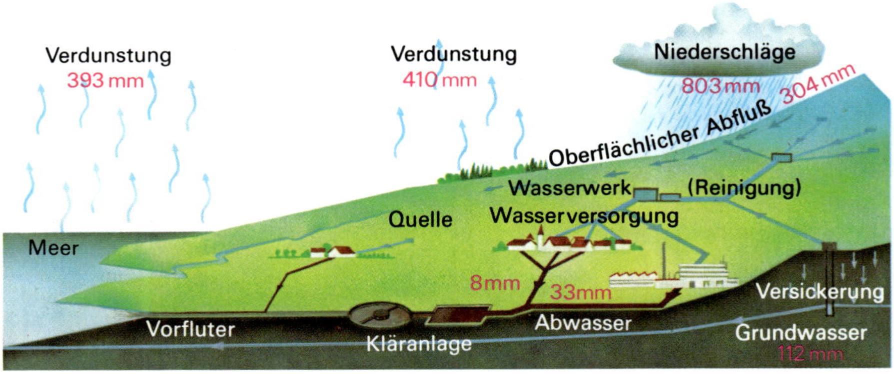

Im Abwasser organische Verunreinigungen, evtl. Säuren und Schwermetalle

4. Abwässer enthalten insbesondere organische Stoffe, aber auch Nitrate, Phosphate, Säuren und gelegentlich Schwermetallsalze, die zum Teil sehr giftig sind. Die organischen Verunreinigungen stammen vor allem aus den Haushalten, sie kommen aus Küche, Bad und Toilette. Nitrate gelangen aus aufgelösten Düngemitteln direkt in die Gewässer, bilden sich aber auch beim Abbau der organischen Verunreinigungen. In vielen Industriebetrieben, aber auch in Haushaltungen, werden Säuren verwendet. Sie können das Abwasser sauer machen. Der Säuregehalt des Wassers wird als sogenannter pH-Wert angegeben. Reines Wasser hat einen pH-Wert von 7, pH-Werte unter 7 zeigen saures, pH-Werte über 7 alkalisches Wasser an. Schwermetallsalze können unter anderem durch unsachgemäßen Umgang mit Industrieprodukten ins Abwasser gelangen. So sind Schwermetalle und ihre Verbindungen zum Beispiel in elektrischen Batterien und in manchen Farben enthalten.

5. Hochzivilisierte Gebiete haben einen sehr hohen Wasserverbrauch. Schon um das Jahr 100 verbrauchte Rom über 200 Liter Wasser pro Tag und Kopf der Bevölkerung. In der Bundesrepublik Deutschland werden heute alleine im Haushalt pro Person über 140 Liter Wasser am Tag verbraucht. Zusammen mit dem Wasserverbrauch in Schwimmbädern, Schulen, Krankenhäusern usw. ergibt das einen Verbrauch von rund 325 Liter pro Person und Tag. Auch die Industrie braucht, hauptsächlich für Kühlzwecke, große Mengen Wasser. So sind zum Beispiel zur Gewinnung von 1 Tonne Stahl rund 25 000 Liter Wasser notwendig, die Herstellung von 1 Tonne Papier braucht etwa 150 000 Liter, die von 1 Tonne gebleichter Cellulose sogar 800 000 Liter Wasser. So wurden in der Bundesrepublik Deutschland im Jahr 1977 über 32 Milliarden Kubikmeter Wasser genutzt.

Bundesrepublik Deutschland: über 32 Mrd. m^3 Wasser im Jahr

6. Natürlich steigt mit dem Wasserbedarf auch die Menge des anfallenden Abwassers. Dieses Abwasser leitete man früher einfach in die Gewässer ein, wo die organischen Verunreinigungen durch Kleinlebewesen rasch abgebaut wurden. Die Gewässer reinigten sich selbst. Die heute anfallenden großen Abwassermengen können von den Gewässern jedoch nicht mehr verkraftet werden. Der Abbau organischer Verunreinigungen entzieht dem Wasser Sauerstoff. Viele Pflanzen und Tiere des natürlichen Gewässers gehen daher an Sauerstoffmangel zugrunde. An ihre Stelle treten Lebensformen, die wenig Sauerstoff beanspruchen, insbesondere Abwasserpilze und -bakterien in großer Zahl. Die verwesenden Reste dieser Organismen zehren weiter Sauerstoff auf. Schließlich stirbt in dem Gewässer jedes höhere Leben ab, der Fluß, See oder Bach «kippt um».

Das Abwasser wird zum Problem

Algen in einem von nährstoffreichen Zuflüssen gespeisten kleinen Teich

7. Die Abwässer müssen daher, bevor sie in die Gewässer kommen, in Kläranlagen gereinigt werden. Solche Anlagen reinigen das Wasser in einer ersten Stufe mechanisch, in der zweiten Stufe biologisch.
Der mechanische Teil der Kläranlage enthält Rechen zum Abfangen grober Verunreinigungen und Absetzbecken, in denen sich der Schmutz als Schlamm absetzen kann. Im biologischen Teil der Anlagen bauen Kleinlebewesen das organische Material des Abwassers ab. Damit diese Lebewesen gut arbeiten können, muß das Wasser kräftig durchlüftet werden. Das kann in sogenannten Belüftungsbecken geschehen, in denen das Abwasser mit den notwendigen Bakterien versetzt und dann mit Luft kräftig verquirlt wird. An Stelle der Belüftungsbecken werden oft auch sogenannte Tropfkörper verwendet, große Betonkessel, die mit feinen Gesteinsbrocken gefüllt sind.

Kläranlage: 1. Stufe mechanische Reinigung 2. Stufe biologische Reinigung

An der Oberfläche dieser Brocken siedeln sich die zum Abbau der organischen Verunreinigungen notwendigen Kleinlebewesen an. Das Abwasser rieselt von oben her über die Brocken und von unten her wird gleichzeitig Luft durch den Tropfkörper geleitet. Bakterien und Kleinlebewesen finden in Belüftungsbecken und Tropfkörpern ideale Lebensbedingungen und vermehren sich daher stark. Ein Teil dieser Lebewesen gelangt in das anschließende Nachklärbecken, in dem sie sich als flockiger Schaum absetzen. Eventuell im Abwasser enthaltene Schwermetallsalze oder andere Giftstoffe können in der beschriebenen Kläranlage nicht abgebaut werden. Vielmehr kommt es immer wieder vor, daß solche Stoffe die Bakterien der Kläranlage abtöten und dadurch den biologischen Teil der Anlage unwirksam machen. Insbesondere industrielle Abwässer reinigt man daher je nach Art der vorhandenen Schadstoffe in besonderen chemischen Anlagen. In diesen Anlagen müssen die Schwermetallsalze ausgefällt und die Säuren unschädlich gemacht werden.

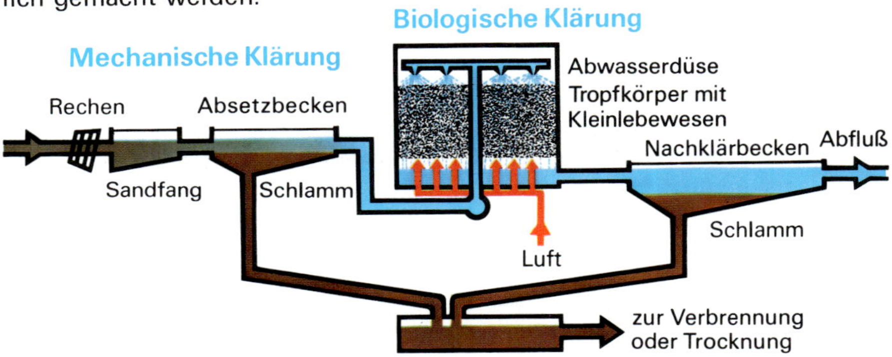

Schema einer mechanisch-biologischen Kläranlage

Die Kläranlage der BASF Ludwigshafen könnte die Abwässer einer Großstadt mit 6 Millionen Einwohnern reinigen. Die fünf, im Winkel angeordneten rechteckigen Belüftungsbecken fassen je 58 000 m³ Abwasser. Hinten in der Mitte die Absetzbecken, vorn die runden Becken zur Nachklärung und Eindickung. Die Gebäude im Vordergrund enthalten Filterpressen zum Abfiltern des Klärschlamms, rechts davon erkennt man die Öfen, in denen der entwässerte Klärschlamm verbrannt wird.

8. Trink- und Nutzwasser für den Haushalt gewinnt man am einfachsten aus dem Grundwasser. Dieses Wasser ist durch natürlich lagerndes Gestein, durch Sand oder Kies gesickert und dabei vorgereinigt worden. In günstigen Fällen kann es ohne weitere Reinigung direkt als Trinkwasser benutzt werden. Daneben muß für die Trinkwasserversorgung aber auch Wasser aus Flüssen und Seen herhalten. Große Teile Baden-Württembergs einschließlich der Stadt Stuttgart erhalten zum Beispiel Wasser, das aus dem Bodensee stammt. Die Aufbereitung solchen Wassers richtet sich nach dem Grad der Verschmutzung und der Art der Beimengungen. Meist wird das Wasser durch mehrfache Behandlung mit Chlor und Ozon desinfiziert und entkeimt. Mit Hilfe von Kalk und Eisensalzen werden Verunreinigungen ausgeflockt. Schließlich filtriert man noch mehrmals durch Kies und durch die besonders wirksame Aktivkohle.

Trinkwasser durch Desinfektion, Ausflockung und Filtration

9. Meerwasser enthält durchschnittlich etwa 3,5% an gelösten Stoffen, insbesondere Kochsalz. Als Trinkwasser ist es nicht geeignet. Im Süden der USA, in Israel und in einigen arabischen Staaten sind Meerwasserentsalzungsanlagen in Betrieb, in denen Wasser und Salz durch Destillation voneinander getrennt und einzeln gewonnen werden.
Das durch Destillation gewonnene «destillierte Wasser» ist reines Wasser. Im Labor wird es verwendet, wenn die sonst im Wasser enthaltenen Zusätze bei chemischen Reaktionen stören würden. Will man es als Trinkwasser verwenden, so müssen ihm zuerst unter anderem Luft, Kohlenstoffdioxid und in geringer Menge Mineralsalze zugesetzt werden.

Destilliertes Wasser ist reines Wasser

A Für die folgenden Verunreinigungen soll angegeben werden, in welchem Teil der Kläranlage sie aus dem Wasser entfernt werden, oder ob sie eventuell die Kläranlage unverändert passieren: Papier, Nahrungsreste, Kochsalz, Zucker, Sand.

4 Saure und alkalische Lösungen – Neutralisation und Salze

4.1 Eigenschaften von sauren und alkalischen Lösungen

Wie kann man saure und alkalische Lösungen unterscheiden?

V1 In sauberen Haushaltstrinkgläsern befinden sich verdünnte, evtl. filtrierte Lösungen von Essig, Zitronensaft, saurem Sprudel, Vitamin C und saurer Milch. Ausnahmsweise dürfen einige Schüler eine Geschmacksprobe durchführen. Was haben diese Stoffe gemeinsam? Die Lösungen werden in Bechergläser umgefüllt und mit Lackmus- bzw. Bromthymolblaulösung versetzt. Was läßt sich beobachten? In einem Vergleichsversuch wird Leitungswasser mit Lackmus- und Bromthymolblaulösung versetzt.

V2 In verschiedenen Bechergläsern werden verdünnte wäßrige Lösungen aus den Reinstoffen Citronensäure, Milchsäure und Essigsäure (Eisessig) (ätzend) hergestellt. Dann untersucht man mit Lackmuspapier, Bromthymolblaulösung und Universalindikatorpapier.

V3 Destilliertes Wasser (nicht entmineralisiertes!) sowie wäßrige, evtl. filtrierte Lösungen eines Vollwaschmittels, einer Seifenlösung und von Natronlauge (ätzend) werden mit Lösungen von Lackmus, Phenolphthalein, Bromthymolblau und Universalindikator geprüft.

Wie reagieren Lösungen von Oxiden?

V4 Wäßrige und evtl. filtrierte Lösungen von Calciumoxid (CaO), Phosphorpentoxid (P_4O_{10}), Magnesiumoxid (MgO) und Schwefeldioxid (SO_2) werden mit Indikatorlösungen bzw. mit Universalindikatorpapier untersucht.

Was läßt sich beim Verdünnen von sauren Lösungen beobachten?

V5 Eine konzentrierte wäßrige Citronensäurelösung wird auf das 10-, 100- und 1000fache verdünnt. Man prüft mit Universalindikatorpapier. Was zeigt sich, wenn man die Farbänderungen mit der pH-Farbskala des Indikatorpapiers vergleicht?

Säure in verschiedenen Lösungsmitteln

V6 Mit Hilfe eines trockenen Universalindikatorpapiers werden eine wäßrige Citronensäurelösung und eine Lösung von Citronensäure in Aceton überprüft. Was ist zu beobachten?

Saure Lösung:
Säure in Wasser gelöst

1. Zitronensaft, Speiseessig, saure Milch, aber auch Rhabarbersaft oder der Saft eines unreifen Apfels schmecken sauer. Den sauren Geschmack können wir mit den Geschmacksinneszellen auf unserer Zunge wahrnehmen; stark verdünnte saure Lösungen, z. B. sauren Sprudel, empfinden wir als erfrischend.
Saure Lösungen können durch Auflösen verschiedener Stoffe in Wasser hergestellt werden. Im Speiseessig ist dies z. B. die Essigsäure, im Zitronensaft die Citronensäure und in der sauren Milch die Milchsäure. Solche Stoffe, deren Lösungen in Wasser saure Eigenschaften besitzen, nennt man Säuren.

Nachweis saurer Lösungen:
Farbreaktion z. B. mit Bromthymolblau

2. Die Untersuchung saurer Lösungen durch Geschmacksprobe ist in vielen Fällen lebensgefährlich: Sie sind häufig giftig, und konzentrierte saure Lösungen sind stark ätzend. Sie werden daher mit Hilfe von Farbstoffen nachgewiesen, die durch saure Lösungen eine bestimmte Farbänderung erfahren. Ein solcher Farbstoff ist Lackmus, der aus einer Flechte gewonnen wird und in saurer Lösung rote Farbe zeigt. Viel verwendet wird auch der Farbstoff Bromthymolblau, der in saurer Lösung gelb erscheint.

3. In anderen wäßrigen Lösungen wie z. B. Seifenlösung, Natronlauge oder der Lösung eines Vollwaschmittels zeigen dieselben Farbstoffe jedoch völlig andere Farben: Durch sie werden z. B. eine Lackmuslösung und eine Bromthymolblaulösung blau gefärbt. Solche Lösungen fühlen sich seifig an; man bezeichnet sie als alkalische[1] Lösungen.
Reines, destilliertes Wasser oder auch eine Kochsalzlösung zeigen bei Einsatz der Farbstoffe weder saure noch alkalische Reaktion; man spricht dann von einer neutralen[2] Lösung. Bromthymolblau z. B. zeigt in neutraler Lösung eine grüne Farbe, Lackmus eine violette Farbe.

Lösungen können sauer, alkalisch oder neutral sein

4. Farbstoffe, die zum Nachweis saurer, alkalischer und neutraler Lösungen benutzt werden, nennt man Indikatoren[3].
Neben den genannten Indikatoren Lackmus und Bromthymolblau werden z. B. auch Phenolphthalein oder Universalindikatoren eingesetzt. Phenolphthalein ist in saurer und neutraler Lösung farblos, in alkalischer Lösung rot. Universalindikatoren sind Farbstoffgemische; sie zeigen für eine Lösung nicht nur an, ob sie sauer oder alkalisch, sondern auch wie stark sauer bzw. alkalisch sie ist. Universalindikatoren sind in sauren Lösungen meist mehr oder weniger rot, in alkalischen Lösungen blau. Universalindikatorpapier wird dadurch hergestellt, daß man Filterpapier mit Universalindikatorlösung tränkt und anschließend trocknen läßt.

Indikatoren als Nachweismittel für saure, alkalische und neutrale Lösungen

Indikatoren

Name des Indikators	Farbe des Indikators in saurer Lösung	in neutraler Lösung	in alkalischer Lösung
Phenolphthalein	farblos	farblos	rot
Lackmus	rot	violett	blau
Bromthymolblau	gelb	grün	blau
Methylrot	rot	gelb	gelb
Methylorange	rot	gelb	gelb
Universal-indikator	gelb bis rot	grün	blau

5. Auch beim Auflösen von Oxiden in Wasser können saure oder alkalische Lösungen entstehen. Löst man z. B. Calciumoxid (CaO) oder Magnesiumoxid (MgO) in destilliertem Wasser auf, so erhält man nach Filtration farblose Lösungen. Die Prüfung mit Indikatoren zeigt, daß es sich um alkalische Lösungen handelt. Diese Metalloxide reagieren also mit Wasser unter Bildung von alkalischen Lösungen (V4).
Reagieren dagegen Nichtmetalloxide wie z. B. Schwefeldioxid (SO_2) oder Phosphorpentoxid (P_4O_{10}) mit Wasser, so entstehen saure Lösungen, hier die Schweflige Säure (H_2SO_3) bzw. die Phosphorsäure (H_3PO_4).

Metalloxide bilden alkalische, Nichtmetalloxide saure Lösungen

[1] *al kalja* (arab.) Pflanzenasche.
[2] *neutrum* (lat.) keines von beiden.
[3] *indicare* (lat.) anzeigen.

pH $<$ 7: saure Lösung
pH $=$ 7: neutrale Lösung
pH $>$ 7: alkalische Lösung

6. Mit Hilfe von Universalindikatorpapier und einer entsprechenden Vergleichsskala (mit Werten z. B. von 1–14), der sog. pH-Skala läßt sich, wie bereits erwähnt, nicht nur überprüfen, ob eine Lösung sauer, alkalisch oder neutral ist, sondern auch wie stark sauer oder alkalisch sie ist. Wird z. B. eine konzentrierte Citronensäurelösung mit destilliertem Wasser zunehmend verdünnt, so geht die zunächst rote Farbe des eingetauchten Indikatorpapiers in orangerot und gelb über. Die Skala zeigt, daß der pH-Wert zunimmt. Saure Lösungen besitzen einen pH-Wert unter 7, alkalische Lösungen liegen über 7, und neutrale Lösungen besitzen einen pH-Wert von 7. Der pH-Wert ist also ein Maß dafür, wie stark sauer oder alkalisch eine Lösung ist. Sowohl saure als auch alkalische Lösungen sind giftig. In Fabriken und Kläranlagen, aber auch im Haushalt muß daher streng darauf geachtet werden, daß Abwässer möglichst neutrale Reaktion zeigen. Auch Regenwasser kann, wenn die Luft z. B. Schwefeldioxid enthält, sauer sein. Es führt dann zur Bildung saurer Lösungen in Seen und im Boden. Das Tannensterben, z. B. im Schwarzwald, ist vermutlich mit eine Folge dieses sauren Regens.

Säure + Wasser →
saure Lösung

7. Eine wäßrige Citronensäurelösung reagiert sauer, eine Lösung von Citronensäure in Aceton zeigt dagegen keine saure Reaktion. Daraus kann der Schluß gezogen werden, daß die saure Lösung sich erst dann bildet, wenn eine Säure mit Wasser reagiert.
Saure Lösungen wollen wir vorläufig als Lösungen bezeichnen, die sauren Geschmack besitzen, einen pH-Wert kleiner als 7 besitzen und mit Indikatoren kennzeichnende Farbreaktionen eingehen.
Als alkalische Lösungen bezeichnen wir vorläufig Lösungen, die sich seifig anfühlen, einen pH-Wert über 7 besitzen und mit Indikatoren ebenfalls kennzeichnende Farbreaktionen eingehen.

A1 Folgende Stoffe werden in dest. Wasser gelöst: Schwefeldioxid (SO_2), Aluminiumoxid (Al_2O_3), Phosphorpentoxid (P_4O_{10}), Magnesiumoxid (MgO). Wann entstehen saure bzw. alkalische Lösungen?

A2 Mit welchem Beispiel haben wir bewiesen, daß eine saure Lösung erst dann entsteht, wenn eine Säure mit Wasser reagiert? Warum mußte beim Versuch mit trockenem Universalindikatorpapier gearbeitet werden und nicht mit Indikatorlösung?

A3 Folgende Lösungen sollen mit den Indikatoren Lackmus, Bromthymolblau, Phenolphthalein und Universalindikator geprüft werden: Salzsäure, reines Wasser, Milchsäurelösung und Seifenlösung. Welche Farben treten auf?

A4 Was sind Indikatoren?

A5 Speiseessig hat einen pH-Wert von ca. 2 bis 3. Wie ändert sich dieser Wert beim Verdünnen mit Wasser?

4.2 Die Salzsäure

Vorsicht: Chlorwasserstoffgas und konzentrierte Salzsäure wirken ätzend!

Welche Eigenschaften hat Salzsäure?

V1 Eine Flasche mit halbkonzentrierter (ca. 20%) *Salzsäure (ätzend)* wird geöffnet und durch vorsichtiges Zufächeln eine Geruchsprobe durchgeführt.
In je einem Reagenzglas versetzt man Salzsäure mit Bromthymolblau-, Lackmus- und Universalindikatorlösung; ebenso prüft man Salzsäure mit Universalindikatorpapier.

V2 Eine geöffnete Flasche mit *konzentrierter Salzsäure (ätzend)* wird von der Seite her angehaucht. Außerdem hält man eine geöffnete Flasche mit *konzentrierter Ammoniaklösung (ätzend)* an die Salzsäureflasche. Was läßt sich beobachten?

V3 In einem Erlenmeyerkolben mit aufgesetztem Glasrohr wird *konzentrierte Salzsäure (ätzend)* zusammen mit einigen Siedesteinen erhitzt. Das am oberen Ende des Glasrohrs *austretende Gas (ätzend)* wird in einem Langhalsrundkolben aufgefangen. Der Kolben wird schnell mit einem Gummistopfen verschlossen, in welchem ein Glasrohr mit nach innen gerichteter Kapillare steckt. Man taucht das Glasrohr nach Abbildung in eine pneumatische Wanne, die destilliertes Wasser und etwas Bromthymolblaulösung enthält. Was ist zu beobachten?

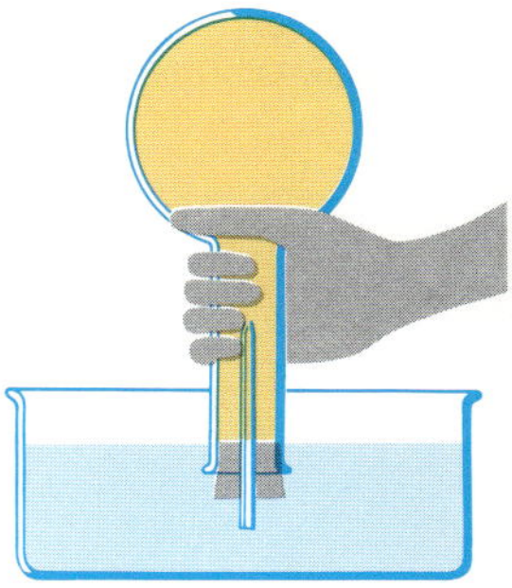

Reaktion von Chlorwasserstoffgas mit Wasser (V3)

Welche Zusammensetzung hat das aus Salzsäure entweichende Gas?

V4 Das *gleiche Gas (ätzend)* wird gemäß Abbildung im Abzug hergestellt, indem man *konzentrierte Schwefelsäure (ätzend, Schutzbrille)* aus einem Tropftrichter auf Kochsalz auftropfen läßt. Das *Gas* wird mit *konzentrierter Schwefelsäure (ätzend, Schutzbrille!)* getrocknet und in einen Langhalsrundkolben geleitet. An die Öffnung hält man kurz eine geöffnete Flasche mit *konzentrierter Ammoniaklösung (ätzend)*. Was läßt sich beobachten? Der Langhalsrundkolben wird schnell mit einem Gummistopfen verschlossen, der ein Glasrohr mit Kapillare enthält. Wie in V3 wird der Kolben in eine pneumatische Wanne mit dest. Wasser und etwas Bromthymolblaulösung getaucht. Was ist zu beobachten?

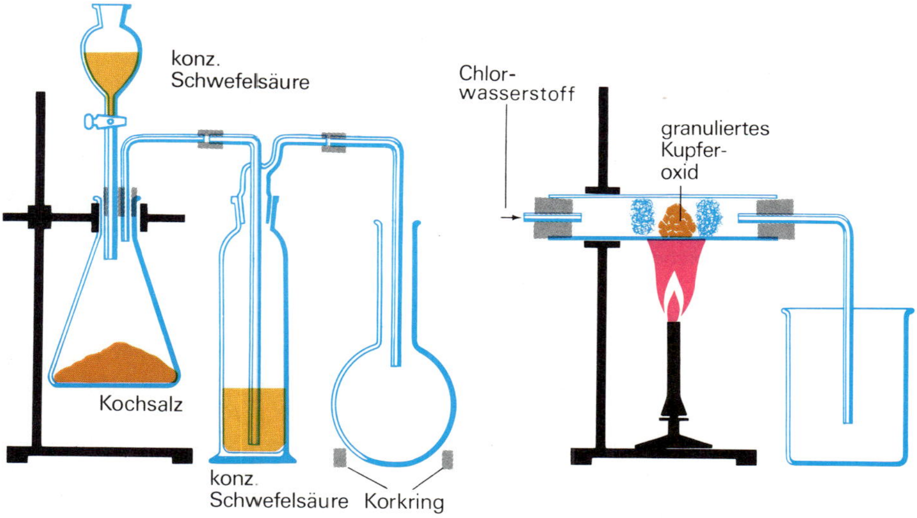

Darstellung von größeren Mengen Chlorwasserstoffgas (V4)

Untersuchung von Chlorwasserstoffgas (V6)

V5 Folgende Geräte werden gemäß Abbildung hintereinandergeschaltet: Gaswaschflasche mit *konzentrierter Salzsäure (ätzend)*, Gaswaschflasche mit *konzentrierter Schwefelsäure (ätzend, Schutzbrille!)*, Quarzrohr, Gaswaschflasche mit stark verdünnter Indigokarminlösung, Gaswaschflasche mit stark verdünnter Säurefuchsinlösung und Wasserstrahlpumpe. In das Quarzrohr wird zwischen zwei locker sitzende Glaswollestopfen ein Katalysator eingefüllt. Er besteht aus groben, mit konzentrierter Kupferchloridlösung ($CuCl_2$) getränkten und anschließend erhitzten Bimssteinen. Dann saugt man mit der Wasserstrahlpumpe einen schwachen Luftstrom durch die gesamte Apparatur und erhitzt den Katalysator im Quarzrohr kräftig (vgl. S. 78).

V6 Das nach Versuch V4 hergestellte Gas *(ätzend)* wird in einem erhitzten Reaktionsrohr über granuliertes schwarzes Kupferoxid (CuO) geleitet. Aus den entstehenden Stoffen kann auf die Zusammensetzung des Gases geschlossen werden.

Oxidation von Chlorwasserstoffgas (V5)

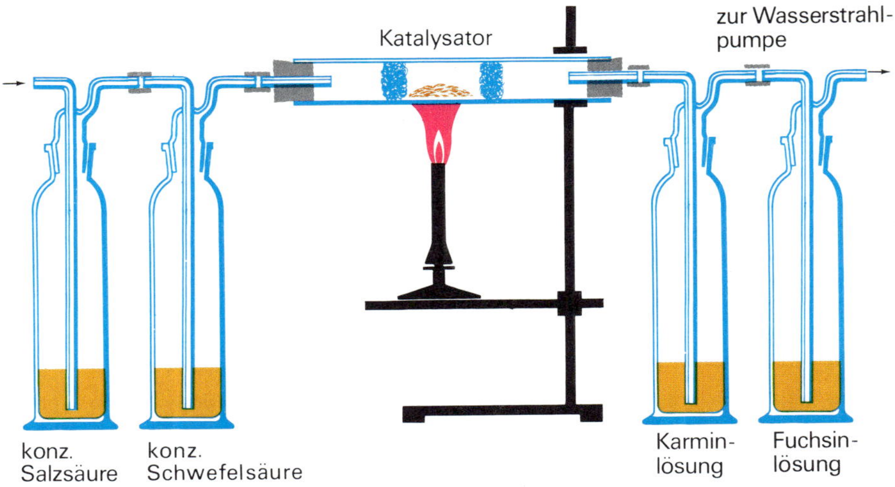

Wie kann man Chlorwasserstoffgas herstellen?

V7 Zwei kleine Standzylinder gleicher Größe werden mit *Wasserstoff (feuergefährlich)* bzw. mit *Chlor*[1] *(giftig)* gefüllt. Dann werden die Gase miteinander vermischt *(Vorsicht vor hellem Licht!)*. Nachdem die Zylinder mit einem Handtuch umwickelt worden sind, entzündet man den *Inhalt (explosiv)* an einer Bunsenflamme *(Schutzbrille!)* und deckt sofort mit je einer Glasscheibe ab. Nach der Reaktion prüfen wir den Inhalt des einen Zylinders mit Ammoniaklösung, den des anderen mit Bromthymolblaulösung.

Wie reagiert Salzsäure mit Metallen?

V8 In verschiedenen Reagenzgläsern mit Gasableitungsrohr gibt man zu *Salzsäure* kleine Stücke von Zink, Magnesium und Kupfer. Das entstehende *Gas (feuergefährlich)* wird durch Knallgasprobe untersucht.

Salzsäure: stark saure, farblose Flüssigkeit mit stechendem Geruch

1. Konzentrierte Salzsäure ist eine farblose, wasserklare und giftige Flüssigkeit mit stark saurer Reaktion; technische Salzsäure ist durch Eisenverbindungen gelblich gefärbt. Beim Öffnen einer Salzsäureflasche und noch stärker beim Erwärmen von Salzsäure in einem Erlenmeyerkolben entweicht ein stechend riechendes, zum Husten reizendes Gas, das an feuchter Luft Nebel bildet. Bringt man es mit Ammoniakgas zusammen, so entsteht ein weißer Rauch.

Das aus Salzsäure entweichende Gas enthält die Elemente Wasserstoff und Chlor

2. Das gleiche Gas läßt sich in trockener Form herstellen, indem man Kochsalz (NaCl) mit konzentrierter Schwefelsäure (H_2SO_4) reagieren läßt. Leitet man das Gas zusammen mit Luft über einen erhitzten Katalysator, so entsteht Chlorgas. Chlor[2] ist ein Element, das bleichende und oxidierende Wirkung besitzt (V5).
Durch Reaktion mit Kupferoxid (CuO) kann nachgewiesen werden, daß das Gas neben Chlor auch noch Wasserstoff enthält. Es entstehen grünes Kupferchlorid ($CuCl_2$) und Wasser (V6).

[1] Chlor wird entweder einer Stahlflasche entnommen oder aus Salzsäure und Kaliumpermanganat hergestellt (s. S. 104)
[2] *chloros* (gr.) gelbgrün.

3. Auch durch Reaktion von Wasserstoff und Chlor läßt sich dieses Gas herstellen, es enthält also nur diese beiden Elemente. Die Reaktion ist stark exotherm:

$$H_2 + Cl_2 \rightarrow 2\,HCl \qquad |\,\Delta H = -\,184{,}7\ kJ$$

Chlorwasserstoff HCl

Bei dem Produkt handelt es sich um Chlorwasserstoffgas mit der Formel HCl. Ein Gemisch aus Wasserstoff und Chlor im Volumenverhältnis 1 : 1 wird als Chlorknallgas bezeichnet, da es sich beim Zünden des Gemisches explosionsartig zu Chlorwasserstoffgas vereinigt.
Wie Sauerstoff und Wasserstoff besteht auch Chlorwasserstoffgas aus Molekülen.

4. Bei der erwähnten Umsetzung von konzentrierter Schwefelsäure mit Kochsalz (V4) entsteht Chlorwasserstoff nach der Gleichung:

$$H_2SO_4 + 2\,NaCl \rightarrow Na_2SO_4 + 2\,HCl$$

Daneben entsteht Natriumsulfat mit der Formel Na_2SO_4.
Chlorwasserstoffgas kann mit Ammoniak (NH_3) nachgewiesen werden. Der dabei gebildete weiße Rauch ist Ammoniumchlorid (NH_4Cl):

Nachweis von Chlorwasserstoffgas mit Ammoniak

$$NH_3 + HCl \rightarrow NH_4Cl$$

5. Das stechend riechende Chlorwasserstoffgas ist nicht brennbar und unterhält die Verbrennung auch nicht. Chlorwasserstoff ist schwerer als Luft (Litergewicht des Gases 1,64 g/l, Litergewicht der Luft 1,293 g/l) und in Wasser sehr gut löslich. Bei Normalbedingungen lösen sich 507 Liter des Gases in 1 Liter Wasser. Die dabei entstehende saure Lösung ist Salzsäure:

Chlorwasserstoffgas + Wasser → Salzsäure

Der Name «Salzsäure» beruht darauf, daß man Chlorwasserstoff aus «Salz» (NaCl) gewinnen kann.
Salzsäure ist also eine farblose, wasserklare Flüssigkeit, die um so stärker «raucht»[1] und um so intensiver nach Chlorwasserstoffgas riecht, je konzentrierter sie ist. Die handelsübliche konzentrierte Salzsäure ist etwa 38%ig.

6. In der Technik wird Salzsäure entweder durch Verbrennung von Wasserstoff in Chlor oder aus Schwefelsäure und Kochsalz hergestellt.
Chlorwasserstoff und Salzsäure besitzen deutlich verschiedene Eigenschaften. Die Angewohnheit, für beide Stoffe die gleiche Formel, nämlich HCl, zu verwenden, ist nicht korrekt.
Wir wollen deshalb für Chlorwasserstoffgas die Formel HCl, für Salzsäure aber die Formel HCl_{aq}[2] verwenden:

$$\underset{\text{Chlorwasserstoff}}{HCl} + H_2O \rightarrow \underset{\text{Salzsäure}}{HCl_{aq}}$$

Chlorwasserstoff: HCl
Salzsäure: HCl_{aq}

Entsprechendes gilt auch für andere in Wasser gelöste Stoffe. So verwenden wir z. B. für eine Lösung von Kochsalz (NaCl) in Wasser die Formel $NaCl_{aq}$.

[1] In Wirklichkeit ist der «Rauch» ein Nebel, der aus feinsten Tröpfchen von Salzsäure besteht.
[2] Von *aqua* (lat.) Wasser; abgekürzt aq.

Salzsäure bildet mit unedlen Metallen Wasserstoff

7. Salzsäure bildet mit Zink Wasserstoff und eine Verbindung der Formel $ZnCl_2$, die als Zinkchlorid bezeichnet wird:

$$2\,HCl_{aq} + Zn \rightarrow ZnCl_{2\,aq} + H_2$$

Entsprechend reagiert Salzsäure auch mit anderen unedlen Metallen. Mit Halbedelmetallen, z. B. Kupfer, und Edelmetallen, z. B. Silber und Gold, reagiert Salzsäure dagegen nicht.

A_1 Die Reaktion zwischen Kochsalz und konzentrierter Schwefelsäure ist ein sogenannter Zweistufenprozeß. Im ersten Schritt entsteht dabei das Natriumhydrogensulfat ($NaHSO_4$), das dann in einem zweiten Reaktionsschritt mit weiterem Kochsalz zu Natriumsulfat reagiert. Wie lauten die beiden Teilreaktionsgleichungen?

A_2 Was ist Knallgas, was Chlorknallgas? Welche Reaktionen laufen ab, wenn man sie entzündet? In welchen Eigenschaften sind beide Gasgemische gleich, in welchen unterscheiden sie sich?

A_3 Wie kann man erklären, daß bei V_3 das Wasser sehr rasch in den mit Chlorwasserstoffgas gefüllten Rundkolben eindringt?

A_4 Bei der Reaktion von Chlorwasserstoff mit Luft am Katalysator (V_5) entstehen Chlor (Cl_2) und Wasser. Die Reaktionsgleichung soll formuliert werden.

A_5 Chlorwasserstoff reagiert mit Kupferoxid (CuO) zu Kupferchlorid ($CuCl_2$) und Wasser. Wie lautet die Reaktionsgleichung?

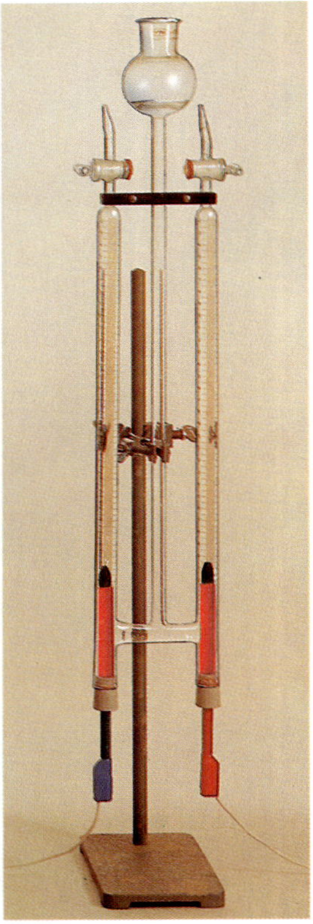

Hofmannscher Zersetzungsapparat (V_4)

4.3 Salzsäure als Elektrolyt. Einführung des Ionenbegriffs

Vorsicht: Chlorwasserstoffgas und konzentrierte Salzsäure wirken ätzend.

Wie reagiert Chlorwasserstoffgas mit Wasser?

V_1 Ein Thermometer wird am unteren Ende mit feuchtem Filterpapier umwickelt und in einen Kolben eingeführt, in dem sich trockenes *Chlorwasserstoffgas* befindet. Man beobachtet die Temperaturänderung.

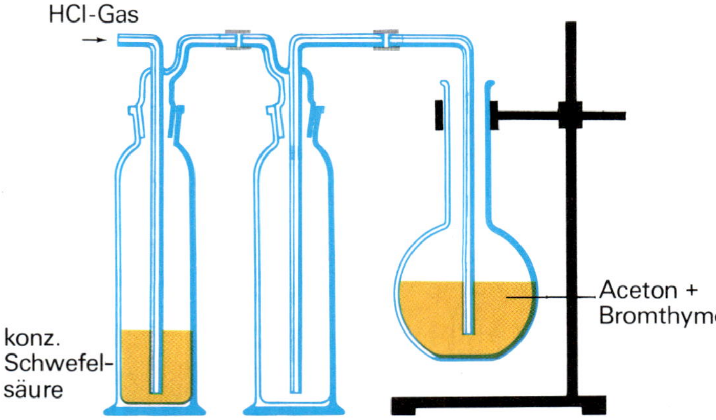

Einleiten von HCl-Gas in Aceton (V_2)

V_2 Sorgfältig getrocknetes *Chlorwasserstoffgas* wird wie abgebildet in *Aceton (feuergefährlich)* geleitet, dem etwas fester Indikator (Bromthymolblau oder Lackmus) zugesetzt wurde. Es ist zu überprüfen, ob eine Farbänderung stattfindet.

In einem Parallelversuch leitet man *Chlorwasserstoffgas* über destilliertes Wasser, dem ebenfalls etwas Indikator zugesetzt wurde *(Vorsicht: das Zuleitungsrohr nicht in das Wasser eintauchen!)*.

V3 Mit Hilfe einer Apparatur, wie sie auf S. 13 wiedergegeben ist, wird nacheinander die elektrische Leitfähigkeit von destilliertem Wasser und *Aceton (feuergefährlich)* vor und nach dem Einleiten von *Chlorwasserstoffgas* geprüft.

Was entsteht bei der Elektrolyse von Salzsäure?

V4 Ein Hofmannscher Zersetzungsapparat (siehe Abb. S. 80) wird mit *Salzsäure* gefüllt. Anschließend legt man über zwei Kohlestäbe, deren untere Teile durch Gummischläuche isoliert sind, eine Gleichspannung von 12 Volt an. Die entstehenden *Gase (feuergefährlich, giftig)* werden in Reagenzgläsern aufgefangen und identifiziert.

Leiten saure Lösungen den elektrischen Strom?

V5 In der auf S. 13 beschriebenen Apparatur wird die Leitfähigkeit von verdünnter Salzsäure, verdünnter Schwefelsäure ($H_2SO_{4\,aq}$) und verdünnter Phosphorsäure ($H_3PO_{4\,aq}$) untersucht.

1. Beim Lösen von Chlorwasserstoffgas in Wasser wird Wärme frei. Es handelt sich also nicht um einen rein physikalischen Lösungsvorgang, sondern um eine exotherme chemische Reaktion, bei der eine saure Lösung entsteht:

Lösen von Chlorwasserstoffgas in Wasser: chemische Reaktion

$$\text{Chlorwasserstoffgas} + \text{Wasser} \rightarrow \text{Salzsäure} \qquad | \; \Delta H = \text{negativ}$$

2. Sorgfältig getrocknetes Chlorwasserstoffgas ist auch in Benzol oder Aceton löslich. Im Gegensatz zur Lösung von Chlorwasserstoff in Wasser läßt sich in dieser Lösung jedoch mit einem trockenen Indikator keine saure Reaktion nachweisen. Es handelt sich nur um einen physikalischen Lösungsvorgang, bei dem sich Lösungsmittel und Chlorwasserstoffgas miteinander vermischen.

3. Der Unterschied der Lösungsvorgänge zeigt sich auch darin, daß die Lösungen in Benzol und Aceton den elektrischen Strom nicht leiten, die Lösung von Chlorwasserstoff in Wasser dagegen leitet den Strom.

Elektrischer Strom ist bewegte Ladung

Ein elektrischer Strom fließt dann, wenn elektrische Ladung transportiert wird. Das geschieht unter zwei Voraussetzungen: Es müssen geladene Teilchen vorhanden sein, und die Teilchen müssen transportiert, also bewegt werden können. Wenn in einem Metall ein elektrischer Strom fließt, so bewegen sich negativ geladene Elektronen. Nichtleiter (Isolatoren) besitzen keine geladenen und freibeweglichen Teilchen; sie leiten deshalb den elektrischen Strom nicht.

4. Chlorwasserstoffgas leitet weder als Gas noch gelöst in Benzol oder Aceton den elektrischen Strom. Wird es auf seine Siedetemperatur von – 84,9 °C abgekühlt, so erhält man eine farblose Flüssigkeit. Auch sie leitet nicht. Chlorwasserstoff ist wie reines Wasser, Benzol und Aceton ein Nichtleiter, hat also keine geladenen und beweglichen Teilchen. Salzsäure, das Reaktionsprodukt von Chlorwasserstoffgas mit Wasser, leitet dagegen den elektrischen Strom.

Sowohl Chlorwasserstoff als auch Wasser bestehen aus Molekülen. Bei der chemischen Reaktion von Chlorwasserstoffgas mit Wasser müssen demnach elektrisch geladene Teilchen entstanden sein, die den Stromtransport übernehmen können. Solche geladenen Teilchen bezeichnen wir als Ionen[1].

$$HCl + H_2O \rightarrow H_3O^+_{aq} + Cl^-_{aq}$$

Salzsäure enthält Ionen

Salzsäure enthält also positiv und negativ geladene Ionen. Die positiven Ionen der Formel H_3O^+ werden als Hydronium-Ionen[2], die negativen Cl^--Ionen als Chlorid-Ionen bezeichnet.
Wie aus der Reaktionsgleichung zu erkennen ist, entstehen aus Chlorwasserstoffmolekülen positiv geladene Wasserstoff-Ionen (H^+) und negativ geladene Chlorid-Ionen (Cl^-). Die Wasserstoff-Ionen bilden mit Wassermolekülen das Hydronium-Ion (H_3O^+).
Die Reaktionsgleichung läßt sich daher vereinfacht formulieren:

$$HCl \rightarrow H^+_{aq} + Cl^-_{aq}$$

Tatsächlich wird in vielen Fällen anstelle der Formel H_3O^+ für das Hydronium-Ion nur das einfache Zeichen des Wasserstoff-Ions, H^+, verwendet.

Hydronium-Ion (H_3O^+): Bestandteil saurer Lösungen

5. Salzsäure wird durch den elektrischen Strom in Wasserstoff (H_2) und Chlor (Cl_2) zerlegt (V4). Der Vorgang heißt Elektrolyse[3]. Lösungen, die wie die Salzsäure den Strom leiten und dabei zerlegt werden, heißen Elektrolyte. Nicht nur die Salzsäure, auch andere saure Lösungen sind Elektrolyte und enthalten positiv geladene Hydronium-Ionen (Wasserstoff-Ionen) sowie negative Ionen, die häufig aus mehreren Atomen zusammengesetzt sind.

$$HCl + H_2O \rightarrow H_3O^+_{aq} + Cl^-_{aq}$$
$$H_2SO_4 + 2\,H_2O \rightarrow 2\,H_3O^+_{aq} + SO^{2-}_{4\,aq}$$

Hydronium-Ionen sind die für alle sauren Lösungen charakteristischen Teilchen.

Positiv geladene Ionen: Kationen
Negativ geladene Ionen: Anionen

6. Damit sich die Ionen in einem Elektrolyt in bestimmter Richtung bewegen, müssen ein positiver und ein negativer elektrischer Pol in den Elektrolyt eintauchen. Diese Pole bezeichnet man als Elektroden. Bei der Elektrolyse heißt die positiv geladene Elektrode Anode, die negative Elektrode Kathode.
Legt man Spannung an, so wandern die negativen Ionen zur (positiven) Anode; sie werden deshalb als Anionen bezeichnet. Die positiven Ionen wandern zur (negativen) Kathode und heißen daher Kationen.

7. Bei der Elektrolyse von Salzsäure bewegen sich die positiv geladenen Wasserstoff-Ionen zur Kathode. Sie nehmen dort je ein Elektron auf, wobei neutrale Wasserstoffatome entstehen (V4):

[1] *ion* (gr.) wandernd.
[2] Hydronium-Ionen werden in der Literatur auch als Hydroxonium-Ionen bezeichnet.
[3] Elektrolyse = Zerlegung durch elektrischen Strom.

2 Wasserstoff-Ionen	+ 2 Elektronen	→ 2 Wasserstoffatome
$2\ H^+$	$+\ 2\ e^-$	$\rightarrow 2\ H$

Aus je zwei Wasserstoffatomen entstehen dann Wasserstoffmoleküle:

2 Wasserstoffatome	→ Wasserstoffmolekül
2 H	$\rightarrow H_2$

Die in der Salzsäure enthaltenen Chlorid-Ionen wandern als Anionen zur Anode (V4). Dort geben sie je ein Elektron ab.

2 Chlorid-Ionen	→ 2 Chloratome	+ 2 Elektronen
$2\ Cl^-$	$\rightarrow 2\ Cl$	$+\ 2\ e^-$

Aus den Chloratomen entstehen Chlormoleküle.

$$2\ Cl \rightarrow Cl_2$$

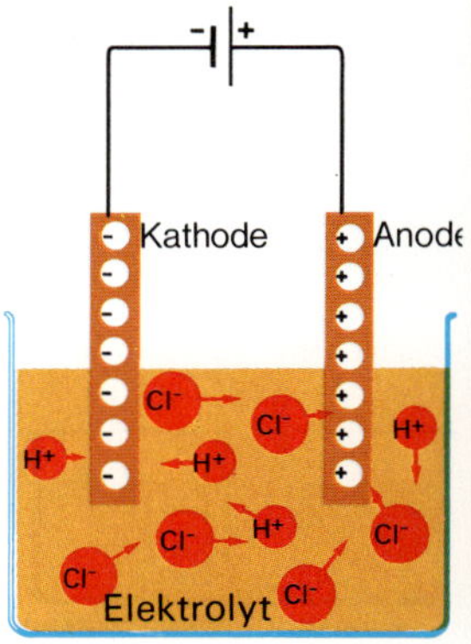

Elektrolyse

A1 Wie kann man experimentell nachweisen, daß beim «Lösen» von Chlorwasserstoffgas in Wasser eine echte chemische Reaktion abläuft?

A2 Sind in flüssigem Chlorwasserstoff Ionen vorhanden?

A3 Welche der folgenden Stoffe enthalten Ionen: verdünnte Schwefelsäure, Benzol, Chlorwasserstoffgas, Aceton, flüssiger Chlorwasserstoff, Salzsäure, Essig, Sauerstoffgas?

A4 Metalle und Elektrolyte leiten den elektrischen Strom. Welche Teilchen sind jeweils für den Stromtransport verantwortlich?

A5 Was versteht man unter Anion, Kation, Elektrolyse, Elektroden?

4.4 Hydroxide und alkalische Lösungen

Vorsicht: Natrium und Natriumhydroxid wirken ätzend. Natrium und Calcium sind feuergefährlich und reagieren mit Wasser unter Bildung von brennbarem Gas.

Zusammensetzung von Hydroxiden

V1 In einem trockenen, schwerschmelzbaren Reagenzglas werden ca. 20 *Natriumhydroxidperlen* (NaOH, *ätzend*) mit ca. 5 g Eisenpulver erhitzt. Das *entstehende Gas (explosiv, Schutzbrille)* wird über ein Gasableitungsrohr pneumatisch aufgefangen und auf Brennbarkeit überprüft.

Wie reagieren Metalloxide mit Wasser?

V2 Höchstens erbsengroße Mengen an *Natrium* (Na) *(ätzend)* und Calcium (Ca), ein Magnesiumband (Mg) und Aluminiumpulver (Al) werden in kleinen Prozellanschalen verbrannt *(Schutzbrille, Abzug)*. Die entstehenden Oxide werden in Wasser gelöst und mit Bromthymolblaulösung, Lackmuslösung, Phenolphthaleinlösung und Universalindikatorlösung geprüft.

V3 Ein trockenes Reagenzglas wird zu etwa $^1/_3$ mit frischem, pulverisiertem *Calciumoxid* (CaO, *ätzend*) gefüllt. Während man tropfenweise destilliertes Wasser zugibt, wird mit einem eingesteckten Thermometer die Temperatur beobachtet.

V4 Die Löslichkeit von Mennige (Pb_3O_4), Bleioxid (PbO), Bleidioxid (PbO_2) und schwarzem Kupferoxid (CuO) ist in kaltem und heißem destilliertem Wasser zu überprüfen. Anschließend wird jeweils Bromthymolblaulösung zugegeben. Außerdem prüft man mit Indikatorpapier.

Reaktion von Calcium mit Wasser (V_8)

Reaktionen von Hydroxiden bzw. Hydroxidlösungen

V_5 In einem großen Reagenzglas werden einige Perlen festes *Natriumhydroxid* (NaOH, *ätzend*) in destilliertem Wasser gelöst und dabei die Temperatur gemessen. Anschließend wird die Lösung auf vier Reagenzgläser verteilt und mit Lösungen von Lackmus, Bromthymolblau, Phenolphthalein und Universalindikator versetzt. Ebenso wird *Natronlauge (ätzend)* geprüft.

V_6 Auf einer Balkenwaage werden einige *Natriumhydroxidperlen* (NaOH, *ätzend*) in einem Uhrglas austariert. Was läßt sich nach einiger Zeit beobachten?

V_7 Mit einer Apparatur, wie sie auf S. 13 beschrieben wurde, wird festgestellt, ob eine Lösung von *Natriumhydroxid (ätzend)* in Wasser den elektrischen Strom leitet. Der Versuch wird mit einer *Natriumhydroxidschmelze* wiederholt *(Schutzbrille!)*.

Wie reagieren Metalle mit Wasser?

V_8 Ein wassergefülltes Reagenzglas wird gemäß Abbildung über ein erbsengroßes Stück Calcium gestülpt. Das *aufgefangene Gas (feuergefährlich)* wird auf Brennbarkeit untersucht. Am Ende des Versuchs geben wir in das Wassergefäß Bromthymolblau. Der Versuch wird mit frischem Zinkpulver wiederholt.

V_9 Ein höchstens erbsengroßes Stück *Natrium* wird zusammen mit einigen Glasperlen in durchlöchertes Stanniolpapier gewickelt und in eine Glasschale mit destilliertem Wasser gegeben. Das *entstehende Gas (feuergefährlich)* wird in einem Reagenzglas aufgefangen, und es wird die Knallgasprobe durchgeführt *(Schutzbrille!)*.

Ätznatron: Natriumhydroxid: NaOH

1. Wird Ätznatron in einem trockenen Reagenzglas mit Eisenpulver erhitzt, so erhält man Wasserstoff; das vorher graue Eisenpulver nimmt dabei braunrote Rostfarbe an. Dies deutet darauf hin, daß Ätznatron neben Natrium und Wasserstoff auch noch das Element Sauerstoff enthält. Ätznatron hat die Formel NaOH und wird als Natriumhydroxid bezeichnet.

Hydroxide aus Metalloxiden und Wasser

2. In Kapitel 4.1 haben wir festgestellt, daß viele Nichtmetalloxide mit Wasser unter Bildung von sauren Lösungen reagieren. Der Nachweis erfolgte mit Hilfe von Indikatoren, wie z. B. Bromthymolblau, die dabei kennzeichnende Farbreaktionen zeigen.
Auch Metalloxide reagieren mit Wasser. Dabei werden neue Stoffe gebildet, die neben Metall und Sauerstoff auch noch Wasserstoff enthalten, die Hydroxide:

Hydroxide in Wasser ergeben alkalische Lösungen

$$\text{Metalloxid} + \text{Wasser} \rightarrow \text{Metallhydroxid}$$
$$CaO + H_2O \rightarrow Ca(OH)_{2\,aq}$$
$$MgO + H_2O \rightarrow Mg(OH)_{2\,aq}$$
$$Al_2O_3 + 3\,H_2O \rightarrow 2\,Al(OH)_{3\,aq}$$

Lösungen von Metallhydroxiden in Wasser reagieren alkalisch (V_2).

Festes Natriumhydroxid: stark ätzend und hygroskopisch

3. Ein wichtiges Hydroxid ist das Natriumhydroxid (NaOH), das vor allem in Form kleiner Perlen in den Handel kommt. Natriumhydroxid ist eine ätzende und stark hygroskopische[1] Substanz. Sie kann als Trockenmittel verwendet werden.
Große Mengen von Natriumhydroxid werden bei der Seifenfabrikation, bei der Papiergewinnung und in der Farbstoffindustrie eingesetzt.

[1] *hygroskopisch*, wasseranziehend; von *hygros* (gr.) naß, feucht und *skopein* (gr.) beobachten.

4. In Wasser löst sich Natriumhydroxid in stark exothermer Reaktion, wobei eine alkalische Lösung, die Natronlauge ($NaOH_{aq}$), entsteht. Natronlauge wird z. B. zum Abbeizen von Ölfarben benutzt und ist auch in Produkten enthalten, die zum Freimachen verstopfter Abflußrohre dienen. Zur Herstellung von sogenannten Laugenbrezeln werden Brezeln kurz in eine ca. 3%ige Natronlauge getaucht.

Natronlauge: Lösung von Natriumhydroxid in Wasser: $NaOH_{aq}$

5. Werden alkalische Lösungen eingedampft, so bleiben die Hydroxide als feste Stoffe zurück. So kann man aus Natronlauge das feste Natriumhydroxid, aus Kalilauge (KOH_{aq}) festes Kaliumhydroxid erhalten.
Die wäßrige Lösung von Calciumhydroxid mit der Formel $Ca(OH)_{2\,aq}$ wird als sogenanntes Kalkwasser zum Nachweis von Kohlenstoffdioxid (CO_2) benutzt, ebenso auch Barytwasser, die wäßrige Lösung von Bariumhydroxid, $Ba(OH)_{2\,aq}$.
Einige wichtige Hydroxide bzw. deren Lösungen in Wasser sind in der folgenden Tabelle zusammengestellt.

Hydroxide sind Feststoffe

Metall	Hydroxid Formel	Chemische Bezeichnung	Trivialname des Feststoffes	der Lösung
Na	NaOH	Natriumhydroxid	Ätznatron	Natronlauge
K	KOH	Kaliumhydroxid	Ätzkali	Kalilauge
Ca	$Ca(OH)_2$	Calciumhydroxid	Gelöschter Kalk	Kalkwasser
Mg	$Mg(OH)_2$	Magnesiumhydroxid	–	–
Ba	$Ba(OH)_2$	Bariumhydroxid	–	Barytwasser

6. Wie saure Lösungen leiten auch Lösungen und Schmelzen der Hydroxide den elektrischen Strom (V7). Sie enthalten also wie diese bewegliche Ionen. In einer Hydroxidlösung bzw. einer Hydroxidschmelze sind außer den negativ geladenen Hydroxid-Ionen auch die positiv geladenen Ionen des entsprechenden Metalls vorhanden. Natriumhydroxid hat die Formel NaOH. Es enthält Na^+- und OH^--Ionen.
Im Calciumhydroxid mit der Formel $Ca(OH)_2$ kommen auf ein Calcium-Ion zwei Hydroxid-Ionen. Das Calcium-Ion muß daher zweifach positiv geladen sein (Ca^{2+}).

Hydroxide enthalten Ionen: Hydroxid-Ionen, OH^-, und Metall-Ionen

7. Die Löslichkeit der Metalloxide in Wasser ist sehr unterschiedlich. Manche Oxide wie z. B. Natriumoxid (Na_2O) sind gut wasserlöslich, andere wie Magnesiumoxid (MgO), Aluminiumoxid (Al_2O_3) oder Kupferoxid (CuO) sind schwer oder sogar sehr schwer löslich. Dies ist der Grund dafür, daß je nach Art des Oxids in der Lösung mehr oder weniger Hydroxid-Ionen entstehen. Je nach Konzentration an Hydroxid-Ionen unterscheidet man zwischen stark und schwach alkalischen Lösungen. Dies kann mit Universalindikatorpapier nachgewiesen werden. Alkalische Lösungen besitzen einen pH-Wert über 7. Je höher alkalisch die Lösung, um so höher liegt der pH-Wert.

Viele Metalloxide sind schwer löslich

Alkalische Lösungen: pH-Wert > 7

8. Hydroxide können auch entstehen, wenn Metalle direkt mit Wasser reagieren. Dabei bilden sich das entsprechende Metallhydroxid und Wasserstoff:

Hydroxide aus Metallen und Wasser

Metall	+ Wasser	→ Metallhydroxid	+ Wasserstoff
2 Na	+ 2 H_2O	→ 2 $NaOH_{aq}$	+ H_2
Ca	+ 2 H_2O	→ $Ca(OH)_{2\,aq}$	+ H_2

Die Heftigkeit der Wasserstoffentwicklung ist von der Art des Metalls abhängig. So reagieren z. B. Natrium (Na) und Calcium (Ca) sehr leicht unter Wasserstoffbildung, Magnesium (Mg) wesentlich langsamer, Gold (Au) oder Silber (Ag) überhaupt nicht.

Saure Lösungen enthalten H_3O^+-Ionen, alkalische Lösungen enthalten OH^--Ionen

9. Vergleichen wir nochmals saure und alkalische Lösungen miteinander, so stellen wir fest: Saure Lösungen enthalten einfach positiv geladene Hydronium-Ionen[1] (H_3O^+) und haben sauren Geschmack. Sie zeigen «saure» Reaktion, d. h., sie reagieren mit Indikatoren in charakteristischer Weise. So zeigt z. B. die Gelbfärbung von Bromthymolblau Hydronium-Ionen an.
Alkalische Lösungen enthalten einfach negativ geladene OH^- – Ionen, die Hydroxid-Ionen. Sie zeigen «alkalische» Reaktion, d. h., sie geben mit Indikatoren ebenfalls charakteristische Farbreaktionen. So weist z. B. die Rotfärbung von Phenolphthalein auf Hydroxid-Ionen hin.

A1 Welche der folgenden Oxide bilden mit Wasser Säuren, bei welchen entstehen Hydroxide: CaO, SO_2, Na_2O, Al_2O_3, MgO, P_4O_{10}? Wie lauten die Reaktionsgleichungen?

A2 Welche Farben zeigen die Indikatoren Lackmus, Phenolphthalein und Bromthymolblau in den wäßrigen Lösungen folgender Stoffe: $Ca(OH)_2$, $Mg(OH)_2$, $NaOH$, H_3PO_4, $LiOH$, H_2SO_3, KOH?

A3 Aluminiumpulver wird in destilliertem Wasser gekocht. Bei Zugabe von Bromthymolblaulösung zeigt sich eine Blaufärbung. Welche Reaktion hat sich abgespielt? Wie lautet die Reaktionsgleichung? Welche Ionen sind nach der Reaktion vorhanden?

A4 Zu einer wäßrigen Lösung wird Phenolphthalein als Indikator gegeben. Es zeigt sich keine Rotfärbung. Ist die Reaktion sauer, neutral oder alkalisch?

A5 Das Oxid eines Elements wurde in destilliertem Wasser gelöst. Wie könnte man nachträglich noch feststellen, ob es sich dabei um ein Metall- oder Nichtmetalloxid handelte?

A6 Aus welchen Ionen sind die folgenden Hydroxide aufgebaut: $Fe(OH)_3$, $Cu(OH)_2$, $LiOH$, $Ba(OH)_2$ und KOH?

4.5 Neutralisation

Was geschieht, wenn man saure und alkalische Lösungen zusammenbringt?

V1 In einem großen Becherglas versetzt man verdünnte Salzsäure mit etwas Bromthymolblaulösung. Dazu gibt man langsam verdünnte Natronlauge, bis der Indikator umschlägt. Dann gießt man wieder etwas verdünnte Salzsäure zu.

V2 Zwei Reagenzgläser werden zu etwa $^1/_3$ mit *konzentrierter Salzsäure (ätzend)* bzw. *konzentrierter Natronlauge (ätzend)* gefüllt. Nach vorsichtiger Mischung der Lösungen mißt man die Temperaturänderung.
Der Versuch wird mit *konzentrierter Salpetersäure (ätzend)* und *konzentrierter Kalilauge (ätzend)* wiederholt. Die entstehenden Lösungen werden für Versuch V4 aufbewahrt.

[1] Siehe Seite 82.

Wie kann man Salzbildung beweisen?

V3 Im Reagenzglas werden einige Kubikzentimeter *Bariumhydroxidlösung,* $Ba(OH)_2$, *(ätzend)* mit etwas verdünnter Schwefelsäure (H_2SO_4) versetzt.

V4 Man dampft die Lösungen aus Versuch V2 ein und vergleicht die jeweils erhaltene Substanz unter dem Mikroskop mit den Kristallen von Kochsalz (NaCl) und Kaliumnitrat (KNO_3). Die Kristalle werden anschließend in destilliertem Wasser gelöst und die elektrische Leitfähigkeit der Lösungen geprüft.

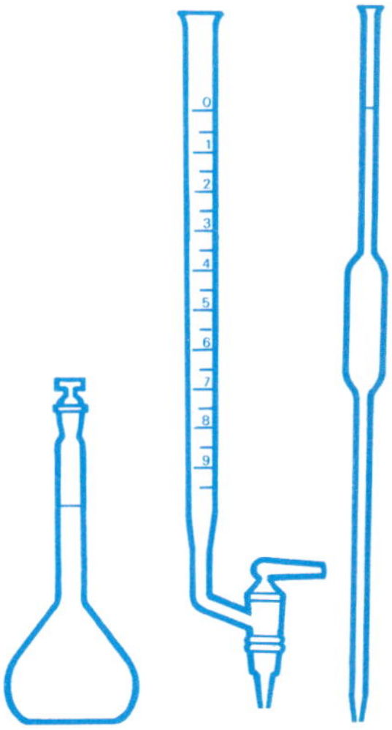

Meßkolben
Bürette
Vollpipette

Neutralisation bei unterschiedlichen Konzentrationen

V5 In einem Erlenmeyer-Weithalskolben werden 25 cm^3 *konzentrierte Natronlauge (ätzend)* mit 2 bis 3 Tropfen Bromthymolblaulösung versetzt. Dazu gibt man genau 25 cm^3 verdünnte Salzsäure. Der Versuch wird mit *konzentrierter Salzsäure (ätzend)* und verdünnter Natronlauge wiederholt.

Titration von Natronlauge mit Salzsäure

V6 Mit einer Pipette werden genau 25 cm^3 einer 1-molaren[1] Natronlauge in einen Weithalserlenmeyer gebracht und mit 2 bis 3 Tropfen Bromthymolblaulösung versetzt. Aus einer Bürette läßt man unter dauerndem Rühren langsam 1-molare Salzsäure zutropfen, bis der Indikator die grüne Neutralfarbe angenommen hat. Wieviel Kubikzentimeter der 1-molaren Salzsäure werden dazu verbraucht?
Der Versuch ist mit 1-molarer Kalilauge und 1-molarer Schwefelsäure zu wiederholen.

1. In Salzsäurelösung erscheint der Indikator Bromthymolblau gelb, in Natronlauge dagegen blau. Es erhebt sich also die Frage, was geschieht, wenn man Salzsäure mit Natronlauge zusammenbringt.

Saure Lösung + alkalische Lösung → Salz + Wasser

Geben wir Salzsäure mit Natronlauge zusammen, so kommt es zu einer exothermen chemischen Reaktion: Versuche (z. B. V2) zeigen, daß dabei Wasser und Kochsalz entstehen.

Salzsäure + Natriumhydroxid → Natriumchlorid + Wasser | ΔH = negativ

$$HCl_{aq} + NaOH_{aq} \rightarrow NaCl_{aq} + H_2O \quad | \Delta H = -57{,}3 \text{ kJ}$$

Ähnlich reagiert eine Lösung von Salpetersäure (Formel $HNO_{3\,aq}$) mit Kalilauge:

Salpetersäure + Kaliumhydroxid → Kaliumnitrat + Wasser | ΔH = negativ

$$HNO_{3\,aq} + KOH_{aq} \rightarrow KNO_{3\,aq} + H_2O \quad | \Delta H = -57{,}3 \text{ kJ}$$

In beiden Fällen entsteht neben Wasser eine Verbindung, die aus Ionen besteht. Dabei handelt es sich um positiv geladene Metall-Ionen und um negativ geladene Ionen, die aus der Säure stammen.
Diese Verbindungen werden zur Stoffklasse der Salze gerechnet. Allgemein gilt die Regel, daß saure und alkalische Lösungen miteinander zu Salzen und Wasser reagieren:

Saure Lösung + alkalische Lösung → Salz + Wasser | ΔH = negativ

Teilchengleichung zeigt tatsächlich vorhandene Teilchen an

Sowohl die Lösungen der Säuren und Hydroxide als auch die der Salze enthalten also bewegliche Ionen. Man erkennt dies, wenn man die Gleichungen als sogenannte Teilchengleichungen formuliert. Dabei soll das Hydronium-Ion ($H_3O^+_{aq}$) vereinfacht als Wasserstoff-Ion (H^+_{aq}) geschrieben werden.

[1] Eine 1-molare (abgekürzt 1-M) Lösung enthält in 1 Liter Lösung 1 Mol gelöste Substanz. Zum Beispiel enthält eine 1-M Natronlauge 1 Mol NaOH in einem Liter Natronlauge.

$$H^+_{aq} + Cl^-_{aq} + Na^+_{aq} + OH^-_{aq} \rightarrow Na^+_{aq} + Cl^-_{aq} + H_2O \quad | \Delta H = -57{,}3 \text{ kJ}$$
$$H^+_{aq} + NO^-_{3\,aq} + K^+_{aq} + OH^-_{aq} \rightarrow K^+_{aq} + NO^-_{3\,aq} + H_2O \quad | \Delta H = -57{,}3 \text{ kJ}$$

Neutralisation: $H_3O^+ + OH^- \rightarrow 2\,H_2O$

2. Reagieren saure Lösungen mit alkalischen Lösungen, so reagieren die Hydronium-Ionen (H_3O^+) der sauren Lösungen mit den Hydroxid-Ionen (OH^-) der alkalischen Lösungen zu neutralem Wasser. Diesen exothermen Vorgang bezeichnen wir als Neutralisation.

$$H_3O^+_{aq} + OH^-_{aq} \rightarrow 2\,H_2O \quad | \Delta H = -57{,}3 \text{ kJ}$$

oder vereinfacht:

$$H^+_{aq} + OH^-_{aq} \rightarrow H_2O \quad | \Delta H = -57{,}3 \text{ kJ}$$

Leicht- und schwerlösliche Salze

3. Die bei der Neutralisation entstehenden Salze können leicht oder schwer löslich sein (V3, V4). Leichtlösliche Salze bleiben dabei in Form beweglicher Ionen im Wasser gelöst. Entsteht dagegen ein schwerlösliches Salz, so fällt dieses als Niederschlag aus der Reaktionslösung aus. In der Teilchengleichung kann das dadurch ausgedrückt werden, daß man das betreffende Ionenpaar zwischen senkrechte Striche schreibt. Damit soll angedeutet werden, daß die Ionen in ein Kristallgitter eingebaut und daher nicht mehr frei beweglich sind:

$$2\,H^+_{aq} + SO^{2-}_{4\,aq} + Ba^{2+}_{aq} + 2\,OH^-_{aq} \rightarrow |\,Ba^{2+}_{aq} + SO^{2-}_{4\,aq}\,| + 2\,H_2O$$

In den herkömmlichen Reaktionsgleichungen ist gegenüber der Teilchengleichung nicht ersichtlich, ob die an einer Reaktion beteiligten Stoffe in Form von Atomen, Molekülen oder Ionen auftreten:

$$H_2SO_4 + Ba(OH)_2 \rightarrow BaSO_4 + 2\,H_2O$$

4. Die Versuche (V5 und V6) zeigen, daß immer bestimmte Mengen von Säure und Hydroxid miteinander reagieren. Der Endpunkt der Neutralisation kann mit Hilfe von Indikatoren bestimmt werden.
Betrachtet man die Neutralisationsreaktion von Salzsäure mit Natronlauge

$$HCl_{aq} + NaOH_{aq} \rightarrow NaCl_{aq} + H_2O \quad | \Delta H = -57{,}3 \text{ kJ}$$

bzw. als Teilchengleichung

$$H^+_{aq} + Cl^-_{aq} + Na^+_{aq} + OH^-_{aq} \rightarrow Na^+_{aq} + Cl^-_{aq} + H_2O \quad | \Delta H = -57{,}3 \text{ kJ}$$

so sieht man, daß in diesem Fall stets 1 mol Salzsäure mit 1 mol Natriumhydroxid reagiert. Es reagieren also stets bestimmte Stoffportionen miteinander, in diesem Falle jeweils im Verhältnis ihrer molaren Massen.
Anders sieht das bei der Reaktion von Schwefelsäure mit Natronlauge aus: Schwefelsäure hat die Formel H_2SO_4, enthält also zwei Wasserstoffatome pro Molekül. Die Reaktion ist daher wie folgt zu formulieren:

$$H_2SO_{4\,aq} + 2\ NaOH_{aq} \rightarrow Na_2SO_{4\,aq} + 2\ H_2O \quad |\ \Delta H = -\ 2 \cdot 57{,}3\ kJ$$

bzw. als Teilchengleichung

$$2\ H^+_{aq} + SO^{2-}_{4\,aq} + 2\ Na^+_{aq} + 2\ OH^-_{aq} \rightarrow 2\ Na^+_{aq} + SO^{2-}_{4\,aq} + 2\ H_2O \quad |\ \Delta H = -\ 2 \cdot 57{,}3\ kJ$$

Molare Lösung enthält 1 mol Substanz im Liter

Hier reagiert stets 1 mol Schwefelsäure mit 2 mol Natriumhydroxid, weil 1 mol Schwefelsäure in wäßriger Lösung maximal 2 mol Wasserstoff-Ionen liefern kann, die auch mit 2 mol Hydroxid-Ionen zu Wasser reagieren.

1 M = 1-molare Lösung

1-molare Lösungen (= 1 M-Lösungen) enthalten immer 1 mol der betreffenden Substanz in 1 Liter Lösung. Damit enthält eine 1-M Salzsäure z. B. 1 mol Wasserstoff-Ionen pro Liter Lösung, eine 1-M Schwefelsäure liefert dagegen 2 mol Wasserstoff-Ionen pro Liter Lösung.
Das gleiche gilt auch für Hydroxide. Eine 1-M Natronlauge enthält 1 mol NaOH pro Liter Lösung, also auch 1 mol Hydroxid-Ionen. Eine 1-M Calciumhydroxidlösung, $Ca(OH)_2$, dagegen enthält 2 mol Hydroxid-Ionen pro Liter Lösung.

Titration zur Konzentrationsbestimmung

5. In der analytischen Chemie dienen Neutralisationsreaktionen zur Bestimmung der Konzentration von Säuren oder Hydroxiden in Lösungen. Dabei verwendet man eine Lösung bekannter Konzentration. Diese Maßlösung reagiert mit der zu untersuchenden Lösung, wobei der Verbrauch an Maßlösung bestimmt wird. Das Verfahren wird als Maßanalyse bezeichnet. Die dabei verwendeten Geräte müssen möglichst exakte Volumenmessungen erlauben. Zum Abmessen der zu untersuchenden Lösung benutzt man daher keine Meßzylinder, sondern Pipetten. Aus sogenannten Büretten wird dann tropfenweise so viel einer bekannten Lösung zugegeben, bis der Indikator gerade umschlägt. Diesen Vorgang bezeichnet man als Titration.
Eine 1-M Salzsäure enthält 1 mol HCl pro Liter Lösung. Dies entspricht 36,5 g HCl pro Liter. Eine 1-M Natronlauge enthält 1 mol NaOH pro Liter Lösung; das sind 40 g pro Liter. Um 1 Liter 1-M Salzsäure vollkommen zu neutralisieren, ist nach der Gleichung

$$HCl_{aq} + NaOH_{aq} \rightarrow NaCl_{aq} + H_2O$$

auch 1 Liter einer 1-M Natronlauge nötig. Nehmen wir an, daß bei einer Titration 1 cm^3 einer 1-M Salzsäure verbraucht wurde, um eine unbekannte Natronlauge zu neutralisieren, so enthielt die untersuchte NaOH-Lösung 1/1000 von 40 g, also 0,04 g NaOH. So läßt sich aus dem Verbrauch an bekannter Lösung auf den Gehalt der unbekannten Lösung schließen.

6. Beispiele für die Auswertung von Titrationen:
– Zur Titration einer Salzsäure unbekannter Konzentration werden 75 cm^3 einer 0,1-M Natronlauge verbraucht. Wieviel Gramm Chlorwasserstoff wurden zur Herstellung der Säure gelöst?

$$\begin{array}{rcrcrcr} HCl_{aq} & + & NaOH_{aq} & \rightarrow & NaCl_{aq} & + & H_2O \\ 36{,}5\ g\ HCl_{aq} & + & 40\ g\ NaOH_{aq} & \rightarrow & 58{,}5\ g\ NaCl_{aq} & + & 18\ g\ H_2O \end{array}$$

1 Liter 1-M Natronlauge neutralisiert 1 Liter 1-M Salzsäure. Da in 1 Liter 1-M Salzsäure 36,5 g Chlorwasserstoff gelöst sind, gilt:

1 Liter 1-M Natronlauge entspricht 36,5 g HCl
1 Liter 0,1-M Natronlauge entspricht 3,65 g HCl
1 cm^3 0,1-M Natronlauge entspricht also 0,00365 g HCl
75 cm^3 0,1-M Natronlauge entsprechen folglich
$75 \cdot 0,00365$ g HCl = 0,273 g HCl

Die untersuchte Salzsäureportion ist durch Lösen von 0,273 g Chlorwasserstoff in Wasser entstanden.

– 100 cm^3 einer Calciumhydroxidlösung unbekannten Gehalts wurden mit Salzsäure neutralisiert. Dabei wurden 26,5 cm^3 einer 0,1-M Salzsäure verbraucht. Welche Konzentration in Gewichtsprozenten hatte die unbekannte Lösung?

$$Ca(OH)_{2\,aq} + 2\,HCl_{aq} \rightarrow CaCl_{2\,aq} + 2\,H_2O$$
$$74\text{ g } Ca(OH)_2 + 73\text{ g } HCl \rightarrow 111\text{ g } CaCl_2 + 36\text{ g } H_2O$$

1 Liter 0,1-M Salzsäure neutralisiert also nur 1/2 Liter 0,1-M $Ca(OH)_2$. Da 1 Liter 0,1-M $Ca(OH)_2$-Lösung 7,4 g $Ca(OH)_2$ enthält, werden also durch 1 Liter 0,1-M Salzsäure nur 3,7 g $Ca(OH)_2$ neutralisiert. Es gilt:
1 Liter 0,1-M Salzsäure neutralisiert 3,7 g $Ca(OH)_2$
1 cm^3 0,1-M Salzsäure neutralisiert 0,0037 g $Ca(OH)_2$
26,5 cm^3 0,1-M Salzsäure neutralisieren demnach
$26,5 \cdot 0,0037$ g $Ca(OH)_2$ = 0,098 g $Ca(OH)_2$
100 cm^3 Calciumhydroxidlösung enthalten also 0,098 g Calciumhydroxid. Die Lösung ist ungefähr 0,1%ig.

7. Da molare Lösungen von Säuren oder Hydroxiden in Wasser die Hydronium- bzw. Hydroxid-Ionen in unterschiedlicher Anzahl enthalten können, werden in der Praxis solche Bestimmungen häufig mit «normalen Lösungen» durchgeführt.
Eine 1-normale Lösung (=1-N) kann stets 1 mol der für die betreffende Reaktion wirksamen Teilchen liefern. 1 Liter einer 1-N Salzsäure reagiert dann z. B. mit genau 1 Liter einer 1-N $Ca(OH)_2$.

A1 Wie viele cm^3 einer 0,1-M Schwefelsäurelösung sind nötig, um 30 cm^3 einer 0,1-M Natronlauge zu neutralisieren?

A2 a) Eine wasserklare Lösung von Calciumhydroxid wird mit Salzsäure neutralisiert. Dabei entsteht wieder eine klare Lösung, die gelöstes Calciumchlorid ($CaCl_2$) enthält.
b) Bei der Neutralisation einer schwefelsäurehaltigen, wäßrigen Lösung mit Bariumhydroxidlösung bildet sich ein weißer Niederschlag.
Wie lauten die Stoff- und die Teilchengleichungen beider Reaktionen?

A3 Eine Schwefelsäure unbekannten Gehalts wird mit 2-M Natronlauge titriert. Zur Titration von 200 cm^3 der Schwefelsäure werden genau 50 cm^3 der 2-M Natronlauge benötigt. Wieviel g H_2SO_4 enthält die Lösung?

A4 Zur Titration von Salpetersäure werden 75 cm^3 1-M Natronlauge benötigt. Dabei entsteht Natriumnitrat ($NaNO_3$). Wie hoch ist der Gehalt der Salpetersäure in mol/l?

A5 Zur Neutralisation von 125 cm^3 eines kaliumhydroxidhaltigen Abwassers wurden 47,6 cm^3 einer 0,1-M Salzsäure verbraucht. Wieviel g Kaliumhydroxid enthielt ein Liter des Abwassers?

4.6 Zusammensetzung und Eigenschaften der Salze

Leiten Salze den elektrischen Strom?

V1 Die elektrische Leitfähigkeit von Kochsalz (NaCl) und Blei(II)-chlorid ($PbCl_2$) wird in festem, geschmolzenem und gelöstem Zustand überprüft *(Schutzbrille!)*.

Welche Schmelztemperaturen besitzen Salze?

V2 Man versucht, mit Hilfe eines Hochtemperaturthermometers die Schmelztemperatur von Kaliumnitrat (KNO_3) und von Kochsalz (NaCl) zu bestimmen *(Schutzbrille!)*.

Wie kristallisieren Salze?

V3 Eine warmgesättigte Lösung von Kaliumnitrat (KNO_3) wird in eine Thermosflasche eingefüllt und nach einigen Tagen erneut beobachtet.

V4 Einige Tropfen einer gesättigten Kochsalzlösung bringt man auf ein Diaglas und läßt das Wasser verdunsten. Die auskristallisierten Kochsalzkristalle werden anschließend mit dem Diaprojektor projiziert. Was ist zu beobachten?

Kupfersulfatkristalle

V5 Eine bei ca. 70 °C gesättigte Kupfersulfatlösung wird filtriert. In das Filtrat hängt man einen an einem Faden befestigten, kleinen Kupfersulfatkristall. Was ist nach einigen Tagen zu beobachten?

Löslichkeit von Salzen

V6 Jeweils 1 g der Stoffe Eisen(III)-chlorid ($FeCl_3 \cdot 6\,H_2O$), Natriumsulfat ($Na_2SO_4 \cdot 10\,H_2O$), Calciumsulfat ($CaSO_4 \cdot 2\,H_2O$) und Kupfersulfat ($CuSO_4 \cdot 5\,H_2O$) wird auf vier Reagenzgläser verteilt. Anschließend gibt man in jedes Reagenzglas noch 10 cm^3 dest. Wasser, verschließt mit Gummistopfen und schüttelt gut um. Was läßt sich beobachten?

V7 Drei Reagenzgläser werden zu $\frac{1}{3}$ mit destilliertem Wasser gefüllt. Man mißt die Temperaturänderung, die eintritt, wenn in das eine Reagenzglas 2 g Kaliumnitrat, in das zweite 2 g Kochsalz und in das dritte 2 g wasserfreies Natriumcarbonat (Na_2CO_3) gegeben werden.

Nachweis von Chloriden und Sulfaten

V8 Verdünnte Salzsäure sowie wäßrige Lösungen von Natrium- und Kaliumchlorid werden in Reagenzgläsern mit *Silbernitratlösung* ($AgNO_3$; *ätzend*) versetzt. Ebenso prüft man verd. Schwefelsäure (H_2SO_4), Natrium- und Kaliumsulfatlösungen (Na_2SO_4 bzw. K_2SO_4) mit Bariumchloridlösung ($BaCl_2$). Beobachtungen?

Wie verhalten sich Gips und Kupfersulfat beim Erhitzen?

V9 Einige Gipskristalle ($CaSO_4 \cdot 2\,H_2O$) bzw. blaue Kupfersulfatkristalle ($CuSO_4 \cdot 5\,H_2O$) werden in einem trockenen Reagenzglas erhitzt. Nach dem Erkalten gibt man tropfenweise destilliertes Wasser zum Rückstand und beobachtet mit Hilfe eines Thermometers die Temperatur.

Wie stellt man einen Gipsabdruck her?

V10 Auf einer Glasplatte wird aus Gipspulver (Halbhydrat, $CaSO_4 \cdot {}^1/_2\,H_2O$) und Wasser ein dicker Brei hergestellt und anschließend eine mit Glycerin (oder Vaseline) bestrichene Münze eingedrückt. Was stellt man nach etwa 1 Stunde fest?

Salze: Verbindungen aus Ionen

Natriumchloridkristalle

1. Salze sind Stoffe, die bei Normalbedingungen in festem Zustand vorliegen und aus Ionen bestehen. Da die Ionen nicht beweglich sind, leiten feste Salze den elektrischen Strom nicht. Beim Schmelzen oder Auflösen des Salzes werden die Ionen beweglich und können den Stromtransport übernehmen. Gelöste oder geschmolzene Salze sind deshalb Leiter des elektrischen Stromes (V_1).

Chloride enthalten das Chlorid-Ion: Cl^-

2. Aus der Formel eines Salzes kann man erkennen, aus welchen Ionen es aufgebaut ist. Kochsalz mit der Formel NaCl enthält einfach positiv geladene Natrium-Ionen (Na^+) und einfach negativ geladene Chlorid-Ionen (Cl^-). Salze, die Chlorid-Ionen enthalten, werden als Chloride bezeichnet. Reines Kochsalz ist Natriumchlorid. Chloride sind die Salze der Salzsäure.
Die Substanz mit der Formel $CaCl_2$ ist ebenfalls ein Salz und heißt Calciumchlorid. Hier kommen auf ein Calcium-Ion zwei einfach negativ geladene Chlorid-Ionen. Das Calcium-Ion muß also zweifach positiv geladen sein (Ca^{2+}).

Sulfate enthalten das Sulfat-Ion: SO_4^{2-}

Nitrate enthalten das Nitrat-Ion: NO_3^-

3. Im Natriumsulfat mit der Formel Na_2SO_4 haben wir ein Salz vor uns, das neben den einfach positiv geladenen Natrium-Ionen (Na^+) noch Sulfat-Ionen (SO_4^{2-}) enthält. Das Sulfat-Ion ist ein zusammengesetztes Ion mit zweifach negativer Ladung. Im Natriumsulfat kommt also auf zwei einfach positiv geladene Natrium-Ionen (Na^+) nur ein zweifach negatives Sulfat-Ion (SO_4^{2-}). Salze, die Sulfat-Ionen enthalten, werden als Sulfate bezeichnet. Sulfate sind die Salze der Schwefelsäure.
Auch die Substanz mit der Formel KNO_3 ist ein Salz. Sie enthält einfach positiv geladene Kalium-Ionen (K^+) und einfach negativ geladene NO_3^--Ionen, die sog. Nitrat-Ionen. Salze, die wie die Salpetersäure (HNO_3) Nitrat-Ionen enthalten, bezeichnet man als Nitrate. Nitrate sind die Salze der Salpetersäure.

Salzformel:
Summe der positiven Ladungen = Summe der negativen Ladungen

4. Da Salze nach außen hin immer elektrisch neutral sind, muß die Zahl negativer Ladungen gleich groß sein wie die Zahl positiver Ladungen. Da auch die bei Normalbedingungen festen Metalloxide und Hydroxide aus Ionen bestehen, können sie ebenfalls als Salze bezeichnet werden. Calciumoxid z. B. enthält zweifach positiv geladene Calcium-Ionen (Ca^{2+}) und zweifach negativ geladene Sauerstoff-Ionen (O^{2-}).

Nachweis der Chloride mit Silbernitrat ($AgNO_3$)

5. Mit Hilfe von Silbernitrat ($AgNO_3$) können die in der Salzsäure bzw. in den Chloriden enthaltenen Chlorid-Ionen nachgewiesen werden. Dabei entsteht ein weißer, schwerlöslicher Niederschlag von Silberchlorid:

$$H^+_{aq} + Cl^-_{aq} \quad + \quad Ag^+_{aq} + NO^-_{3\,aq} \rightarrow |Ag^+_{aq} + Cl^-_{aq}| \quad + \quad H^+_{aq} + NO^-_{3\,aq}$$
$$Na^+_{aq} + Cl^-_{aq} \quad + \quad Ag^+_{aq} + NO^-_{3\,aq} \rightarrow |Ag^+_{aq} + Cl^-_{aq}| \quad + \quad Na^+_{aq} + NO^-_{3\,aq}$$

In ähnlicher Weise kann man mit Bariumchloridlösung ($BaCl_2$) die Sulfat-Ionen nachweisen.

z. B. $2\,Na^+_{aq} + SO^{2-}_{4\,aq} + Ba^{2+}_{aq} + 2\,Cl^-_{aq} \rightarrow |Ba^{2+}_{aq} + SO^{2-}_{4\,aq}| + 2\,Na^+_{aq} + 2\,Cl^-_{aq}$

Silbernitrat ist ein Reagenz auf Chlorid-Ionen, Bariumchlorid ein Reagenz auf Sulfat-Ionen.

6. Salze haben in der Regel hohe Schmelz- und Siedetemperaturen. So schmilzt Kaliumnitrat (KNO_3) bei 339 °C, Kochsalz ($NaCl$) bei 801 °C und Berylliumoxid (BeO) bei 2550 °C. Diese Eigenschaft wird dazu ausgenutzt, um feuerfeste Gefäße herzustellen, die in der Chemie gebraucht werden. Ein geeignetes Material ist z. B. das Magnesiumoxid (MgO, Smt. 2802 °C).

Salze mit hohen Schmelz- und Siedetemperaturen

7. Viele Salze wie z. B. Eisen(III)-chlorid ($FeCl_3$), Kochsalz ($NaCl$) oder Kaliumnitrat (KNO_3) sind in Wasser gut löslich; andere wie Mennige (Pb_3O_4) sind schwer löslich, und wieder andere wie Bariumsulfat ($BaSO_4$) sind in Wasser praktisch unlöslich. Der Lösungsvorgang kann exotherm sein (wie beim wasserfreien Natriumcarbonat), meist ist er jedoch endotherm wie z. B. beim Kaliumnitrat. Diese Eigenschaft wird in Kältemischungen ausgenutzt, mit denen rasch tiefe Temperaturen erreicht werden können. Mit einer geeigneten Mischung aus Eis und kristallwasserhaltigem Calciumchlorid ($CaCl_2 \cdot 6\,H_2O$) lassen sich Temperaturen bis − 55 °C erzielen.

Leichtlösliche und schwerlösliche Salze

8. Salze sind meist gut kristallisierende Stoffe. Sie können deshalb aus wäßrigen Lösungen leicht durch Eindampfen oder Verdunsten des Lösungsmittels erhalten werden. Dies wird bei der Kochsalzgewinnung in Salzgärten ausgenutzt.

Salze: meist gut kristallisierende Stoffe

Die Löslichkeit der Salze in Wasser ist temperaturabhängig: In der Regel ist sie um so größer, je höher die Temperatur ist. Dies wird z. B. beim Kristallzüchten ausgenutzt. Man stellt sich zunächst eine heißgesättigte Lösung eines Salzes her und läßt sie dann, z. B. in einem Thermosgefäß, langsam abkühlen. Das Kristallwachstum beginnt an einem eingehängten Impfkristall und liefert um so größere Kristalle, je langsamer die Salzlösung abkühlt. Nach der Abkühlung wachsen die Kristalle weiter, weil aus der Lösung laufend Wasser verdunstet. Dies läßt sich am Beispiel von Kupfersulfatkristallen ($CuSO_4 \cdot 5\,H_2O$) gut zeigen.

9. Manche Salze wie z. B. Kupfersulfat, Calciumsulfat oder Kobaltchlorid geben beim Erhitzen Wasser ab. Dieses Wasser ist in regelmäßiger Weise fest in die Kristalle dieser Salze eingebaut und wird deshalb als «Kristallwasser» bezeichnet (V_8, V_9).

Kristallwasser: im Kristall gebundenes Wasser

Diese Salze kristallisieren dabei stets mit einer stöchiometrischen Menge an Kristallwasser, d. h., auf eine Formeleinheit des Salzes kommt im Kristall eine bestimmte Zahl von Wassermolekülen:

$CuSO_4 \cdot 5\,H_2O$, $CaSO_4 \cdot 2\,H_2O$, $CoCl_2 \cdot 6\,H_2O$

Das Kristallwasser kann durch Erhitzen des Salzes entfernt werden. Man erhält dann das wasserfreie Salz.

Kristallwasserhaltiges Kupfersulfat, eine blaue Substanz, hat deshalb die Formel $CuSO_4 \cdot 5\,H_2O$ (sprich: $CuSO_4$ mit fünf H_2O). Bei Wärmezufuhr wird das Kristallwasser stufenweise abgegeben, wobei schließlich farbloses, wasserfreies Kupfersulfat mit der Formel $CuSO_4$ entsteht. Das Kristallwasser hat hier Einfluß auf die Farbe der Substanz.

$$CuSO_4 \cdot 5\,H_2O \rightarrow CuSO_4 + 5\,H_2O$$

$CuSO_4 \cdot 5\,H_2O$		$CuSO_4$		$5\,H_2O$
blau, mit Kristallwasser		farblos, ohne Kristallwasser		

Wird umgekehrt wasserfreies Kupfersulfat mit Wasser versetzt, so bildet sich unter Wärmeentwicklung das blaue Kupfersulfat zurück. Wasserfreies Kupfersulfat kann deshalb zum Nachweis von Wasser dienen.

Naturgips: $CaSO_4 \cdot 2\ H_2O$
gebrannter Gips: $2\ CaSO_4 \cdot 1\ H_2O$

10. Calciumsulfat kommt in der Natur in zwei verschiedenen Formen vor, als wasserfreier Anhydrit ($CaSO_4$) und als kristallwasserhaltiger Gips ($CaSO_4 \cdot 2\ H_2O$). Bei vorsichtigem Erhitzen auf etwa 120 °C gibt Gips einen Teil seines Kristallwassers ab.
Dieser gebrannte Gips enthält auf 2 mol Calciumsulfat nur noch 1 mol Wasser ($2\ CaSO_4 \cdot 1\ H_2O$). Er hat die Fähigkeit, sehr schnell mit Wasser «abzubinden», und wird deshalb zur Herstellung von Innenputz auf Mauern, für Gipsabdrücke oder Gipsverbände verwendet. Dabei wird das vorher abgegebene Kristallwasser wieder aufgenommen.

A1 Wie kann man experimentell feststellen, ob ein Salz Kristallwasser enthält?

A2 Welche der hier aufgeführten Stoffe gehören zur Gruppe der Salze: Kochsalz (NaCl), Chlorwasserstoff (HCl), Schwefelsäure (H_2SO_4), Kupfersulfat ($CuSO_4$), Magnesiumoxid (MgO), Calciumoxid (CaO), Wasser (H_2O), Gips ($CaSO_4 \cdot 2\ H_2O$)? Welche Gesichtspunkte sind für die Einordnung maßgebend?

A3 In einem Reagenzglas wird festes Natriumsulfat ($Na_2SO_4 \cdot 10\ H_2O$) auf elektrische Leitfähigkeit untersucht. Beim Erwärmen löst sich das Salz im eigenen Kristallwasser. Was ist bei erneuter Leitfähigkeitsmessung festzustellen?

A4 Kobaltchlorid ist ein kristallwasserhaltiges Salz. Es ist aus Co^{2+}- und Cl^--Ionen aufgebaut und enthält pro Formeleinheit sechs Moleküle Wasser. Wie lautet die Formel?
In wasserfreiem Zustand ist Kobaltchlorid deutlich blau, in wasserhaltigem Zustand aber nur schwach rosa gefärbt. Ein mit Kobaltchloridlösung geschriebener Brief ist kaum lesbar. Was muß man tun, um einen solchen mit „Geheimtinte" geschriebenen Brief lesbar zu machen? Gleichung?

4.7 Kochsalz

V1 Ein ausgeglühtes Magnesiastäbchen wird in gepulvertes Kochsalz, Steinsalz bzw. Meersalz getaucht und in die nichtleuchtende Flamme eines Brenners gehalten. Was läßt sich beobachten?
Man wiederholt den Versuch mit reinem Natriumchlorid.

V2 Die Lösungen von Kochsalz, Steinsalz und Natriumchlorid werden mit Silbernitratlösung ($AgNO_3$) versetzt. Welcher Schluß kann aus den Beobachtungen gezogen werden?

V3 In einem Hofmannschen Zersetzungsapparat (Abb. Kap. 4.3, V4) wird 20 %ige Natriumchloridlösung unter Verwendung von Kohleelektroden bei 10 Volt Gleichstrom elektrolysiert. Das an der Anode entstehende *Gas (giftig)* wird vorsichtig durch Geruchsprobe identifiziert. Das an der Kathode entstehende *Gas (feuergefährlich, explosiv)* wird mittels Knallgasprobe untersucht.

Können Salze durch Kristallisation getrennt werden?

V4 Eine kaltgesättigte Lösung eines Gemisches aus Natriumchlorid (NaCl) und Kupfersulfat ($CuSO_4 \cdot 5\ H_2O$) läßt man in einer Kristallisierschale verdunsten. Was läßt sich nach einigen Tagen beobachten?

Kochsalz: begehrt seit eh und je

1. Kaum eine chemische Verbindung hat für den Menschen eine größere Bedeutung als das täglich verwendete Kochsalz. Durch einfache Versuche läßt sich zeigen, daß Kochsalz, Steinsalz und Meersalz hauptsächlich aus

Natriumchlorid (NaCl) bestehen (V_1, V_2). Wenn man in der Alltagssprache von «Salz» spricht, meint man fast immer das Kochsalz.
Salz ist eines der Mineralien, die der Mensch am längsten kennt. Die vermutlich älteste Stadt der Welt, Jericho, wurde bereits im 7. Jahrtausend v. Chr. gegründet und verdankte ihren Aufstieg dem Salzhandel. In Abessinien war Salz früher gesetzliches Zahlungsmittel, im alten Rom wurden die Staatsbeamten zum Teil mit Salztafeln entlohnt. Bereits um 900 v. Chr. wurde von den Kelten im Haselgebirge bei Hallstatt (hal = keltisches Wort für Salz) das älteste bekannte Salzbergwerk angelegt. Von hier aus wurde das Salz als begehrtes Handelsprodukt auf den «Salzstraßen» über weite Strecken transportiert. So fand man in einem Gräberfeld bei Hallstatt z. B. Bernstein von der Ostseeküste, Elfenbein aus Afrika sowie Geräte, Waffen und Schmuckstücke aus Süddeutschland, Italien und dem Balkan.
Städte wie Reichenhall, Salzburg, Schwäbisch Hall, Hallein oder Halle verdanken dem Salz ihren Namen. Die erste Pipeline der Welt war keine erdölführende Leitung; sie transportierte schon 1619 salzhaltige Sole von Berchtesgaden nach Traunstein (sog. Soleleitung).

Salz: lebensnotwendig für Mensch und Tier

2. Kochsalz ist lebensnotwendig für Mensch und Tier, die genaue Höhe des Natriumchloridbedarfs ist jedoch nicht bekannt. Bei normaler Arbeitsbelastung werden Werte von 3–6 g pro Tag angegeben, bei starker Belastung, z. B. in den Tropen, sollten bis 19 g aufgenommen werden. Die Tageskost in Westeuropa enthält ca. 10–20 g Natriumchlorid. Manche Nahrungsmittel wie z. B. Pökelfleisch, Salzheringe oder Sauerkraut enthalten relativ viel Kochsalz.
Bei bestimmten Krankheiten, z. B. Bluthochdruck, Herz- und Nierenkrankheiten, und insulinbehandelten Diabetikern (Zuckerkranke) muß eine kochsalzarme Diät eingehalten werden. Eine 0,9%ige Kochsalzlösung wird als

Kochsalzkristall

Salzlager in Südwestdeutschland

physiologische Kochsalzlösung dem Blut von Patienten mit hohem Blutverlust zugesetzt.

3. Große Mengen an Salzen finden sich gelöst im Meerwasser und in den Salzlagerstätten. Meerwasser enthält etwa 36 g Salze pro Liter gelöst; davon sind etwa 27 g Kochsalz (NaCl), der Rest verteilt sich vor allem auf Magnesiumchlorid ($MgCl_2$), Magnesiumsulfat ($MgSO_4$) und Calciumsulfat ($CaSO_4$). Insgesamt konnte man im Meerwasser Verbindungen von etwa 50 Elementen nachweisen.

Salzvorkommen: Meerwasser und Salzlagerstätten

Auch die großen Salzlagerstätten in Mitteldeutschland sind durch die Verdunstung von Meerwasser entstanden. Vor etwa 200 Millionen Jahren, in der Zechsteinzeit, war ein großer Teil der Norddeutschen Tiefebene vom Zechsteinmeer bedeckt. Während einer längeren Klimaperiode verdunstete immer wieder Meerwasser; die im Meer gelösten Salze kristallisierten je nach Löslichkeit und Menge aus und lagerten sich in Form von Schichten ab. Dabei schieden sich zunächst die schwerlöslichen Salze aus, dann lagerte sich Steinsalz ab, und zuletzt kristallisierten die leichtlöslichen Kalium- und Magnesiumsalze aus. Da man früher vor allem Steinsalz gewinnen wollte, mußten beim Abbau zuerst diese Kalium- und Magnesiumsalze weggeräumt werden; sie wurden als nutzlose «Abraumsalze» beiseite geschafft. Heute sind gerade die Abraumsalze («Kalisalze») wertvolle Rohstoffe zur Herstellung von Düngemitteln und wichtigen Chemikalien.

Salzgewinnung in Salzgärten

4. Dem Meer der Muschelkalkzeit verdankt Südwestdeutschland seine Salzlager. Hier wurde auch zum ersten Mal nach Salz gebohrt: In 142 m Tiefe fand man im April 1816 bei Jagstfeld ein reines weißes Salzlager. Wenige Jahre später gelang es in Kochendorf bei Schwäbisch Hall erstmals, diese Salzlager bergmännisch, also durch einen in die Tiefe führenden Schacht, abzubauen. Der Bergbau auf Salz spielt hier – vor allem im Gebiet von Heilbronn – auch heute noch eine wirtschaftlich bedeutende Rolle.

Schwimmender Zeitungsleser im Toten Meer

5. In warmen Ländern, z. B. an den Küsten des Mittelmeeres, wird Kochsalz in Salzgärten gewonnen. Es sind dies flache, abgeschlossene Becken, in die man zunächst das Meerwasser einströmen läßt. Im Verlauf von etwa sechs Monaten verdunstet das Wasser durch die Sonnenwärme, und die im Meerwasser gelösten Salze kristallisieren aus. In Spanien beträgt der Anteil von Meersalz an der Gesamtproduktion ca. 80%, in Italien ca. 66%, in Frankreich ca. 50%. Der Salzgehalt der Weltmeere beträgt durchschnittlich etwa 3,5–3,6%; davon entfallen etwa 2,7% auf Natriumchlorid. Allerdings ist der Salzgehalt verschiedener Meere und Salzseen unterschiedlich groß; dies zeigt die folgende Tabelle.

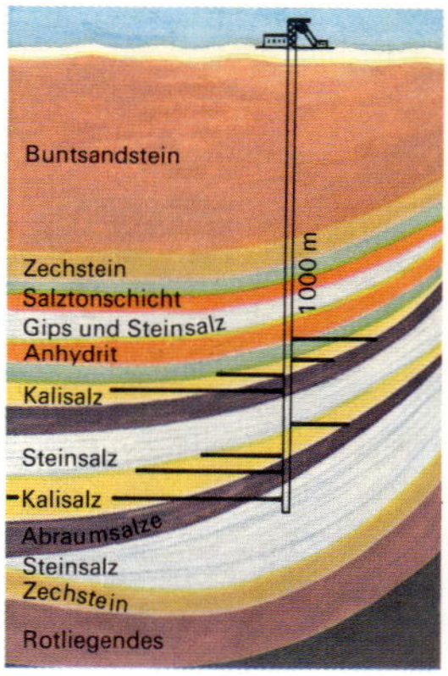

Geologischer Schnitt durch ein Salzlager

Salzgehalt verschiedener Gewässer

Meer bzw. See	Gesamtsalzgehalt (%)	NaCl-gehalt (%)
Atlantik	3,5	2,81
Nordsee	3,3	2,58
Totes Meer	24	7,93
Salt Lake (USA)	27	22

6. Die Salzlager werden z. T. im Bergbau erschlossen, z. T. werden die Salze auch von der Oberfläche aus angebohrt, mit Wasser gelöst und die entstehende Sole an die Oberfläche gepumpt. Anschließend wird das Wasser verdampft und so die kristallisierten Salze gewonnen. Moderne Salzbergwerke arbeiten heute noch bis Tiefen von 1000 m unter Tag. Vom senkrechten, rund ausgemauerten Schacht gehen in verschiedenen Tiefen waagrechte Stollen ab, die im Salzgestein zu großen Abbaukammern erweitert werden. Diese können etwa 20 m breit und 15–20 m hoch sein. Zwischen den einzelnen Kammern bleiben etwa 50 m breite Pfeiler stehen, die das darüber liegende Gestein tragen. Der Abbau erfolgt durch Sprengen. Mit einer Sprengung werden bis zu 3000 Tonnen Salz abgebaut. Das Salz wird dann mit Löffelbaggern auf Transportfahrzeuge verladen und noch unter Tage zerkleinert.

7. Bei einer anderen Methode der Salzgewinnung bohrt man das Salzlager an und drückt durch ein Spülrohr Wasser ein. Dieses Wasser löst Salz aus dem Gestein heraus, es entsteht eine sog. Kaverne. In der Kaverne sinkt die gesättigte Salzlösung (Sole) dank ihrer höheren Dichte nach unten und gelangt über ein zweites Spülrohr an die Erdoberfläche. Hier wird die Sole gereinigt und anschließend eingedampft. Man erhält Siedesalz.

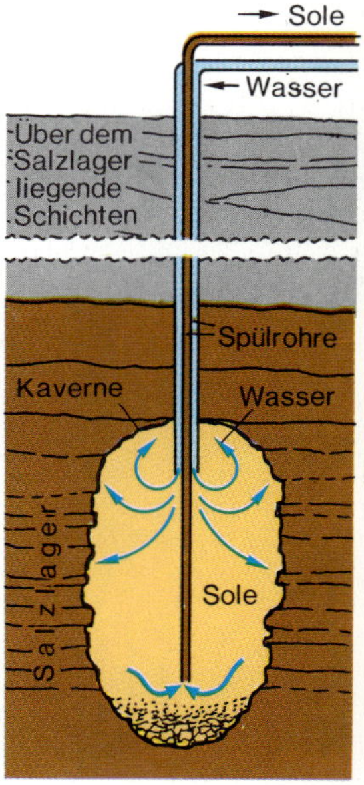

Schema der Solegewinnung durch Anbohren des Salzlagers

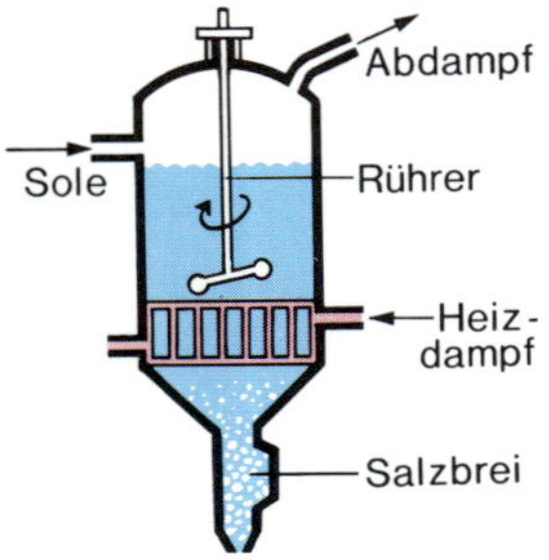

Verdampfungsapparat für Salzsole

8. Salz wird im täglichen Leben und in der Industrie in vielfältiger Weise verwendet: als Speisesalz und Viehsalz, als Pökelsalz, als leider nicht unproblematisches Auftaumittel auf Straßen und zum Konservieren von Tierhäuten. 1977 betrug die Weltproduktion an Stein-, Siede- und Meersalz 172,5 Millionen Tonnen, davon entfielen auf die Bundesrepublik Deutschland 12,5 Millionen Tonnen. Etwa 50% dieser Salzmenge werden bei uns von der chemischen Industrie verarbeitet, nur 3–5% dienen als Speisesalz. Aus Natriumchlorid werden unter anderem Natrium (Na), Chlor (Cl_2), Salzsäure (HCl), Natriumhydroxid (NaOH) und Natriumsulfat (Na_2SO_4) hergestellt.

A_1 In den Salzlagerstätten sind die Salze in Schichten abgelagert. Wie sind diese Salzlagerstätten entstanden, und wie läßt sich diese Schichtenfolge erklären?

A_2 Was versteht man unter Salzgärten? Wie geht man hier vor, um Salz zu gewinnen? Warum sind sie an der Nordsee nicht vorhanden?

A_3 Was besagen die Begriffe Steinsalz, Siedesalz und Meersalz?

A_4 Wie unterscheidet sich Meersalz von reinem Natriumchlorid?

A_5 Im Versuch V_4 erhält man aus der Lösung eines Gemisches von Natriumchlorid und Kupfersulfat nach der Kristallisation getrennte Kristalle der beiden Salze. Für welchen Vorgang kann dieses Experiment als Modellversuch angesehen werden?

Salzgewinnung im Bergbau

5 Ausgewählte Elementgruppen des Periodensystems

5.1 Natrium

Vorsicht: Natrium setzt sich an der Luft um, ätzt die Haut und reagiert heftig mit Wasser unter Bildung von Wasserstoff (feuergefährlich). Es muß deshalb stets unter Paraffinöl oder Petroleum als Sperrflüssigkeit aufbewahrt werden! Nicht mit den Fingern berühren! Bei allen Versuchen nur kleinste Mengen verwenden und Schutzbrille tragen!

Welche Eigenschaften hat Natrium?

V_1 Ein Stück *Natrium* wird mit der Pinzette auf ein Filtrierpapier gebracht und mit dem Messer geschnitten. Man beobachtet dabei die Härte und die Beschaffenheit der Oberfläche.

V_2 Auf einem engmaschigen Drahtnetz wird ein höchstens erbsengroßes, entkrustetes Stückchen *Natrium* mit dem Gasbrenner vorsichtig erhitzt *(Schutzbrille! Abzug!)*. Man fängt den nach der Entzündung entstehenden *Rauch (ätzend)* auf, indem man ein Becherglas darüber hält. Der im Becherglas gebildete Beschlag wird durch Abspülen mit Wasser gelöst. Man prüft die Lösung mit Phenolphthalein und Bromthymolblau.

V_3 Ein linsengroßes Stück entkrustetes *Natrium* wird zwischen Filtrierpapier zu einem Stäbchen ausgewalzt und in eine mit Wasser gefüllte, große Schale aus Jenaer Glas geworfen *(Schutzbrille! Schutzscheibe!)*.

V_4 Ein Rundfilter wird in einer mit wenig Wasser gefüllten flachen Wanne aus Jenaer Glas auf die Wasseroberfläche gelegt. Mit der Pinzette bringt man ein linsengroßes Stück entkrustetes *Natrium* auf das feuchte Papier *(Schutzbrille! Schutzscheibe!)*.

V_5 Ein höchstens erbsengroßes Stück *Natrium* wird zusammen mit einigen Glasperlen in durchlöcherte Aluminiumfolie gewickelt und in eine Glasschale mit destilliertem Wasser gegeben. Man fängt das entstehende *Gas (feuergefährlich)* in einem Reagenzglas auf und führt die Knallgasprobe durch *(Schutzbrille!)*.

Natrium ist ein Metall

1. Das Element Natrium (Na) ist ein Metall mit außergewöhnlichen Eigenschaften. Da es nur eine geringe Härte besitzt, kann es mit dem Messer geschnitten werden. Seine Schmelztemperatur (97,5 °C) und seine Dichte (0,97 g/cm³) sind, verglichen mit anderen Metallen, sehr niedrig.

Natrium reagiert mit Sauerstoff

2. Natrium ist ein besonders reaktionsfähiges Metall. Eine frische, silberweiß glänzende Schnittfläche des Natriums läuft an feuchter Luft rasch an. Dabei bildet sich ein Überzug aus Natriumhydroxid. Natrium muß deshalb unter einer Sperrflüssigkeit (Petroleum oder Paraffinöl) aufbewahrt werden. Bei erhöhter Temperatur entzündet sich Natrium und verbrennt mit intensiv gelber Flamme unter Entwicklung eines weißen Rauchs aus Natriumoxid:

$$2\,Na + O_2 \rightarrow Na_2O_2 \mid \Delta H = -499\ kJ$$

Natrium reagiert mit Wasser

3. Wirft man ein kleines stäbchenförmiges Stück Natrium auf Wasser, so können nacheinander folgende Beobachtungen gemacht werden:

- Das Natriumstückchen verändert seine Form; es bildet sich eine silberglänzende Kugel.
- Die Natriumkugel bewegt sich auf der Wasseroberfläche; man hört ein zischendes Geräusch.
- Das Volumen der Kugel nimmt langsam ab; unter ihr bilden sich Schlieren im Wasser.
- Gibt man nach Auflösung der Kugel Phenolphthalein zu, so erhält man eine rotgefärbte Flüssigkeit.

Diese Erscheinungen zeigen, daß eine Reaktion zwischen Natrium und Wasser stattgefunden hat. Führt man die Reaktion so durch, daß sich das Natrium unter der Wasseroberfläche befindet, so kann als Reaktionsprodukt Wasserstoffgas aufgefangen und nachgewiesen werden. Damit können die oben angeführten Beobachtungen folgendermaßen erklärt werden:

- Durch die auftretende Reaktionswärme wird die Schmelztemperatur des Natriums erreicht; es bildet sich ein kugelförmiger Tropfen aus flüssigem Natrium.
- Das entstehende Wasserstoffgas erzeugt das zischende Geräusch; der Natriumtropfen bewegt sich auf einem Gaspolster.
- Als zweites Reaktionsprodukt entsteht Natriumhydroxid, dessen Lösung in Wasser die auftretenden Schlieren bildet.
- Natriumhydroxid-Lösung reagiert als alkalische Lösung mit Phenolphthalein unter Rotfärbung.

Der Vorgang läßt sich in folgender Reaktionsgleichung zusammenfassen:

$$2\ Na + 2\ H_2O \rightarrow 2\ NaOH_{aq} + H_2 \mid \Delta H = -282\ kJ$$

3. In einem weiteren Versuch wird ein Stückchen Natrium auf ein feuchtes Filtrierpapier gebracht. Es schmilzt zunächst zu einem kugelförmigen Tropfen. Der entstehende Wasserstoff entzündet sich nach kurzer Zeit. Außerdem entsteht ein weißer Rauch. In diesem Fall kann sich die freiwerdende Reaktionswärme nicht auf eine größere Wassermenge verteilen. Die starke lokale Erwärmung führt zur Selbstentzündung des Natriums.

Verwendung des Natriums

5. Natriummetall findet in der Technik vielseitige Verwendung. Man gewinnt es deshalb in größeren Mengen aus Natriumchlorid durch Elektrolyse. Flüssige Natriumlegierungen werden in Kernreaktoren als Kühlflüssigkeit benützt. Natriumhaltige Leuchtstoffröhren geben ein intensiv gelbes Licht und werden zur Straßenbeleuchtung verwendet. Darüber hinaus ist Natrium Ausgangsstoff wichtiger technischer Synthesen, z. B. zur Herstellung von Farbstoffen.

A_1 Durch welche chemischen Vorgänge kann die ätzende Wirkung des Natriums erklärt werden?

A_2 Welche Eigenschaften muß eine für die Aufbewahrung des Natriums geeignete Sperrflüssigkeit besitzen?

A_3 Aus Natriumoxid mit der Formel Na_2O_2 kann durch Erhitzen mit Natrium ein anderes Natriumoxid mit der Formel Na_2O hergestellt werden. Wie lautet die Reaktionsgleichung?

A_4 Für die Reaktion des Natriumoxids der Formel Na_2O mit Wasser soll eine Reaktionsgleichung formuliert werden!

A_5 Wieviel cm^3 Wasserstoff entstehen bei der Reaktion von 1 g Natrium mit Wasser?

5.2 Die Elementgruppe der Alkalimetalle

Vorsicht: Lithium, Natrium und Kalium zersetzen sich an der Luft, ätzen die Haut und reagieren heftig mit Wasser unter Bildung von Wasserstoff (feuergefährlich). Stets unter Paraffinöl oder Petroleum als Sperrflüssigkeit aufbewahren! Nicht mit den Fingern berühren! Bei allen Versuchen mit diesen Metallen Schutzbrille tragen!

Eigenschaften von Lithium, Natrium und Kalium im Vergleich

V_1 Man schneidet jeweils ein Stück *Lithium, Natrium* und *Kalium* mit dem Messer und beobachtet dabei Härte und Beschaffenheit der Oberfläche.

V_2 Erbsengroße, entkrustete Stückchen der *drei Metalle* läßt man auf Uhrgläsern an der Luft liegen.

V_3 Auf einem engmaschigen Drahtnetz werden nebeneinander kleine, entkrustete Stückchen der *drei Metalle* erhitzt *(Abzug!)*. Der nach der Entzündung entstehende Rauch wird durch je ein übergestülptes Becherglas aufgefangen. Man löst den in den drei Bechergläsern gebildeten Beschlag in Wasser und prüft mit Phenolphthalein und Bromthymolblau.

V_4 Ein linsengroßes Stück entkrustetes *Natrium* wird in eine große Glasschale aus Jenaer Glas mit destilliertem Wasser geworfen *(Schutzscheibe! Schutzbrille!)*.

V_5 Wir wiederholen Versuch 4 mit einem erbsengroßen Stück *Lithium* und einem höchstens linsengroßen Stück *Kalium (Schutzscheibe! Schutzbrille!)*.

V_6 Ein Magnesiastäbchen wird in der nichtleuchtenden Flamme des Bunsenbrenners so lange erhitzt, bis die Flamme farblos geworden ist. Das heiße Stäbchen wird dann in festes Lithiumchlorid getaucht und erneut in die Bunsenflamme gehalten. Wir wiederholen den Versuch mit Natriumchlorid, Kaliumchlorid, Rubidiumchlorid und Cäsiumchlorid.

1. Wie das Natrium zeichnen sich auch die Metalle Lithium (Li) und Kalium (K) durch eine Reihe außergewöhnlicher Eigenschaften aus. Alle drei Metalle sind mit dem Messer schneidbar. Die frischen Schnittflächen glänzen silberweiß; an der Luft überziehen sie sich mit einer Hydroxid-Schicht. Bei erhöhter Temperatur geraten die Metalle in Brand, wobei Kalium die niedrigste und Lithium die höchste Entzündungstemperatur besitzt. Mit Wasser reagieren sie heftig unter Bildung von Wasserstoff und Metallhydroxid. Im Falle des Kaliums ist die Reaktionsgeschwindigkeit am größten. Aus diesen Eigenschaften wird klar, daß die drei Elemente in der Natur nur in Form ihrer Verbindungen vorkommen können.

Lithium und Kalium haben ähnliche Eigenschaften wie Natrium

2. Die Zusammenstellung auf S. 102 zeigt wichtige Daten von Lithium, Natrium und Kalium im Vergleich.

3. In ihren physikalischen Eigenschaften und ihrem chemischen Verhalten sind Lithium, Natrium und Kalium sehr ähnlich. Sie werden deshalb zu einer Elementgruppe zusammengefaßt. Zu dieser Elementgruppe der Alkalimetalle zählen auch die beiden seltenen von Bunsen und Kirchhoff im Jahre 1861 in Mineralwasser entdeckten Elemente Rubidium[1] (Rb) und Cäsium[2] (Cs).

Elementgruppe: Elemente mit ähnlichen Eigenschaften

4. Die physikalischen Eigenschaften der Alkalimetalle zeigen eine deutliche Abhängigkeit von der Atommasse; so nimmt z. B. die Schmelztemperatur mit

[1] *rubidius* (lat.) dunkelrot.
[2] *caesius* (lat.) himmelblau.

Lithium, Natrium und Kalium

	Lithium[1] (Li)	Natrium[2] (Na)	Kalium[3] (K)
Entdeckung	1825 Berzelius	1807 Davy[4]	1807 Davy
Physikalische Eigenschaften			
Härte	zäh	weich	sehr weich
Dichte (g/cm^3)	0,53 (leichtestes Metall)	0,97	0,86
Smt. (°C)	179	97,8	63,5
Sdt. (°C)	1340	883	760
Chemische Eigenschaften			
Oxidation an der Luft	langsam	schnell	sehr schnell
Brennbarkeit	——— Abnahme der Entzündungstemperatur von links nach rechts ——→		
	Grelle weiße Flamme	Gelbe Flamme	Violette Flamme
Reaktion mit Wasser	$2\,Li + 2\,H_2O \rightarrow 2\,LiOH_{aq} + H_2$;	$2\,Na + 2\,H_2O \rightarrow 2\,NaOH_{aq} + H_2$;	$2\,K + 2\,H_2O \rightarrow 2\,KOH_{aq} + H_2$
	——— Zunahme der Reaktionsgeschwindigkeit von links nach rechts ——→		

Alkalimetalle:
Lithium
Natrium
Kalium
Rubidium
Cäsium

steigender Atommasse stetig ab. Auch das chemische Verhalten hängt mit der Atommasse zusammen. Die Reaktionsfähigkeit gegenüber Sauerstoff und Wasser nimmt mit steigender Atommasse deutlich zu. So entzündet sich Cäsium an der Luft schon bei Zimmertemperatur. Seine Reaktion mit Wasser erfolgt explosionsartig nach folgender Gleichung:

$$2\,Cs + 2\,H_2O \rightarrow 2\,CsOH_{aq} + H_2$$

Die folgende Tabelle zeigt die Alkalimetalle, geordnet nach ihren Atommassen.

Alkalimetalle im Vergleich

	Lithium	Natrium	Kalium	Rubidium	Cäsium
Atommasse (u)	6,94	22,99	39,10	85,47	132,91
Atomradius (pm)	152	186	231	244	262
Smt. (°C)	179	98	64	39	28
Dichte (g/cm^3)	0,53	0,97	0,86	1,53	1,90
Reaktionsfähigkeit	——— Zunahme von links nach rechts ——→				
Flammenfärbung	karminrot	gelb	violett	dunkelrot	hellblau

Li, Na, K, Rb, Cs ↓ Fähigkeit zur Ionenbildung nimmt zu

5. Bei allen Reaktionen der Alkalimetalle zu ihren Oxiden bzw. Hydroxiden werden aus Atomen Ionen gebildet. Als Beispiel soll eine Teilchengleichung für die Reaktion des Cäsiums mit Wasser formuliert werden:

$$2\,Cs + 2\,H_2O \rightarrow 2\,Cs^+_{aq} + 2\,OH^-_{aq} + H_2$$

[1] *lithos* (gr.) Stein.
[2] *neter* (hebr.) Soda.
[3] *al kalja* (arab.) Pflanzenasche.
[4] Sir Humphrey Davy, englischer Chemiker und Physiker (1778–1829)

Cäsiumatome gehen in positiv geladene Cäsium-Ionen über. Die Reaktionsfähigkeit der Alkalimetalle zeigt, daß ihre Fähigkeit zur Ionenbildung mit steigender Atommasse zunimmt. Lithium hat die geringste, Cäsium die größte Fähigkeit positiv geladene Ionen zu bilden.

6. Die Alkalimetalle und ihre Verbindungen rufen in der heißen Brennerflamme charakteristische Färbungen hervor (V_6). Schon Spuren von Natriumverbindungen verraten sich durch intensiv gelbe Flammenfärbung. Die analytische Chemie benützt diesen Effekt als empfindliches Nachweisverfahren.

Flammenfärbung zum Nachweis der Alkalimetalle

A_1 Bei der Reaktion von Kalium mit Wasser entzündet sich der entstehende Wasserstoff. Wie ist das zu erklären?

A_2 Welche Beobachtungen sind zu erwarten, wenn Rubidium mit Wasser in Berührung kommt? Wie lautet die Reaktionsgleichung?

A_3 Für die Verbrennung von Lithium zu Lithiumoxid (Li_2O) soll die Reaktionsgleichung formuliert werden.

A_4 Die physikalischen Eigenschaften der Alkalimetalle verändern sich parallel zur Veränderung der Atommasse. Welcher Wert folgt dieser Regel nicht?

5.3 Chlor

Vorsicht: Chlor ist ein ätzendes Lungengift. Im Abzug arbeiten!

Herstellung von Chlor

V_1 Etwas Braunstein wird im Reagenzglas mit dem doppelten Volumen *konzentrierter Salzsäure (ätzend)* versetzt und vorsichtig erhitzt. Das *entstehende Gas (giftig)* wird in einen kleinen Standzylinder geleitet *(Abzug!)*. Was ist zu beobachten?

Wie verhalten sich Stoffe in Chlorgas?

V_2 Für die folgenden Versuche leitet man durch ein langes Gasleitungsrohr *Chlorgas* in 6 große Standzylinder und verschließt diese mit aufgeschliffenen Glasplatten. Ein weiterer Standzylinder wird vor dem Einleiten des *Chlorgases* mit einer etwa 2 cm hohen Sandschicht gefüllt. Mit den einzelnen *Chlor*-Standzylindern werden nacheinander folgende Versuche ausgeführt *(Abzug!)*:

a) Etwa 50 cm^3 Wasser einfüllen, sorgfältig verschließen und kräftig schütteln
b) Blütenblätter, feuchte Lappen farbiger Gewebe, ein feuchtes, beschriebenes und ein feuchtes, bedrucktes Stück Papier einwerfen
c) Einen mit Terpentinöl getränkten Streifen Filtrierpapier hineinwerfen
d) Eine an einem umgebogenen Draht befestigte, brennende Paraffinkerze eintauchen
e) In der Reibschale frisch zerkleinertes Antimonpulver vom Spatel aus in kleinen Anteilen einstreuen
f) Brennenden Schwefel im Verbrennungslöffel eintauchen
g) In den Standzylinder mit Sandschicht ein Stahlwolleknäuel einwerfen, der vorher in der Bunsenflamme kräftig erwärmt wurde

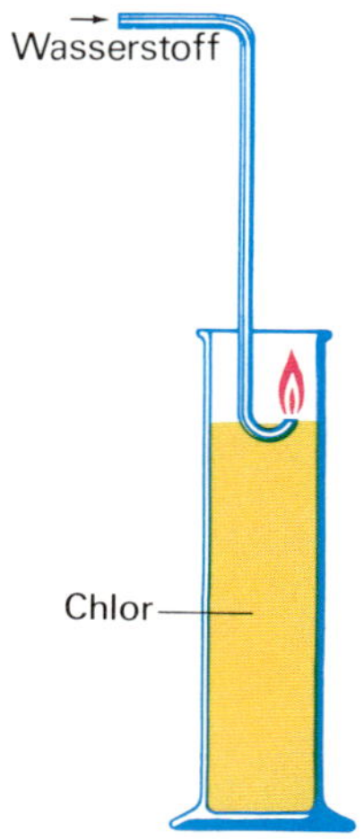

Verbrennung von Wasserstoff in Chlor (V_2)

Chlor und Wasserstoff

V_3 An der Spitze des Glasrohrs, das über einen Gummischlauch mit der Wasserstoffgasflasche verbunden ist, wird gemäß Abbildung ausströmender *Wasserstoff (feuergefährlich)* angezündet *(Knallgasprobe!)*. Die etwa 2 cm hohe Flamme wird langsam bis zum Boden eines *chlor*gefüllten Standzylinders eingetaucht. Nach dem Erlöschen der Flamme wird der *Wasserstoff* abgestellt und das Glasrohr herausgenommen. Man gibt etwas Wasser und Bromthymolblaulösung in den Zylinder und schüttelt.

V4 Zwei kleine, dickwandige Standzylinder werden mit *Wasserstoff (feuergefährlich)* bzw. mit *Chlor* gefüllt. Beide Zylinder werden mit den Mündungen aufeinandergestellt und mit einem Handtuch umwickelt und die Gase gemischt. *(Vorsicht: nicht im direkten Sonnenlicht oder im Licht einer Leuchtstoffröhre arbeiten! Schutzscheibe! Schutzbrille!)* Die Entzündung des *Gasgemisches (explosiv)* erfolgt mit dem Bunsenbrenner.

Vorsicht beim Umgang mit Chlorgas!

1. Das Element Chlor haben wir bereits als Bestandteil der Salzsäure und der Chloride kennengelernt. Chlor ist ein gelbgrünes, stechend riechendes Gas[1]. Es ist 2,5mal schwerer als Luft und löst sich in Wasser zu schwach gelbgefärbtem Chlorwasser (1 Volumteil Wasser löst bei 20 °C 2,26 Volumteile Chlor) (V2 a). Chlorgas ist sehr giftig. Es ätzt die Schleimhäute der Atmungsorgane und zerstört die Lungengewebe. Bereits 0,05 Vol. % Chlor wirken nach 1 bis 2 Stunden tödlich.

Im Chlorgas: Cl_2-Moleküle
In Chloriden: Cl^--Ionen

2. Wie einige andere gasförmige Elemente (O_2, H_2, N_2) besteht Chlorgas aus zweiatomigen Molekülen (Cl_2). Salzsäure und Metallchloride (NaCl, $MgCl_2$ usw.) enthalten dagegen negativ geladene Chlorid-Ionen (Cl^-). Dieser Unterschied zwischen den Teilchen erklärt die grundsätzlichen Unterschiede zwischen dem Element und seinen Verbindungen.

Herstellung von Chlor im Labor

3. Elementares Chlor wurde im Jahre 1774 von dem schwedischen Chemiker C. W. Scheele bei der Reaktion von Salzsäure mit Braunstein (MnO_2) entdeckt (V1). Diese Reaktion wird auch heute noch zur Herstellung von Chlor im Laboratorium benutzt; sie verläuft nach folgender Gleichung:

$$MnO_2 + 4\ HCl_{aq} \rightarrow MnCl_{2\ aq} + 2\ H_2O + Cl_2$$

Häufig wird Chlor auch aus Kaliumpermanganat und konzentrierter Salzsäure hergestellt.

Herstellung von Chlor in der Technik

Chlorproduktion in der Bundesrepublik:
1978: 3,0 Mill t
1979: 3,2 Mill t
1980: 3,0 Mill t
1981: 3,0 Mill t
1983: 3,1 Mill t

4. Großtechnisch gewinnt man Chlor durch Elektrolyse von Kochsalzlösung. In großen Elektrolysierzellen tauchen Anoden aus Graphit in konzentrierte Natriumchloridlösung. Man arbeitet mit Stromstärken bis 40 000 A, wobei das Chlor an den Anoden abgeschieden wird. Bei diesem Vorgang werden negativ geladene Chlorid-Ionen durch Abgabe von Elektronen zunächst in Chloratome übergeführt. Jeweils 2 Chloratome vereinigen sich darauf zu stabilen Chlormolekülen:

$$\text{Anode (+ Pol)}: 2\ Cl^- \rightarrow 2\ Cl + 2\ e^-$$
$$2\ Cl^- \rightarrow Cl_2$$

Die Vorgänge an der Kathode liefern als weitere Endprodukte Wasserstoff und Natronlauge.
Als Rohstoff für die Kunststoffindustrie gewinnt Chlor ständig an Bedeutung.

Chlor: ein besonders reaktionsfähiges Element

5. Chlor ist sehr reaktionsfähig. Es reagiert mit vielen Farbstoffen zu farblosen Verbindungen (V2 b). Da Chlor Bakterien tötet, wird es dem Trink- und Badewasser als Desinfektionsmittel zugesetzt.

[1] *chloros* (gr.) gelbgrün.

Ähnlich wie Sauerstoff reagiert auch Chlor heftig mit Wasserstoff (V4):

$$H_2 + Cl_2 \rightarrow 2\,HCl \qquad |\ \Delta H = -184{,}7\ kJ$$

Das Gemisch aus Wasserstoff und Chlor wird daher auch als Chlorknallgas bezeichnet.
Alle Metalle, einschließlich die Edelmetalle, verbinden sich in exothermer Reaktion direkt mit Chlor (V2e, V2g):

$$2\,Na + Cl_2 \rightarrow 2\,NaCl \qquad |\ \Delta H = -823{,}1\ kJ$$
$$2\,Au + 3\,Cl_2 \rightarrow 2\,AuCl_3 \qquad |\ \Delta H = -230{,}2\ kJ$$

Auch die meisten Nichtmetalle (Ausnahmen: N_2, O_2, C und Edelgase) reagieren mit Chlor (V2f):

$$2\,P + 3\,Cl_2 \rightarrow 2\,PCl_3 \qquad |\ \Delta H = -643{,}9\ kJ$$

6. Es gibt eine Reihe sauerstoffhaltiger Säuren und Salze des Chlors, die sich durch stufenweise Oxidation von Salzsäure bzw. Chloriden herstellen lassen. Diese Verbindungen spalten leicht Sauerstoff ab und sind deshalb starke Oxidationsmittel. Die folgende Tabelle zeigt die wichtigsten Vertreter dieser Stoffklasse:

Sauerstoff-Säuren des Chlors:
$HClO$
$HClO_2$
$HClO_3$
$HClO_4$

Name der Säure	Formel	Name der Salze	Säure-Anion	Verwendung
Unterchlorige Säure	$HClO$	Hypochlorit	ClO^-	Bleichmittel
Chlorige Säure	$HClO_2$	Chlorit	ClO_2^-	Bleichmittel
Chlorsäure	$HClO_3$	Chlorat	ClO_3^-	$NaClO_3$ Unkrautvertilger $KClO_3$ Herstellung von Feuerwerkskörpern
Perchlorsäure	$HClO_4$	Perchlorat	ClO_4^-	$NaClO_4$ in Sprengstoffen

Sauerstoffhaltige Säuren und Salze des Chlors

A1 Die Beobachtungen bei der Reaktion des Chlors mit Antimonpulver und mit Stahlwolle sollen verglichen werden. Welche Gemeinsamkeiten und welche Unterschiede fallen auf?

A2 Die Verbindungen Antimontrichlorid ($SbCl_3$), Dischwefeldichlorid (S_2Cl_2) und Magnesiumchlorid ($MgCl_2$) sollen aus ihren Elementen hergestellt werden. Nach welchen Reaktionsgleichungen laufen diese Reaktionen ab?

A3 Wie heißen folgende Verbindungen: $NaClO$, $Mg(ClO_2)_2$, $HClO_4$, $Cu(ClO_3)_2$?

A4 Für die Reaktionen von Lithium, Natrium und Kalium mit Chlor sollen die Reaktionsgleichungen formuliert werden. Welche Ionen entstehen? Welche Reaktion verläuft am heftigsten?

5.4 Die Elemente Brom, Iod und Fluor

Welche Eigenschaften besitzt Brom?

V1 Ein Standzylinder wird *(im Abzug)* mit *Bromdämpfen (giftig; ätzend)* gefüllt. Man gibt etwas Wasser dazu, verschließt mit einer aufgeschliffenen Glasplatte und schüttelt um.

V2 Die Lösung von *Brom* in Wasser *(Bromwasser) (giftige Dämpfe)* wird in einem Reagenzglas mit dem halben Volumen *Tetrachlorkohlenstoff (giftige Dämpfe)* versetzt und nach Verschließen mit einem Gummistopfen kräftig umgeschüttelt.

Die Elemente Chlor, Brom und Iod

V3 Ein im Stativ über einer Schale mit Sand eingespanntes, schwerschmelzbares Reagenzglas wird etwa 1 cm hoch mit flüssigem *Brom (ätzend; giftige Dämpfe)* gefüllt *(Abzug!)*. Dann wird ein etwa 1 cm langes Stück Aluminiumdraht (3 mm ∅) eingeworfen *(Schutzscheibe des Abzugs herunterziehen!)*. Der Beginn der Reaktion kann sich manchmal um einige Minuten verzögern. *Zur Reinigung des Reagenzglases nach dem Versuch darf Wasser nur vorsichtig in kleinen Mengen aus der Spritzflasche zugegeben werden (Schutzbrille!).*

Welche Eigenschaften besitzt Iod?

V4 Einige *Iodkristalle (ätzend)* werden in einem 500-cm^3-Rundkolben langsam mit dem Brenner erhitzt. Nach dem Erhitzen beobachtet man die kalten Teile des Rundkolbens.

V5 Man bestimmt die Löslichkeit von *festem Iod (ätzend)* in kaltem und heißem Wasser, in *Alkohol (feuergefährlich), Tetrachlorkohlenstoff (giftige Dämpfe)* und *Benzin (feuergefährlich)*. In einem Reagenzglas schüttelt man die Lösung von *Iod* in Wasser mit *Chloroform (giftige Dämpfe)*.

Chlor, Brom und Iod haben ähnliche Eigenschaften

1. Die Eigenschaften der Elemente Brom und Iod (vgl. Tabelle S. 107), vor allem ihre chemischen Reaktionen, lassen eine enge Verwandtschaft mit Chlor erkennen. Alle drei Elemente besitzen ähnliche Eigenschaften und bilden ähnliche Verbindungen. So sind ihre Wasserstoffverbindungen gasförmig und reagieren mit Wasser zu sauren Lösungen. Ihre Salze und Säuren zeigen die gleichen Atomzahlverhältnisse: HCl, HBr, HI; NaClO, NaBrO, NaIO.

2. Chlor, Brom und Iod reagieren mit Metallen direkt zu Salzen. Sie werden deshalb als Halogene[1] bezeichnet.
Die Salze der Halogene, z. B. Natriumchlorid oder Magnesiumbromid heißen Halogenide. Sie sind aus positiv geladenen Metall-Ionen und negativ geladenen Halogenid-Ionen aufgebaut.

Fluor: reaktionsfähigstes Element

3. Ein weiteres Halogen, das Element Fluor (F), besteht ebenfalls aus zweiatomigen Molekülen (F_2). Es ist ein schwach gelbliches, außerordentlich giftiges Gas. Fluor ist das reaktionsfähigste aller Elemente. Es reagiert sehr heftig mit den meisten Metallen und Nichtmetallen. Wegen dieser Eigenschaften ist es für Schulversuche nicht geeignet. Seine Metallverbindungen heißen Fluoride und gehören ebenso wie die Chloride, Bromide und Iodide zu den Salzen.

4. Eine Mischung aus Wasserstoff und Fluorgas reagiert noch unterhalb −200 °C explosionsartig unter Bildung von Fluorwasserstoff (HF).

$$F_2 + H_2 \rightarrow 2\,HF \qquad |\ \Delta H = -537{,}6\ kJ$$

Fluorwasserstoff mischt sich mit Wasser in jedem Verhältnis. Die entstehende Fluorwasserstoffsäure, kurz Flußsäure genannt, greift Glas an und muß deshalb in Kunststoffgefäßen aufbewahrt werden.

5. Wie Chlor, Brom und Iod kommt Fluor in der Natur nur chemisch gebunden vor. Das Mineral Flußspat (CaF_2) wird in der Technik als «Fluß»-Mittel[2] für Schlacke verwendet und hat so dem Element Fluor seinen Namen gegeben. Fluoridmangel in der Nahrung begünstigt die Zahnkaries. In manchen Staaten wird deshalb dem Trinkwasser in geringen Mengen Kaliumfluorid zugesetzt.

*Fluorit
Flußspatkristalle, die durch geringe Beimengungen violett gefärbt sind*

[1] *hals* (gr.) Salz, *genein* (gr.) erzeugen. [2] *fluere* (lat.) fließen.

Brom und Iod

	Brom[1]	*Iod*[2]
Elementsymbol	Br	I
Atommasse	79,91	126,90
Teilchen	Br_2-Moleküle in allen Aggregatzuständen	I_2-Moleküle in allen Aggregatzuständen
Vorkommen	Als Bromide (NaBr, $MgBr_2$) zusammen mit Steinsalz	Seltenes Element. Angereichert im Chilesalpeter als Natriumiodat ($NaIO_3$), in Meeresalgen und Schwämmen
Aussehen, Verhalten	Schwarzbraune Flüssigkeit, Sdt. 58,8 °C (neben Quecksilber das einzige flüssige Element). Die rotbraunen Dämpfe sind schwerer als Luft.	Dunkelglänzende, schuppenförmige Kristalle, die an der Luft langsam verdampfen. Smt. 114 °C, Sdt. 183 °C. Ioddampf ist violett und geht beim Abkühlen direkt in den festen Aggregatzustand über (Resublimation).
Löslichkeit, Lösungen	Teilweise in Wasser löslich. Die braune Lösung heißt Bromwasser. Mit Tetrachlorkohlenstoff und Ether in jedem Verhältnis mischbar. Läßt sich deshalb aus Bromwasser durch Ausschütteln in die nicht mit Wasser mischbaren Lösungsmittel überführen.	Löst sich beim Erwärmen sehr schwach in Wasser (hellgelbes «Iodwasser»). Leicht löslich in Alkohol, Ether, Benzin, Chloroform und Tetrachlorkohlenstoff. Die Lösung von Iod in Alkohol heißt Iodtinktur.
Physiologische Wirkung	Stechender und erstickender Geruch, giftig! Wirkt stark ätzend auf Atmungsorgane und Haut. Bromide und organische Bromverbindungen werden in der Pharmazie als Beruhigungsmittel verwendet.	Ioddampf ruft Entzündungen der Schleimhäute hervor. Iodidmangel in der Nahrung verursacht Schilddrüsenstörungen (Kropfbildung). Zur Vorbeugung wird dem Kochsalz mancherorts Kaliumiodid zugesetzt.
Reaktion mit Metallen	$2\,Al + 3\,Br_2 \rightarrow 2\,AlBr_3$ Aluminiumbromid	$Mg + I_2 \rightarrow MgI_2$ Magnesiumiodid
Reaktion mit Wasserstoff	$H_2 + Br_2 \rightarrow 2\,HBr \mid \Delta H = -97{,}1$ kJ Bromwasserstoff	$H_2 + I_2 \rightarrow 2\,HI \mid \Delta H = -10{,}5$ kJ Iodwasserstoff
Wasserstoffverbindungen und ihre Salze	Die Lösung von Bromwasserstoffgas in Wasser reagiert sauer: Bromwasserstoffsäure. Die Salze der Bromwasserstoffsäure heißen Bromide.	Die Lösung von Iodwasserstoffgas in Wasser reagiert sauer: Iodwasserstoffsäure. Die Salze der Iodwasserstoffsäure heißen Iodide.
Sauerstoffhaltige Säuren und ihre Salze	HBrO unterbromige Säure; Salze: Hypobromite (z. B. NaBrO); $HBrO_3$ Bromsäure; Salze: Bromate (z. B. $KBrO_3$)	HIO unreriodige Säure; Salze: Hypoiodite (z. B. KIO); HIO_3 Iodsäure; Salze: Iodate (z. B. $NaIO_3$); HIO_4 Überiodsäure; Salze: Periodate (z. B. KIO_4)

A1 Warum kommen die Elemente Fluor, Chlor, Brom und Iod in der Natur nur in Form ihrer Verbindungen vor?

A2 Welche Eigenschaften des Fluors rechtfertigen seine Zuordnung zur Gruppe der Halogene?

A3 Aus welchen Ionen sind folgende Salze aufgebaut: NaCl, KCl, $MgBr_2$, AlF_3?

A4 Welche Namen haben folgende Verbindungen: HBr, KF, $NaBrO_3$, $Mg(IO_4)_2$, $AlCl_3$?

A5 Beschreiben Sie drei Verfahren zur Herstellung von Aluminiumbromid ($AlBr_3$). Wie lauten die Reaktionsgleichungen?

5.5 Die Elementgruppe der Halogene

Wie reagieren Halogene mit Halogeniden?

V1 In drei verschiedenen Reagenzgläsern gibt man zu jeweils 3 cm³ *Chlorwasser (giftige Dämpfe)* eine Lösung von 3 cm³ Kaliumchlorid, Kaliumbromid oder Kaliumiodid. Anschließend wird mit etwa 4 cm³ *Tetrachlorkohlenstoff (giftige Dämpfe)* geschüttelt. Dieselben Versuche führt man mit *Bromwasser (giftige Dämpfe)* und mit Iodwasser durch.

[1] *bromos* (gr.) Gestank. [2] *ioeides* (gr.) veilchenblau.

Herstellung und Eigenschaften von Silberhalogeniden

V2 Fünf Standzylinder enthalten folgende Lösungen: Natriumchlorid-, Magnesiumchlorid-, Kaliumbromid-, Natriumbromid- und Kaliumiodidlösung. Zu jeder dieser Proben wird *Silbernitratlösung (ätzend)* gegeben. Was ist sofort und nach einiger Zeit zu beobachten?

V3 In einem Becherglas wird Natriumchloridlösung mit *Silbernitratlösung (ätzend)* versetzt. Man filtriert den entstandenen Niederschlag durch einen Büchnertrichter. Auf das Filterpapier mit dem Niederschlag legt man eine kreuzförmige Schablone aus schwarzem Papier und bestrahlt mit *UV-Licht (Vorsicht: nicht in die Lampe schauen!)*.

Fluor, Chlor, Brom und Iod bilden die Elementgruppe der Halogene

1. Trotz der ins Auge fallenden äußeren Unterschiede besitzen die Elemente Fluor, Chlor, Brom und Iod wesentliche Gemeinsamkeiten in ihren Eigenschaften: sie bilden farbige Gase bzw. Dämpfe; sie reagieren mit Wasserstoff zu Säuren und mit Metallen zu Salzen. Man faßt sie deshalb zur Elementgruppe der Halogene zusammen.

2. Ordnet man die Halogene nach steigender Atommasse, so bemerkt man eine regelmäßige Änderung ihrer physikalischen und chemischen Eigenschaften.

Halogene im Vergleich

	Fluor (F)	Chlor (Cl)	Brom (Br)	Iod (I)
Atommasse (u)	19,00	35,45	79,91	126,91
Atomradius ($nm = 10^{-9}$ m)	0,064	0,099	0,114	0,133
Smt. (°C)	−220	−102,4	− 7,3	+113,7
Sdt. (°C)	−188	− 34,0	+58,8	+184,5
Farbe im gasförmigen Zustand	gelb	grün	braun	violett
Reaktionsfähigkeit	Abnahme von links nach rechts →			
Fähigkeit zur Ionenbildung	Abnahme von links nach rechts →			
Löslichkeit der Silberhalogenide in Wasser	Abnahme von links nach rechts →			
Löslichkeit der Natrium- und Kaliumhalogenide in Wasser	Zunahme von links nach rechts →			

Die Reaktionsfähigkeit der Halogene mit Metallen nimmt vom Fluor zum Iod hin ab. Damit hängt die Tatsache zusammen, daß sie sich aus den Metallhalogeniden gegenseitig verdrängen können (V1). Aus Bromiden kann durch Chlor elementares Brom, aus Iodiden kann mit Brom elementares Iod freigesetzt werden. Zwei Beispiele sollen genauer betrachtet werden:

– Reaktion zwischen Chlor und Kaliumbromid:
  - Reaktionsgleichung: $Cl_2 + 2\ KBr_{aq} \rightarrow 2\ KCl_{aq} + Br_2$
  - Teilchengleichung: $Cl_2 + 2\ K^+_{aq} + 2\ Br^-_{aq} \rightarrow 2\ K^+_{aq} + 2\ Cl^-_{aq} + Br_2$
  - Reagierende Teilchen: $Cl_2 + 2\ Br^-_{aq} \rightarrow 2\ Cl^-_{aq} + Br_2$

– Reaktion zwischen Brom und Kaliumiodid:
  - Reaktionsgleichung: $Br_2 + 2\ KI_{aq} \rightarrow 2\ KBr_{aq} + I_2$
  - Teilchengleichung: $Br_2 + 2\ K^+_{aq} + 2\ I^-_{aq} \rightarrow 2\ K^+_{aq} + 2\ Br^-_{aq} + I_2$
  - Reagierende Teilchen: $Br_2 + 2\ I^-_{aq} \rightarrow 2\ Br^-_{aq} + I_2$

F, Cl, Br, I ↑ Fähigkeit zur Ionenbildung nimmt zu

Die Gleichungen zeigen, daß die Fähigkeit, aus neutralen Atomen negativ geladene Ionen zu bilden, bei Chlor größer ist als bei Brom, bei Brom wiederum größer als bei Iod. Sie nimmt vom Iod bis zum Fluor ständig zu. Daraus erklärt sich die in der gleichen Richtung verlaufende Zunahme der Reaktionsfähigkeit.

Nachweis von Halogenid-Ionen mit Silbernitrat

3. Silbernitratlösung gibt mit Chloriden einen weißen, mit Bromiden einen hellgelben und mit Iodiden einen gelben Niederschlag («Fällung») (V2). Beispiele:

– Reaktion von Silbernitrat mit Natriumchlorid:

Reaktionsgleichung:	$AgNO_{3\,aq} + NaCl_{aq}$	$\rightarrow AgCl + NaNO_{3\,aq}$
Teilchengleichung:	$Ag^+_{aq} + NO^-_{3\,aq} + Na^+_{aq} + Cl^-_{aq}$	$\rightarrow |Ag^+ + Cl^-| + Na^+_{aq} + NO^-_{3\,aq}$
Reagierende Teilchen:	$Ag^+_{aq} + Cl^-_{aq}$	$\rightarrow |Ag^+ + Cl^-|$

– Reaktion von Silbernitrat mit Magnesiumchlorid:

Reaktionsgleichung:	$2\,AgNO_{3\,aq} + MgCl_{2\,aq}$	$\rightarrow 2\,AgCl + Mg(NO_3)_{2\,aq}$
Teilchengleichung:	$2\,Ag^+_{aq} + 2\,NO^-_{3\,aq} + Mg^{2+}_{aq} + 2\,Cl^-_{aq}$	$\rightarrow 2\,|Ag^+ + Cl^-| + Mg^{2+}_{aq} + 2\,NO^-_{3\,aq}$
Reagierende Teilchen:	$2\,Ag^+_{aq} + 2\,Cl^-_{aq}$	$\rightarrow 2\,|Ag^+ + Cl^-|$

Bei den Reaktionen lagern sich also jeweils positiv geladene Silber-Ionen und negativ geladene Chlorid-Ionen zu wasserunlöslichem weißem Silberchlorid zusammen. Sibernitratlösung ist ein Reagenz auf Chloride, Bromide und Iodide.

$Ag^+_{aq} + Hal^-_{aq} \rightarrow |Ag^+ + Hal^-|$

A1 Für folgende Reaktionen sollen die Teilchengleichungen formuliert werden:
a) Chlorgas wird in Kaliumiodidlösung (KI) eingeleitet.
b) Silbernitratlösung gibt mit Kupferchloridlösung ($CuCl_2$) einen weißen Niederschlag.
c) Silbernitratlösung reagiert mit Kaliumbromidlösung unter Bildung eines hellgelben Niederschlags.

A2 Was beobachtet man
a) beim Einleiten von Chlorgas in eine Magnesiumbromidlösung,
b) beim Einleiten von Chlorgas in eine Natriumfluoridlösung?

5.6 Fotografie

Herstellung von lichtempfindlichem Silberbromid-Papier

V1 Ein Rundfilter-Papier wird mit einer Pinzette in eine flache Glasschale mit 2%iger Kaliumbromidlösung und anschließend in eine Schale mit 2%iger Silbernitratlösung (ätzend) getaucht. Man läßt es abtropfen und bringt es zwischen zwei Klarsichtfolien, von denen eine mit kräftigen schwarzen Buchstaben beschriftet ist (s. Abb.). Papier und Folien werden mit der Schrift nach unten auf den Tageslichtprojektor gelegt und ca. 3 Min. belichtet. Was ist auf dem Rundfilter zu beobachten?

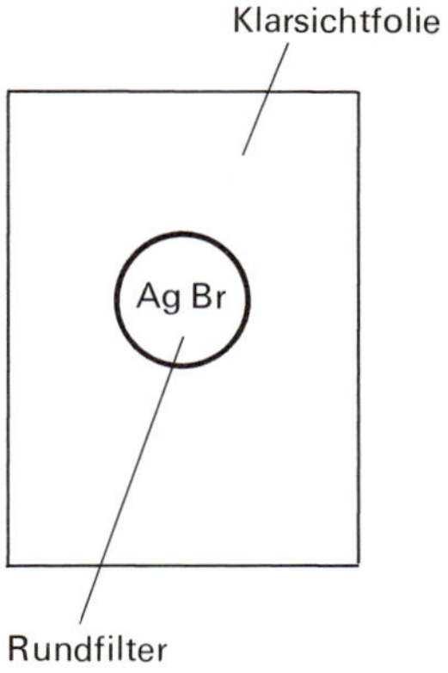

Entwicklung eines Fotopapiers mit Hydrochinonlösung

V2 In ein kleines Becherglas gibt man ca. 30 cm^3 verdünnte Hydrochinonlösung und löst darin 2 Spatel Natriumsulfit. Dann gibt man 3 Spatel wasserfreies Natriumcarbonat hinzu. In diese Lösung wird ein nach V1 hergestelltes Silberbromid-Papier eingetaucht.

Was geschieht beim Fixieren?

V3 Im Reagenzglas wird etwas verdünnte Silbernitratlösung (ätzend) mit der gleichen Menge verdünnter Kaliumbromidlösung versetzt. Dann wird ein Überschuß an Natriumthiosulfatlösung zugegeben.

1. Sowohl Silbernitrat als auch die schwerlöslichen Halogenide des Silbers (AgCl, AgBr, AgI) werden bei Einwirkung von Licht allmählich dunkel. Licht ist ein Energieträger; trifft es auf Silberbromidkristalle, so wird von den Bromid-Ionen je ein Elektron abgespalten: es entsteht elementares Brom. Die Elektronen lagern sich an Silber-Ionen an, aus denen dadurch elementares Silber wird. Insgesamt kommt es also zu folgender Reaktion:

Licht wandelt Ag^+-Ionen in Ag-Atome um

$$2\,|Ag^+ + Br^-| \xrightarrow{\text{Licht}} 2\,Ag + Br_2 \quad |\Delta H = +198\ \text{kJ}$$

Das entstehende feinverteilte Silber ist schwarz.

Lichtempfindliche Schicht mit Silberhalogenid

2. Dieser Vorgang wird in der Fotografie genutzt. Die lichtempfindliche Schicht eines fotografischen Films oder einer Platte besteht aus Gelantine, in die winzig kleine Silberhalogenidkristalle eingebettet sind. Wird ein solcher Kristall vom Licht getroffen, so entsteht feinverteiltes Silber: die belichteten Stellen des Films färben sich schwarz. Das entstehende Brom wird durch die Gelantine gebunden. Ob mehr oder weniger Silber entsteht, ist abhängig von der Intensität des Lichts und von der Dauer der Belichtung. Um ein für das Auge gut sichtbares Bild zu erhalten, mußte der fotografische Film früher relativ lange belichtet werden. Belichtungszeiten von mehreren Minuten waren die Regel. Bei den heute üblichen kurzen Belichtungszeiten entstehen an den vom Licht getroffenen Kriställchen lediglich einzelne Silberatome, die sich zu winzig kleinen Silberkörnchen zusammenlagern. Sie bestehen in manchen Fällen aus nur vier Silberatomen und sind für das menschliche Auge nicht zu erkennen. In der lichtempfindlichen Schicht ist durch Belichtung kein sichtbares, sondern ein latentes Bild entstanden.

Entwickeln: belichtete Silberhalogenidkristalle werden zu Silber

3. Damit das latente Bild sichtbar wird, muß die lichtempfindliche Schicht entwickelt werden. Als Entwickler dienen meist kohlenstoffhaltige Verbindungen wie z. B. Hydrochinon. Sie liefern bei der Reaktion Elektronen, um weitere Silber-Ionen in Silberatome umzuwandeln. Dabei dienen die schon vorhandenen Silberkörnchen als Katalysatoren. Diejenigen Silberbromidkristalle, die bereits Silberatome enthalten, werden zu Silber umgesetzt; die übrigen Kristalle bleiben unverändert. Dadurch färbt sich die Schicht nur an den Stellen durch feinverteiltes Silber schwarz, an denen durch Belichtung einzelne Silberatome entstanden waren. Aus dem latenten Bild wird ein Negativ: die belichteten Stellen erscheinen dunkel, die unbelichteten hell. Beim Entwickeln muß in der Dunkelkammer gearbeitet werden, damit keine weiteren Silberkörnchen entstehen. Auch darf nur so lange entwickelt werden, bis ein kontrastreiches Negativ entstanden ist. Bei längerem Entwickeln würde auch das restliche Silberhalogenid zu Silber umgesetzt.

Fixieren: restliches Silberhalogenid wird herausgelöst

4. Bevor das Negativ ans Tageslicht kommen kann, muß nicht umgesetztes lichtempfindliches Silberhalogenid entfernt werden. Zu diesem Zweck kommt der entwickelte Film in das Fixierbad, eine Lösung von Fixiersalz (Natriumthiosulfat der Formel $Na_2S_2O_3$) in Wasser. Sie hat die Eigenschaft, das sonst schwerlösliche Silberhalogenid zu lösen (V_3) und dadurch aus der Schicht auszuschwemmen. Das Negativ ist jetzt lichtbeständig. Zur Herstellung eines Positivs, eines Abzugs, muß auf lichtempfindlichem Papier nochmals belichtet, entwickelt und fixiert werden.

Sensibilisieren: Schicht wird für bestimmte Farben empfindlich

5. Blaues Licht ist energiereicher als gelbes, dieses wiederum energiereicher als rotes Licht. Während blaues Licht aus Silberbromid Silber abscheidet, reicht die Energie des roten Lichts dafür nicht aus. Viele Filme werden daher im Rotlicht der Dunkelkammer verarbeitet. Die unterschiedliche Empfindlichkeit kann im entstehenden Bild dazu führen, daß verschiedene Helligkeiten nicht richtig wiedergegeben werden. Dann mischt man dem Silberbromid bestimmte Substanzen, meist Farbstoffe zu, die Licht bestimmter Farben aufnehmen und dessen Energie auf das Silberbromid übertragen können. Die Silberbromidschicht wird dadurch für bestimmte Farben des Lichts sensibilisiert.

6. Ein Farbfilm enthält übereinander mehrere lichtempfindliche Schichten, die jeweils für unterschiedlich farbiges Licht sensibilisiert sind. Je nach Farbe des Lichts entstehen die Silberkörnchen beim Belichten daher in unterschiedlichen Schichten des Films. Beim Entwickeln werden dann in den verschiedenen Schichten auch unterschiedliche Mengen an Entwickler umgesetzt. Aus den dabei entstehenden Reaktionsprodukten bilden sich in den Schichten die verschiedenen Farbstoffe. Das schwarze Silber wird schließlich aus der Schicht herausgelöst.

A1 Welche Vorgänge laufen ab
a) beim Belichten, b) beim Entwickeln, c) beim Fixieren eines fotografischen Films?

5.7 Die Elementgruppe der Edelgase

Edelgase in der Luft?

V1 Ein Quarzrohr (15 cm lang und 0,8 cm weit) wird auf 7 cm Länge mit trockenem *Magnesiumpulver (feuergefährlich)* gefüllt und an beiden Enden mit Glaswolle verschlossen. Durch Erhitzen mit der Brennerflamme werden die restliche Feuchtigkeit und eingeschlossenes Gas ausgetrieben. Dann schließt man an beide Enden des Rohres zwei Kolbenprober mit je 50 cm^3 Luft an und erhitzt das Magnesium auf Rotglut *(Schutzbrille!)*. Dabei wird die Luft aus den Kolbenprobern langsam 10 Minuten lang über das glühende Metall hin und her gedrückt. Nach dem Erkalten liest man das Gasvolumen am Kolbenprober ab.

1. Erhitzt man Magnesiumpulver an der Luft, so reagiert es mit Sauerstoff, Stickstoff und Kohlenstoffdioxid unter Bildung fester Reaktionsprodukte. Übrig bleibt ein Gasrest von etwa 1 Vol%. Er enthält eine Gruppe sehr ähnlicher Elemente, die wegen ihrer Reaktionsträgheit als Edelgase bezeichnet werden. Sie sind farb-, geruch- und geschmacklos und in Wasser wenig löslich.

Edelgase: Helium, Neon, Argon, Krypton, Xenon

	Helium[1] (He)	Neon[2] (Ne)	Argon[3] (Ar)	Krypton[4] (Kr)	Xenon[5] (Xe)
100 Liter Luft enthalten (cm^3)	0,52	1,5	932	0,11	0,008
Atommasse (u)	4,00	20,18	39,95	83,80	131,30
Sdt. (°C)	−269,0	−246,0	−185,9	−152,9	−107,1
Verbindungen	keine	keine	keine	KrF_2	XeF_2, XeF_4, XeF_6, XeO_3 ...

2. Die Edelgase sind außerordentlich reaktionsträge, erst seit 1962 sind einige Edelgasverbindungen bekannt. Diese Reaktionsträgheit kann technisch genutzt werden: so verwendet man Argon und Krypton als Füllgase für Glühlampen, Xenon als Füllgas für Elektronenblitzgeräte. In Leuchtröhren finden alle Edelgase Anwendung. Helium dient auch als Füllgas für Ballons und als Bestandteil der «Taucherluft» (80 Vol.% He, 20 Vol.% O_2).

Edelgase sind einatomig

3. Im Gegensatz zu allen anderen gasförmigen Elementen bestehen die Edelgase nicht aus zweiatomigen Molekülen, sondern aus Atomen.

A1 Warum sind die Edelgase als Schutzgase in Glühlampen besonders geeignet?

A2 Warum wird für Ballonfüllungen anstelle des Wasserstoffs Helium verwendet?

[1] *helios* (gr.) Sonne. [2] *neon* (gr.) das Neue. [3] *argos* (gr.) das Träge.
[4] *kryptos* (gr.) das Verborgene. [5] *xenon* (gr.) das Fremde.

6 Atombau und Periodensystem

6.1 Geschichte und Gliederung des Periodensystems

1. Zahlreiche chemische Untersuchungen zeigten schon im 19. Jahrhundert die Möglichkeit, Elemente nach ihren Eigenschaften in Gruppen zusammenzufassen. Im vorangehenden Kapitel ist dies am Beispiel der Halogene, der Alkalimetalle und der Edelgase gezeigt worden.

Atommasse als Ordnungsprinzip der Elemente

2. Döbereiner[1] stellte 1825 als erster Beziehungen innerhalb der Elementgruppen her, indem er die Atommassen als Ordnungsprinzip benützte. Er formulierte die Triadenregel: Bei drei Elementen einer Elementgruppe ist die Atommasse des mittleren Elements häufig das arithmetische Mittel der beiden anderen. Die folgende Tabelle zeigt dies an zwei Beispielen.

Triadenregel und Oktavenregel

Element	Atommasse	Arithmetisches Mittel	Element	Atommasse	Arithmetisches Mittel
Li	6,9		S	32,1	
Na	23,0	$\frac{6,9 + 39,1}{2} = 23$	Se	79,0	$\frac{32,1 + 127,6}{2} = 79,85$
K	39,1		Te	127,6	

Die Atommasse z. B. des Natriums läßt sich, wie die Tabelle zeigt, als arithmetisches Mittel der Atommassen von Lithium und Kalium errechnen.

3. Der englische Chemiker Newlands ordnete die Elemente 1865 aufgrund ihrer «Äquivalente» (eine noch ungenaue Vorstufe der Atommassen) und formulierte die Oktavenregel: «Es ist zu erkennen, daß die Nummern analoger Elemente sich allgemein um die Zahl 7 unterscheiden.»

1 H	2 Li	3 G[2]	4 Bo[2]	5 C	6 N	7 O
8 F	9 Na	10 Mg	11 Al	12 Si	13 P	14 S

4. Exaktere Kenntnisse über die Atommassen lieferten die Grundlage für die Aufstellung des Periodensystems. Dessen Prinzip wurde 1868 fast gleichzeitig von Lothar Meyer[3] und Dimitrij Mendelejew[4] formuliert. «Die nach der Größe ihrer Atomgewichte (heute Atommassen) angeordneten Elemente zeigen eine deutliche Periodizität ihrer Eigenschaften» (Mendelejew).

[1] Johann Wolfgang Döbereiner (1780–1849), Professor für Chemie in Jena und chemischer Berater von J. W. v. Goethe

[2] Für die Elemente Beryllium (Be) und Bor (B) wurden damals noch die Symbole G (Glycinium) und Bo (Bor) verwendet. – Die Edelgase waren noch nicht bekannt.

[3] Julius Lothar Meyer (1830–1895), Professor für Chemie in Karlsruhe und Tübingen.

[4] Dimitrij Iwanowitsch Mendelejew (1834–1907), Professor für Chemie in St. Petersburg.

5. Die Ziffer, die den Platz eines Elements im Periodensystem festlegt, heißt Ordnungszahl. Sie wird häufig als Indexzahl vor das Elementsymbol geschrieben, z. B. $_{8}O$ (Sauerstoff), $_{17}Cl$ (Chlor).
Die Anordnung der Elemente nach steigender Ordnungszahl folgt nicht immer der Atommasse. Das Element Kalium ($_{19}K$, Atommasse 39,102) ist seinen Eigenschaften nach ein Alkalimetall, Argon ($_{18}Ar$, Atommasse 39,948) ein Edelgas. Deshalb mußte das Argon trotz seiner höheren Atommasse vor das Kalium gestellt werden. Aus ähnlichen Gründen stehen $_{52}Te$ (Tellur) vor $_{53}I$ (Iod) und $_{27}Co$ (Kobalt) vor $_{28}Ni$ (Nickel).

Ordnungszahl: Platznummer im Periodensystem

6. Die im Periodensystem (vgl. Darstellung auf dem vorderen inneren Buchdeckel) in einer waagrechten Reihe stehenden Elemente bilden zusammen eine Periode, die senkrecht untereinander stehenden Elemente eine Elementgruppe. Die blau unterlegten Elemente heißen Hauptgruppenelemente, die grün oder gelb unterlegten Elemente Nebengruppenelemente. Als Lanthaniden bezeichnet man die auf das Element $_{57}La$ (Lanthan) folgenden 14 Elemente, als Actiniden die auf das Element $_{89}Ac$ (Actinium) folgenden 14 Elemente (gelb unterlegt).

Perioden: Waagrechte Reihen
Gruppen: Senkrechte Reihen
Hauptgruppen und Nebengruppen

7. Das Periodensystem ermöglichte Vorhersagen über damals noch unbekannte Elemente, etwa das Eka-Aluminium und das Eka-Silicium[1]. Die Eigenschaften dieser Elemente konnten, wie die folgende Tabelle zeigt, mit verblüffender Genauigkeit vorhergesagt werden.

Mendelejews Vorhersagen

Vergleich der vorausgesagten und beobachteten Eigenschaften von Germanium und einigen Germaniumverbindungen

	Eka-Silicium von Mendelejew 1869 vorausgesagt	Germanium von Winkler 1886 entdeckt
Atommasse (u)	72	72,6
Dichte (g/cm^3)	5,5	5,35
Formel des Oxids	EsO_2	GeO_2
Dichte des Oxids (g/cm^3)	4,7	4,70
Formel des Chlorids	$EsCl_4$	$GeCl_4$
Dichte des Chlorids (g/cm^3)	1,9	1,88
Siedetemperatur des Chlorids (°C)	57–100	83

8. Zur Zeit kennt man die Elemente bis zur Ordnungszahl 109. Es ist damit zu rechnen, daß noch weitere Elemente gefunden bzw. künstlich hergestellt werden können.

[1] *eka* = 1, sanskritisches Zahlwort: das erste Element nach dem Aluminium bzw. Silicium.

Die künstlichen Elemente mit Ordnungszahlen größer als 100

Ordnungszahl	Name	Symbol	Entdecker	Jahr
101	Mendelevium	Md	Ghiorso, Harvey	1955
102	Nobelium	No	Ghiorso, Sikkeland	1958
	Joliotium	Jo	Flerov, Polikanov	1958
103	Lawrencium	Lr	Ghiorso, Sikkeland	1959
	Rutherfordium		(Arbeitsgruppe Dubna)	1959
104	Kurtschatovium	Ku	Flerov, Oganesyan	1964
	Rutherfordium	Rf	Ghiorso, Nurmia	1969
105	Hahnium	Ha	Ghiorso, Nurmia	1970
	Nielsbohrium	Ns	Flerov, Oganesyan	1979
106			Ghiorso, Nitschke	1974
			Oganesyan, Tretjakov	1974
107–109			Armbruster, Münzenberg	1981–1983

9. Die Aufstellung des Periodensystems war ein Meilenstein in der Geschichte der Chemie. Sie bildete den Ausgangspunkt für die Erforschung des Atombaus. Schon 1864 vermutet Lothar Meyer: «Es liegt nahe, anzunehmen, die Differenz der Metalle (Li, Na, K) rühre von ihrer Differenz in der Zusammensetzung ihrer sogenannten Atome her.» Wir müssen uns deshalb in den folgenden Kapiteln mit dem Bau der Atome beschäftigen.

A_1 Die Gültigkeit der Triaden-Regel soll an folgenden Elementen untersucht werden:
a) Chlor – Brom – Iod
b) Sauerstoff – Schwefel – Selen

A_2 Wasserstoff wird in manchen Periodensystemen in die Elementgruppe der Alkalimetalle gestellt. Was spricht für bzw. gegen diese Zuordnung?

A_3 Wieviel Elemente stehen jeweils in der 1., 2., 3. und 4. Periode des Periodensystems?

A_4 Wieviele Hauptgruppenelemente und wieviele Nebengruppenelemente gibt es in der 4. Periode?

6.2 Elementarteilchen

Bausteine der Atome: Elementarteilchen

1. Die griechischen Philosophen Leukipp und Demokrit (400 v. Chr.) kamen aufgrund philosophischer Spekulation zu der Vorstellung eines unteilbaren Urteilchens, des Atoms. Dalton, der 1804 den Atom-Begriff in die wissenschaftliche Chemie einführte, betrachtete die Atome als die kleinsten, nicht weiter zerlegbaren Bausteine der Materie. Inzwischen weiß man, daß die Atome aus noch kleineren und leichteren Teilchen, den Elektronen, Protonen und Neutronen, zusammengesetzt sind. Diese gehören zu den sogenannten Elementarteilchen.

Kathodenstrahlen: freie Elektronen, Kanalstrahlen: freie Protonen

2. Elektronen und Protonen können experimentell nachgewiesen werden. Die in den nachfolgenden Abbildungen dargestellten beiden Röhren sind mit Wasserstoff unter stark vermindertem Druck gefüllt. Legt man an die Elektroden Hochspannung an, so beobachtet man in der Röhre Leuchterscheinungen, die auf Teilchenstrahlung zwischen den Elektroden zurückgeführt werden.

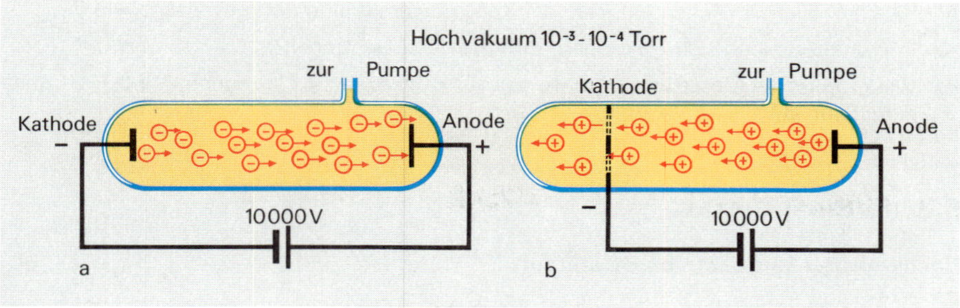

Kathodenstrahlröhre

Aus der Kathode treten Teilchen aus, die sich geradlinig in Richtung Anode bewegen: Kathodenstrahlen.
Kathodenstrahlen bestehen aus Elektronen. Sie werden in einem von außen angelegten elektrischen Feld leicht zu dessen positivem Pol abgelenkt: Elektronen müssen negativ geladen sein.

Kanalstrahlröhre

Beim Aufprall der Elektronen eines Kathodenstrahls auf Wasserstoffmoleküle können aus den Wasserstoffatomen positive Ionen entstehen, die in Richtung Kathode beschleunigt werden. Durch Bohrungen (Kanäle) in der Kathode gelangen sie in den dahinter gelegenen Raum und können dort nachgewiesen werden: Kanalstrahlen.
Kanalstrahlen bestehen aus Protonen. Sie können durch ein zusätzliches elektrisches Feld zu dessen negativem Pol abgelenkt werden. Protonen müssen positiv geladen sein.

Protonen und Elektronen tragen die gleiche Ladung, aber mit verschiedenem Vorzeichen. Diese kleinstmögliche Ladung heißt elektrische Elementarladung $\pm$ e.

Eigenschaften der Elektronen und der Protonen

	Elektron	Proton
Symbol	e^-	p^+
Ladung in C[1]	$-1{,}602 \cdot 10^{-19}$ (negative Elementarladung)	$+1{,}602 \cdot 10^{-19}$ (positive Elementarladung)
Masse in g	$0{,}9107 \cdot 10^{-27}$	$1{,}6723 \cdot 10^{-24}$
Masse in u	1/1840	ungefähr 1

Protonen, Elektronen und Neutronen als Atombausteine

3. 1932 entdeckte der englische Physiker Chadwick bei Untersuchungen über den Atomzerfall des Berylliums ein Teilchen, das 11 Jahre vorher Rutherford[2] als Atombaustein vorhergesagt hatte. Untersucht man nämlich z. B. das Sauerstoffatom, so lassen sich 8 Protonen und 8 Elektronen als Elementarteilchen nachweisen, die zusammen ungefähr die Masse 8 u besitzen. Die Atommasse des Sauerstoffs beträgt jedoch 16 u. Das Sauerstoffatom muß also neben 8 Protonen noch weitere, und zwar ungeladene Teilchen enthalten: die Neutronen. Neben Protonen und Elektronen sind die Neutronen wichtige Bausteine der Atome. In Gegensatz zum Proton und Elektron trägt das Neutron keine Ladung. Seine Masse beträgt, wie die des Protons, ungefähr 1 Atommassen-Einheit (1 u).
Wie neuere physikalische Untersuchungen zeigen, sind Elektron, Neutron und Proton noch nicht die letzten Bausteine der Materie. In der Chemie genügen sie jedoch zur Erklärung aller auftretenden Erscheinungen.

[1] C = Zeichen für die Ladungseinheit Coulomb (benannt nach C. A. Coulomb, vgl. S. 135). Fließt in einem Leiter ein Strom von 1 Ampere, so strömt durch den Querschnitt je Sekunde die Ladung 1 Coulomb (1 C).

[2] Ernest Rutherford (1871–1937), englischer Physiker, Professor in Montreal, Manchester und Cambridge.

A₁ Welche Teilchen können mit Hilfe der Kathodenstrahlröhre nachgewiesen werden?

A₂ Wie unterscheiden sich Elektronen, Protonen und Neutronen?

A₃ Wie groß ist die Masse eines Atoms, das aus 6 Protonen, 8 Neutronen und 6 Elektronen aufgebaut ist?

6.3 Radioaktivität

Nachweis der radioaktiven Strahlung

V₁ Eine ebengeschliffene Platte aus *Pechblende* wird auf ein lichtdicht verpacktes, unbelichtetes Fotopapier (21 DIN) gelegt *(Vorsicht: Uransalze sind giftig und radioaktiv, Strahlenschutzverordnung beachten!)*. Zwischen Fotopapier und Pechblende werden einige kleine Münzen gebracht. Nach einer Woche entwickelt man das Fotopapier.

V₂ Im abgedunkelten Raum wird unter einem Binokularmikroskop (50fache Vergrößerung) das Zifferblatt einer Uhr mit Leuchtziffern und Leuchtzeigern beobachtet.

Radioaktive Strahlung als Folge des Atomzerfalls

1. Einen Hinweis auf den Aufbau der Atome aus Elementarteilchen lieferte die von Becquerel[1] 1896 zum ersten Mal beobachtete Erscheinung der Radioaktivität (V₁). Dabei senden bestimmte Stoffe ohne Anregung von außen Strahlung aus, die durch Schwärzung einer Fotoplatte oder durch Aufleuchten bestimmter Leuchtsubstanzen nachgewiesen werden kann. Marie und Pierre Curie[2] entdeckten 1898 bei der Untersuchung von Pechblende, eines radioaktiven Uranerzes, neben Uran zwei in äußerst geringen Mengen vorhandene, stark strahlende Elemente: das Polonium (Po) und das Radium (Ra). Polonium und Radium zeigten eine 10 000mal stärkere Strahlung als Uran.

2. Rutherford gelang es im Jahre 1903, die Ursache dieser bis dahin rätselhaften Strahlen zu ermitteln: die Atome der radioaktiven Elemente zerfallen. Die Geschwindigkeit des Atomzerfalls ist durch keine äußeren Mittel beeinflußbar.

Halbwertszeit: Die Hälfte der Atome ist zerfallen

Ein Maß für die Zerfallsgeschwindigkeit verschiedener radioaktiver Elemente ist die Halbwertszeit. Man versteht darunter die Zeit, in der die Hälfte der ursprünglich vorhandenen Atome zerfallen ist.

Radioaktiver Zerfall von 1 g Radium

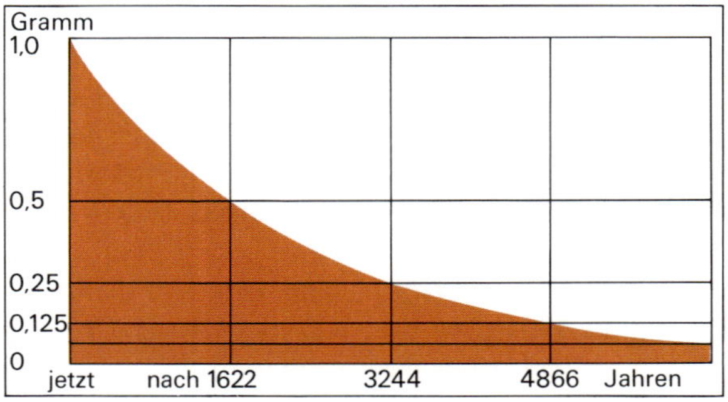

Halbwertszeiten radioaktiver Isotope

Isotop	Halbwertszeit
Uran 238	$4{,}47 \cdot 10^9$ Jahre
Radium 226	1600 Jahre
Radon 222	3,824 Tage
Nobelium 102	58 Minuten
Lawrencium 105	3 Minuten

[1] Antoine Henri Becquerel (1852–1908), französischer Physiker.

[2] Marie Curie, geborene Sklodowska (1867–1934), französische Chemikerin polnischer Herkunft, Ehefrau von Pierre Curie.
Pierre Curie (1859–1906), französischer Physiker.

3. Rutherford untersuchte das Verhalten von radioaktiver Strahlung im elektrischen und magnetischen Feld (siehe Abb.). Dabei konnte er drei Arten von Strahlung unterscheiden:
- α-Strahlen: positiv geladene Teilchen, sogenannte Heliumkerne
- β-Strahlen: schnell bewegte Elektronen
- γ-Strahlen: energiereiche elektromagnetische Wellen, die im elektrischen und magnetischen Feld nicht abgelenkt werden

α-, β- und γ-Strahlen

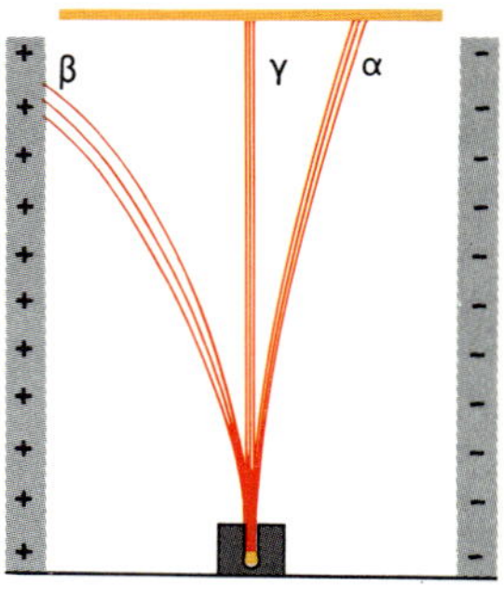

Aufspaltung der radioaktiven Strahlung im elektrischen Feld

A1 Was versteht man unter der Halbwertszeit eines radioaktiven Elements?

A2 Warum kommt es zur Aufspaltung radioaktiver Strahlung im elektrischen Feld?

6.4 Vom Experiment zur Theorie. Was sind Modelle?

Vom Experiment zum Protokollsatz

1. Grundlage jeder naturwissenschaftlichen Erkenntnis ist das Experiment. In ihm stellt der Wissenschaftler gezielte Fragen an die Natur und versucht, aus den Beobachtungen sinnvolle Antworten abzuleiten. Beobachten ist dabei mehr als bloßes Wahrnehmen durch die Sinnesorgane. Beim richtigen Beobachten liegen bestimmte Absichten vor, man geht von Erwartungen aus. Ein Experiment erlaubt nur dann Schlußfolgerungen, wenn es von einem Problem her geplant und gestaltet wird. Beobachtet man z. B. die Knallgasreaktion unter dem Gesichtspunkt des Volumens, so stellt man fest, daß die Gase immer in festen Volumenverhältnissen miteinander reagieren: 2 Raumteile Wasserstoff und 1 Raumteil Sauerstoff vereinigen sich stets zu 2 Raumteilen Wasserdampf. Eine solche Formulierung des Versuchsergebnisses heißt Protokollsatz.

Vom Protokollsatz zum Gesetz

2. In einem weiteren Schritt faßt man die Protokollsätze ähnlicher Versuche zusammen und versucht, gesetzmäßige Beziehungen zwischen ihnen herzustellen. Für unser Beispiel heißt das, daß wir die Volumenverhältnisse vieler Gasreaktionen vergleichen müssen. Auf diese Weise haben Gay-Lussac und Humboldt[1] 1808 das Gesetz der einfachen Gasvolumen entdeckt: Bei Reaktionen mit Gasen verhalten sich deren Volumen wie kleine ganze Zahlen. Dieses Gesetz ist ein Naturgesetz.
Naturgesetze sind gesicherte Ergebnisse experimenteller Erfahrung. Mit ihrer Hilfe lassen sich zukünftige Vorgänge voraussagen[2]. Dabei geht man vom Grundsatz aus, daß gleiche Ursachen immer die gleichen Wirkungen zur Folge haben (Kausalitätsprinzip). Für eine neuentdeckte Gasreaktion läßt sich also voraussagen, daß die dabei auftretenden Volumverhältnisse ganzzahlig sein müssen.

[1] Alexander von Humboldt (1769–1859), Naturforscher und Geograph.

[2] Mendelejew (1869): «Jedes natürliche Gesetz erhält nur in dem Falle wissenschaftliche Bedeutung, wenn dasselbe praktische Folgerungen ermöglicht, d.h. solche logischen Schlüsse zuläßt, welche Unerklärtes aufklären, auf bis dahin unbekannte Erscheinungen hinweisen, und besonders, wenn das Gesetz Voraussagungen hervorruft, welche durch das Experiment bestätigt werden können.»

Hypothese: unbewiesene Annahme

3. Avogadro versuchte 1811, das Gesetz der einfachen Gasvolumen zu erklären. Er formulierte dazu eine zunächst unbewiesene Annahme: Gleiche Raumteile von Gasen enthalten unter gleichen Bedingungen gleichviele Teilchen. Ein solcher Erklärungsversuch heißt Hypothese.

Von der Hypothese zur Theorie

4. Inzwischen wurde die Hypothese von Avogadro durch weitere Untersuchungen mehrfach bestätigt. Sie ist zentrales Prinzip einer umfassenden Theorie geworden. Diese «kinetische Gastheorie» versucht, das Verhalten von Gasen aus der Annahme bewegter kleinster Teilchen zu erklären. Theorien sind gedankliche Konstruktionen, aus denen sich eine möglichst große Zahl von Tatsachen widerspruchslos deuten läßt.

Möglichkeiten und Grenzen einer Theorie

5. Das Anwendungsfeld einer Theorie ist immer begrenzt. So gilt die kinetische Gastheorie nur für «ideale» Gase, d. h. für Gase, bei denen zwischen den Teilchen keine Anziehungskräfte bestehen. Für «reale» Gase müssen jeweils entsprechende Einschränkungen gemacht werden.
Alle Vorhersagen, die man aus einer Theorie ableitet, sind erst dann gesichert, wenn sie durch Experimente bestätigt werden. Wird eine Voraussage experimentell widerlegt, so muß die Theorie ergänzt oder geändert werden.

6. Moderne chemische Theorien sind oft auf der Grundlage der Mathematik aufgebaut. Um die mathematischen Sätze anschaulich zu machen, werden Modelle benützt. Modelle sind anschauliche Vorstellungen, die zur Erklärung beobachtbarer Sachverhalte entworfen werden. Atome, Elektronen, Protonen und Neutronen sind solche Modellvorstellungen.

Kennzeichen der Modelle

7. Alle Modelle sind als Bestandteile der Theorie durch folgende Merkmale gekennzeichnet:
- Sie sind «Scheinbilder» der Wirklichkeit, d. h. sie sind durch direkte Beobachtung nicht nachprüfbar. Ein Modell kann nicht wahr oder falsch sein, sondern allenfalls brauchbar oder unbrauchbar.
- Jedes Modell hat seine Grenzen. Treten neue experimentelle Befunde auf, die durch ein Modell nicht erklärt werden können, so muß es erweitert oder durch ein neues Modell ersetzt werden.

Die folgende Behandlung der Atommodelle kann nur dann richtig verstanden werden, wenn man diese Voraussetzungen ständig mitberücksichtigt.

A_1 Wie lassen sich folgende Begriffe definieren: Protokollsatz, Hypothese, Theorie, Modell? Worin unterscheiden sie sich voneinander?

A_2 Aus dem bisher behandelten Stoff sollen einige Protokollsätze und einige Gesetze angegeben werden.

6.5 Das Atommodell von Rutherford. Bedeutung von Kern und Hülle

1. Zu einer grundlegenden Erkenntnis über den Aufbau der Atome gelangte Rutherford im Jahre 1911. Seine beiden Mitarbeiter Geiger[1] und Marsden[2] untersuchten das Verhalten von α-Teilchen beim Durchgang durch dünne Metallfolien. Als Strahlungsquelle wurde Radium in einem Bleiblock benutzt. Durch eine Öffnung gelangte ein Strahl aus α-Teilchen auf eine äußerst dünn ausgewalzte Goldfolie. Dort konnten die α-Teilchen entweder aufgefangen, durchgelassen oder gestreut werden. Auf einem Leuchtschirm wurde dann festgestellt, wo die Teilchen auftreffen, wie sie also von der Goldfolie abgelenkt worden waren.

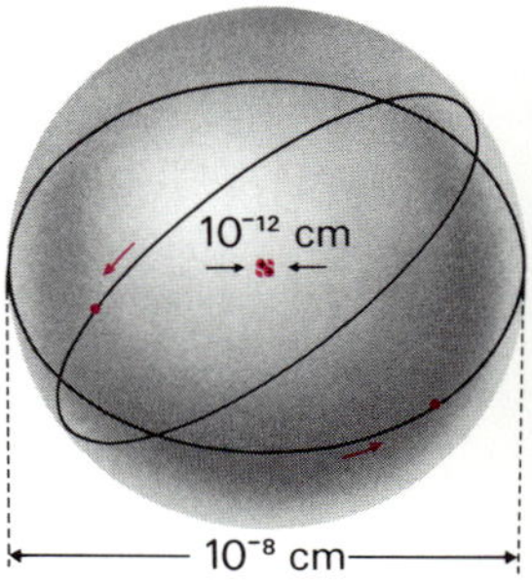

Das Rutherford-Modell eines Heliumatoms

2. Fast alle Teilchen durchdrangen ungehindert die Goldfolie, nur wenige wurden abgelenkt. Rutherford: «Es war, als schieße man gegen einen Geist.» Die wenigen reflektierten α-Teilchen mußten auf ein massives Zentrum gestoßen sein. Rutherford nannte dieses Zentrum Atomkern. Die Art der Ablenkung deutete auf eine positive Ladung des Atomkerns.

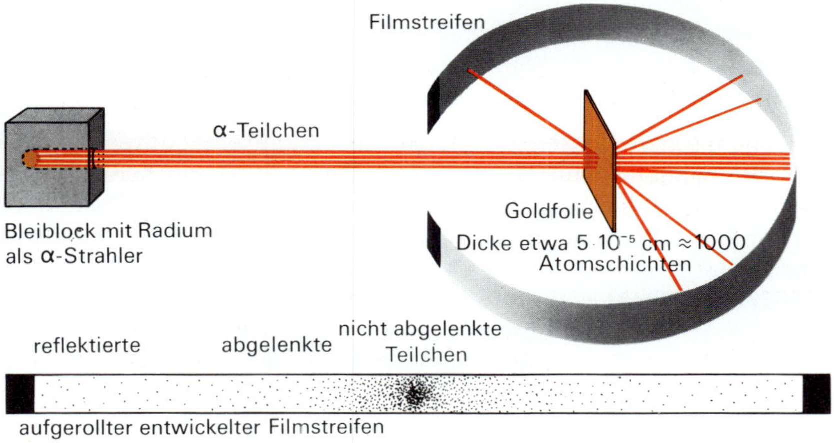

Streuversuch nach Rutherford (an Stelle des Leuchtschirms kann heute auch ein Filmstreifen verwendet werden)

α-Teilchen durchdringen Metallfolien

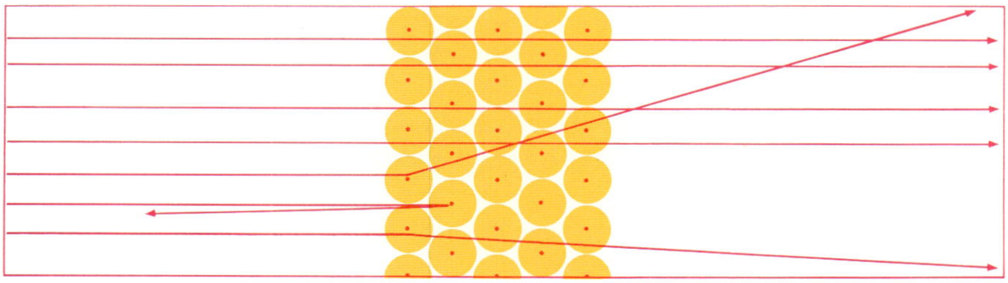

Bahnen von α-Teilchen im Bereich der Atome

[1] Hans Geiger (1882–1945), deutscher Physiker, Professor in Kiel, Tübingen und Berlin.
[2] Sir Ernest Marsden (1889–1970), Physikprofessor in Wellington, Neuseeland.

Rutherfords Kern-Hülle-Modell

3. Das Rutherfordsche Atommodell unterscheidet also Atomkern und Atomhülle:

- Der Atomkern hat einen Durchmesser von etwa 10^{-12} cm, wie sich aus Zahl und Streuwinkel der abgelenkten α-Teilchen berechnen läßt. Seine positive Ladung wird durch Protonen hervorgerufen. Atome des gleichen Elementes enthalten gleich viele, Atome verschiedener Elemente verschieden viele Protonen. Später konnten als weitere Kernbausteine Neutronen nachgewiesen werden. Die Existenz solcher Neutronen war schon von Rutherford vorhergesagt worden.
- Die Atomhülle ist Aufenthaltsraum für die nahezu masselosen Elektronen. Als negativ geladene Teilchen werden sie vom positiv geladenen Atomkern angezogen. Um diese Anziehung auszugleichen, fordert das Rutherfordsche Atommodell eine kreisende Bewegung der Elektronen um den Kern. Die dadurch entstehende Fliehkraft muß gleich groß sein wie die elektrostatische Anziehungskraft zwischen Kern und Elektron. Die Zahl der positiven Protonen im Kern muß bei neutralen Atomen gleich der Zahl der Elektronen sein.

4. Wie sich später herausstellte, beruht die Erscheinung der Radioaktivität auf einem spontanen Zerfall von Atomkernen. Durch «Beschießen» mit anderen Atomkernen oder mit Elementarteilchen lassen sich Atomkerne auch künstlich in andere Kerne umwandeln. Mit solchen Kernreaktionen befaßt sich die Kernphysik.

An chemischen Vorgängen ist die Atomhülle beteiligt

5. Bei chemischen Vorgängen bleiben die Atomkerne unverändert. An solchen Vorgängen ist nur die Atomhülle beteiligt. Deren Kenntnis spielt daher für das Verständnis der Chemie eine ausschlaggebende Rolle. In den folgenden Kapiteln werden wir uns mit dem Bau der Atomhülle noch näher befassen.

Aus chemischer Sicht ist der Atomkern jedoch insofern von Bedeutung, als

- durch seine Masse im wesentlichen die Atommasse bestimmt wird und
- durch die Zahl seiner Protonen auch die Anzahl der Hüllen-Elektronen des neutralen Atoms festgelegt ist.

Ordnungszahl = Kernladungszahl = Zahl der Protonen

6. Protonen sind positiv geladene, Neutronen elektrisch neutrale Bausteine des Atomkerns. Daraus folgt, daß die Anzahl der Protonen die Größe der Kernladung bestimmt. Die Zahl der Protonen heißt deswegen Kernladungszahl. Es hat sich gezeigt, daß die Elemente des Periodensystems eigentlich nach ihren Kernladungszahlen geordnet sind. Die Kernladungszahl eines Atoms entspricht daher der Ordnungszahl.

Sind die Atome nach außen elektrisch neutral, so muß die Zahl der Protonen im Kern gleich der Zahl der Elektronen in der Hülle sein. Deswegen gilt für elektrisch neutrale Atome:

Ordnungszahl = Zahl der Protonen (Kernladungszahl) = Zahl der Elektronen

Atommasse $\approx$ Masse der Protonen und Neutronen

7. Die Atommasse wird näherungsweise durch die Massen der Atombausteine bestimmt. Da die Masse der Elektronen außerordentlich gering ist, errechnet sich die Atommasse angenähert als Summe der Protonen- und Neutronenmasse.

Die Zahl der Neutronen kann aus der Differenz von Atommasse und Ordnungszahl errechnet werden. So besitzt das Element Beryllium die Atommasse 9 und die Ordnungszahl 4; die Zahl der Neutronen beträgt also 5.

Isotope: Atome gleicher Protonenzahl und verschiedener Neutronenzahl

8. Die Atome des gleichen Elements haben die gleiche Anzahl von Protonen. Sie können sich jedoch in der Zahl der Neutronen voneinander unterscheiden. Atomarten, die gleich viele Protonen, aber verschieden viele Neutronen enthalten, heißen Isotope.

Isotope des Elements Wasserstoff

Name (Zeichen)	Zahl der Protonen	Zahl der Neutronen	Zahl der Kernteilchen
Wasserstoff (Protium) (H)	1	0	1
Schwerer Wasserstoff (Deuterium) (D)	1	1	2
Überschwerer Wasserstoff (Tritium) (T)	1	2	3

Die meisten in der Natur vorkommenden Elemente sind Gemische verschiedener Isotope, also Gemische von Atomen mit unterschiedlicher Atommasse. Die Atommasse vieler Elemente weicht daher von den eigentlich zu erwartenden ungefähr ganzzahligen Werten ab.
Die Isotope eines Elements haben immer das gleiche Symbol. Besondere Symbole und Namen gibt es nur bei den Isotopen des Wasserstoffs. Die Isotope anderer Elemente werden dadurch bezeichnet, daß man dem Namen bzw. Symbol des Elementes die Zahl der Kernteilchen (Protonen + Neutronen) anfügt, z. B. Uran 235 (U 235). Oft wird diese Zahl auch über die Ordnungszahl gesetzt, z. B. $^{6}_{3}Li$, $^{7}_{3}Li$, $^{235}_{92}U$.
Da die chemischen Eigenschaften der Elemente von der Anzahl der Elektronen in der Atomhülle abhängen, reagieren die verschiedenen Isotope eines Elements gleich. Die prozentuale Zusammensetzung des Isotopengemischs verändert sich daher bei chemischen Reaktionen nicht.

A1 Wieviele Neutronen besitzen die Atome der folgenden Elemente: Fluor, Phosphor, Natrium, Helium.

A2 Wieviele Elektronen enthalten die Atomhüllen folgender Atome: $^{4}_{2}He$, $^{12}_{6}C$, $^{14}_{6}C$.

A3 Die Atommasse des Elements Selen (Se) beträgt 79 u, seine Ordnungszahl ist 34. Wie groß ist die Zahl der Neutronen im Atomkern?

A4 Natürlich vorkommendes Chlor ist ein Isotopengemisch von Chlor-Isotopen mit den Atommassen 35 u und 37 u. Aus der Atommasse des natürlich vorkommenden Chlors kann auf die prozentuale Zusammensetzung des Gemischs geschlossen werden.

6.6 Das Bohrsche Atommodell

Beobachtung von Spektren

V1 Das Licht eines Diaprojektors wird durch ein Glasprisma geleitet und auf einem Projektionsschirm aufgefangen.

V2 Das Licht einer Leuchtstoffröhre («Neonlicht») wird mit einem Taschenspektroskop beobachtet.

V3 Natriumsalze werden auf Magnesiastäbchen gebracht und in die nichtleuchtende Flamme des Bunsenbrenners gehalten. Beobachtung des abgestrahlten Lichts mit einem Spektroskop.

Licht und Spektralfarben

1. Zerlegt man Sonnenlicht oder das Licht einer Glühfadenlampe durch ein Glasprisma, so erhält man ein Farbband von Rot nach Blau, ein sogenanntes Spektrum.

Spektrum des Sonnenlichts

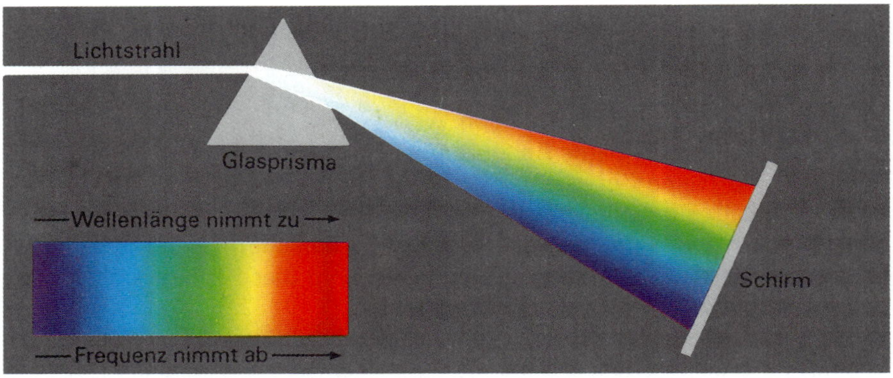

Blaulicht ist energiereicher als Rotlicht

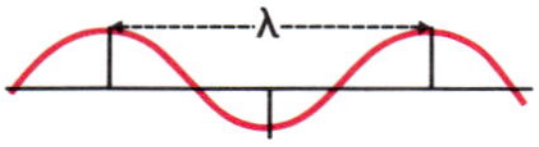

Wellenlänge (λ)

Weißes Licht ist also nicht einheitlich; es besteht vielmehr aus einem Gemisch verschiedenfarbiger Lichtsorten. Physikalische Untersuchungen zeigen, daß das Licht als Welle aufgefaßt werden kann. Jede Lichtfarbe entspricht einer bestimmten Wellenlänge und einer bestimmten Energie. Rotes Licht ist langwelliger und energieärmer als violettes Licht. Über gelb, grün und blau nimmt die Wellenlänge des Lichts ab und seine Energie zu.

Herstellung eines Linienspektrums

2. Zerlegt man das Licht einer Neonlampe im Spektroskop, so erhält man kein zusammenhängendes (kontinuierliches) Spektrum, sondern scharf voneinander getrennte Linien. Wie Neon können auch andere Atome durch Energiezufuhr zur Abgabe von Licht angeregt werden, wobei im Spektroskop Linien zu erkennen sind (V3).

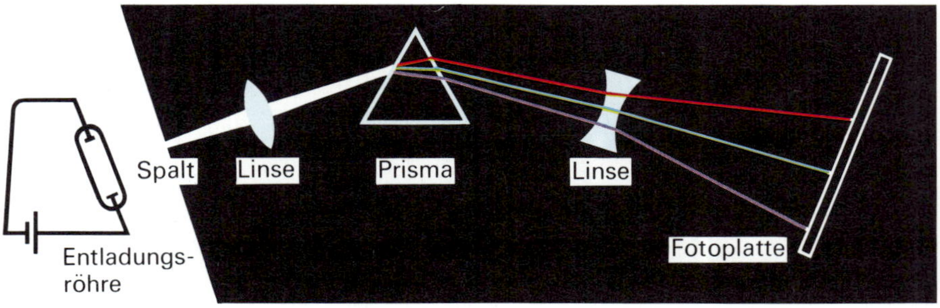

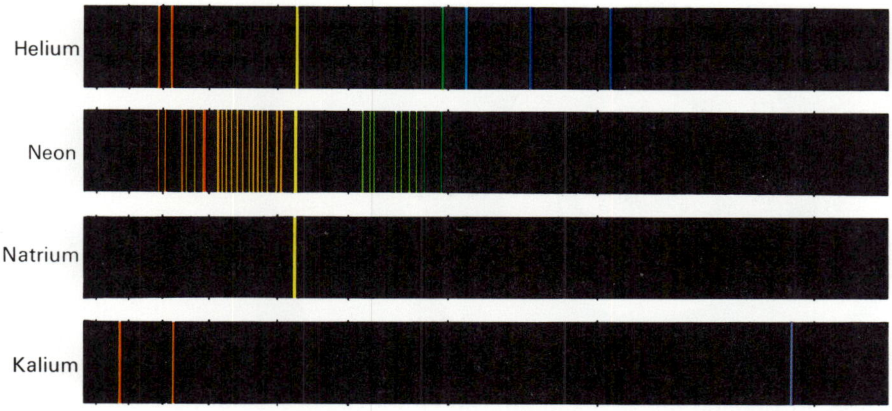

Linienspektren von Helium, Neon, Natrium und Kalium

3. Bei der Anregung von Wasserstoff beobachtet man nur ein schwaches, violettes Leuchten. Im Spektroskop ist ein Linienspektrum zu erkennen.

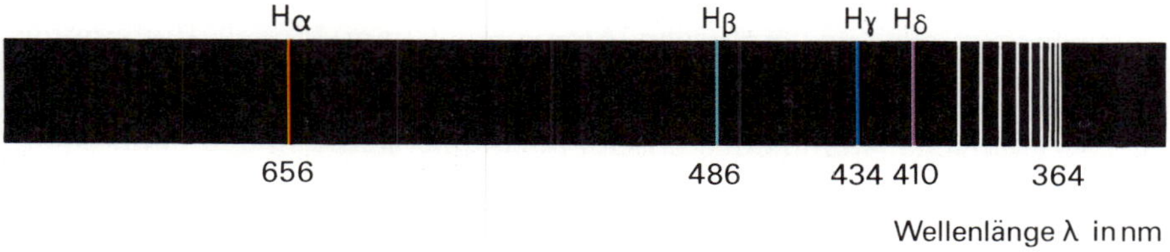

Linienspektrum des Wasserstoffs

Quanten als kleinste Energieportionen

Für dieses Linienspektrum des Wasserstoffs fand Bohr[1] 1913 eine Erklärung. Er benützte dabei Ergebnisse der Quantentheorie, die kurz zuvor von Planck[2] und Einstein[3] entwickelt worden war. Eine wichtige Aussage der Quantentheorie lautet: Energie kann nicht in beliebig kleine Portionen aufgeteilt werden. Ihre kleinsten, nicht mehr aufteilbaren Beträge heißen Quanten.

Elektronen nur auf bestimmten Schalen der Atomhülle

4. Diese Erkenntnis ermöglicht die Deutung der Spektrallinien des Wasserstoffs. Nach Bohr befindet sich das Elektron im unbeeinflußten Atom auf einer Kreisbahn in einem bestimmten Abstand vom Kern; es ist im Grundzustand. Bei der elektrischen Entladung wird dem Wasserstoffatom Energie zugeführt. Bei der Energieaufnahme wird das Elektron angeregt, d. h. es wird gegen die elektrostatische Anziehungskraft auf einen höheren Kernabstand gehoben. Das Atom befindet sich jetzt im angeregten Zustand. Das Elektron kann aber nur auf ganz bestimmte Energiestufen, d. h. bestimmte Kernabstände, springen. Diese erlaubten Aufenthaltsbereiche nennt man Schalen. Beim Zurückfallen von einer äußeren auf eine innere Schale gibt das Elektron Energie in Form von Licht bestimmter Wellenlänge ab.

[1] Niels Bohr (1885–1962), Professor für theoretische Physik in Kopenhagen.
[2] Max Planck (1858–1947), Professor für theoretische Physik in Kiel und Berlin.
[3] Albert Einstein (1879–1955), unter anderem als Schöpfer der Relativitätstheorie einer der bedeutendsten Physiker.

Mögliche Elektronensprünge zwischen den Schalen des Wasserstoffatoms n = Schalennummer

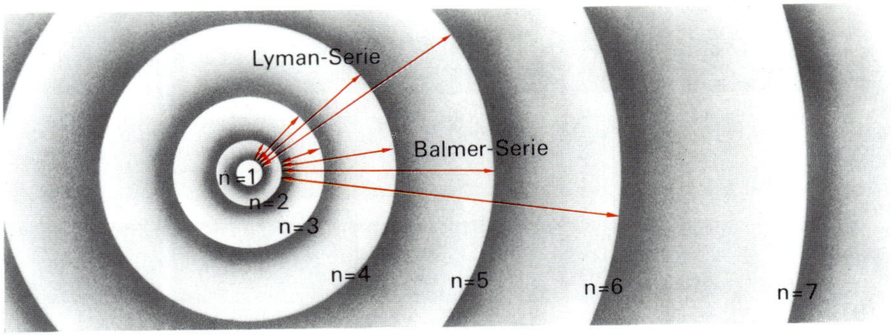

Kernnahe Elektronen sind energieärmer

5. Auch wenn eine Atomhülle aus mehreren Elektronen besteht, halten sich diese im Bereich der Schalen auf. Im Grundzustand sind die Elektronen in bestimmter Weise auf die Schalen verteilt. Elektronen verschiedener Schalen haben verschiedene Energie: ein Elektron, das weiter vom Kern entfernt ist, besitzt mehr Energie als ein Elektron in Kernnähe.
Nach Anregung zeigen alle Atome ein Linienspektrum. Dies beweist den Schalenbau der Atomhüllen. In der Berücksichtigung dieses Sachverhaltes unterscheidet sich das Bohrsche Atommodell vom Modell Rutherfords. Nach Rutherford wären Elektronen auf beliebigen Bahnen möglich.

Periodennummer entspricht der Anzahl Schalen

6. Das Bohrsche Atommodell erlaubt auch eine Deutung des Periodensystems aus dem Atombau. Danach ist die periodische Anordnung der Elemente im Periodensystem auf den Schalenbau der Atomhülle zurückzuführen. Die erste Periode enthält die beiden Elemente Wasserstoff (H) und Helium (He). In ihren Atomen befinden sich die Elektronen auf der ersten Schale. Die zweite Periode wird von Elementen gebildet, deren Atome weitere Elektronen auf der zweiten Schale besitzen, usw. Allgemein gilt: Die Periodennummer eines Elements entspricht der Zahl der Schalen in der Atomhülle.

Schalenbau der Atome nach dem Bohrschen Atommodell

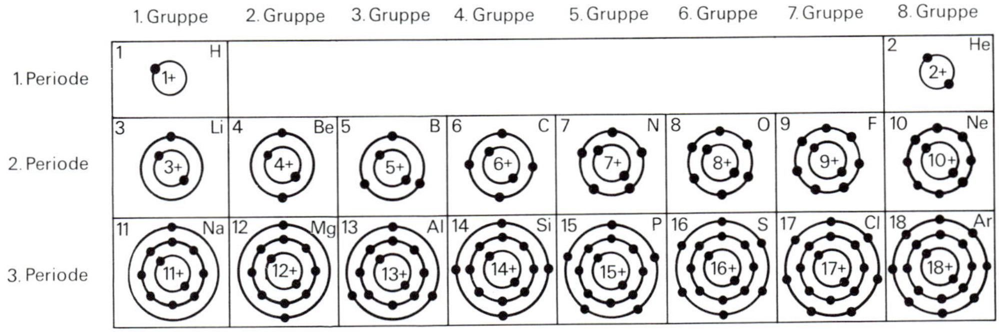

Hauptgruppennummer entspricht der Anzahl Außenelektronen

7. Die Elektronen auf der jeweils äußersten Schale heißen Außenelektronen. In den Hauptgruppen entspricht ihre Zahl der Nummer der Gruppe, in der ein Element im Periodensystem steht (siehe Abbildung). So besitzen alle Halogenatome 7 Außenelektronen; daher bilden die Halogene die 7. Elementgruppe. Eine Ausnahme bildet das Helium, das in der 8. Elementgruppe steht, aber nur zwei Außenelektronen aufweist.

A1 Durch welche Aussagen über die Atomhülle hat Niels Bohr das Rutherfordsche Atommodell erweitert?

A2 Für folgende Elemente soll die Verteilung der Elektronen auf die einzelnen Schalen angegeben werden: Sauerstoff, Silicium, Magnesium und Kalium

6.7 Der Feinbau der Atomhülle

1. Bei der Verfeinerung des Atommodells entnehmen wir aus dem Bohrschen Modell die Erkenntnis, daß die Elektronen der Atomhülle auf festgelegten Schalen angeordnet sind. Die Zahl der in einer Schale Platz findenden Elektronen ist aber begrenzt. Sie beträgt, wie empirisch festgestellt werden kann, $2\,n^2$. Dabei bedeutet n die Nummer der Schale. Die dritte Schale eines Atoms z. B. kann also mit höchstens $2 \cdot 3^2 = 18$ Elektronen besetzt werden.

Maximale Besetzung der Elektronenschalen

	n	Zahl der Elektronen ($2\,n^2$)
1. Schale	1	2
2. Schale	2	8
3. Schale	3	18
4. Schale	4	32
5. Schale	5	50

2. Für den Einbau der Elektronen in die Atomhülle gilt das Energieprinzip. Danach müssen die energieärmsten Plätze zuerst besetzt werden. Je näher eine Schale am Atomkern liegt, desto energieärmer ist sie. Das Elektron des Wasserstoffatoms muß sich deshalb auf der ersten Schale befinden. Auch bei den übrigen Atomen werden immer zuerst die inneren Schalen besetzt.

Energieprinzip: Elektronen nehmen den energieärmsten Zustand ein

3. Die genaue Untersuchung der Atomspektren zeigt, daß die Elektronenschalen in Unterschalen aufgeteilt werden müssen. Diese Unterschalen werden mit den Buchstaben s, p, d und f benannt. Diese Bezeichnungen sind Abkürzungen aus der Spektroskopie (s = sharp, p = principal, d = diffuse, f = fundamental). Die Unterschalen geben die genauere Energielage der Elektronen innerhalb des Energiebereichs einer Schale an. Innerhalb einer Schale nimmt die Energie von den s-Elektronen über die p- und d-Elektronen zu den f-Elektronen zu.

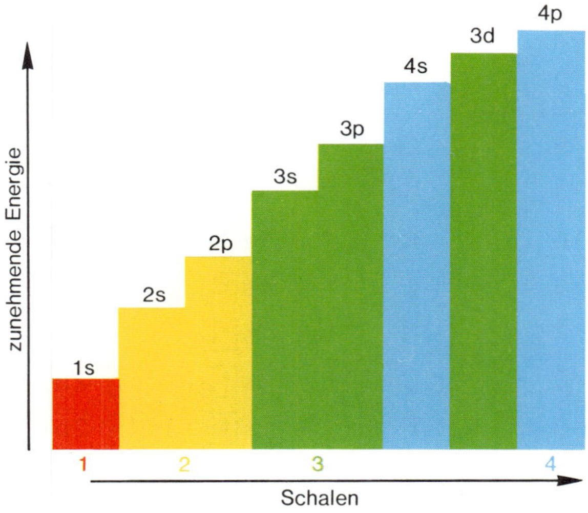

Schema der Energiestufen in der Atomhülle

Die Bezeichnung 3s-Elektron bedeutet, daß das Elektron auf der s-Unterschale der 3. Schale liegt. Die Unterschalen können maximal mit folgenden Elektronenzahlen besetzt sein:

s-Unterschale: 2 Elektronen
p-Unterschale: 6 Elektronen
d-Unterschale: 10 Elektronen
f-Unterschale: 14 Elektronen

Orbital Aufenthaltsraum für zwei Elektronen mit entgegengesetztem Spin

4. Schließlich werden die Elektronen einer Unterschale auf sogenannte Orbitale verteilt. Ein Orbital kann durch höchstens zwei Elektronen besetzt werden. Zur Veranschaulichung stellt man sich vor, daß die Elektronen um ihre eigene Achse rotieren und daß die beiden Elektronen eines Orbitals entgegengesetzten Drehsinn besitzen. Diese Eigenrotation eines Elektrons heißt Spin. Ein Orbital ist demnach der Aufenthaltsraum für zwei Elektronen, die sich nur im Spin voneinander unterscheiden.

Schreibweisen der Elektronenkonfiguration

5. Der Zustand eines Elektrons in der Atomhülle ist durch die Angabe des Orbitals und des Spins eindeutig gekennzeichnet. Der Energiezustand aller Elektronen in einem Atom heißt Elektronenkonfiguration. Der amerikanische Chemiker Linus Pauling hat eine Schreibweise vorgeschlagen, mit der die Elektronenkonfiguration eines Atoms anschaulich dargestellt werden kann. Dabei werden die Orbitale durch quadratische Kästchen symbolisiert. Vor die Kästchen wird die Bezeichnung der Schale und der Unterschale geschrieben. Die Elektronen werden als Pfeile in die Kästchen eingetragen. Die unterschiedliche Stellung der Pfeile entspricht dabei dem unterschiedlichen Spin:

Elektronenkonfigurationen der ersten zehn Elemente des Periodensystems

	Ordnungszahl	Elementsymbol	Paulingsche Kästchenschreibweise	Kurzschreibweise
1. Schale	1	H	1s [↑] 2s [ ] 2p [ ][ ][ ]	$1s^1$
	2	He	1s [↑↓] 2s [ ] 2p [ ][ ][ ]	$1s^2$
2. Schale	3	Li	1s [↑↓] 2s [↑] 2p [ ][ ][ ]	$1s^2\ 2s^1$
	4	Be	1s [↑↓] 2s [↑↓] 2p [ ][ ][ ]	$1s^2\ 2s^2$
	5	B	1s [↑↓] 2s [↑↓] 2p [↑][ ][ ]	$1s^2\ 2s^2\ 2p^1$
	6	C	1s [↑↓] 2s [↑↓] 2p [↑][↑][ ]	$1s^2\ 2s^2\ 2p^2$
	7	N	1s [↑↓] 2s [↑↓] 2p [↑][↑][↑]	$1s^2\ 2s^2\ 2p^3$
	8	O	1s [↑↓] 2s [↑↓] 2p [↑↓][↑][↑]	$1s^2\ 2s^2\ 2p^4$
	9	F	1s [↑↓] 2s [↑↓] 2p [↑↓][↑↓][↑]	$1s^2\ 2s^2\ 2p^5$
	10	Ne	1s [↑↓] 2s [↑↓] 2p [↑↓][↑↓][↑↓]	$1s^2\ 2s^2\ 2p^6$

6. Aus der Tabelle erkennt man zunächst, daß die 1. Schale nur aus einem Orbital mit s-Elektronen besteht. Die 2. Schale ist unterteilt in eine s-Unterschale und eine p-Unterschale. Zuerst wird die s-Unterschale, dann die p-Unterschale mit Elektronen besetzt. Die p-Unterschale besteht aus drei Orbitalen. Die 3. Schale schließlich gliedert sich in ein s-Orbital, drei p-Orbitale und fünf d-Orbitale. Jedes Orbital kann jeweils durch zwei Elektronen mit entgegengesetztem Spin besetzt werden.

1. Schale:
Nur Unterschale s
2. Schale:
Unterschalen s und p
3. Schale:
Unterschalen s, p und d

Unterschale s:
1 Orbital
Unterschale p:
3 Orbitale
Unterschale d:
5 Orbitale
Je Orbital 2 Elektronen

7. Bei den Elektronenkonfigurationen der Elemente Kohlenstoff ($_6C$) und Stickstoff ($_7N$) erkennt man eine weitere Einbauregel: Die Orbitale einer Unterschale werden zuerst jeweils einfach besetzt, bevor sie mit einem zweiten Elektron aufgefüllt werden.

8. Weitere Elektronen werden in der 3. Schale eingebaut. Die Atome der Elemente Natrium ($_{11}Na$) bis Argon ($_{18}Ar$) haben in der 1. und 2. Schale die gleiche Elektronenbesetzung wie das Neonatom ($_{10}Ne$). Ihre Konfiguration sind in der folgenden Tabelle dargestellt:

Element	Pauling-Schreibweise	Kurzschreibweise
$_{11}Na$	3s [↑]	$3s^1$
$_{12}Mg$	3s [↑↓]	$3s^2$
$_{13}Al$	3s [↑↓] 3p [↑][ ][ ]	$3s^2\ 3p^1$
$_{14}Si$	3s [↑↓] 3p [↑][↑][ ]	$3s^2\ 3p^2$
$_{15}P$	3s [↑↓] 3p [↑][↑][↑]	$3s^2\ 3p^3$
$_{16}S$	3s [↑↓] 3p [↑↓][↑][↑]	$3s^2\ 3p^4$
$_{17}Cl$	3s [↑↓] 3p [↑↓][↑↓][↑]	$3s^2\ 3p^5$
$_{18}Ar$	3s [↑↓] 3p [↑↓][↑↓][↑↓]	$3s^2\ 3p^6$

Man erkennt, daß die Elektronen in gleicher Reihenfolge wie bei der 2. Schale eingebaut werden. Untereinander stehende Elemente (z. B. $_3Li$ und $_{11}Na$) haben deshalb ähnliche Elektronenkonfigurationen.

A1 Was versteht man unter der Elektronenkonfiguration eines Elements? Für das Element Stickstoff soll die Elektronenkonfiguration in Kästchenschreibweise angegeben werden.

A2 Welche der folgenden Elektronenkonfigurationen sind falsch? Gegen welche Prinzipien verstoßen die fehlerhaften Beispiele?

1s [↑↓] 2s [↑↓] 2p [↑][↑][ ]   1s [↑↓] 2s [↑↓] 2p [↑↓][↑][↑]

1s [↑↓] 2s [↑] 2p [↑][↑][↑]   1s [↑↓] 2s [↑↓] 2p [↑↑][↑][↑]

1s [↑↓] 2s [↑] 2p [ ][ ][ ]   1s [↑↓] 2s [↑↓] 2p [↑↓][ ][ ]

A3 Für die Elemente Beryllium ($_4Be$), Fluor ($_9F$) und Kalium ($_{19}K$) soll die Elektronenkonfiguration in Kurzschreibweise angegeben werden.

A4 Setze in folgende Tabelle die richtigen Werte ein:

	Li	Na	Cl	S	Li^+	Na^+	Cl^-	S^{2-}
Kernladungszahl								
Zahl der Schalen								
Zahl der Elektronen								
Zahl der Elektronen der äußersten Schale								

6.8 Elektronenkonfiguration und chemische Eigenschaften

Reaktionen, bei denen stabile Ionen gebildet werden

V1 Ein schwerschmelzbares Reagenzglas wird *im Abzug* mit trockenem *Chlor (giftig)* gefüllt, dann gibt man ein etwa erbsengroßes Stück entkrustetes *Natrium (feuergefährlich; reagiert heftig mit Wasser)* hinein und erhitzt kräftig *(Schutzbrille!)*

V2 Auf einem Drahtnetz entzündet man ein ca. 3 cm langes Magnesiumband. Der entstehende Rauch wird durch ein übergestülptes Becherglas aufgefangen. *(Nicht direkt in die Flamme schauen!)*

Außenelektronen sind für das chemische Verhalten maßgeblich

1. Bei chemischen Reaktionen sind häufig nur die Elektronen der jeweils äußersten Schale beteiligt. Die Außenelektronen bestimmen daher oft das chemische Verhalten des betreffenden Elements und heißen auch Valenzelektronen. Die übrigen Elektronen heißen Rumpfelektronen.

Edelgaskonfiguration: s- und p-Orbitale voll besetzt

2. Die Atome der Edelgase sind besonders reaktionsträge. Ihre Elektronenkonfiguration muß also besonders stabil sein.

$_{2}He$	1s [↑↓]				
$_{10}Ne$	1s [↑↓]	2s [↑↓]	2p [↑↓|↑↓|↑↓]		
$_{18}Ar$	1s [↑↓]	2s [↑↓]	2p [↑↓|↑↓|↑↓]	3s [↑↓]	3p [↑↓|↑↓|↑↓]

Das wesentliche Merkmal der Edelgaskonfiguration besteht darin, daß s- und p-Orbitale voll besetzt sind (beim Helium nur das s-Orbital!).

3. Die Atome innerhalb einer Hauptgruppe des Periodensystems weisen immer analoge Konfigurationen ihrer Außenelektronen auf:

$_{3}Li$	2s [↑]	$_{9}F$	2s [↑↓]	2p [↑↓|↑|↑]
$_{11}Na$	3s [↑]	$_{17}Cl$	3s [↑↓]	3p [↑↓|↑|↑]
$_{19}K$	4s [↑]	$_{35}Br$	4s [↑↓]	4p [↑↓|↑|↑]
$_{37}Rb$	5s [↑]	$_{53}I$	5s [↑↓]	5p [↑↓|↑|↑]
$_{55}Cs$	6s [↑]	$_{85}At$	6s [↑↓]	6p [↑↓|↑|↑]

Dies ist der Grund für ihre chemische Verwandtschaft.

4. Zwei Beispiele sollen zeigen, daß viele chemische Reaktionen sich besser verstehen lassen, wenn man die Elektronenkonfiguration der beteiligten Elemente betrachtet:

– Natrium reagiert mit Chlor unter Bildung von Natriumchlorid (V_1):

$$2\ Na + Cl_2 \rightarrow 2\ NaCl \qquad \Delta H = -825\ kJ$$

Natriumchlorid ist ein Salz. Es muß also aus Ionen aufgebaut sein: Na^+ (positiv geladene Natrium-Ionen) und Cl^- (negativ geladene Chlorid-Ionen). Die Teilchengleichung lautet also:

$$2\ Na + Cl_2 \rightarrow 2\ |Na^+ + Cl^-|$$

Sie zeigt, daß das Natriumatom ein Elektron abgegeben, das Chloratom ein Elektron aufgenommen hat.
Dabei wird ein 3s-Elektron des Natriums in ein 3p-Orbital des Chlors eingebaut:

$${}_{11}Na \quad + \quad {}_{17}Cl \quad \rightarrow \quad {}_{11}Na^+ \quad + \quad {}_{17}Cl^-$$

3s [↑] + 3s [↑↓] 3p [↑↓|↑↓|↑] → 3s [ ] + 3s [↑↓] 3p [↑↓|↑↓|↓↑]

Die entstandenen Ionen besitzen die gleiche Elektronenkonfiguration wie die Edelgase Neon bzw. Argon.

– Magnesium reagiert mit Sauerstoff zu Magnesiumoxid (V_2):

Reaktionsgleichung: $2\ Mg + O_2 \rightarrow 2\ MgO$

Teilchengleichung: $2\ Mg + O_2 \rightarrow 2\,|Mg^{2+} + O^{2-}|$

Änderung der Konfiguration der Valenzelektronen:

$${}_{12}Mg \quad + \quad {}_{8}O \quad \rightarrow \quad {}_{12}Mg^{2+} \quad + \quad {}_{8}O^{2-}$$

3s [↑↓] + 2s [↑↓] 2p [↑↓|↑|↑] → 3s [ ] + 2s [↑↓] 2p [↑↓|↑↓|↑↓]

Die entstandenen Magnesium- und Sauerstoff-Ionen haben die Elektronenkonfiguration des Neons; auch hier haben stabile Teilchen Edelgaskonfiguration.

A_1 Für folgende Ionen soll die Konfiguration der Außenelektronen formuliert werden: Li^+, Be^{2+}, F^-, S^{2-} und N^{3-}. Welche Gemeinsamkeit liegt vor?

A_2 Wie kann der Ablauf der Reaktion von Lithium mit Fluor bzw. von Aluminium mit Brom aus der Konfiguration der Valenzelektronen erklärt werden?

A_3 Für die Atome der Elemente in der V. Hauptgruppe sollen die Konfigurationen der Außenelektronen formuliert werden.

7 Die Ionenbindung

7.1 Ionen

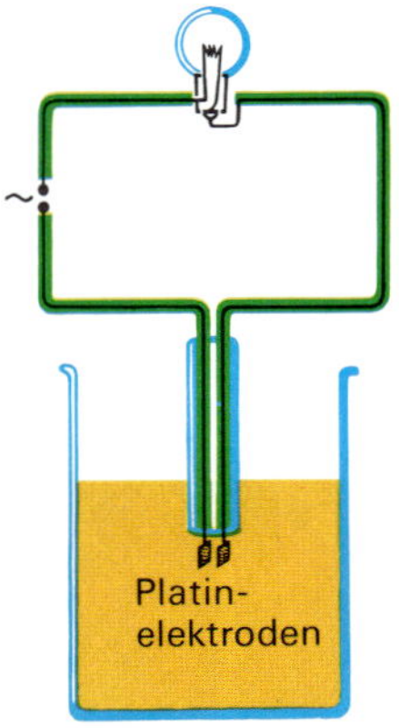

Leitfähigkeitsmessung (V_2)

Wie kann man Ionen nachweisen?

V_1 Mit dem Gerät gemäß Abbildung wird die elektrische Leitfähigkeit folgender Flüssigkeiten geprüft: Kochsalzlösung, verdünnte Salzsäure, verdünnte Natronlauge, Harnstofflösung, *Tetrachlorkohlenstoff (giftige Dämpfe)*.

V_2 Die beiden äußeren Schenkel eines Doppel-U-Rohrs werden mit 1 M-Kochsalz-Lösung gefüllt, die etwas Ammoniakwasser enthält. In das mittlere Rohr gibt man eine Mischung aus Kupfersulfatlösung und Kaliumdichromatlösung (beide ca. 1 molar) und Ammoniakwasser. An die Graphitelektroden, die in die Außenschenkel tauchen, wird eine *Gleichspannung von 30–60* V angelegt. Was ist nach einiger Zeit zu beobachten?

Was geschieht bei der Elektrolyse von Salzlösungen?

V_3 In ein U-Rohr (siehe Abbildung) füllt man eine verdünnte Kupferchlorid-Lösung. An die Graphitelektroden wird eine Gleichspannung von etwa 20 Volt angelegt. Man fängt das an der Anode *entstehende Gas (giftig)* in einem kleinen Standzylinder auf und schüttelt es mit Kaliumiodidlösung *(Abzug!)*. Was beobachtet man an den Elektroden und im Standzylinder?

V_4 Eine Mischung aus 8 g *Iod (ätzend)* und 4 g Zinkpulver wird unter Umrühren langsam in ca. 100 cm^3 dest. Wasser gegeben (*nicht umgekehrt!)* Man filtriert die entstandene Lösung in ein U-Rohr. Dann wird eine Elektrolyse durchgeführt (Graphitelektroden, 10 Volt Gleichspannung, s. Abb. S. 131). Was kann nach kurzer Zeit im U-Rohr beobachtet werden?

Positive Ionen: Kationen
Negative Ionen: Anionen

1. Lösungen von Säuren, Hydroxiden und Salzen leiten den elektrischen Strom. Solche Lösungen gehören zu den Elektrolyten. Ursache für das Fließen des Stroms sind als Ladungsträger Ionen, die unter dem Einfluß eines elektrischen Felds in Bewegung kommen. Bei der Elektrolyse wandern die positiv geladenen Ionen zur Kathode (Minuspol); man nennt sie daher Kationen. Die negativ geladenen Ionen wandern zur Anode (Pluspol); sie heißen deshalb Anionen.

2. Ein einfaches Beispiel für solche Vorgänge ist die Elektrolyse einer Kupferchloridlösung (V_3). Kupferchlorid ($CuCl_2$) enthält als Salz Kupfer-Kationen (Cu^{2+}) und Chlorid-Anionen (Cl^-). An der Kathode bildet sich metallisches Kupfer, an der Anode entsteht Chlorgas (s. Abb.).

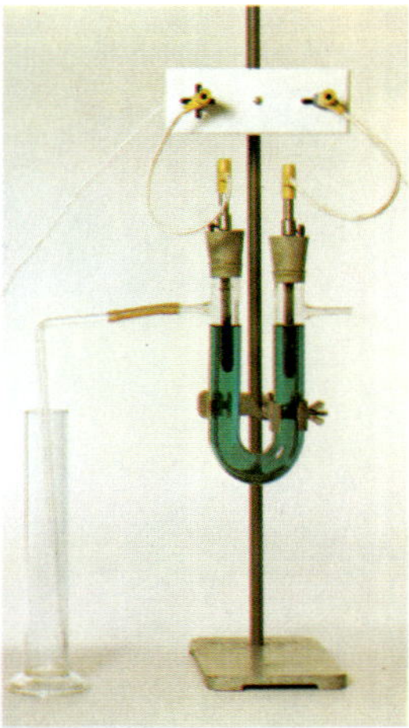

Elektrolyse einer Kupferchloridlösung Versuchsaufbau und Schema

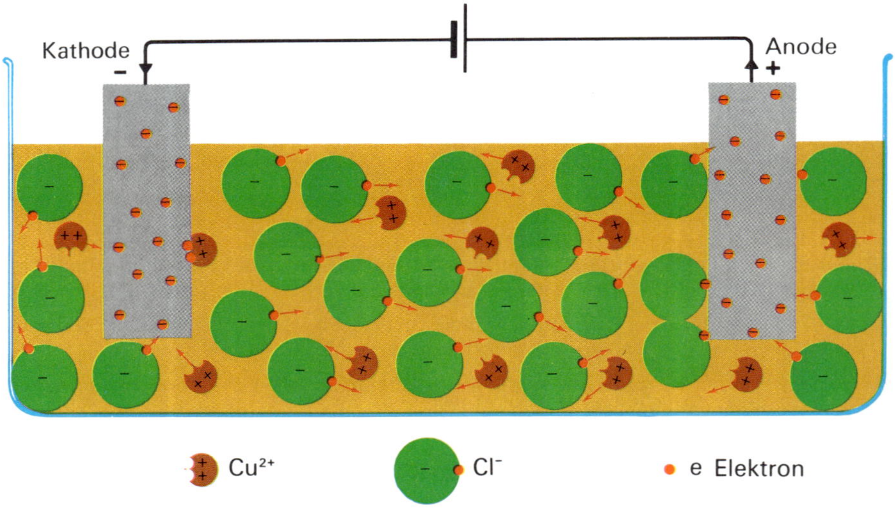

Die an die Kathode gewanderten Kupfer-Ionen nehmen Elektronen auf und gehen dabei in Kupferatome über:

$$Cu^{2+} + 2\,e^- \rightarrow Cu$$

An der Anode werden Chlorid-Ionen unter Elektronenabgabe in Chloratome übergeführt:

$$2\,Cl^- \rightarrow 2\,Cl$$

Zwei Chloratome vereinigen sich dann zu einem Chlormolekül:

$$2\,Cl \rightarrow Cl_2$$

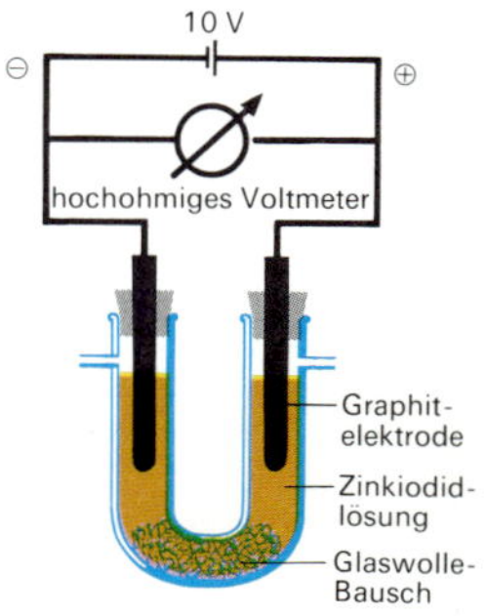

Elektrolyse einer Zinkiodidlösung

Bei der Elektrolyse von Zinkiodid (V4) können die auftretenden Stoffänderungen besonders deutlich beobachtet werden. An der Kathode entsteht Zink und an der Anode Iod:

Elektrolyse mit Elektronenübergängen an den Elektroden

Kathode (Minuspol): $Zn^{2+} + 2\,e^- \rightarrow Zn$

Anode (Pluspol): $2\,I^- \rightarrow 2\,I + 2\,e^-$

$2\,I \rightarrow I_2$

Ionen besitzen oft Edelgaskonfiguration

3. Einfache Ionen zeigen meist Edelgaskonfiguration. Wie aus der folgenden Tabelle hervorgeht, besitzen Natrium-, Magnesium- und Aluminium-Ionen die Elektronenkonfiguration des Neons, Chlorid-, Sulfid- und Phosphid-Ionen die des Argons.

Edelgaskonfiguration bei einfachen Ionen

Elektronenkonfiguration des Atoms		Elektronenkonfiguration des Ions	
$_{11}$Na	1s [↑↓] 2s [↑↓] 2p [↑↓|↑↓|↑↓] 3s [↑]	Na^+	1s [↑↓] 2s [↑↓] 2p [↑↓|↑↓|↑↓] Neon-Konfiguration
$_{12}$Mg	1s [↑↓] 2s [↑↓] 2p [↑↓|↑↓|↑↓] 3s [↑↓]	Mg^{2+}	
$_{13}$Al	1s [↑↓] 2s [↑↓] 2p [↑↓|↑↓|↑↓] 3s [↑↓] 3p [↑| |]	Al^{3+}	
$_{17}$Cl	1s [↑↓] 2s [↑↓] 2p [↑↓|↑↓|↑↓] 3s [↑↓] 3p [↑↓|↑↓|↑]	Cl^-	1s [↑↓] 2s [↑↓] 2p [↑↓|↑↓|↑↓] 3s [↑↓] 3p [↑↓|↑↓|↑↓] Argon-Konfiguration
$_{16}$S	1s [↑↓] 2s [↑↓] 2p [↑↓|↑↓|↑↓] 3s [↑↓] 3p [↑↓|↑|↑]	S^{2-}	
$_{15}$P	1s [↑↓] 2s [↑↓] 2p [↑↓|↑↓|↑↓] 3s [↑↓] 3p [↑|↑|↑]	P^{3-}	

Ionenladungszahl abhängig von der Elektronenkonfiguration

4. Daneben zeigt die Tabelle, daß die Zahl der Ladungen eines Ions mit der Elektronenkonfiguration des betreffenden Atoms zusammenhängt. Um die Elektronenkonfiguration des Neons zu erreichen, müssen z. B. dem Alumi-

niumatom 3 Elektronen entzogen werden. Das Aluminium-Ion ist also 3fach positiv geladen. Das Schwefelatom geht durch Aufnahme von zwei Elektronen in das Sulfid-Ion über, das die Elektronenkonfiguration des Argons besitzt. Das Sulfid-Ion hat zwei negative Ladungen.
Metalle erreichen die Edelgaskonfiguration durch Abgabe, Nichtmetalle durch Aufnahme von Elektronen.

5. Aus der Stellung eines Elements im Periodensystem kann die Ladung seiner Ionen ermittelt werden. Die Elemente der I., II. und III. Hauptgruppe bilden positiv geladene Ionen. Ihre Ladungszahl entspricht der Gruppennummer. So sind die Ionen der Alkalimetalle (I. Hauptgruppe) einfach positiv, die der Erdalkalimetalle (II. Hauptgruppe) zweifach positiv geladen. Die Elemente der VI. und VII. Hauptgruppe bilden meist negativ geladene Ionen. In der VII. Hauptgruppe tragen die einfachen Ionen eine negative Ladung, in der VI. Hauptgruppe zwei negative Ladungen.

A1 Wie lassen sich die Formeln der folgenden Salze aus den Elektronenkonfigurationen der beteiligten Elemente ableiten: $AlCl_3$, $MgBr_2$, Na_2S, CaS?

A2 Welche Formeln sind für die folgenden Salze zu erwarten: Kaliumfluorid, Aluminiumoxid, Kaliumsulfid, Strontiumchlorid.

A3 Welche Reaktionen laufen bei der Elektrolyse von geschmolzenem Bleichlorid an den Elektroden ab.

A4 Für folgende Elemente sollen einfache Ionen formuliert werden: $_{38}Sr$, $_{82}Pb$, $_{16}S$ und $_{15}P$.

7.2 Ionengitter

Merkmale von Salzen

V1 Die Leitfähigkeit folgender Stoffe wird im festen und soweit möglich im geschmolzenen Zustand untersucht *(Schutzbrille!)*: Kochsalz, Kaliumnitrat, Ammoniumsulfat, Harnstoff und Paraffin.

V2 Unter dem Mikroskop vergleicht man die Kristallformen folgender Feststoffe: Kochsalz, Kupfersulfat, Kaliumaluminiumsulfat, Kaliumnitrat, Bleichlorid.

Salze bestehen aus Ionen

1. Die Lösungen von Säuren, Hydroxiden und Salzen in Wasser enthalten Ionen. Auch Salzschmelzen und feste Salze bestehen aus Ionen.

2. Kristalle sind gekennzeichnet durch geometrisch regelmäßige Anordnung ihrer Außenflächen und Kanten. Bei den würfel- oder quaderförmigen Kochsalzkristallen bilden Flächen und Kanten stets einen Winkel von 90°. Dies deutet darauf hin, daß die den Kristall aufbauenden Teilchen, die Ionen, regelmäßig angeordnet sind. Die geometrische Anordnung der Teilchen im Kristall heißt Gitter.

Gips, Krokoit, Calcit

3. Das Gitter des Kochsalzkristalls ist aus positiv geladenen Natrium-Ionen und negativ geladenen Chlorid-Ionen aufgebaut. Ein Kristallgitter, das aus Ionen aufgebaut ist, heißt Ionengitter. Es wird gebildet, weil gleiche Ladungen sich abstoßen und ungleiche Ladungen sich anziehen. Dies ergibt eine Anordnung der Natrium- und Chlorid-Ionen gemäß Abbildung.

Ionengitter: Kristallgitter mit Ionen

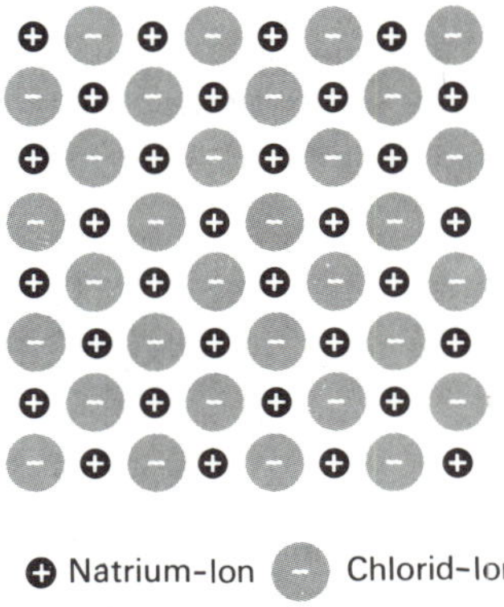

Das Ionengitter von Kochsalz

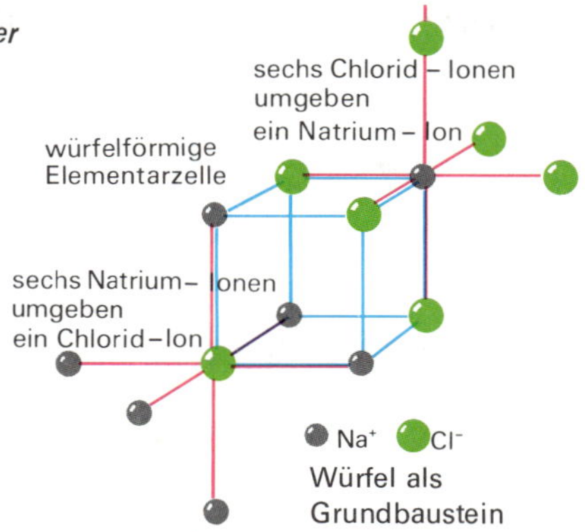

Ausschnitt aus dem Kochsalzgitter

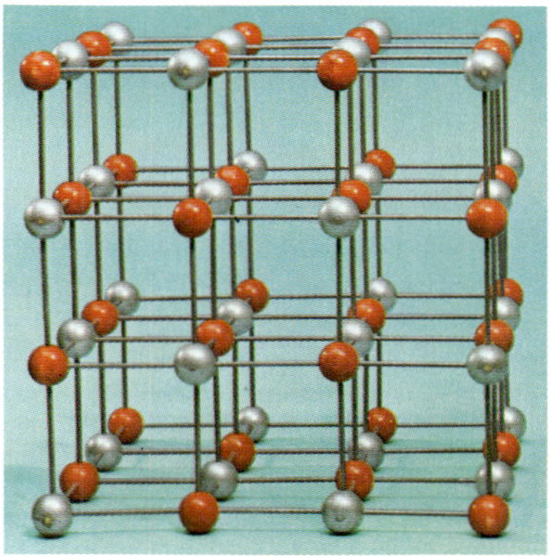

Zwei Darstellungsweisen der räumlichen Anordnung der Ionen im Natriumchloridgitter (Na^+-Ionen grau bzw. silberfarben, Cl^--Ionen grün bzw. rot)

4. Anziehende und abstoßende elektrostatische Kräfte halten die Ionen am Gitterplatz in einer Gleichgewichtslage. Die so entstandene Bindung zwischen den Ionen wird als Ionenbindung oder heteropolare Bindung bezeichnet. Die Ionenbindung wirkt nicht in eine bestimmte Richtung; das durch die Ladung der einzelnen Ionen hervorgerufene elektrische Feld wirkt vielmehr gleichmäßig nach allen Seiten und auf alle benachbarten Ionen. Berechnungen haben ergeben, daß die dichtgepackten Ionen noch Raum für eine zitternde Wärmebewegung um ihre Ruhelage haben.

Ionenbindung: Bindung zwischen entgegengesetzt geladenen Ionen

5. Die Formel NaCl bedeutet, daß im Gitter von Kochsalz Natrium- und Chlorid-Ionen im Zahlenverhältnis 1 : 1 vorliegen. Es sind also keine abgegrenzten Natriumchloridmoleküle vorhanden. Entsprechendes gilt für alle Salze. Ihre Formeln sind immer nur Verhältnisformeln.

Formeln der Salze sind Verhältnisformeln

6. Der in der Abbildung *Ausschnitt aus dem Kochsalzgitter* dargestellte Würfel aus 4 Natrium- und 4 Chlorid-Ionen ist der geometrische Grundbau-

Koordinationszahl: Anzahl der nächsten Nachbarn eines Teilchens

stein des Natriumchloridgitters. Man kann sich das Gitter so aufgebaut denken, daß diese geometrischen Einheiten nach allen Seiten aneinandergereiht sind. Die Abbildung zeigt weiter, daß jedes Natrium-Ion von 6 Chlorid-Ionen und jedes Chlorid-Ion von 6 Natrium-Ionen umgeben ist. Im Kochsalzgitter ist die Zahl 6 die Koordinationszahl der Ionen. Die Koordinationszahl gibt an, wieviel nächste Nachbarn mit gleichem Abstand ein Teilchen in einem Gitter besitzt.

7. In anderen Salzen treten zum Teil andere räumliche Gitterstrukturen und andere Koordinationszahlen auf. Dies hängt mit der Zahl der Ionenladungen und mit dem Größenverhältnis der Ionenradien (siehe Tabelle auf dem hinteren inneren Buchdeckel) zusammen:

Ionengitter von Kalkspat ($CaCO_3$), Zinkblende (Zn S) und Cäsiumchlorid (CsCl)

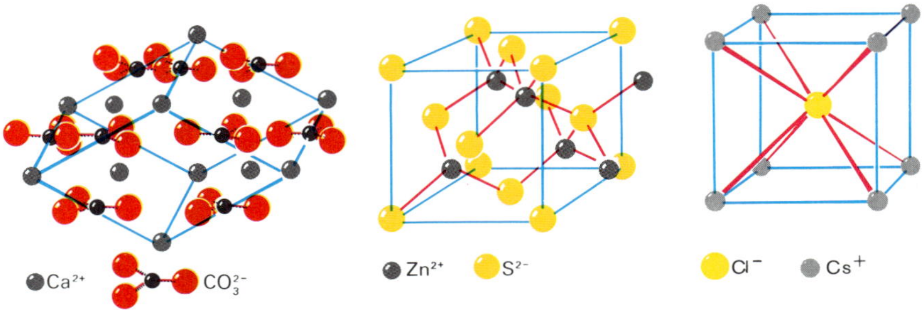

Ionenladung und Ionenradius bestimmen Gitterstruktur und Koordinationszahl

– Die Ladungen der Ionen bestimmen zunächst das Zahlenverhältnis der im Gitter auftretenden Kationen und Anionen. Um Ladungsausgleich herzustellen, kommen z. B. im Aluminiumchlorid ($AlCl_3$) auf 1 Al^{3+}-Ion 3 Cl^--Ionen. Dieses Zahlenverhältnis äußert sich im Verhältnis der Koordinationszahlen der beiden Ionenarten.

Abhängigkeit der Koordinationszahl vom Verhältnis der Ionenradien in der Ionenverbindung XY

Verbindung XY	Anordnung von X um Y und umgekehrt	Verhältnis der Ionenradien $r_X : r_Y$ (Ionenradien in nm)	Koordinationszahl von X und Y
ZnTe	tetraedrisch	0,074 : 0,221 = 0,33	4
NaCl	oktaedrisch	0,095 : 0,181 = 0,53	5
CsCl	würfelförmig	0,169 : 0,181 = 0,93	8

– Die Auswirkung der Ionenradien auf die Koordinationszahl zeigt die nachfolgende Tabelle. Gitter, deren Ionen starke Größenunterschiede zeigen, haben kleine Koordinationszahlen, Gitter mit ungefähr gleichgroßen Ionen haben hohe Koordinationszahlen.

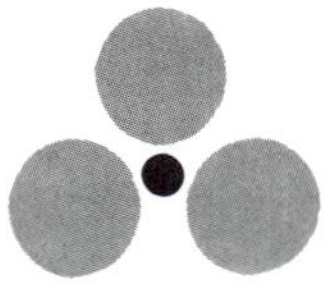

Ionen verschiedener Größe

Die nebenstehende Abbildung zeigt stark vereinfacht, daß um ein kleines Ion nur wenige große Ionen gruppiert werden können. Bei Ionen ungefähr gleicher Größe ist die Zahl der nächsten Nachbarn entsprechend größer.

A1 Die Reaktion zwischen Natrium und Chlor wird gelegentlich durch folgende Aussage beschrieben: «Zwei Atome Natrium reagieren mit einem Chlormolekül unter Bildung von zwei Molekülen Kochsalz.» Was ist an dieser Formulierung falsch? Wie kann die Reaktionsgleichung geschrieben werden, damit sie die wirklich vorhandenen Teilchen angibt?

A2 Für welchen der folgenden Stoffe sind die höchsten, für welchen die niedrigsten Koordinationszahlen im Gitter zu erwarten: BaO, LiI, CaS?

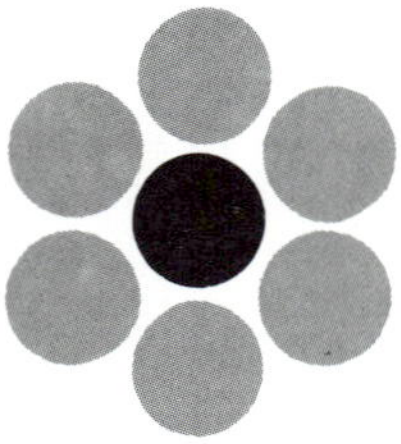

Gleichgroße Ionen

7.3 Ionengitter und Eigenschaften der Salze

Eigenschaften von Salzkristallen?

V1 In 3 schwerschmelzbaren Reagenzgläsern werden nebeneinander mit kräftiger Brennerflamme gleichgroße Mengen folgender Salze erhitzt: Kaliumchlorid, Kaliumbromid und Kaliumiodid *(Schutzbrille!)*.
Man beobachtet die Schmelzvorgänge und vergleicht die Schmelztemperaturen.

V2 Man bestimmt die Härte folgender Stoffe durch die Ritzprobe: Bleiplatte, Schwefelstange, Kupfermünze, Fensterglas, Kochsalz-Kristall, Kupfersulfat-Kristall, Messerklinge, Diamant (Glasschneider). Durch gegenseitiges Ritzen lassen sich diese Stoffe nach ihrer Härte ordnen. Nach jedem Versuch muß die Probe sorgfältig abgewischt werden, damit man sieht, ob sie tatsächlich geritzt worden ist.

V3 Ein kleiner Kochsalzkristall wird durch Hammerschlag zertrümmert. Untersuchen Sie die Bruchstücke unter dem Mikroskop und fertigen Sie eine Zeichnung an.

Feste Salze: Stoffe mit Ionengitter

1. Die Kenntnis vom Bau der Salze ermöglicht es, den Begriff «Salz» folgendermaßen zu definieren: Feste Salze sind Stoffe mit Ionengitter. Diese Definition erfaßt über die geläufigen Salze wichtiger Säuren (Chloride, Sulfate usw.) hinaus auch Stoffe wie Magnesiumoxid ($Mg^{2+}O^{2-}$), Natriumhydroxid ($Na^{+}OH^{-}$) und Aluminiumnitrid ($Al^{3+}N^{3-}$). Ihrem Aufbau nach sind also auch Metalloxide und Metallhydroxide in die Stoffklasse der Salze einzuordnen.

2. Schmelzen und Lösungen von Salzen leiten den elektrischen Strom; feste Salze dagegen sind Nichtleiter. Im Salzkristall sind die Ionen an ihre Gitterplätze gebunden. Erst in der Lösung oder in der Schmelze werden die Ionen beweglich und damit fähig, elektrische Ladung zu transportieren.

Coulombsche Kräfte zwischen geladenen Teilchen

3. Die hohen Schmelz- und Siedetemperaturen der Salze deuten darauf hin, daß Ionen im Gitter fest gebunden sind. Die Kräfte zwischen geladenen Teilchen beschreibt das Coulombsche[1] Gesetz:

$$F = \frac{1}{\varepsilon} \cdot \frac{Q_1 \cdot Q_2}{r^2}$$

F = Anziehungskraft
ε = Dielektrizitätskonstante. Sie erfaßt den Einfluß des Mediums (Luft, Wasser usw.), das sich jeweils zwischen den geladenen Teilchen befindet
Q_1 = Ladung des Kations
Q_2 = Ladung des Anions
r = Abstand der Ladungsschwerpunkte von Kation und Anion

Die Coulombschen Anziehungskräfte sind also um so größer, je höher die Ladung der Ionen (Q_1 und Q_2) und je kleiner der Abstand der Ladungsschwerpunkte *(r)* ist (vgl. untenstehende Abbildung). Geht man davon aus, daß sich die Ionen im Gitter fast berühren, dann ist der Abstand r annähernd

[1] Nach dem französischen Physiker Charles Augustin Coulomb (1736–1806).

Größe der Coulombschen Anziehungskräfte im Ionengitter

kleine doppelt geladene Ionen

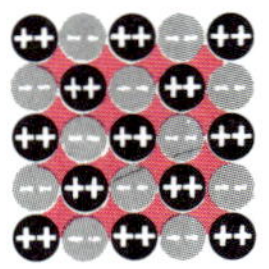

größere elektrostatische Kräfte

große einfach geladene Ionen

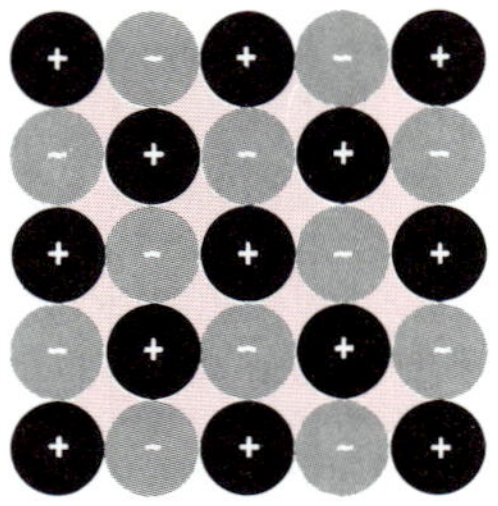

kleinere elektrostatische Kräfte

durch die Summe der Ionenradien gegeben.
Ionen mit kleinem Radius und hoher Ladungszahl ziehen sich daher stärker an als Ionen mit großem Radius und niedriger Ladungszahl.

Ionenladung und Ionenradius bestimmen:

- die Gitterenergie
- die Schmelztemperatur
- die Siedetemperatur
- die Härte

4. Ein Ionengitter ist also dann besonders stabil, wenn es kleine, hochgeladene Ionen enthält. Ein Maß für die Stabilität eines Gitters ist seine Gitterenergie. Darunter verstehen wir die Energie, die aufgewendet werden muß, um ein mol eines Stoffes aus dem kristallinen in den gasförmigen Zustand überzuführen. Der gleiche Energiebetrag wird frei, wenn die Teilchen eines Gases (und zwar ein mol je Teilchenart) ein Gitter aufbauen. Da beim Schmelzen das Gitter zerstört wird, hängen Schmelztemperatur und Gitterenergie eng zusammen. Große Gitterenergie geht mit hoher Schmelztemperatur, kleine Gitterenergie mit niedriger Schmelztemperatur einher (V_1).

Gitterenergie und Schmelztemperatur von Alkalihalogeniden in Abhängigkeit vom Ionenradius

	NaF	NaCl	NaBr	NaI
Abstand der Ladungsschwerpunkte in pm	231	276	290	311
Radius des Halogenid-Ions in pm	136	181	195	216
Gitterenergie in kJ/mol	908,5	766,2	732,7	686,6
Schmelztemperatur in °C	992	800	740	660
Siedetemperatur °C	1695	1441	1393	1300

Gitterenergie und Schmelztemperatur in Abhängigkeit von der Ionenladungszahl

	$Na^{+}F^{-}$	$Mg^{2+}O^{2-}$	$Zr^{3+}N^{3-}$	$Ti^{4+}C^{4-}$
Ionenladungszahl (± e)	1	2	3	4
Abstand im Gitter (pm)	231	210	215	223
Gitterenergie (kJ/mol)	908,5	3931,4		
Schmelztemperatur (°C)	992	2800	2980	4300

5. Auch die relativ hohe Härte der Salzkristalle erklärt sich aus den starken Anziehungskräften im Ionengitter (V_2).
Die Ritzhärte wird häufig in den Zahlen der Härteskala nach Mohs angegeben (vgl. Seite 137).

Ionengitter ergeben spröde Kristalle

6. Salzkristalle sind im Gegensatz zu den Metallen, die sich mechanisch verformen lassen, außerordentlich spröde Körper. Bei mechanischer Beanspruchung werden sie in kristalline Bruchstücke gespalten. Die Theorie des Ionengitters bietet dafür eine einfache Erkärung.

Härteskala nach Mohs

Härtezahl	Stoff
1	Talk
2	Gips
3	Kalkspat
4	Flußspat
5	Apatit
6	Feldspat
7	Quarz
8	Topas
9	Korund
10	Diamant

Kristallhärte und Ionenradius bei Erdalkalioxiden, sulfiden und -seleniden

Bindungspartner mit Ionenradius in (pm)		Mg^{2+} 65	Ca^{2+} 97	Sr^{2+} 113	Ba^{2+} 135	
O^{2-}	140	6,5	4,5	3,4	3,3	Kristallhärte nach Mohs
S^{2-}	184	4,5 bis 5	4,0	3,3	3	
Se^{2-}	198	3,5	3,2	2,9	2,7	

Kristallhärte und Ionenladungszahl

	NaF	MgO	AlN	TiC
Ionenladungszahl (± e)	1	2	3	4
Abstand im Gitter (pm)	231	210	223	223
Härte nach Mohs	3,2	6,5	9	9–10

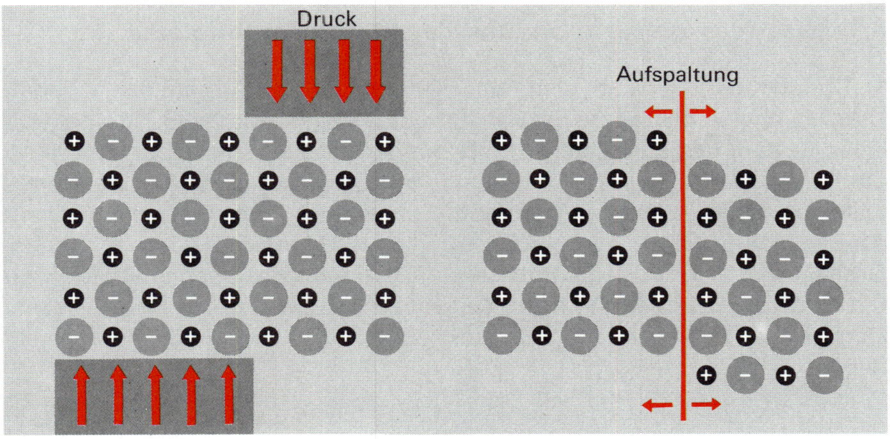

Spaltbarkeit eines Kochsalzkristalls

Auf die rechte Hälfte des in der Abbildung dargestellten Ionengitters wird ein Druck von oben, auf die linke Hälfte ein Druck von unten ausgeübt. Verschiebt sich die Ionenfront dabei um eine Gittereinheit, so kommen gleichgeladene Ionen nenbeneinander zu liegen. Zwischen ihnen werden abstoßende Kräfte wirksam, und das Ionengitter spaltet sich auf.

A_1 Aus der ersten Tabelle in Abschnitt 4 soll der Ionenradius des Natrium-Ions berechnet werden.

A_2 Welche Schmelztemperaturen oder Gitterenergien sind für die Kaliumhalogenide im Vergleich zu den entsprechenden Natriumhalogeniden zu erwarten?

A_3 Wie erklären sich die nachfolgend aufgeführten Gitterenergien der Alkalichloride aus dem Bau der Ionengitter: LiCl 833, NaCl 766, KCl 691, RbCl 674, CsCl 636 kJ/mol?

A_4 Wie läßt sich die Kristallhärte aus den angegebenen Ionenradien und Ionenladungszahlen erklären? (Siehe Tabelle!)

8 Die Atombindung

Die Frage nach dem Zusammenhalt der Atome in Molekülen gehört zu den Problemen in der Chemie, deren Aufklärung bemerkenswert lange auf sich warten ließ. Unsere heutigen Vorstellungen über die Atombindung sind das Ergebnis chemischer und physikalischer Forschung der letzten fünfzig Jahre. Die Schwierigkeiten der Theoriebildung hängen mit der Tatsache zusammen, daß die Bindungsverhältnisse in Molekülen nur mit einem leistungsfähigen Atommodell verstanden werden können. Das Bohrsche Atommodell erwies sich hier als weitgehend unzureichend, da es keine Aussagen über die räumliche Struktur eines Moleküls machen kann. Erst das Orbitalmodell ermöglichte eine Deutung der Bindung von Atomen im Molekül.

8.1 Das Wasserstoffatom und das Wasserstoffmolekül

Das Orbital als Elektronenwolke

1. Das Orbital, in dem sich ein Elektron in der Atomhülle befindet, kennzeichnet zunächst die Energie dieses Elektrons. So ist z. B. das Elektron eines 3p-Orbitals energiereicher als das eines 3s-Orbitals. Daneben wird durch ein Orbital auch ein bestimmter Aufenthaltsraum für Elektronen festgelegt. Das moderne Atommodell macht im Gegensatz zu früheren Atommodellen keine Aussage mehr über festgelegte Elektronenbahnen. Orbitale sind vielmehr Aufenthaltsräume, in denen Elektronen mit einer von Ort zu Ort wechselnden Wahrscheinlichkeit anzutreffen sind. Jedes Orbital kann so räumlich als charakteristisch geformte Elektronenwolke dargestellt werden.

Das 1s-Orbital des Wasserstoffatoms

2. Für das einfachste aller Atome, das Wasserstoffatom liefert das Orbitalmodell folgendes Bild: Der aus einem Proton bestehende Atomkern wird von einem kugelförmigen 1 s-Orbital umgeben, in dem sich ein Elektron befindet.

In der Abbildung ist die Wahrscheinlichkeit dargestellt, mit der das 1 s-Elektron in einem bestimmten Abstand vom Kern anzutreffen ist.

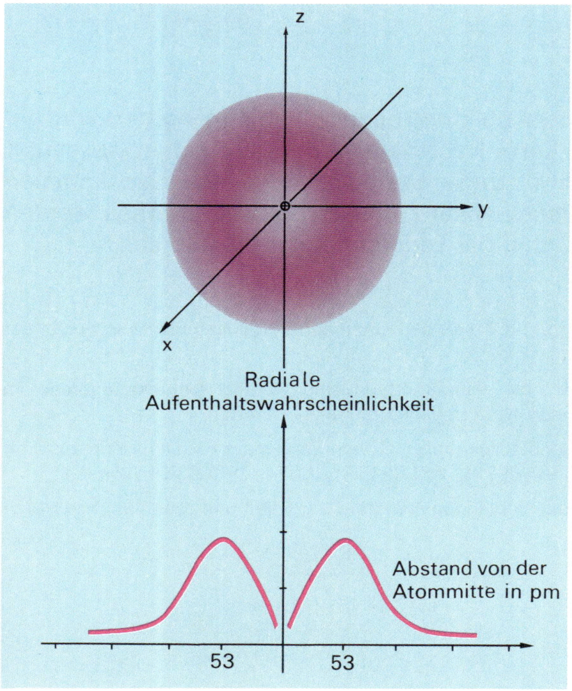

Elektronenwolke des Wasserstoffatoms im 1s-Zustand (oben) und Aufenthaltswahrscheinlichkeit des Elektrons in Abhängigkeit vom Kernabstand (unten)

3. Nähern sich zwei Wasserstoffatome bis zur Berührung ihrer Elektronenwolken, so kommt es zu einer Durchdringung (Überlappung) der beiden 1s-Atomorbitale. Es entsteht ein neues, beiden Atomen zugehöriges Orbital, das Molekülorbital:

Durch Überlappung zweier Atomorbitale entsteht ein Molekülorbital

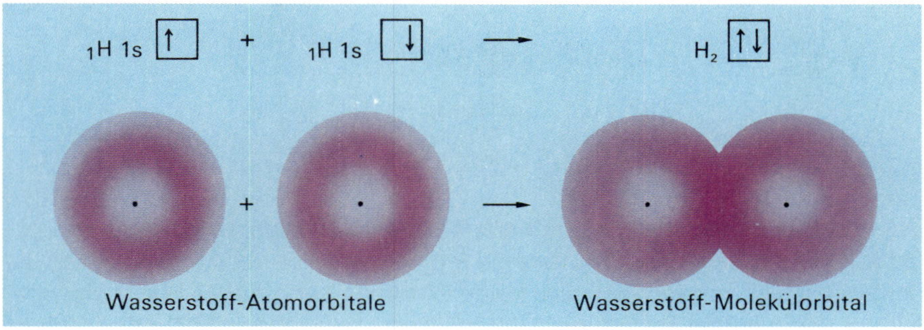

Für dieses neu entstandene Molekülorbital gilt wie bei einem Atomorbital das Prinzip, daß es nur zwei Elektronen mit entgegengesetztem Spin enthalten kann. Wie Modellrechnungen ergeben, ist die Aufenthaltswahrscheinlichkeit der beiden Elektronen im Überlappungsbereich zwischen den Atomkernen besonders groß. Die Elektronenwolke des Wasserstoffmoleküls besitzt eine besonders hohe negative Ladungsdichte im Bereich zwischen den beiden Kernen.

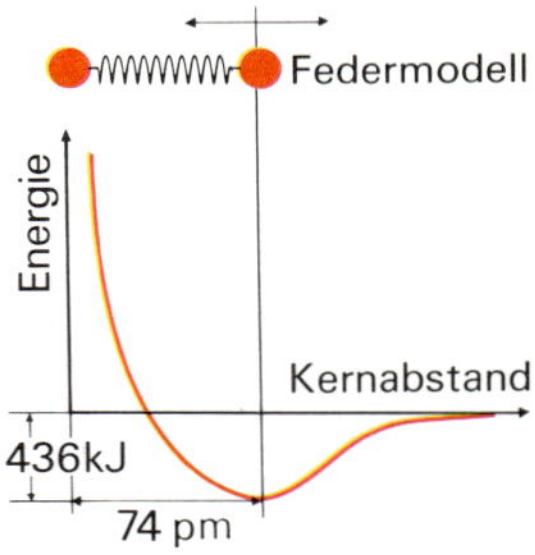

Potentielle Energie des Wasserstoffmoleküls in Abhängigkeit vom Abstand der beiden Atomkerne

4. Dieser Sachverhalt erklärt die Bindung der beiden Atome im Molekül. Bei einem mittleren Kernabstand von 74 pm befindet sich das Wasserstoffmolekül in einem Zustand minimaler Energie. Es läßt sich modellhaft mit einem mechanischen System vergleichen, bei dem zwei Kugeln durch eine Spiralfeder miteinander verbunden sind (siehe Abb.).
Um den Kernabstand zu vergrößern, müßte man gegen die Anziehungskräfte zwischen dem positiv geladenen Kern und der negativen Ladung im Überlappungsbereich der Orbitale Arbeit verrichten. Um den Kernabstand zu verringern, müßte die negative Ladung zwischen den Kernen verdichtet und die Abstoßung der positiven Kerne überwunden werden. Beides ist nur mit Energiezufuhr möglich.

5. Die bindende Wirkung kommt also dadurch zustande, daß sich zwei Elektronen vorwiegend zwischen den Atomkernen aufhalten. Dieses Elektronenpaar heißt Bindungselektronenpaar (auch «bindendes» oder «gemeinsames» Elektronenpaar). Die Atombindung wird deshalb häufig als Elektronenpaar-Bindung oder kovalente[1] Bindung bezeichnet.

Atombindung: Bindung zwischen zwei Atomen durch ein Bindungselektronenpaar

6. Die Schreibweise des Wasserstoffmoleküls H—H besitzt damit eine exakte Bedeutung. Der Bindestrich zwischen den Elementsymbolen bezeichnet das Bindungselektronenpaar. Ungepaarte Elektronen werden als Punkte dargestellt:

$$\mathrm{H\cdot + \cdot H \rightarrow H{-}H}$$

[1] kovalent = zusammenzählend. Die Bindungselektronen gehören gleichzeitig beiden Atomen an.

8.2 Weitere zweiatomige Moleküle von Elementen

1. Das Chlormolekül, Cl_2. Wir gehen von zwei Chloratomen aus und betrachten die Konfiguration ihrer Valenzelektronen:

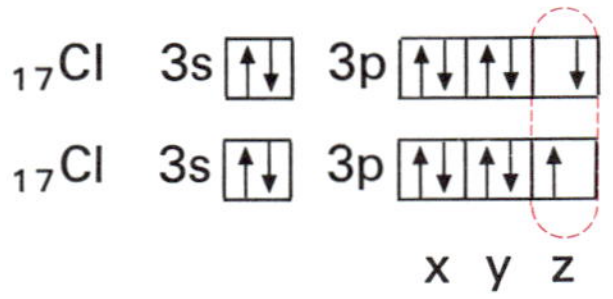

Freies Elektronenpaar: Außenelektronen, die nicht an der Bindung beteiligt sind

Die in der p-Unterschale auftretenden Orbitale werden als p_x-, p_y- und p_z-Orbitale bezeichnet. Die Elektronen der p_z-Orbitale beider Atome können als bindendes Elektronenpaar ein zu beiden Atomen gehörendes Molekülorbital bilden. Jeweils drei Paare von Außenelektronen sind an der Bindung nicht beteiligt. Es handelt sich um nichtbindende oder «freie» Elektronenpaare. In vereinfachter Schreibweise wird das Chlormolekül folgendermaßen dargestellt:

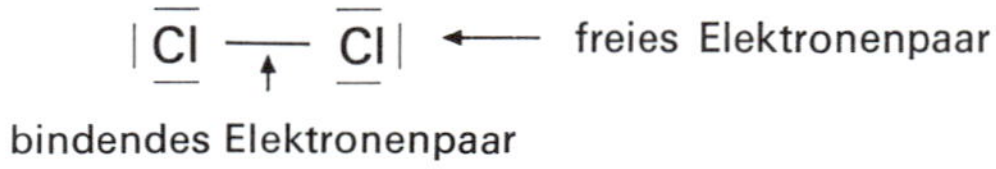

Strukturformel mit allen Außenelektronen

2. Diese Art der Darstellung wird als Struktur- oder Elektronenformel bezeichnet. Sie führt alle Valenzelektronen der beteiligten Atome auf. (In der Strukturformel werden die freien Elektronenpaare gelegentlich weggelassen und nur die bindenden dargestellt.)
Die Moleküle anderer Halogene haben eine dem Chlormolekül entsprechende Elektronenverteilung:

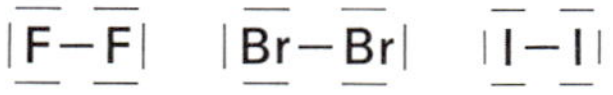

Doppelbindung: zwei Bindungselektronenpaare zwischen den Atomen

3. Das Sauerstoffmolekül, O_2. Aus den Elektronenkonfigurationen der beiden Sauerstoffatome lassen sich zwei Möglichkeiten der Bindung ableiten:

Die beiden p_y-Elektronen vereinigen sich zu einer Einfachbindung. Die beiden ungepaarten p_z-Elektronen bleiben erhalten:

Zwei p_y-Elektronen und zwei p_z-Elektronen bilden zwei Bindungselektronenpaare. Es entsteht eine Doppelbindung:

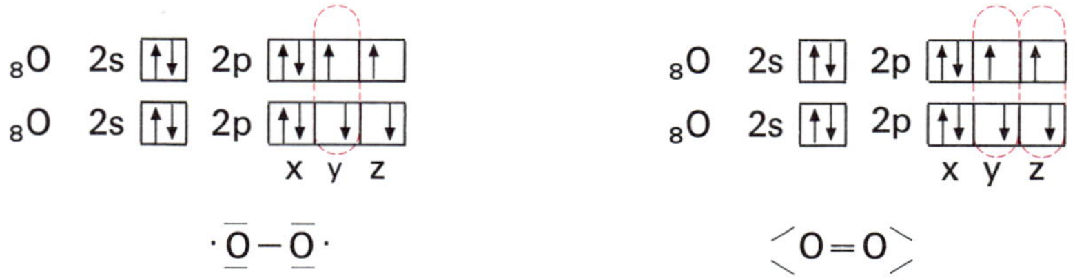

Zwei Strukturformeln des O_2-Moleküls

Untersuchungen im Magnetfeld haben ergeben, daß die linke Formel das Verhalten des Sauerstoffs besser beschreibt.

4. Das Stickstoffmolekül, N_2. Hier kommt es zur Ausbildung einer Dreifachbindung zwischen den beiden Stickstoffatomen:

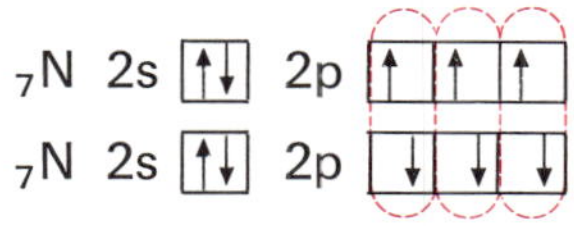

|N≡N|

Bindigkeit: Zahl der von einem Atom gebildeten Atombindungen

Stickstoff liegt im Stickstoffmolekül dreibindig vor. Die Bindigkeit eines Elements gibt an, wieviel Atombindungen es in einem Molekül ausbilden kann.

5. Die Aufspaltung verschiedener Moleküle in ihre Atome erfordert verschieden hohe Energiebeträge. Die Stabilität der einzelnen Atombindungen ist also verschieden groß. Sie kann durch die Bindungsenergie angegeben werden. Unter Bindungsenergie versteht man die Energie, die aufgewendet werden muß, um eine Atombindung vollständig zu trennen. Zweiatomige Moleküle werden dabei in freie Atome zerlegt (siehe grafische Darstellung der Bindungsenergie).

Bindungsenergie: zur Spaltung einer Atombindung notwendige Energie

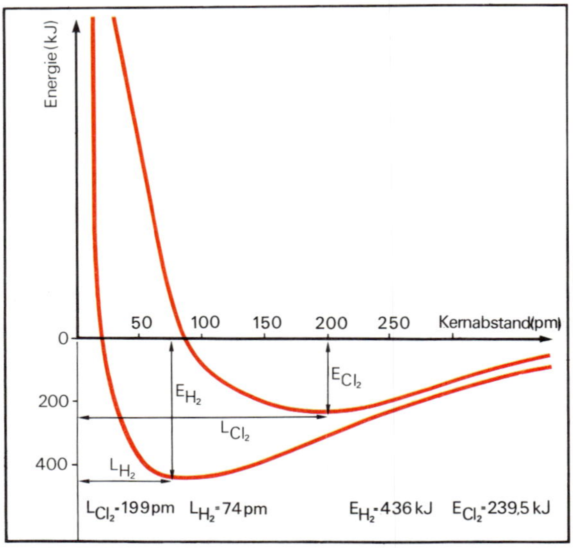

Bindungsenergie und Bindungslänge des Wasserstoff- und des Chlormoleküls

L_{H_2} = Bindungslänge des Wasserstoffs
L_{Cl_2} = Bindungslänge des Chlors
E_{H_2} = Bindungsenergie des Wasserstoffs
E_{Cl_2} = Bindungsenergie des Chlors

Bindungsenergien und Bindungslängen von Atombindungen

Molekül	Bindungslänge (pm)	Bindungsenergie (kJ/mol)
|I—I|	267	148,6
|Br—Br|	228	190,1
|Cl—Cl|	199	239,5
|F—F|	128	159,1
H—H	74	436,3
⟨O=O⟩	120,7	497,0
|N≡N|	110	942,0

Wie die Tabelle zeigt, wächst die Bindungsenergie einer Einfachbindung im allgemeinen mit abnehmender Bindungslänge (Abstand der beiden Atomkerne). Nur die Bindungsenergie von Fluor entspricht nicht dieser Regel. Hier müssen noch andere Faktoren eine Rolle spielen. Weiter ergibt sich aus der Tabelle, daß die Bindungsenergie von der Bindungsordnung (Einfachbindung, Doppelbindung, Dreifachbindung) abhängig ist. Moleküle mit Mehrfachbindung sind besonders stabil.

A1 Aus der Elektronenkonfiguration des Fluoratoms soll die Strukturformel des Fluormoleküls abgeleitet werden.

A2 Erklären Sie die unterschiedlichen Bindungsenergien der Halogenmoleküle. Welche Bindungsenergie wäre von der Bindungslänge her für das Fluormolekül zu erwarten gewesen?

A3 Wie kann aus der Elektronenkonfiguration des Neons erklärt werden, daß dieses Element keine zweiatomigen Moleküle bildet?

8.3 Die Struktur fester Nichtmetalle

Wie verhalten sich weißer Phosphor und Schwefel beim Erhitzen?

V1 Ein erbsengroßes Stück *weißer Phosphor (giftig; ätzend; selbstentzündlich)* wird in einem Reagenzglas unter Wasser durch vorsichtiges Erwärmen zum Schmelzen gebracht. Man bestimmt die Schmelztemperatur mit dem Thermometer *(Schutzbrille!)*

V2 In einen Rundkolben gibt man einige *Iodkristalle (ätzend)* und erhitzt mit fächelnder Brennerflamme. Was ist zu beobachten?

V3 a) In einem großen Reagenzglas mit Thermometer erhitzt man etwa 2 g Schwefelpulver in einem Paraffinbad. Der Schmelzpunkt, die Farbe und die Viskosität des gerade flüssig gewordenen Schwefels werden notiert. Das Reagenzglas wird aus dem Paraffinbad genommen, gut abgetrocknet und das Thermometer wieder entfernt. Nun wird vorsichtig über der Bunsenflamme weiter erwärmt. Man beobachtet dabei wieder Farbe und Viskositätsgrad. Die entstehenden Schwefeldämpfe werden auf eine Wasseroberfläche geleitet, wobei die Öffnung des Reagenzglases nach unten gehalten wird.
b) In einem weiteren Versuch wird Schwefel bis fast zum Sieden erhitzt und der Inhalt schnell in kaltes Wasser gegossen. Der abgeschreckte Schwefel wird auf seine Dehnbarkeit untersucht.

P_4-Molekül

1. Aus der Bestimmung der molaren Masse geht hervor, daß der weiße Phosphor aus P_4-Molekülen aufgebaut ist. Die Elektronenkonfiguration des Phosphoratoms zeigt, daß über drei halbbesetzte p-Orbitale drei Atombindungen ausgebildet werden können:

$_{15}$P 3s [↑↓] 3p [↑][↑][↑]

Ein P_4-Molekül mit dreibindigen Phosphoratomen hat die Form eines Tetraeders. Dabei sitzen die Phosphoratome an den Ecken und sind miteinander durch einfache Atombindungen verknüpft (siehe Abbildung).

Mehrfachbindungen nur bei Elementen der 2. Periode

2. Stickstoff- und Phosphoratome bilden trotz gleicher Konfiguration der Valenzelektronen unterschiedliche Moleküle aus. Nur der Stickstoff ist imstande, Dreifachbindungen auszubilden:

$_{7}$N 2s [↑↓] 2p [↑][↑][↑] |N≡N|

Beim Phoshor können nur Einfachbindungen entstehen, dies führt zur Bildung des P_4-Moleküls. Das unterschiedliche Verhalten dürfte darauf zurückzuführen sein, daß das Phosphoratom erheblich größer ist, als das Stickstoffatom. Im allgemeinen sind nur die Elemente der zweiten Periode des Periodensystems imstande, Doppel- oder Dreifachbindungen auszubilden.

3. Im Gegensatz zu den im gasförmigen Zustand frei beweglichen H_2- oder N_2-Molekülen sind die P_4-Moleküle bei Zimmertemperatur in einem Kristallgitter gebunden. Sie befinden sich auf räumlich geordneten Gitterplätzen und bilden ein Molekülgitter. Dasselbe gilt z. B. auch für Iod-, Schwefel- und Selenmoleküle.

Molekülgitter: Moleküle auf den Gitterplätzen

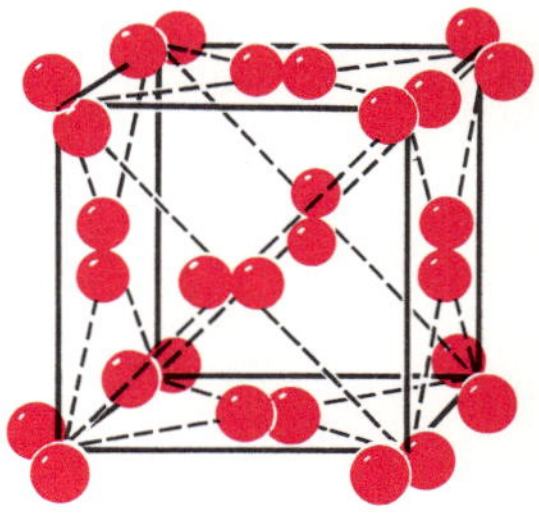

Molekülgitter des Iods

4. Die folgende Tabelle zeigt, daß Molekülgitter, verglichen mit Ionengittern relativ niedrige Schmelztemperaturen besitzen. Zwischen gleichatomigen Molekülen treten nur schwache Kräfte auf, welche den Zusammenhalt des Gitters bewirken. Sie heißen Van-der-Waals-Kräfte.[1]

Schmelztemperatur, Siedetemperatur und Molekülmasse von Elementen mit Molekülgitter

Element	Formel	Smt. (°C)	Sdt. (°C)	Molekülmasse (u)
Phosphor (weiß)	P_4	44,1	280	124
Iod	I_2	113,7	184,35	254
α-Schwefel	S_8	112,9	444,6	256
α-Selen	Se_8	220,2	688,0	632

5. Die Entstehung der Van-der-Waals-Kräfte könnte darauf beruhen, daß ein Elektron in einem bestimmten Augenblick nur einen Teil seines Orbitals einnimmt. Momentan wäre die Ladungsverteilung also unsymmetrisch, was zur gegenseitigen Beeinflussung der Moleküle führen würde.
Die Stärke der Van-der-Waals-Kräfte hängt von der Größe der Moleküle ab, zwischen denen sie wirksam werden. Bei größeren Molekülen treten stärkere Van-der-Waals-Kräfte auf als bei kleineren Molekülen. Phosphor und Schwefel sind deshalb im Unterschied zu Wasserstoff und Stickstoff bei Zimmertemperatur fest.

Je größer die Moleküle, desto stärker die Van-der-Waals-Kräfte

6. Auch Schwefel kristallisiert in einem Molekülgitter. Molekülmassebestimmungen ergeben für den festen Schwefel den Wert 256 u. Da die Atommasse von Schwefel 32 u beträgt, muß eine Schwefelmolekül 256 : 32 = 8 Schwefelatome enthalten. 8 zweibindige Schwefelatome sind über Atombindungen zu einem ringförmigen Molekül zusammengeschlossen.

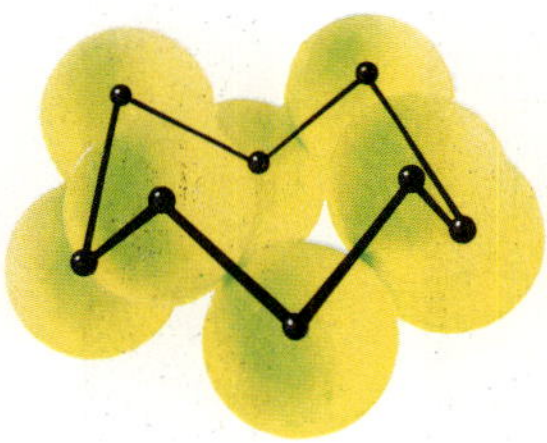

Seitenansicht

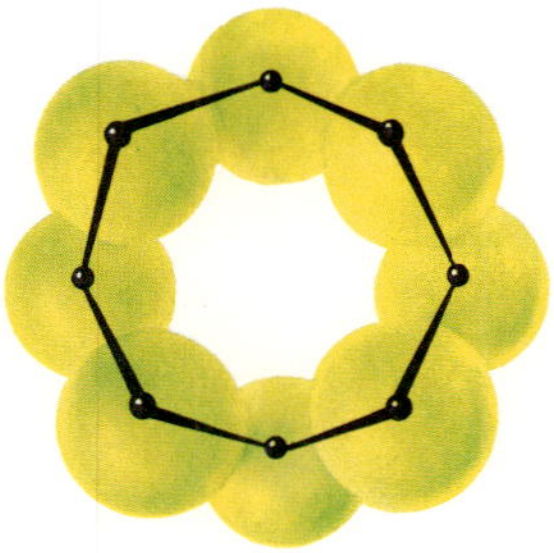

Ansicht von oben

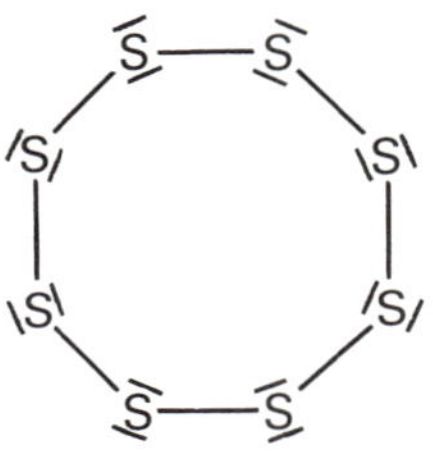

Strukturformel

Das S_8-Molekül des Schwefels

[1] Nach dem niederländischen Physiker Johannes Diderik van der Waals (1837–1923).

Die beim Erhitzen des Schwefels auftretenden Änderungen der physikalischen Eigenschaften lassen sich aus Änderungen der Molekülstruktur erklären (vgl. Tabelle S. 145).
Gießt man heißen, flüssigen Schwefel in kaltes Wasser, so erhält man gummiartigen, sogenannten «plastischen» Schwefel. Er besteht aus schraubenförmigen Ketten von Schwefelatomen.

Atomgitter: Atome auf den Gitterplätzen

Atomgitter des Diamanten mit stabilen Atombindungen

7. Im Kristallgitter von Diamant (vgl. Abb. S. 198) finden sich auf den Gitterplätzen vierbindige Kohlenstoffatome, die durch stabile Atombindungen miteinander verknüpft sind. Die hohe Stabilität des Diamantgitters (Gitterenergie 39700 kJ/mol) beruht auf der festen Verknüpfung der Kohlenstoffatome über Atombindungen. Daraus können die Beständigkeit des Diamantkristalls beim Erhitzen und seine extreme Härte erklärt werden. Kristallgitter, die aus ungeladenen Atomen aufgebaut sind, heißen Atomgitter.

Atomgitter fester Edelgase mit schwachen Van-der-Waals-Kräften

8. Auch die Edelgase bestehen aus Atomen. Bei sehr tiefen Temperaturen kondensieren sie und erstarren schließlich zu Feststoffen, die aus einem Atomgitter aufgebaut sind. Im Gegensatz zum Diamant, bei dem die Atome durch Atombindungen fest zusammengehalten werden, wirken zwischen den Atomen fester Edelgase nur schwache Van-der-Waals-Kräfte. Edelgase haben deshalb extrem niedrige Erstarrungstemperaturen.

Farbänderungen von Schwefel beim Erhitzen

Der Schwefel bei verschiedenen Temperaturen

Temperatur in °C	Erscheinungsform	Struktur
25	Gelbe, rhombische Kristalle	S_8-Moleküle im Molekülgitter mit Van-der-Waals-Kräften S_8-Molekülgitter 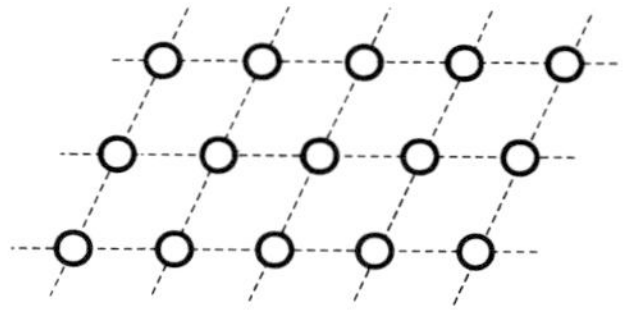
112,9 (Smt.)	Honiggelbe, dünnflüssige Schmelze	Aufspaltung des Molekülgitters durch zunehmende Wärmebewegung 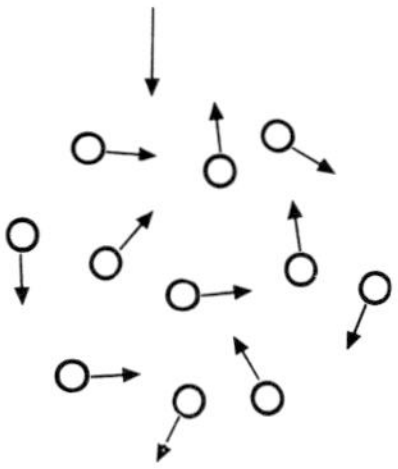
140	Farbänderung nach Rotbraun	S_8-Ring: S_8-Radikal: 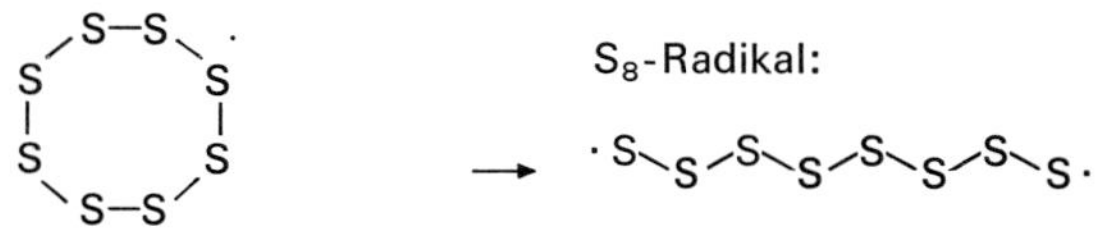 Aufspaltung der S_8-Ringe in S_8-Bruchstücke mit ungepaarten Elektronen: Radikale. Diese S_8-Radikale reagieren sofort weiter. Die ungepaarten Elektronen zweier Radikale vereinigen sich zu einer Atombindung, dadurch entstehen langkettige Riesenmoleküle:
180	Dunkelbraune, zähflüssige Schmelze	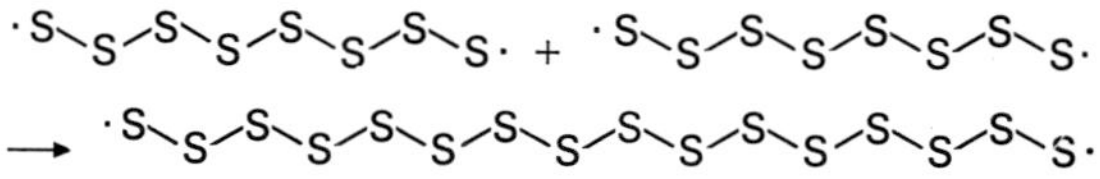
350	Dunkelbraune, dünnflüssige Schmelze	Durch starke Wärmebewegung werden die Riesenmoleküle wieder in kleinere Radikalbruchstücke zerlegt.
444,6 (Sdt.)	Bildung von rotbraunem Schwefeldampf	S_8-Radikale: 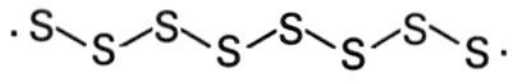
600	Farbe des Schwefeldampfs wird heller	S_6-, S_5- und S_4-Radikale: 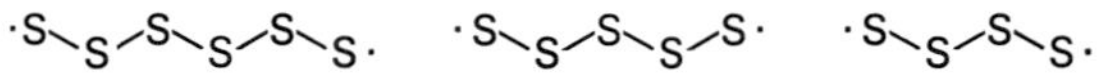
1000		S_2-Moleküle: $\cdot\underline{S}-\underline{S}\cdot$ (vgl. $\cdot\underline{O}-\underline{O}\cdot$)

A1 Bei der Messung von Bindungsenergien ergeben sich folgende Werte: C–C-Bindung 347,5 kJ/mol, Si–Si-Bindung 176,7 kJ/mol, S–S-Bindung 213,1 kJ/mol.
Was läßt sich aus einem Vergleich der angegebenen Werte über die Bindungslängen der Atombindungen aussagen?

A2 Formulieren Sie die Elektronenkonfigurationen des Sauerstoffs und des Schwefels. Wie läßt sich daraus die Struktur der entsprechenden Moleküle erklären?

A3 Ergänzen Sie die folgende Tabelle:

	Weißer Phosphor	Schwefel	Diamant	Kochsalz
Gittertyp				
Gitterenergie (relativ)				
Art der Teilchen auf den Gitterplätzen				
Kräfte zwischen den Teilchen auf den Gitterplätzen				

A4 Wie kann die Änderung der Viskosität beim Erhitzen von flüssigem Schwefel aus den Teilchenstrukturen erklärt werden?

9 Die polare Atombindung

9.1 Die Elektronegativität

1. In den bisher behandelten Molekülen waren immer Atome des gleichen Elements miteinander verbunden: H_2, O_2, Cl_2, usw. Wir wollen uns nun Molekülen zuwenden, die aus Atomen verschiedener Elemente aufgebaut sind. Beispiele sind das Chlorwasserstoffmolekül HCl, das Wassermolekül H_2O und das Ammoniakmolekül NH_3. Dabei soll untersucht werden, wie sich die Verschiedenartigkeit der Bindungspartner auf die Atombindung und auf das gesamte Molekül auswirkt.

Moleküle aus verschiedenen Atomen

2. Die Atome verschiedener Elemente unterscheiden sich in zwei wichtigen Größen voneinander:

- Die Kernladungszahl. Sie nimmt im Periodensystem von links nach rechts und von oben nach unten schrittweise zu.
- Der Atomradius. Er nimmt im Periodensystem von links nach rechts ab, von oben nach unten zu (vgl. Abbildung auf dem hinteren inneren Buchdeckel). Die Zunahme innerhalb einer Elementgruppe von oben nach unten beruht auf der Zunahme der Anzahl der Elektronenschalen. Die Abnahme des Atomradius innerhalb einer Periode von links nach rechts ist folgendermaßen zu verstehen: Durch die Zunahme der Kernladungszahl in dieser Richtung wird aufgrund der größeren positiven Ladung im Kern die Anziehung auf die Elektronenhülle verstärkt. Dies macht sich durch eine Verkleinerung der Elektronenwolken bemerkbar und erklärt das «Schrumpfen» der Atome von links nach rechts.

Im Periodensystem vergrößert sich die Kernladungszahl nach rechts und unten, der Atomradius nach links und unten

3. Auch die Elektronen eines Bindungselektronenpaars in einem Molekül unterliegen der Anziehung durch die positiven Atomkerne. Der amerikanische Chemiker Linus Pauling charakterisierte diese Anziehungskraft durch den Begriff der Elektronegativität (EN). Darunter versteht man die Fähigkeit eines Atoms, Bindungselektronen anzuziehen.

Elektronegativität (EN): Fähigkeit eines Atoms, Bindungselektronen anzuziehen

4. Die Größe der EN eines Atoms hängt davon ab, wie stark die Elektronen im Außenbereich des Atoms vom positiven Atomkern angezogen werden. Bei den Hauptgruppenelementen nimmt die EN innerhalb einer Periode von links nach rechts zu, da in der gleichen Richtung die Kernladungszahl größer und der Atomradius kleiner wird. Schwieriger zu verstehen ist, warum innerhalb einer Elementgruppe die EN im allgemeinen von oben nach unten abnimmt. Zunächst ist dies darauf zurückzuführen, daß der Atomradius innerhalb der Elementgruppe von oben nach unten zunimmt. Der dabei aber auch die Kernladungszahl zunimmt könnte es umgekehrt zu einer stärkeren Anziehung der äußeren Elektronen kommen. Dieser Effekt wird jedoch abgeschwächt durch die Rumpfelektronen, die das positive Kernfeld nach außen abschirmen. So wird verständlich warum die EN innerhalb der Elementgruppe von oben nach unten abnimmt.

Im Periodensystem nimmt die EN im allgemeinen nach rechts und nach oben zu

Im PSE: Rechts oben große, links unten kleine EN

5. Im Periodensystem stehen also rechts oben die Elemente mit der größten, links unten die Elemente mit der kleinsten EN. Das Element Fluor ($_9F$) besitzt die größte EN aller Elemente. L. Pauling hat die unterschiedlichen Elektronegativitäten der Element durch dimensionslose Zahlen zueinander in Beziehung gesetzt. Dabei ist für Fluor die Zahl 4,0 festgelegt worden. Francium hat mit 0,7 die kleinste EN aller Elemente. (Vgl. auch die erweiterte Tabelle auf der letzten Buchseite)

Elektronegativitätsskala nach Pauling

			H 2,1				
Li 1,0	Be 1,5	B 2,0		C 2,5	N 3,0	O 3,5	F 4,0
Na 0,9	Mg 1,2	Al 1,5		Si 1,8	P 2,1	S 2,5	Cl 3,0
K 0,8	Ca 1,0	Ga 1,6		Ge 1,8	As 2,0	Se 2,4	Br 2,8

A1 Warum nimmt im Periodensystem die Elektronegativität der Elemente in der Regel von rechts nach links und von oben nach unten ab?

A2 In der Elektronegativitäts-Tabelle auf der letzten Buchseite sollen die Elemente ermittelt werden, deren Zahlenwerte theoretisch nicht unmittelbar gedeutet werden können.

A3 Bei welcher Verbindung ist die Differenz der Elektronegativitäten der beteiligten Elemente am größten?

9.2 Stoffe mit polarer Atombindung

Polare Atombindung: Bindungselektronenpaar zum elektronegativeren Atom verschoben

1. In einem Molekül, das aus Atomen mit verschiedener EN besteht, ist das Bindungselektronenpaar auf die Seite des stärker elektronegativen Bindungspartners verschoben.
Atombindungen, bei denen das Bindungselektronenpaar auf die Seite eines Bindungspartners verschoben ist, heißen polare Atombindungen. Die Polarität einer Atombindung kann grafisch durch keilförmige Schreibweise des Bindungselektronenpaars zum Ausdruck gebracht werden. Die Breite des Keils deutet die Stärke der Polarität an:

EN	2,1 4,0	2,1 3,0	2,1 2,8	2,1 2,5
Molekül	H ◀ F	H ◀ Cl	H ◀ Br	H ◀ I

Polarität abhängig von der EN-Differenz

2. Die Polarität einer Atombindung ist um so stärker, je größer die EN-Differenz der beteiligten Atome ist. In der Reihe der Halogenwasserstoffe hat das Fluorwasserstoffmolekül die am stärksten polare Bindung, weil seine Atome die größte EN-Differenz aufweisen.

3. In einem zweiatomigen Molekül mit polarer Atombindung liegen der positive und der negative Ladungsschwerpunkt nicht mehr auf dem gleichen geometrischen Ort. Das Molekül bekommt dadurch auf der Seite des elektronegativeren Atoms eine negative und auf der anderen Seite eine positive Teilladung. Solche Teilladungen werden mit den Zeichen $\delta +$ und $\delta -$ bei den entsprechenden Elementsymbolen angegeben:

$\overset{\delta+}{H} \blacktriangleleft \overset{\delta-}{\underline{\overline{Cl}}}|$

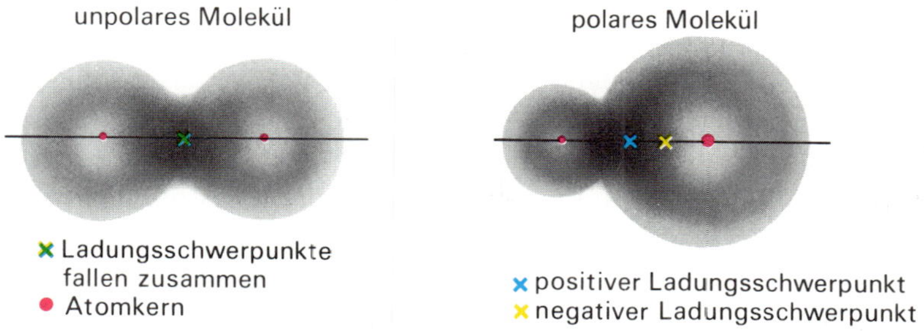

Ladungsschwerpunkte in Molekülen mit unpolarer und mit polarer Atombindung

4. Moleküle, bei welchen die Schwerpunkte der positiven und der negativen Ladungen nicht zusammenfallen, heißen Dipolmoleküle. In einem elektrischen Feld, wie es z. B. zwischen einer positiv und einer negativ geladenen Platte besteht, richten sich Dipolmoleküle so aus, daß ihre positive Teilladung zur negativen Platte, die negative Teilladung zur positiven Platte hin orientiert ist.

Dipolmolekül: Ladungsschwerpunkte fallen nicht zusammen

5. Zweiatomige Moleküle mit polarer Atombindung, wie HCl oder HBr, sind immer Dipolmoleküle. In Molekülen mit mehr als einer polaren Atombindung können die Ladungsschwerpunkte aus Symmetriegründen wieder zusammenfallen. Dies trifft z. B. beim CO_2-Molekül zu, dessen drei Atome linear angeordnet sind:

Nicht alle Moleküle mit polaren Atombindungen sind Dipolmoleküle

$$\langle O = C = O \rangle$$

Zwar sind die beiden Doppelbindungen polar, doch heben sich die Polaritäten im Gesamtmolekül auf, so daß dieses kein Dipolmolekül ist.

6. Stoffe mit polaren Atombindungen sind auch bei hohen Temperaturen sehr beständig. So zerfällt das Fluorwasserstoffmolekül erst bei 3500 °C in ein Fluor- und in ein Wasserstoffatom:

Thermische Stabilität polarer Atombindungen

$$H - \overline{\underline{F}}| \xrightarrow{3500\,°C} H\cdot + \cdot\overline{\underline{F}}|$$

Diese thermische Stabilität erklärt sich aus der zusätzlichen elektrostatischen Anziehung von positiver und negativer Teilladung. Zur Trennung in die Atome muß gegen diese Anziehungskraft zusätzlich Arbeit verrichtet werden.

7. Die Aufspaltung eines Moleküls in Atome bzw. Radikale wird als Homolyse bezeichnet. Das Bindungselektronenpaar wird dabei in ungepaarte Elektronen zerlegt:

Homolyse: Aufspaltung in Atome, Heterolyse: Aufspaltung in Ionen

$$A - B \xrightarrow{\text{Homolyse}} A\cdot + B\cdot$$

Eine Atombindung kann aber auch durch Heterolyse gespalten werden. Dabei bleibt das Bindungselektronenpaar beim elektronegativeren Bindungspartner; es entstehen positive und negative Ionen:

$$\mathrm{A \blacktriangleleft B \xrightarrow{\text{Heterolyse}} A^+ + |B^-}$$

Bekannt ist z. B. der heterolytische Zerfall des Chlorwasserstoffmoleküls:

$$\mathrm{H \blacktriangleleft \overline{\underline{Cl}}| \longrightarrow H^+ + |\overline{\underline{Cl}}|^-}$$

8. Trotz ihrer thermischen Stabilität können polare Atombindungen bei chemischen Reaktionen oft besonders leicht heterolytisch gespalten werden. Da in der polaren Atombindung das bindende Elektronenpaar schon weitgehend zum elektronegativeren Partner hin verschoben ist, erfordert die Heterolyse einen relativ geringen Energieaufwand. Dipolmoleküle zerfallen deshalb bei Reaktionen leicht unter Bildung von Ionen. Dipolmoleküle sind daher besonders reaktionsfähig, wenn der Reaktionsablauf die Bildung von Ionen erfordert. Sie sind reaktionsträge, wenn bei der Reaktion eine homolytische Spaltung notwendig ist.

	Unpolare Atombindung	Polare Atombindung
Homolyse	erleichtert	erschwert
Heterolyse	erschwert	erleichtert

A1 Erklären Sie die Unterschiede zwischen den Bindungsenergien der folgenden Bindungen: P–H 319,9, S–H 339,6, Cl–H 432,1 kJ/mol.

A2 Welche der Bindungen gemäß Aufgabe 1 läßt sich am leichtesten homolytisch spalten?

A3 Welches der folgenden Halogenwasserstoffmoleküle besitzt die größte thermische Stabilität: HBr, HCl und HI?

9.3 Mehratomige Dipolmoleküle

Moleküle im elektrischen Feld

V Aus einer Bürette läßt man einen feinen Strahl destilliertes Wasser fließen. Ein mit einem Wolltuch geriebener Kunststoffstab wird in die Nähe des Wasserstrahls gehalten. Man wiederholt den Versuch mit *Tetrachlorkohlenstoff (giftige Dämpfe), Aceton (feuergefährlich)* und *Ethanol (feuergefährlich)*.

1. Im Wassermolekül sind zwei Wasserstoffatome mit einem Sauerstoffatom durch Atombindungen verknüpft. Dabei überlappen die 1s-Orbitale der Wasserstoffatome mit jeweils einem p-Orbital des Sauerstoffs:

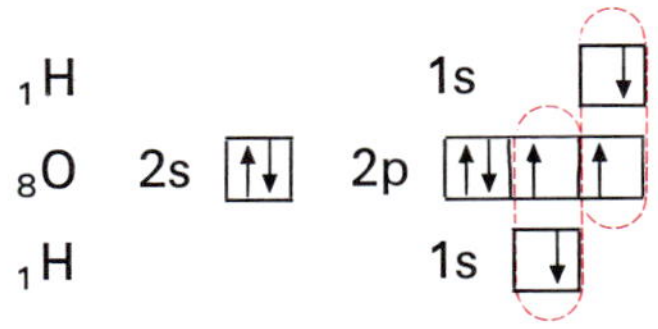

Wassermolekül als Dipol

Untersuchungen im elektrischen Feld zeigen, daß Wassermoleküle starken Dipolcharakter haben. Die EN-Zahlen von Wasserstoff und Sauerstoff sind stark verschieden. Daher sind die Bindungen im Wassermolekül stark polar. Allerdings würden bei einer geradlinigen Anordnung der Atome der positive und negative Ladungsschwerpunkt des Moleküls zusammenfallen. Ein linear gebautes Wassermolekül könnte keinen Dipolcharakter zeigen. Daraus folgt, daß die beiden Sauerstoff-Wasserstoff-Bindungen einen Winkel bilden. Erst durch diesen Bindungswinkel fallen die Ladungsschwerpunkte auseinander, und das Wassermolekül wird zum Dipol.

2. Daß die Bindungen des Wassermoleküls gewinkelt sind, wird verständlich, wenn man die räumliche Lage der p-Orbitale im Modell des Sauerstoffatoms betrachtet. Im Gegensatz zu den kugelförmigen s-Orbitalen stellt man sich die p-Orbitale als hantelförmige Gebilde vor, die aus zwei Teilen zusammengesetzt sind. Diese p-Orbitale (p_x, p_y und p_z) stehen senkrecht zueinander (siehe Abbildung).

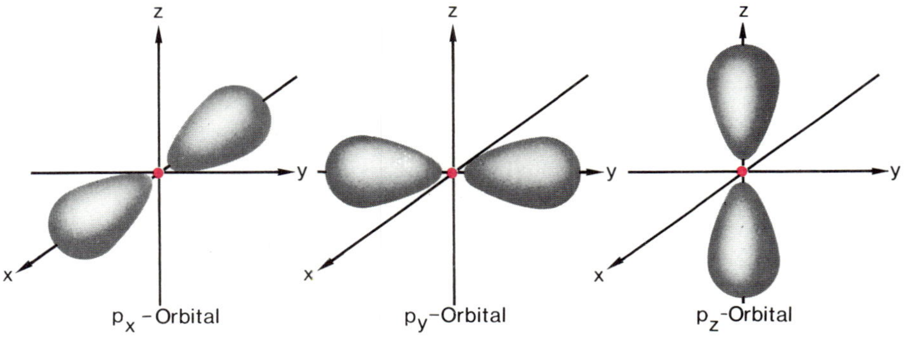

3. Bei der Bildung des Wassermoleküls überlappen die s-Orbitale der beiden Wasserstoffatome mit zwei senkrecht zueinander stehenden p-Orbitalen des Sauerstoffatoms:

p-Orbitale sind hantelförmig und stehen senkrecht zueinander

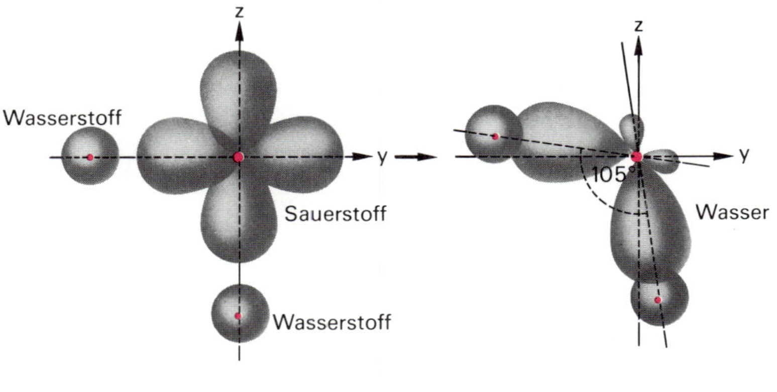

Entstehung der Atombindungen im Wassermolekül

Danach müßten die beiden Bindungen im Wassermolekül einen Winkel von 90 ° bilden. Der experimentell ermittelte Bindungswinkel beträgt jedoch etwa 105 °. Für Molekülorbitale muß also eine etwas andere räumliche Anordnung gelten als für entsprechende Atomorbitale.

Bindungswinkel im Wassermolekül etwa 105 °

4. Betrachtet man die Wasserstoffverbindungen der übrigen Elemente der VI. Hauptgruppe, so ist festzustellen, daß auch das Schwefelwasserstoffmo-

lekül Dipolcharakter besitzt. Die Atombindungen zwischen Schwefel und Wasserstoff entstehen durch Überlappung von zwei 3p-Orbitalen des Schwefels mit den 1s-Orbitalen des Wasserstoffs. Die kleinere EN-Differenz (0,4 gegenüber 1,4 bei H_2O) ergibt eine schwächere Polarität der Bindungen als im Wassermolekül und damit einen geringeren Dipolcharakter des Moleküls. Selenwasserstoff (H_2Se) und Tellurwasserstoff (H_2Te) besitzen ebenfalls gewinkelte Moleküle:

Kalottenmodell des Wassermoleküls

Kalottenmodell des Ammoniakmoleküls

5. Eine der wichtigsten Stickstoffverbindungen ist Ammoniak (NH_3). Es ist ein durchdringend riechendes, farbloses Gas (Smt. −77 °C, Sdt. −33,5 °C). Das Ammoniakmolekül enthält drei polare Stickstoff-Wasserstoff-Bindungen. Sie entstehen durch Überlappung der 2p-Orbitale des Stickstoffs mit den 1s-Orbitalen des Wasserstoffs:

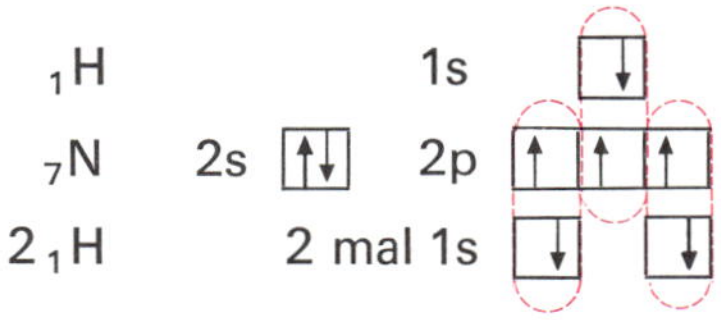

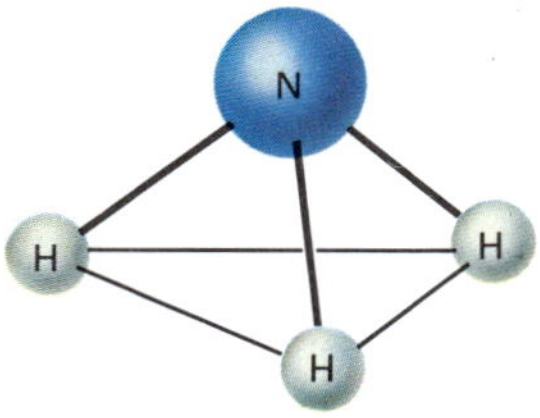

Räumlicher Bau des Ammoniak-Moleküls

Das Molekül bildet eine dreiseitige Pyramide, an deren Spitze das Stickstoffatom steht (siehe Abbildung). Die Basis der Pyramide wird durch die drei Wasserstoffatome gebildet. Der H−N−H-Bindungswinkel beträgt 107 °. Die Wasserstoffverbindungen der unter dem Stickstoff stehenden Elemente der V. Hauptgruppe zeigen einen entsprechenden Molekülbau:

A1 Wie ändert sich der Dipolcharakter der Moleküle NH_3, PH_3, AsH_3 und SbH_3?

A2 Welche Gemeinsamkeiten und welche Unterschiede bestehen bei den Molekülen des Wassers und des Schwefelwasserstoffs?

A3 Das Molekül des Bortrifluorids (BF_3) besitzt keinen Dipolcharakter. Wie sind die Atome im Molekül räumlich angeordnet?

9.4 Wasserstoffbrücken

Anziehungskräfte zwischen Dipolmolekülen

1. Wasser hat im Vergleich zu anderen molekularen Stoffen (O_2, N_2) eine relativ hohe Schmelz- und Siedetemperatur. Dies läßt auf stärkere Anziehungskräfte zwischen den Wassermolekülen schließen. Sie kommen dadurch zustande, daß sich die Wassermoleküle nicht nur durch Van-der-Waals-Kräfte, sondern zusätzlich als Dipolmoleküle anziehen.

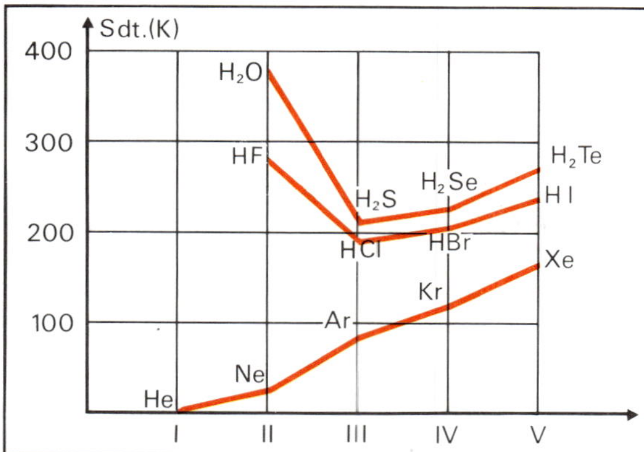

Stoff	Sdt. (°C)
H_2O	+100
H_2S	− 60,4
H_2Se	− 41,3
H_2Te	− 2,2
HF	+ 19,5
HCl	− 85
HBr	− 66,8
HI	+ 35,4

Siedetemperaturen von Stoffen aus polaren bzw. unpolaren Teilchen

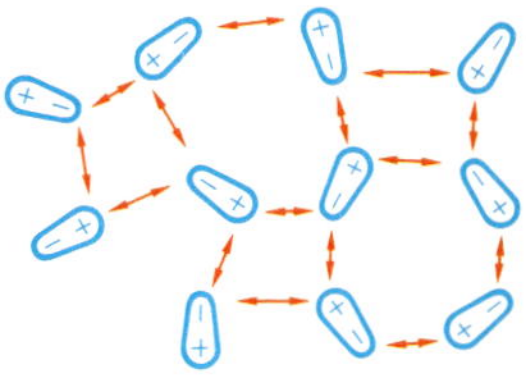

Anziehung zwischen Dipolmolekülen

Diese elektrostatischen Dipol-Dipol-Kräfte zwischen Dipolmolekülen verstärken die Anziehung im Vergleich zu derjenigen durch reine Van-der-Waals-Kräfte zwischen unpolaren Molekülen ähnlicher Größe.

Wasserstoffbrücken bei Hydriden stark elektronegativer Elemente

Wasserstoffbrücken sind zwischenmolekulare Kräfte

2. Wie aus obiger Abbildung hervorgeht, ist die Siedetemperatur von Wasser auch relativ hoch im Vergleich zu den andern Hydriden von Elementen der sechsten Hauptgruppe. Dasselbe gilt für den Fluorwasserstoff unter den Halogenwasserstoffen. Bei Wasser und Fluorwasserstoff sind die Dipol-Dipol-Kräfte also besonders groß. Dies ist auf die starke Elektronegativität von Sauerstoff und von Fluor zurückzuführen. Die Anziehung zwischen stark positiv polarisierten Wasserstoffatomen und stark negativ polarisierten Atomen benachbarter Moleküle nennt man Wasserstoffbrücke. Dabei tritt die positive Wasserstoff-Seite des einen Moleküls in Wechselwirkung mit dem negativen Atom des benachbarten Moleküls. Wegen ihrer geringen Größe wirken die positiv polarisierten Wasserstoffatome besonders stark anziehend.

3. Im Periodensystem steigt die Elektronegativität vom Stickstoff $_7N$ über Sauerstoff $_8O$ zum Fluor $_9F$. Gleichzeitig erhöht sich in der Reihe NH_3, H_2O, HF die Polarität der Bindungen. Die Stärke der Wasserstoffbrücken ist daher zwischen den Molekülen des Fluorwasserstoffs am größten. Man braucht 25 bis 33 kJ/mol, um sie aufzuspalten. Im Vergleich dazu beträgt die Bindungsenergie der H − F-Bindung im Fluorwasserstoffmolekül 564 kJ/mol. Wasserstoffbrücken besitzen also nicht annähernd die Festigkeit einer echten chemischen Bindung; sie können nicht als neue Bindungsart aufgefaßt werden.

4. Trotzdem verdanken viele Feststoffe ihre besonderen Eigenschaften der Ausbildung von Wasserstoffbrücken. Festes Wasser, also Eis, bietet dafür ein gutes Beispiel. Die Eiskristalle bilden ein Molekülgitter. Auf seinen Gitterplätzen befinden sich Wassermoleküle, die durch gerichtete Wasserstoffbrücken festgehalten werden. Im Eiskristall ist jedes Sauerstoffatom eines Wassermoleküls tetraedrisch von vier Wasserstoffatomen umgeben. Zwei davon sind über Atombindungen verknüpft, zwei über Wasserstoffbrücken. Die Moleküle sind in diesem Gitter weniger dicht gepackt als im flüssigen Wasser. Dies erklärt die geringere Dichte von Eis gegenüber Wasser von 0 °C.

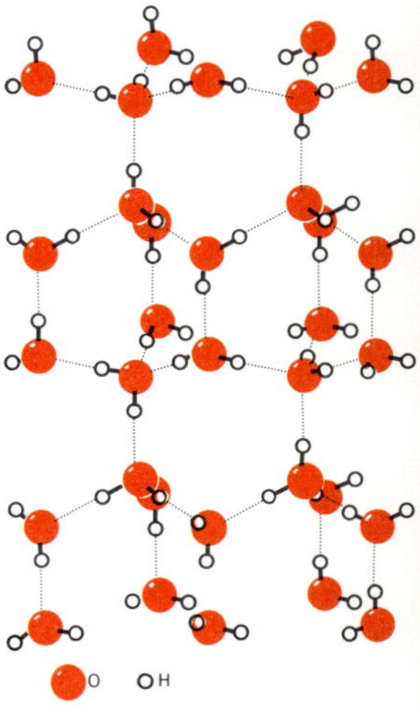

Wasserstoffbrücken zwischen Wassermolekülen im Eiskristall

5. Eine besonders wichtige Rolle spielen Wasserstoffbrücken beim Aufbau von Naturstoffen. Die Eigenschaften von Stärke, Cellulose, Eiweißstoffen und den als Träger der Erbeigenschaften wichtigen Nukleinsäuren werden wesentlich durch Wasserstoffbrücken mitbestimmt.

A1 Wie erklären sich die Unterschiede der Siedetemperaturen von Wasser (100 °C), Schwefelwasserstoff (−60,4 °C), Selenwasserstoff (−42 °C) und Tellurwasserstoff H_2Te (−2,3 °C)?

A2 Wie müßten sich die physikalischen Eigenschaften des Wassers ändern, wenn seine Moleküle einen größeren oder einen kleineren Bindungswinkel besäßen?

A3 Zum Schmelzen von 1 mol Eis braucht man 5,6 kJ Schmelzwärme. Wozu wird diese Energie benötigt?

A4 Warum sind die Wasserstoffbrücken zwischen Fluorwasserstoffmolekülen stabiler als zwischen Bromwasserstoffmolekülen?

9.5 Wasser als Lösungsmittel

Temperaturänderung bei Lösungsvorgängen?

V In drei Bechergläsern werden nebeneinander Lösungen von weißem Kupfersulfat, Natriumchlorid und Ammoniumchlorid in Wasser hergestellt. Welcher Temperaturverlauf ist mit dem Thermometer bei den einzelnen Lösungsvorgängen festzustellen?

Hydration: Anlagerung von Wassermolekülen an Ionen

1. Wasser ist ein gutes Lösungsmittel für viele Salze. Trotz der hohen Gitterenergie, die für die Ionengitter der Salze kennzeichnend ist, löst Wasser die Kristalle vieler Salze auf. Nähert sich ein Wassermolekül der Oberfläche eines Ionengitters, so kommt es zu elektrostatischer Anziehung zwischen Dipolmolekül und Ion (siehe Abbildung). Das Wassermolekül bewegt sich dabei beschleunigt auf das Ion zu, das gleichzeitig aus dem Gitterverband herausgezogen wird. An das so isolierte Ion lagern sich rasch weitere Wassermoleküle an und bilden die Hydrathülle. Die Anlagerung von Wassermolekülen an Ionen wird Hydration[1] genannt.

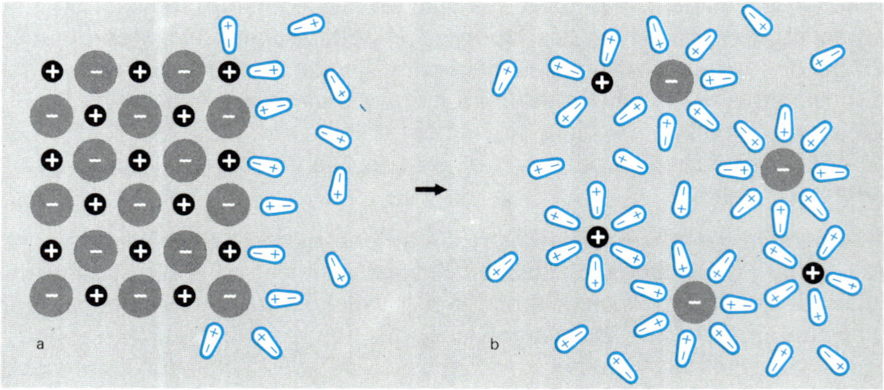

Lösen eines Salzes in Wasser. Hydration

a: Anlagerung der Dipolmoleküle an die Ionen des Kristallgitters

b: Hydratisierte Ionen in der Lösung

[1] Im deutschen Schrifttum oft auch als Hydratation bezeichnet.

2. Die Hydration ist ein exothermer Vorgang. Um das Dipolmolekül wieder vom Ion zu entfernen, müßte gegen die Ionen-Dipol-Anziehungskräfte Arbeit verrichtet werden. Die bei der Anlagerung von Wassermolekülen an ein Ion freiwerdende Energie heißt Hydrationsenergie. Sie genügt in vielen Fällen, um die hohe Gitterenergie eines Ionengitters zu überwinden.

Bei der Hydration wird Hydrationsenergie frei

3. Kristallisiert ein Salz aus einer wäßrigen Lösung aus, so laufen die für den Lösungsvorgang dargestellten Prozesse in umgekehrter Reihenfolge ab. Beim Verdampfen des Wassers werden die Hydrathüllen von den Ionen entfernt. Dann schließen sich die isolierten Ionen unter Abgabe von Gitterenergie zum Ionengitter des Salzkristalls zusammen. Manchmal wird Hydrat-Wasser mit in das Ionengitter eingebaut. Wir haben dieses Wasser als Kristallwasser schon kennengelernt.

Kristallisation: Umkehrung des Lösungsvorgangs

4. Energetisch lassen sich beim Lösungsvorgang vier Fälle unterscheiden:

Löslichkeit ist abhängig von Hydrationsenergie und Gitterenergie

- Die Hydrationsenergie ist größer als die Gitterenergie. Solche Lösungsvorgänge verlaufen insgesamt exotherm (Beispiele: NaOH, Na_2CO_3).
- Die Hydrationsenergie ist annähernd gleich groß wie die Gitterenergie. Hier verläuft der Lösungsvorgang ohne wesentliche Temperaturänderung (Beispiele: NaCl, KI).
- Die Hydrationsenergie ist wenig kleiner als die Gitterenergie. Beim Lösen kommt es zur Abkühlung. (Beispiele: NH_4Cl, $KHCO_3$). Die zur Überwindung der Gitterenergie fehlende Energie wird dem Wärmevorrat des Wassers entnommen.
- Die Hydrationsenergie ist wesentlich kleiner als die Gitterenergie. In diesem Fall löst sich das Salz in der Regel nur zum Teil oder fast gar nicht. Beispiele für solche weitgehend unlöslichen Salze sind Silberchlorid (AgCl) und Bariumsulfat ($BaSO_4$).

A_1 Bei der Lösung von 1 mol Berylliumchlorid werden 213,5 kJ Lösungswärme frei. Beim Kristallisieren der gleichen Menge dieses Salzes wird die gleiche Wärmemenge als Kristallisationswärme verbraucht. Wie ist dieser Sachverhalt zu erklären?

A_2 Lithiumchlorid hat eine Gitterenergie von + 838,4 kJ/mol. Der Hydrationsenergien betragen für Lithium-Ionen − 507,8 kJ/mol und für Chlorid-Ionen − 94,0 kJ/mol. Wie groß ist die Lösungswärme des Lithiumchlorids?

9.6 Atombindung – polare Atombindung – Ionenbindung

1. Die drei bisher behandelten Bindungsarten unterscheiden sich durch die Art, in welcher Elektronen zwischen den Bindungspartnern verteilt wurden:

- Eine Atombindung kommt durch ein beiden Atomen zugehöriges Bindungselektronenpaar zustande. Liegt dessen Ladungsschwerpunkt in der Mitte zwischen den Atomkernen, so ist die Bindung unpolar.

– Die polare Atombindung ist dadurch gekennzeichnet, daß das Bindungselektronenpaar auf die Seite des elektronegativeren Atoms verschoben ist. Dadurch entstehen positive und negative Teilladungen. Moleküle mit polaren Atombindungen können Dipolmoleküle sein.
– Bei der Ionenbindung treten keine gemeinsamen Bindungselektronen auf. Durch Elektronenübergang werden die Bindungspartner zu Ionen. Die positiv und negativ geladenen Ionen ziehen sich durch elektrostatische Kräfte an. Formal läßt sich die Ionenbindung aus der polaren Atombindung durch die Vorstellung ableiten, daß das Bindungselektronenpaar vollständig auf die Seite des elektronegativeren Bindungspartners verschoben ist.

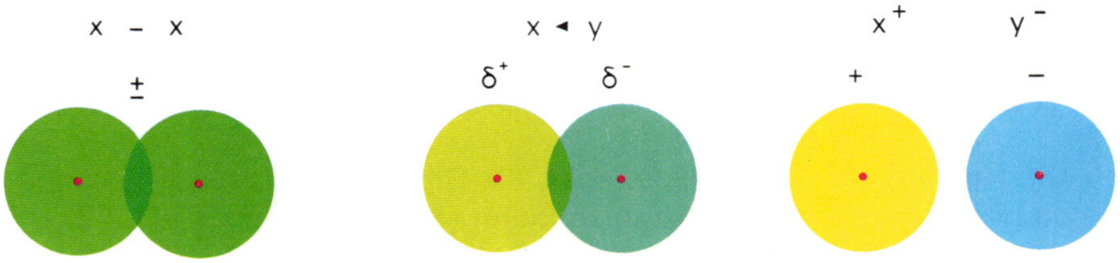

Atombindung | Polare Atombindung | Ionenbindung

Flüchtige, diamantartige und salzartige Stoffe

2. Die Eigenschaften von Stoffen hängen mit den in ihnen auftretenden Bindungen zusammen:

– Unpolare oder polare Atombindungen sind verantwortlich für die Existenz in sich geschlossener Moleküle wie H_2, N_2, S_8, HCl oder H_2O. Zwischen diesen wirken sekundär Van-der-Waals, Kräfte, bei Dipolmolekülen auch Dipolkräfte. Sind diese zwischenmolekularen Kräfte groß genug oder ist die Temperatur tief genug, so bilden die betreffenden Stoffe ein Molekülgitter. Man nennt sie flüchtig, da sie entweder bei Zimmertemperatur gasförmig oder doch leicht verdampfbar sind.
– Können die beteiligten Atome gleichzeitig mehrere (unpolare oder polare) Atombindungen eingehen, so entstehen Atomgitter wie beim Diamant oder beim Quarz. Stoffe mit Atomgittern sind besonders hart, in Wasser praktisch unlöslich, und haben hohe Schmelztemperaturen.
– Die Ionenbindung hält Ionen durch Coulombsche Kräfte in Ionengittern zusammen. Derart aufgebaute Stoffe, wie NaCl oder MgF_2, haben salzartigen Charakter: sie zeigen hohe Schmelz- und Siedetemperaturen, sind mehr oder weniger gut wasserlöslich und leiten im gelösten oder geschmolzenen Zustand den elektrischen Strom.

Übergänge zwischen Bindungsarten

3. Zwischen den drei Bindungsarten gibt es fließende Übergänge, wie z. B. aus folgender Reihe hervorgeht:

	NaCl	$MgCl_2$	$AlCl_3$	$SiCl_4$	PCl_3	SCl_2	Cl_2
EN-Differenz	2,1	1,8	1,5	1,2	0,9	0,5	0
	Ionenbindung		Polare Atombindung				Atombindung

Natriumchlorid (NaCl) und Magnesiumchlorid ($MgCl_2$) bilden Ionengitter. Ihre erst bei hoher Temperatur entstehenden Schmelzen leiten den elektrischen Strom. Die Gitter des Aluminiumchlorids ($AlCl_3$) und Siliciumtetrachlorids ($SiCl_4$) sind aus Molekülen mit stark polaren Bindungen aufgebaut. Ihre Schmelztemperaturen liegen niedriger (193 bzw. −69 °C) und die Schmelzen leiten den elektrischen Strom praktisch nicht. Phosphortrichlorid (PCl_3) und Schwefeldichlorid (SCl_2) leiten, als Flüssigkeiten aus Molekülen mit polaren Atombindungen, zum gasförmigen Chlor (Cl_2) über, in dessen Molekülen eine unpolare Atombindung auftritt.

4. Bei großer EN-Differenz der Bindungspartner liegt Ionenbindung, bei kleiner EN-Differenz polare Atombindung vor. Da die Bindungsarten allmählich ineinander übergehen, kann eigentlich keine scharfe Grenze angegeben werden. Als Anhaltspunkt hat Pauling den Wert 1,7 genannt. Bei einer EN-Differenz von über 1,7 überwiegt der Ionenbindungsanteil und man spricht von Ionenbindung, bei Werten unter 1,7 überwiegt der Atombindungscharakter.

A_1 Welche Bindungsart überwiegt nach Pauling in folgenden Verbindungen: LiF, I_2, SiH_4, SO_2, MgO, NO und H_2Se?

A_2 Welche der folgenden Flüssigkeiten leiten den elektrischen Strom: Schwefeldichlorid (SCl_2), Brom (Br_2), Magnesiumchlorid-Schmelze, Lithiumchloridlösung, geschmolzener Schwefel?

10 Grundtypen chemischer Reaktionen

10.1 Redox-Reaktionen

Redox-Reaktionen auch ohne Sauerstoff?

V_1 Zwei Standzylinder werden ca. 2 cm hoch mit Sand gefüllt. In den einen leitet man Sauerstoff, in den anderen *Chlor (giftig)* ein. *(Abzug!)* Dann wirft man in jeden einen kleinen in der Brennerflamme erhitzten Knäuel aus Stahlwolle und vergleicht

V_2 Man wiederholt die in Kapitel 1.4 aufgeführten Versuche zur Synthese von Zinksulfid und von Eisensulfid.

V_3 Wiederholen Sie Versuch V_6 von Kapitel 1.4 zur thermischen Zersetzung von *Quecksilberoxid (giftig)*.

V_4 In einem mit Glaswolle verschlossenen schwerschmelzbaren Reagenzglas werden etwa 3 g einer Mischung aus *Quecksilbersulfid (giftig)* und Eisenpulver (5 : 1) kräftig erhitzt *(giftige Dämpfe; Abzug!)*. Man beobachtet die kälteren Teile des Reagenzglases.

1. Unter Oxidation haben wir bisher die Reaktion eines Stoffes mit Sauerstoff verstanden.
Untersucht man die Oxidation verschiedener Metalle hinsichtlich der Vorgänge im Bereich der reagierenden Teilchen, so stellt man eine wichtige Gemeinsamkeit fest. Zwei Beispiele sollen dies verdeutlichen:

$$2\,Mg + O_2 \rightarrow 2\,|Mg^{2+} + O^{2-}| \qquad 4\,Li + O_2 \rightarrow 2\,|2\,Li^+ + O^{2-}|$$

Auf den Gitterplätzen fester Metalloxide befinden sich positiv geladene Metall-Ionen und zweifach negativ geladene Sauerstoff-Ionen. Bei der Oxidation gehen also Elektronen von den Metallatomen auf die Sauerstoffatome über:

$$\begin{array}{rcl} 2\,Mg & \rightarrow & 2\,Mg^{2+} + 4\,e^- \\ O_2 + 4\,e^- & \rightarrow & 2\,O^{2-} \\ \hline 2\,Mg + O_2 & \rightarrow & 2\,|Mg^{2+} + O^{2-}| \end{array} \qquad \begin{array}{rcl} 4\,Li & \rightarrow & 4\,Li^+ + 4\,e^- \\ O_2 + 4\,e^- & \rightarrow & 2\,O^{2-} \\ \hline 4\,Li + O_2 & \rightarrow & 2\,|2\,Li^+ + O^{2-}| \end{array}$$

Gemeinsames Merkmal dieser Reaktionen ist der Übergang von Elektronen zum Sauerstoff, der dabei in das O^{2-}-Ion des Oxidgitters übergeht.

2. Neben diesen Reaktionen zwischen Metall und Sauerstoff kennt man eine große Zahl weiterer Reaktionen (V2), bei denen ebenfalls Elektronen übertragen werden, z. B.

$$Zn + S \rightarrow |Zn^{2+} + S^{2-}| \quad \text{oder} \quad 2\,Fe + 3\,Cl_2 \rightarrow 2\,|Fe^{3+} + 3\,Cl^-|$$

Schwefel und Chlor verhalten sich hier gleich wie oben der Sauerstoff: Sie entziehen den Metallatomen Elektronen, wobei positiv geladene Metall-Ionen entstehen. Daher kann man auch die Reaktionen mit Schwefel und Chlor im weiteren Sinn als Oxidationen bezeichnen. In diesem weiteren Sinn versteht man unter Oxidation allgemein die Abgabe von Elektronen an einen Reaktionspartner:

Oxidation im weiteren Sinn ist Elektronenabgabe

Oxidation ist Elektronenabgabe

In den obigen Beispielen geben Zink und Eisen Elektronen ab:

$$Zn \rightarrow Zn^{2+} + 2\,e^- \qquad 2\,Fe \rightarrow 2\,Fe^{3+} + 6\,e^-$$

Zink und Eisen werden also oxidiert.

3. Wir haben bisher den Begriff Reduktion definiert als Entzug von Sauerstoff aus einer Verbindung. So zerfällt Quecksilberoxid beim Erhitzen in Quecksilber und Sauerstoff: $2\,|Hg^{2+} + O^{2-}| \xrightarrow{\text{erhitzen}} 2\,Hg + O_2$

Quecksilberoxid wird unter Abgabe von Sauerstoff zu Quecksilbermetall reduziert. Dabei kommt es zwischen den reagierenden Teilchen wiederum zu einem Elektronenübergang:

$$\begin{array}{rcl} 2\,Hg^{2+} + 4\,e^- & \rightarrow & 2\,Hg \\ 2\,O^{2-} & \rightarrow & O_2 + 4\,e^- \end{array}$$

Das Hg^{2+}-Ion des HgO-Gitters nimmt Elektronen vom benachbarten O^{2-}-Ion auf. Dabei entstehen Quecksilberatome und Sauerstoffatome. Die Abspaltung von Sauerstoff ist also mit einer Elektronenaufnahme durch das Hg^{2+}-Ion verbunden. Im weiteren Sinn verstehen wir daher unter Reduktion die Aufnahme von Elektronen:

Reduktion im weiteren Sinn ist Elektronenaufnahme

Reduktion ist Elektronenaufnahme

4. Bei der Zinksulfidsynthese wird das Zink durch den Schwefel, bei der Eisenchloridsynthese das Eisen durch Chlor oxidiert. Schwefel und Chlor wirken also als Oxidationsmittel. Sie sind in der Lage, ihren Reaktionspartnern

Elektronen zu entziehen. Oxidationsmittel sind also Teilchen, die dem Reaktionspartner Elektronen entziehen (Elektronenempfänger).
Bei der Analyse des Quecksilberoxids wird das Hg^{2+}-Ion durch Elektronenaufnahme zum Hg-Atom reduziert. Reduktionsmittel ist hier das O^{2-}-Ion, das diese Elektronen liefert. Allgemein sind Reduktionsmittel Teilchen, die an den Reaktionspartner Elektronen abgeben (Elektronenspender).

5. Bei allen Reaktionen, bei denen ein Elektronenübergang stattfindet, sind Elektronenabgabe (Oxidation) und Elektronenaufnahme (Reduktion) miteinander gekoppelt. So ist in unserem Beispiel die Reduktion des Hg^{2+}-Ions mit der Oxidation des O^{2-}-Ions verbunden. Bei der Reaktion von Eisen mit Quecksilbersulfid, die zur Bildung von Eisensulfid und Quecksilber führt, wird Eisen oxidiert und Quecksilber reduziert:

$$Fe + |Hg^{2+} + S^{2-}| \rightarrow |Fe^{2+} + S^{2-}| + Hg$$

$$Fe \xrightarrow{\text{Oxidation}} Fe^{2+} + 2\,e^-$$

$$Hg^{2+} + 2\,e^- \xrightarrow{\text{Reduktion}} Hg$$

Reaktionen, bei denen zwischen den Reaktionspartnern Elektronen ausgetauscht werden, heißen Redox-Reaktionen.

Redox-Reaktion: Elektronenübergang zwischen Teilchen

6. Redox-Reaktionen verlaufen meist stark exotherm. Vor allem Reaktionen mit Sauerstoff oder mit Fluor sind durch besonders hohe Reaktionswärmen ausgezeichnet:

$$2\,H_2 + O_2 \rightarrow 2\,H_2O \quad \Delta H = -\ 286\ kJ \times 2 = -\ 572\ kJ$$
$$H_2 + F_2 \rightarrow 2\,HF \quad \Delta H = -\ 268{,}7\ kJ \times 2 = -\ 537{,}4\ kJ$$
$$2\,Al + 3\,O_2 \rightarrow 2\,Al_2O_3 \quad \Delta H = -\ 1686{,}5\ kJ \times 2 = -\ 3373\ kJ$$
$$2\,Na + F_2 \rightarrow 2\,NaF \quad \Delta H = -\ 569{,}3\ kJ \times 2 = -\ 1138{,}6\ kJ$$

In der Technik spielen deshalb Redox-Reaktionen zur Energiegewinnung eine wichtige Rolle.

A1 Bei folgenden Reaktionen sollen Oxidation und Reduktion als Teilvorgänge unter Angabe der abgegebenen und der aufgenommenen Elektronen formuliert werden:
a) $2\,Al + 3\,Cl_2 \rightarrow 2\,AlCl_3$
b) $2\,FeCl_3 + Na_2S \rightarrow 2\,FeCl_2 + 2\,NaCl + S$
c) $Fe_2O_3 + 2\,Al \rightarrow Al_2O_3 + 2\,Fe$
d) $2\,Cu + S \rightarrow Cu_2S$
e) $Zn + CuSO_4 \rightarrow ZnSO_4 + Cu$

A2 Welche der in Aufgabe 1 aufgeführten Teilchen wirken als Oxidationsmittel, welche als Reduktionsmittel?

Start einer amerikanischen Saturn V Rakete

10.2 Die Oxidationszahl

Redox-Reaktionen mit Molekülen

V1 Einige Körnchen Aktivkohle werden in einem Verbrennungslöffel erhitzt und danach rasch in einen mit Sauerstoff gefüllten Standzylinder getaucht. Man prüft das entstandene Gas durch Schütteln mit Kalkwasser.

V2 Sauerstoff und *Wasserstoff (feuergefährlich)* werden in einem dickwandigen 250 cm^3 Standzylinder im Volumenverhältnis 1 : 2 gemischt. Den Zylinder umwickelt man gut mit einem Handtuch und hält ihn mit der Öffnung gegen eine Flamme *(Vorsicht!)*

V3 In einen mit Kohlenstoffdioxid gefüllten Standzylinder wird mit einer Tiegelzange ein etwa 5 cm langes, brennendes Magnesiumband eingetaucht *(Nicht in die Flamme schauen!)*

1. Bisher wurden nur solche Redox-Reaktionen als Beispiele betrachtet, bei denen ein vollständiger Elektronenübergang von einer Teilchenart auf eine andere eintrat. Dementsprechend waren an den Reaktionen in jedem Fall auch Ionen beteiligt. Die Zahl der zwischen den Reaktionspartnern ausgetauschten Elektronen kann dabei einfach aus der Änderung der Ionenladungszahl ermittelt werden. So entnimmt man der Teilchengleichung für die Zinksulfidsynthese, daß das Zink zwei Elektronen an den Schwefel abgibt:

$$Zn + S \rightarrow |Zn^{2+} + S^{2-}|$$
$$Zn \rightarrow Zn^{2+} + 2\,e^-$$
$$S + 2\,e^- \rightarrow S^{2-}$$

Redox-Reaktionen ohne Beteiligung von Ionen

2. Bei Reaktionen, an denen keine Ionen beteiligt sind, kann man dagegen oft nur schwer feststellen, ob es sich um eine Redox-Reaktion handelt. Bei der Verbrennung von Kohlenstoff zu Kohlenstoffdioxid z. B. ist aus der entsprechenden Gleichung $C + O_2 \rightarrow CO_2$ nicht ohne weiteres ersichtlich, daß das Kohlenstoffatom Elektronen an den Sauerstoff abgegeben hat. Das gleiche Problem stellt sich bei der Oxidation des Wasserstoffs zu Wasser:

$$2\,H_2 + O_2 \rightarrow 2\,H_2O$$

Auch hier liegt eine Redox-Reaktion vor, bei der Sauerstoff als Oxidationsmittel, also als Elektronenempfänger, auftritt. Das ist aber weder aus der Reaktionsgleichung noch aus der Teilchengleichung zu erkennen.

Oxidationszahl: effektive bzw. formale Ladungszahl

3. Diese Schwierigkeit wird durch die Einführung einer wichtigen Hilfsgröße, der sogenannten Oxidationszahl, überwunden. Denkt man sich das Wassermolekül rein formal aus Ionen aufgebaut, so wird man die Bindungselektronen dem Bindungspartner mit der größeren Elektronegativität zuordnen. Sauerstoff bekommt dadurch die formale Ladungszahl −II, Wasserstoff +I. Diese formalen Ladungszahlen nennt man Oxidationszahlen.

Regeln zur Bestimmung von Oxidationszahlen

4. Wir sehen, daß die Oxidationszahl eine gedanklich konstruierte Größe ist. Man behandelt eine aus Molekülen aufgebaute Verbindung so, als ob sie aus Ionen aufgebaut wäre, und findet dadurch die Oxidationszahlen.
Dabei gelten folgende Regeln:

– Die Bindungselektronenpaare von Atombindungen werden immer dem elektronegativeren Bindungspartner zugeordnet. Die dabei als formale Ladungszahlen entstehenden Oxidationszahlen werden im folgenden in römischen Ziffern über die betreffenden Elementsymbole geschrieben. Beispiele:

Oxidationszahl	+I −II	−III +I	+I −I	+IV −II
Summenformel	H_2O	NH_3	HCl	CO_2

Strukturformel 

Sauerstoff hat in der Regel die Oxidationszahl −II, Wasserstoff die Oxidationszahl +I.

- In den Elementen haben die einzelnen Atome die gleiche EN. Deshalb werden hier die Bindungselektronen den Bindungspartnern je zur Hälfte zugeordnet. Die Atome in Elementen erhalten somit die Oxidationszahl 0. Beispiele:

±0	±0	±0	±0
N_2	H_2	Cl_2	O_2
|N≡N|	H–H	|C̄l–C̄l|	·Ō–Ō·

- Die Summe der Oxidationszahlen innerhalb einer Verbindung muß 0 ergeben. Diese Regel erlaubt uns, die Oxidationszahl eines Elementes zu bestimmen, wenn die Oxidationszahlen der übrigen Elemente bekannt sind. Soll z.B. die Oxidationszahl des Stickstoffs in der Salpetersäure HNO_3 ermittelt werden, setzen wir für Sauerstoff die Oxidationszahl −II und für Wasserstoff +I; es ergibt sich für den Stickstoff die Oxidationszahl +V:

+I Z −II	+I + Z + 3 · (−II) = 0
HNO_3	*Z (gesuchte Oxidationszahl)* = +V

- Für einfache Ionen (Na^+, Cl^-, Al^{3+}, S^{2-}) ist die Oxidationszahl gleich der Ionenladungszahl. Beispiele:

+I	−I	+III	−II
Na^+	Cl^-	Al^{3+}	S^{2-}

Bei zusammengesetzten Ionen (SO_4^{2-}, NH_4^+) ist die Summe der Oxidationszahlen gleich der Ionenladungszahl. Auf diese Regel greift man zurück, wenn z.B. die Oxidationszahl des Schwefels im Sulfat-Ion SO_4^{2-} bestimmt werden soll. Die Oxidationszahl des Sauerstoffs beträgt −II. Die Summe der Oxidationszahlen des Schwefelatoms und der vier Sauerstoffatome muß −2 ergeben:

Z −II	Z + 4 · (−II) = −2
SO_4^{2-}	Z = +VI, da +VI + 4 · (−II) = −2

Der Schwefel hat hier also die Oxidationszahl +VI.

5. Mit Hilfe der Oxidationszahlen lassen sich jetzt die Elektronenübergänge für alle Redoxreaktionen erfassen. Für das oben angeführte Beispiel der Oxidation des Wasserstoffs notieren wir zunächst die Oxidationszahlen der beteiligten Elemente:

Oxidationszahlen dienen der Ermittlung von Elektronenübergängen

$$\overset{\pm 0}{2\,H_2} + \overset{\pm 0}{O_2} \rightarrow 2\,\overset{+I}{H_2}\overset{-II}{O}$$

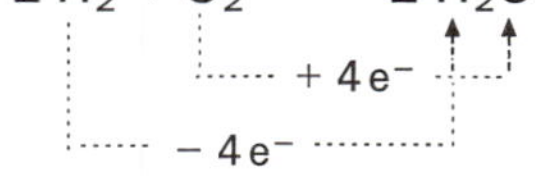

Dann sieht man, daß zwei Wasserstoffmoleküle insgesamt vier Elektronen an ein Sauerstoffmolekül abgegeben haben.
Ein weiteres Beispiel ist die Reduktion des Kohlendioxids durch Magnesiummetall:

$$\overset{+IV\ -II}{CO_2} + \overset{\pm 0}{2\,Mg} \longrightarrow \overset{\pm 0}{C} + 2\,|\overset{+II}{Mg^{2+}} + \overset{-II}{O^{2-}}|$$

$$Mg \xrightarrow{-4e^-} Mg^{2+}; \quad CO_2 \xrightarrow{+4e^-} C$$

Oxidation → positiver
Reduktion → negativer

6. Aus der Änderung der Oxidationszahl läßt sich erkennen, ob ein Reaktionspartner oxidiert oder reduziert wird. Wird die Oxidationszahl eines Elements bei einer Reaktion positiver so wird es oxidiert, wird sie negativer, so wird es reduziert:

$$\overset{+IV}{C}O_2 + \overset{\pm 0}{2\,Mg} \longrightarrow \overset{\pm 0}{C} + 2\,|\overset{+II}{Mg^{2+}} + \overset{-II}{O^{2-}}|$$

Oxidation: $Mg \rightarrow Mg^{2+}$; Reduktion: $CO_2 \rightarrow C$

A1 Für folgende Verbindungen sollen die Oxidationszahlen der beteiligten Elemente bestimmt werden: Na_2S, MgO, SO_2, SO_3, P_4, H_2SO_3, N_2O, H_2S, $NaNO_3$, $K_2Cr_2O_7$.

A2 Anhand der EN-Tabelle auf Seite 148 sollen die Oxidationszahlen der Elemente in folgenden Verbindungen bestimmt werden: H_2O_2, LiH, F_2O.

A3 Mit Hilfe der Oxidationszahlen sollen die Teilvorgänge für folgende Reaktionen formuliert werden:
a) $2\,Al + 3\,F_2 \longrightarrow 2\,AlF_3$
b) $CuO + H_2 \longrightarrow Cu + H_2O$
c) $4\,NH_3 + 3\,O_2 \longrightarrow 2\,N_2 + 6\,H_2O$
d) $2\,SO_2 + O_2 \longrightarrow 2\,SO_3$

10.3 Protolytische Reaktionen (Säure-Base-Reaktionen)

Wie reagieren Ammoniak, Chlorwasserstoff und Wasser miteinander?

V1 10 cm³ *konzentrierte Ammoniaklösung (ätzend)* und 10 cm³ *konzentrierte Salzsäure (ätzend)* werden in zwei Waschflaschen gefüllt. Diese werden mit zwei T-Stücken und den entsprechenden Schläuchen am Stativ gemäß Abbildung zusammengeschlossen. Dann bläst man mit einem Handgebläse einen Luftstrom durch die Apparatur. Der entstehende Rauch wird in ein Becherglas mit destilliertem Wasser eingeleitet und mit *Silbernitratlösung (ätzend)* versetzt.

Vorrichtung für die Reaktion von Chlorwasserstoff mit Ammoniak (V1)

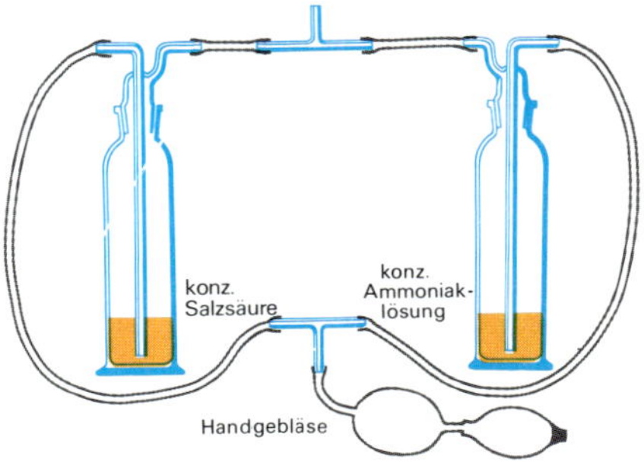

«Ammoniak-Springbrunnen» (V2)

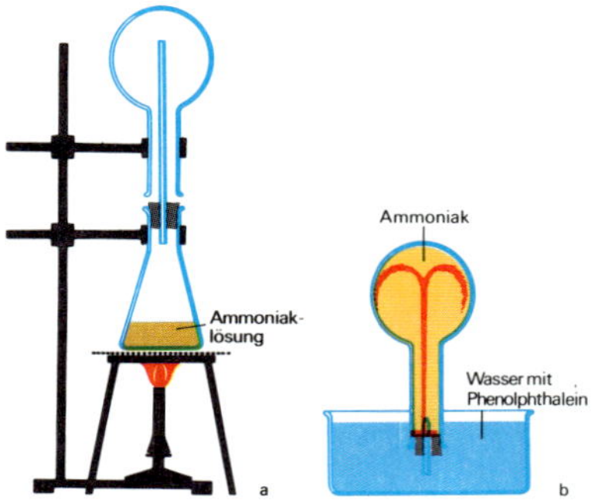

V2 Ein 500-cm^3-Rundkolben mit langem Hals wird nach Abbildung a) mit *Ammoniakgas (giftig)* gefüllt. Danach wird rasch ein Gummistopfen mit kurzem Glasrohr fest aufgesetzt. Man taucht den Kolbenhals in eine Glaswanne mit phenolphthaleinhaltigem Wasser gemäß Abbildung b) *(Schutzbrille!)*.

V3 Man stellt *Chlorwasserstoffgas (ätzend)* her und führt auch mit diesem Gas den „Springbrunnenversuch" durch. (V3 und V4 in Kap. 4.9).

1. Im vorhergehenden Kapitel sind die Redox-Reaktionen behandelt worden. Man erkennt sie daran, daß zwischen den reagierenden Teilchen Elektronen übergehen, wobei sich die Oxidationszahlen der Elemente ändern. Neben den Redox-Reaktionen gibt es einen weiteren wichtigen Reaktionstyp. Dazu betrachten wir zunächst als einfaches Beispiel die Reaktionen zwischen folgenden Wasserstoffverbindungen: Ammoniak, Chlorwasserstoff und Wasser.

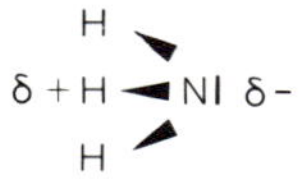
Ammoniak

Chlorwasserstoff

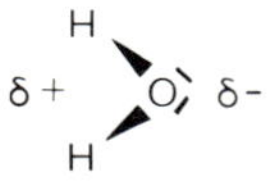
Wasser

2. Aus den Eigenschaften dieser drei Stoffe ist zu schließen, daß sie aus Molekülen aufgebaut sind.
Vergleicht man die Strukturformeln, so zeigen sich wichtige gemeinsame Merkmale: die Moleküle enthalten polare Atombindungen und sind Dipolmoleküle; Stickstoff-, Chlor- und Sauerstoffatome besitzen freie Elektronenpaare. Dieser Molekülbau bestimmt entscheidend den Ablauf der zwischen diesen Stoffen möglichen Reaktionen.

3. Ammoniakgas reagiert mit Chlorwasserstoffgas, wobei ein Rauch von festem, weißem Ammoniumchlorid gebildet wird (V1):

$$NH_3 + HCl \rightarrow NH_4Cl$$

Ammoniumchlorid gehört zur Stoffklasse der Salze. Sein Ionengitter wird aus positiv geladenen Ammonium-Ionen (NH_4^+) und negativ geladenen Chlorid-Ionen (Cl^-) aufgebaut. Die Teilchengleichung lautet also:

NH_4^+ Ammonium-Ion

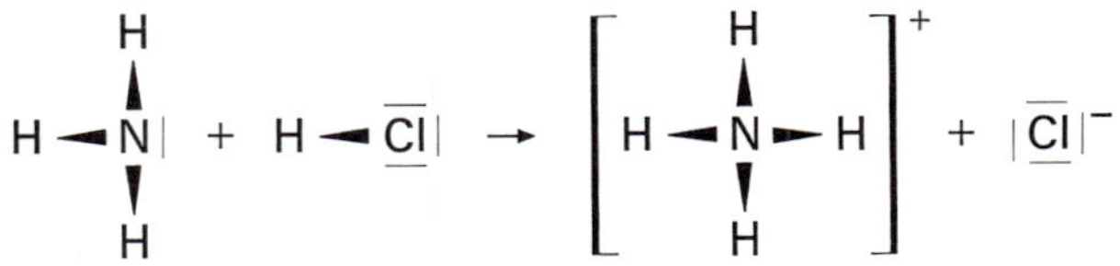

Die polare Bindung des Chlorwasserstoffmoleküls wird heterolytisch gespalten, wobei ein Cl^--Ion und ein H^+-Ion entstehen. Das H^+-Ion besitzt keine Elektronenhülle; es ist als extrem kleines, geladenes Teilchen (Atomkern) nicht frei beständig. Es geht auf das Ammoniakmolekül über und wird an dessen negativ polarisiertem Stickstoffatom gebunden. Das freie Elektronenpaar des Stickstoffs wird zum Bindungselektronenpaar. So entsteht das positiv geladene Ammonium-Ion (NH_4^+), das vier völlig gleichartig gebundene, tetraedrisch angeordnete H-Atome enthält.
Wie das Sulfat-Ion (SO_4^{2-}) oder das Nitrat-Ion (NO_3^-), ist das Ammonium-Ion ein aus mehreren Atomen zusammengesetztes Ion.

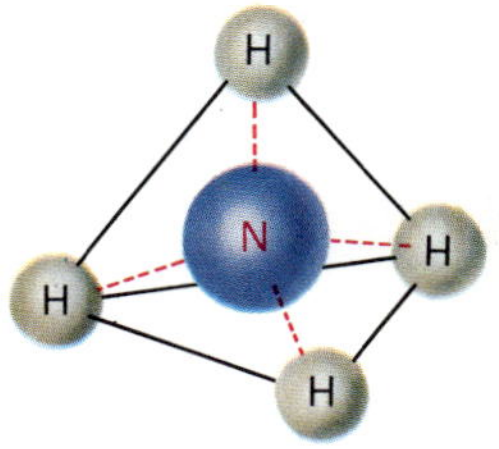

Räumlicher Bau des Ammonium-Ions

4. Ammoniak reagiert mit Wasser unter Bildung einer alkalischen Lösung. Die alkalische Reaktion beruht darauf, daß Hydroxid-Ionen (OH^-) entstanden sind:

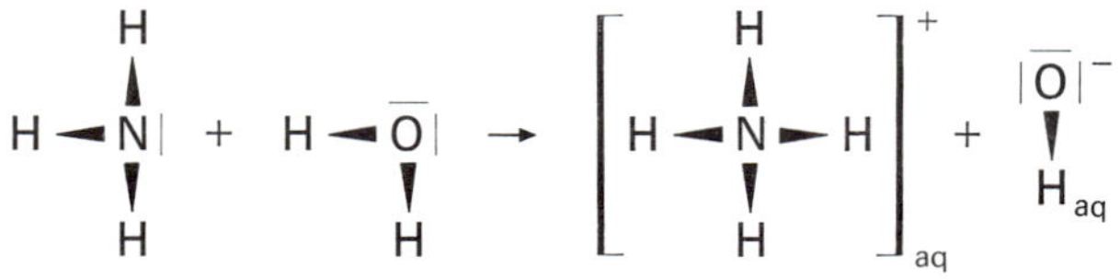

Die O—H-Bindungen im Wassermolekül sind stark polar; deshalb kann ein H^+-Ion abgespalten werden. Es lagert sich, wie das H^+-Ion des Chlorwasserstoffmoleküls, an das freie Elektronenpaar des Stickstoffs im Ammoniakmolekül an. So entstehen NH_4^+- und OH^--Ionen.

5. Die Umsetzung von Chlorwasserstoffgas und Wasser zu Salzsäure nach der folgenden Teilchengleichung verläuft stark exotherm:

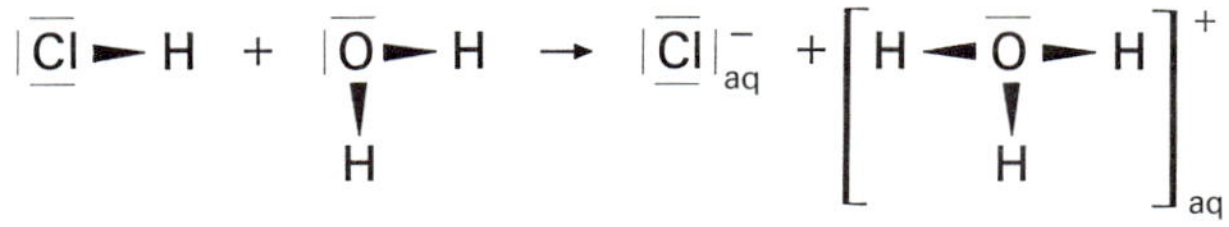

H_3O^+ Hydronium-Ion

Stößt ein Chlorwasserstoffmolekül mit einem Wassermolekül zusammen, so wird die polare H—Cl-Bindung heterolytisch gespalten, wobei H^+ und Cl^- entstehen. Das so gebildete Wasserstoff-Ion wird sofort im Wassermolekül an ein freies Elektronenpaar des Sauerstoffs gebunden. Das dabei entstehende H_3O^+-Ion heißt analog zum Ammonium-Ion (NH_4^+) Hydronium-Ion.

In wäßriger Lösung: statt H^+ immer H_3O^+

6. Die aus Chlorwasserstoffgas und Wasser entstehende Salzsäure enthält Hydronium-Ionen, Chlorid-Ionen und Wassermoleküle. Es gibt in der Salzsäure keine «freien» Wasserstoff-Ionen. Der Aufbau des Wasserstoffatoms aus positivem Kern und negativem Elektron zeigt, daß ein Wasserstoff-Ion nichts anderes ist als der isolierte, positiv geladene Kern des Atoms, in der Regel also ein Proton. Für Wasserstoff-Ionen wird deshalb häufig die Bezeichnung Protonen verwendet. Freie Protonen sind in Wasser nicht beständig; sie bilden mit Wassermolekülen stabile Hydronium-Ionen. Wenn gelegentlich von H^+-Ionen gesprochen wird, so ist dies eine Vereinfachung. Nicht Wasserstoff-Ionen, sondern Hydronium-Ionen bestimmen die Eigenschaften einer sauren Lösung. Sie können durch Indikatoren, z. B. Bromthymolblau nachgewiesen werden.

Neutralisation als Protolyse

7. Auch an der Neutralisation, also der Reaktion von Säuren mit Hydroxidlösungen, sind Hydronium-Ionen beteiligt. Für zwei Beispiele sollen die entsprechenden Gleichungen formuliert werden:
Reaktionsgleichungen:

$$HCl + NaOH \rightarrow NaCl + H_2O \qquad | \Delta H = -56{,}9\ kJ$$
$$HBr + KOH \rightarrow KBr + H_2O \qquad | \Delta H = -56{,}9\ kJ$$

Teilchengleichungen:

$$H_3O^+_{aq} + Cl^-_{aq} + Na^+_{aq} + OH^-_{aq} \rightarrow Na^+_{aq} + Cl^-_{aq} + H_2O + H_2O$$
$$H_3O^+_{aq} + Br^-_{aq} + K^+_{aq} + OH^-_{aq} \rightarrow K^+_{aq} + Br^-_{aq} + H_2O + H_2O$$

Bei beiden Vorgängen reagieren also nur H_3O^+-Ionen und OH^--Ionen miteinander:

$$H_3O^+_{aq} + OH^-_{aq} \rightarrow H_2O + H_2O \qquad | \Delta H = -56{,}9 \text{ kJ}$$

Das Hydronium-Ion gibt ein Proton an das Hydroxid-Ion ab. Es entstehen zwei Wassermoleküle. Die übrigen Ionen bleiben unverändert.

Protolyse: Protonenübergang zwischen Teilchen

8. Fassen wir die in diesem Kapitel beschriebenen Reaktionen noch einmal zusammen:

$$NH_3 + HCl \rightarrow |NH_4^+ + Cl^-|$$
$$NH_3 + H_2O \rightarrow NH^+_{4\,aq} + OH^-_{aq}$$
$$HCl + H_2O \rightarrow H_3O^+_{aq} + Cl^-_{aq}$$
$$H_3O^+_{aq} + OH^-_{aq} \rightarrow H_2O + H_2O$$

Alle diese Beispiele haben etwas gemeinsam: jedesmal werden zwischen den reagierenden Teilchen H^+-Ionen, also Protonen, verschoben. Solche Reaktionen heißen protolytische Reaktionen oder kurz Protolysen.

A_1 Welche der folgenden Reaktionen sind Protolysen, welche Redox-Reaktionen:
a) $NaCl + AgNO_3 \rightarrow NaNO_3 + AgCl$
b) $N_2 + 3\,H_2 \rightarrow 2\,NH_3$
c) $NaCl + H_2SO_4 \rightarrow NaHSO_4 + HCl$
d) $CuO + H_2 \rightarrow Cu + H_2O$
e) $NH_4Cl + NaOH \rightarrow NH_3 + H_2O + NaCl$

A_2 Wie lautet die Teilchengleichung für die Reaktion zwischen Calciumhydroxid ($Ca(OH)_2$) und Bromwasserstoffsäure (HBr)?

A_3 Ammoniakgas reagiert mit Bromwasserstoffgas unter Bildung eines weißen Feststoffs. Anhand der Teilchengleichung soll der Protonenübergang dargestellt werden.

10.4 Der Säure-Base-Begriff nach Brönsted

Merkmale saurer Lösungen

V_1 Drei Reagenzgläser werden zu etwa $^1/_5$ mit *halbkonzentrierter Salzsäure (ätzend)* gefüllt. In das erste gibt man einige Zinkperlen und prüft das *entstehende Gas (feuergefährlich)* mit Hilfe der Knallgasprobe. In das zweite gibt man kleine Marmorstückchen, das dritte wird mit etwas Bromthymolblau-Lösung versetzt.

Beispiele für Säure-Base-Reaktionen

V_2 Frisch *gebrannter Kalk (CaO) (ätzend)* wird im Becherglas vorsichtig mit Wasser versetzt. Man prüft das entstandene Reaktionsprodukt mit Phenolphthaleinlösung.

V_3 Im Reagenzglas wird festes Ammoniumchlorid mit *konzentrierter Natronlauge (ätzend)* versetzt und leicht erwärmt. Man prüft vorsichtig den Geruch des *entstehenden Gases (giftig)* und leitet es über ein abgewinkeltes Glasrohr auf wäßrige Phenolphthaleinlösung.

Die historische Entwicklung des Säure-Base-Begriffs

1. Die Begriffe Säure und Base wurden schon von den Alchimisten benützt. So bezeichnete Tachenius[1] 1660 Stoffe als «Säuren», die sauren Geschmack besitzen, mit Kalk aufschäumen und mit unedlen Metallen unter Gasentwicklung reagieren (V_1). Davon unterschied er nichtflüchtige Stoffe, die mit flüchtigen Säuren Salze bilden können. Er nannte sie Basen, weil sie die nichtflüchtige Basis, d. h. die Grundlage der Salze, sind.
1883 führte Arrhenius[2] eine genauere Definition des Säure-Base-Begriffs ein. Danach sind Säuren Verbindungen, die in wäßriger Lösung H^+-Ionen abspalten. Basen sind Verbindungen, die in wäßriger Lösung OH^--Ionen ergeben.

Brönsted: Säuren sind Protonenspender, Basen sind Protonenempfänger

2. Wenn eine Säure mit Wasser reagiert, gibt sie nach Arrhenius ein Proton (H^+) ab:

$$HCl + H_2O \rightarrow Cl^-_{aq} + H_3O^+_{aq}$$

Analog reagiert auch Wasser, wenn es sich mit Ammoniak umsetzt:

$$H_2O + NH_3 \rightarrow OH^-_{aq} + NH^+_{4aq}$$

Das Wasser gibt, wie oben der Chlorwasserstoff, ein Proton ab. Daher ist es zweckmäßig, die Definition von Arrhenius zu erweitern und das Wasser in dieser Reaktion ebenfalls zu den Säuren zu rechnen. 1923 wurde deshalb der Säure-Base-Begriff durch Brönsted[3] neu definiert[4]. Nach dieser Definition sind Säuren Teilchen, die Protonen abgeben (Protonenspender oder Protonendonatoren). Basen sind Teilchen, die Protonen aufnehmen (Protonenempfänger oder Protonenakzeptoren). Protolysen sind Reaktionen, bei welchen das Proton einer Säure auf eine Base übergeht. Sie werden daher oft auch als Säure-Base-Reaktionen bezeichnet.

3. An einigen Beispielen soll die Brauchbarkeit dieser neuen Definition untersucht werden. Betrachten wir noch einmal die Reaktion zwischen Ammoniak und Chlorwasserstoff:

$$NH_3 + HCl \rightarrow | NH_4^+ + Cl^- |$$

H^+ (von HCl zu NH_3)

Das Ammoniakmolekül ist Base, da es ein Proton aufnimmt; das Chlorwasserstoffmolekül ist Säure, da es ein Proton abgibt.
Auch auf die Reaktion von Chlorwasserstoff mit Wasser läßt sich die Brönstedsche Säure-Base-Definition anwenden:

[1] Otto Tacke oder Tachenius (Geburts- und Sterbejahr unbekannt), westfälischer, in Italien wirkender Arzt und Chemiker.
[2] Svante Arrhenius (1859–1927), schwedischer Physikochemiker, Professor der Physik an der Universität Stockholm.
[3] Johannes Nicolaus Brönsted (1879–1947), dänischer Physikochemiker, Professor in Kopenhagen.
[4] Die gleiche Definition wurde gleichzeitig und unabhängig von Brönsted durch Thomas Lowry (britischer Physiko-Chemiker [1874–1936]) formuliert.

$$HCl + H_2O \rightarrow Cl^-_{aq} + H_3O^+_{aq} \quad (1)$$

(H⁺-Übergang von HCl zu H_2O)

Das Chlorwasserstoffmolekül ist Säure, das Wassermolekül Base.
Bei der Reaktion von Ammoniak mit Wasser ist das Ammoniakmolekül Base und das Wassermolekül Säure:

$$NH_3 + H_2O \rightarrow NH^+_{4\,aq} + OH^-_{aq} \quad (2)$$

(H⁺-Übergang von H_2O zu NH_3)

4. Die beiden letzten Reaktionen zeigen, daß Wasser einmal als Säure (2), einmal als Base (1) reagiert. Welche der beiden Funktionen übernommen wird, hängt offenbar vom Reaktionspartner ab. Teilchen, die sowohl als Säure wie auch als Base reagieren können, heißen Ampholyte.

Ampholyte können Protonen aufnehmen oder abgeben

5. Für Neutralisationen in wäßrigen Lösungen gilt die oben erwähnte Teilchengleichung

$$H_3O^+_{aq} + OH^-_{aq} \rightarrow H_2O + H_2O \quad | \Delta H = -56{,}9\ kJ$$

(H⁺-Übergang von H_3O^+ zu OH^-)

H_3O^+ als Säure
OH^- als Base

Nach der Definition von Brönsted können nicht nur Moleküle, sondern auch Ionen als Säure bzw. Base reagieren. Saure wäßrige Lösungen enthalten das H_3O^+-Ion als Brönsted-Säure, alkalische das OH^--Ion als Brönsted-Base.

6. Auch die Reaktion zwischen Calciumoxid und Wasser ist im Brönstedschen Sinn eine Säure-Base-Reaktion (V2):

$$CaO + H_2O \rightarrow Ca(OH)_2$$

$$|Ca^{2+} + O^{2-}| + H_2O \rightarrow Ca^{2+}_{aq} + OH^-_{aq} + OH^-_{aq}$$

Das O^{2-}-Ion ist hier Base, das Wassermolekül Säure.
Bei der Reaktion von Ammoniumchlorid mit Natronlauge (V3) reagiert das Ammonium-Ion als Säure, das Hydroxid-Ion als Base:

$$NH^+_{4aq} + OH^-_{aq} \rightarrow NH_3 + H_2O$$

6. Beim Vergleich der Redox-Reaktionen mit den protolytischen Reaktionen stellt man eine interessante Parallele fest. Während bei Redox-Reaktionen Elektronen zwischen den Reaktionspartnern verschoben werden, finden bei den Protolysen Protonenübergänge statt. Den Säuren als Protonenspendern entsprechen die Reduktionsmittel als Elektronenspender; die Basen sind als Protonenempfänger mit den Oxidationsmitteln als Elektronenempfängern vergleichbar.
Die neuen Begriffe sollen helfen, die Mannigfaltigkeit chemischer Reaktionen überschaubar zu machen und deren Verständnis zu erleichtern.

A1 Welche Teilchen müssen bei folgenden Reaktionen als Brönsted-Säure, welche als Brönsted-Base bezeichnet werden:

a) $Ca(OH)_2 + 2\,HBr \rightarrow CaBr_2 + 2\,H_2O$
b) $Ca(OH)_2 \rightarrow CaO + H_2O$
c) $FeS + 2\,HCl \rightarrow FeCl_2 + H_2S$
d) $2\,NaCl + H_2SO_4 \rightarrow Na_2SO_4 + 2\,HCl$
e) $NH_4Cl + NaOH \rightarrow NH_3 + H_2O + NaCl$

A2 Welches Teilchen ist bei den beiden folgenden Reaktionen ein Ampholyt:

a) $NaCl + NaHSO_4 \xrightarrow{\text{Erhitzen}} Na_2SO_4 + HCl$
b) $NaHSO_4 + H_3PO_4 \xrightarrow{\text{Erhitzen}} NaH_2PO_4 + H_2SO_4$

Die Teilchengleichungen der Reaktionen sollen formuliert werden.

A3 Ordnen Sie folgende Reaktionen den beiden Reaktionstypen Protolyse bzw. Redox-Reaktion zu:

a) $2\,Na + F_2 \rightarrow 2\,NaF$
b) $ZnO + 2\,HCl \rightarrow ZnCl_2 + H_2O$
c) $Mg + H_2SO_4 \rightarrow MgSO_4 + H_2$
d) $Cu(OH)_2 + 2\,HBr \rightarrow CuBr_2 + 2\,H_2O$

11 Chemie und Technik

11.1 Schwefel und Schwefeldioxid

Kristallformen des Schwefels

V1 Einige Stücke reiner Stangenschwefel werden in einem Reagenzglas in etwa 2 cm^3 *Schwefelkohlenstoff* (CS_2) unter Schütteln gelöst. Da *Schwefelkohlenstoffdämpfe giftig* und leicht entzündlich sind und mit Luft explosive Gemische bilden, arbeitet man im Abzug oder im Freien und achtet darauf, daß keine offenen Flammen in der Nähe sind. Einige Tropfen der Lösung werden auf einem Objektträger unter dem Mikroskop beobachtet. Der restliche Teil der Lösung wird in ein Uhrglas gegeben. Nach Verdunsten des Lösungsmittels betrachtet man die entstandenen Kristalle mit einer Lupe.

V2 In einem Porzellantiegel wird reiner Stangenschwefel vorsichtig erwärmt, bis gerade eine dünnflüssige, hellgelbe Schmelze entstanden ist. Man läßt erkalten, bis sich oben eine Kristallhaut von etwa 2 bis 3 mm Dicke gebildet hat. Die Kristallhaut wird nun schnell mit einem Glasstab durchstoßen und der innen noch flüssige Schwefel in eine Porzellanschale gegossen. Wir beobachten die dabei im Innern des Porzellantiegels sich bildenden Kristalle.

Verbrennung von Schwefel und Eigenschaften von Schwefeldioxid

V3 Ein brennendes Stück Schwefelband wird an einem Draht in einen luftgefüllten Standzylinder eingeführt. Wir verschließen die Öffnung des Zylinders während des Versuchs mit einer Glasplatte. Der Versuch ist mit reinem Sauerstoff an Stelle von Luft zu wiederholen. Man beobachtet jeweils die Farbe der Flamme, die Intensität der Verbrennung und prüft vorsichtig den Geruch des *neuentstandenen Gases (giftig)*.

V4 Ein mit Fuchsinlösung getränktes, feuchtes Filterpapier und eine feuchte, blaue Blüte (z. B. Stiefmütterchen) werden in eine mit Sauerstoff gefüllte Glasglocke mit Glasplatte gebracht. Wie in Versuch V3 führt man ein Stück brennendes Schwefelband ein und beobachtet.

V5 In einem mit Sauerstoff gefüllten Standzylinder wird Schwefel verbrannt. Dann gibt man etwas dest. Wasser hinzu und schüttelt. Jeweils eine Probe der so erhaltenen Lösung wird im Reagenzglas zu verdünnter, grüner Bromthymolblaulösung bzw. zu Lackmuslösung gegeben. Was ist zu beobachten?

Pyrit

Schwefelhalden beim Abbau in Sizilien

Schwefel: wichtiger Rohstoff der chemischen Industrie

1. Schwefel mit dem chemischen Symbol S[1] ist bei gewöhnlicher Temperatur ein gelbes, festes und geruchloses Element. Er ist ein wichtiger Ausgangsstoff der chemischen Industrie. Etwa 90% des elementaren Schwefels werden heute zu Schwefelsäure (H_2SO_4) verarbeitet, deren Weltjahresproduktion bei etwa 120 Millionen Tonnen liegt. Auch beim Vulkanisieren von Kautschuk, bei der Herstellung von Feuerwerkskörpern und synthetischen Fasern, bei der Schädlingsbekämpfung und in der pharmazeutischen Industrie spielt Schwefel eine wichtige Rolle.
Schwefel kommt in der Natur in elementarem Zustand, aber auch in Form von Verbindungen vor, von denen der in schönen Kristallen auftretende Pyrit (FeS_2) von Bedeutung ist. Elementarer, sogenannter gediegener Schwefel findet sich z. B. in Sizilien und in den USA (Texas, Louisiana).

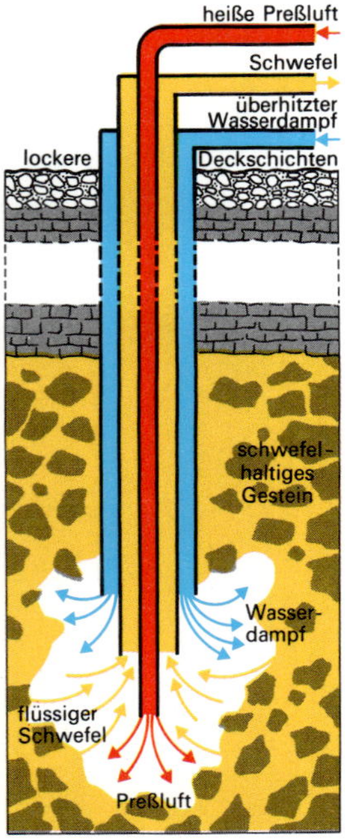

Gewinnung von Schwefel nach dem Frasch-Verfahren

2. In Sizilien wird das schwefelhaltige Gestein bergmännisch abgebaut und in großen Öfen auf über 119 °C erhitzt. Dank seiner relativ niedrigen Schmelztemperatur kann der Schwefel so aus dem Gestein ausgeschmolzen werden. In Texas und Louisiana liegt der Schwefel in 150 bis 350 m Tiefe und wird durch das Frasch-Verfahren[2] gewonnen. Dieses Verfahren beruht im wesentlichen darauf, daß man das Schwefellager zunächst von außen anbohrt und den Schwefel mit Hilfe von überhitztem Wasserdampf (175 °C) zum Schmelzen bringt. Anschließend wird der flüssige Schwefel mit heißer Druckluft von 40 bar (4,1 MPa) an die Erdoberfläche gepreßt.

3. Schwefel ist in Wasser und auch in Alkohol nahezu unlöslich; in Schwefelkohlenstoff (CS_2) kann er jedoch sehr leicht gelöst werden.

[1] Von *sulfur* (lat.) Schwefel.
[2] Hermann Frasch (1851–1914) wanderte mit 17 Jahren von Württemberg in die USA aus und entwickelte 1890 das nach ihm benannte Verfahren.

Aus einer Schwefelkohlenstofflösung erhält man Schwefel in Form schöner gelber Kristalle, die häufig das Aussehen von Doppelpyramiden haben. Da Kristalle dieser Form dem sogenannten rhombischen System angehören, wird der aus Schwefelkohlenstoff kristallisierte Schwefel als rhombischer Schwefel bezeichnet. Kristallisiert dagegen Schwefel aus einer Schmelze, also bei wesentlich höherer Temperatur, so erhält man nadelförmige und durchscheinende Kristalle, die dem monoklinen Kristallsystem angehören. Schwefel dieser Art wird deshalb monoklin genannt. Bei Temperaturen unter 95 °C wandelt sich der monokline Schwefel in den rhombischen Schwefel um; der rhombische Schwefel ist also die bei Normaltemperatur stabile Form. Rhombischer und monokliner Schwefel sind aus S_8-Molekülen aufgebaut.

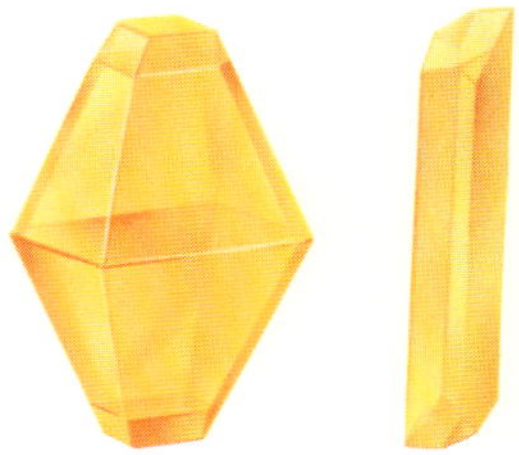

Rhombischer und monokliner Schwefel

4. Sonderbar ist auch das Verhalten des Schwefels beim Erwärmen. Schwefel tritt zwar wie die meisten Stoffe in drei Aggregatzuständen auf. Er besitzt aber nicht nur im Festzustand, sondern auch im flüssigen und im gasförmigen Aggregatzustand mehrere Erscheinungsformen, die sich deutlich durch ihre Farbe, Zähigkeit (Viskosität) und andere Eigenschaften voneinander unterscheiden. Solche verschiedenen Erscheinungsformen eines Reinstoffes bei gleichem Aggregatzustand werden Modifikationen genannt.
Außer Schwefel können auch viele andere Elemente und Verbindungen in verschiedenen Modifikationen vorliegen. Wir kennen bereits vom Sauerstoff zwei Modifikationen mit den Formeln O_2 und O_3.

Modifikationen: verschiedene Erscheinungsformen bei gleichem Aggregatzustand

5. Schwefel verbrennt in exothermer Reaktion mit blauer Flamme. Dabei entsteht Schwefeldioxid (SO_2):

Schwefel verbrennt zu Schwefeldioxid (SO_2)

$$S + O_2 \rightarrow SO_2 \qquad | \Delta H = -297 \text{ kJ}$$

Schwefeldioxid ist ein farbloses, stechend riechendes Gas. Es wirkt bleichend und wird wegen seiner bakterientötenden Wirkung als Desinfektionsmittel benutzt, z. B. beim Ausschwefeln von Fässern. Durch Abkühlen auf −10 °C läßt sich Schwefeldioxid zu einer farblosen Flüssigkeit verdichten, bei −72,5 °C erstarrt es zu einer weißen, kristallinen Masse.
Schwefeldioxid besteht aus Molekülen, die einen Bindungswinkel von 120° besitzen. Da Sauerstoff elektronegativer ist als Schwefel, handelt es sich bei den S-O-Bindungen um polare Atombindungen. Das Molekül besitzt daher schwachen Dipolcharakter.

6. Mit Wasser bildet Schwefeldioxid in einer chemischen Reaktion die schweflige Säure mit der Formel H_2SO_3 (V5):

Schwefeldioxid reagiert mit Wasser zu schwefliger Säure (H_2SO_3)

$$SO_2 + H_2O \rightarrow H_2SO_3$$

Die schweflige Säure ist bei Normaltemperatur als Substanz nicht faßbar. Die bei der Reaktion von Schwefeldioxid mit Wasser entstehende saure Lösung enthält Ionen:

$$H_2SO_3 + H_2O \rightarrow H_3O^+_{aq} + HSO^-_{3\,aq}$$

bzw.

$$HSO^-_{3\,aq} + H_2O \rightarrow H_3O^+_{aq} + SO^{2-}_{3\,aq}$$

Die schweflige Säure bildet zwei Arten von Salzen, die als Hydrogensulfite (z. B. $NaHSO_3$) bzw. als Sulfite (z. B. Na_2SO_3) bezeichnet werden. Im Gegensatz zur schwefligen Säure sind die Sulfite bzw. Hydrogensulfite beständige Stoffe.

A1 a) Wieviel Gramm Schwefeldioxid entstehen bei der vollständigen Verbrennung von 10 g Schwefel?
b) Welches Volumen nimmt diese Schwefeldioxidmenge bei Normalbedingungen ein?

A2 Bei welchem der folgenden Stoffpaare handelt es sich um Modifikationen: plastischer Schwefel – monokliner Schwefel; Schwefeldioxid – schweflige Säure? Begründen Sie Ihre Antwort.

A3 In einer kleinen Tabelle sollen die Modifikationen des Schwefels und ihre unterschiedlichen Eigenschaften zusammengefaßt werden.

A4 Unter Anwendung der Oxidationszahlen soll gezeigt werden, daß die Verbrennung von Schwefel eine Redoxreaktion ist.

A5 Aus Schwefeldioxid soll Natriumsulfit hergestellt werden. Wie geht man dabei vor, und welche Reaktionen laufen ab? (Teilchengleichung)

A6 Welche Eigenschaften des Schwefeldioxids weisen auf den Dipolcharakter seiner Moleküle hin?

11.2 Schwefelsäure

Vorsicht: Konzentrierte Schwefelsäure wirkt stark ätzend. Beim Verdünnen mit Wasser tritt starke Erhitzung ein; stets die Schwefelsäure in das Wasser geben, nie umgekehrt! Schutzbrille tragen!

Kann Schwefeldioxid noch weiter oxidiert werden?

V1 Eine Apparatur, wie sie die Abbildung zeigt, wird an die Wasserstrahlpumpe angeschlossen. Man verbrennt in einer Glasschale etwas Schwefelband und leitet das entstehende *Schwefeldioxid (giftig)* nach Durchgang durch ein Glaswollefilter über erwärmten Platinasbest. Beobachtung?

Oxidation von Schwefel (V_1)

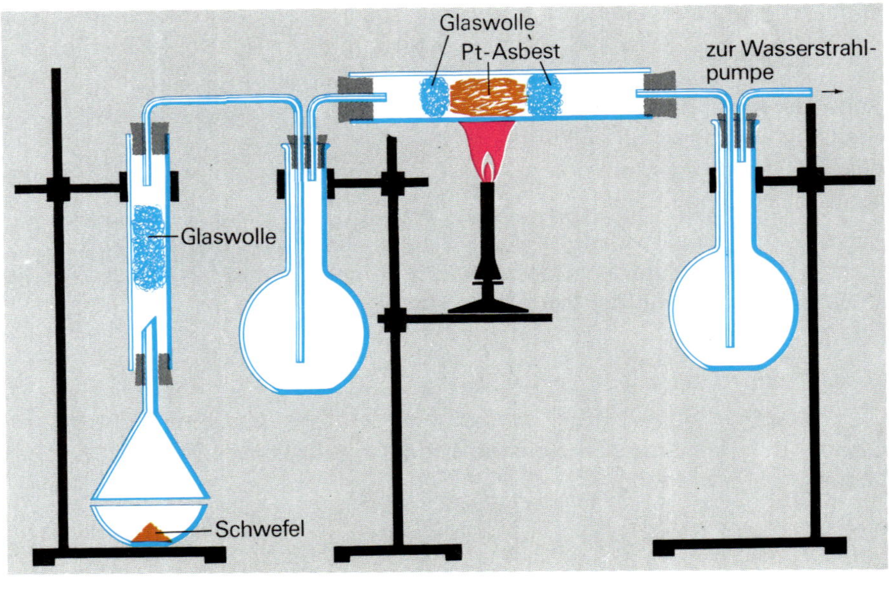

Herstellung der Schwefelsäure

V2 Die Apparatur wird entsprechend der Abb. zusammengebaut. Dabei enthält das erste Reaktionsrohr etwas Schwefel, der sich auf einer Magnesiarinne befindet, das zweite enthält zwischen Glaswolle den Katalysator Vanadiumpentoxid (V_2O_5). Die beiden Langhalsrundkolben sind leer, die Waschflasche enthält eine Bromthymolblaulösung.
Bei schwachem Sauerstoffstrom werden der Katalysator und der Schwefel erwärmt. Sobald der Schwefel zu brennen beginnt, wird nur noch der Katalysator weiter erhitzt. Was ist im ersten Reaktionsrohr bzw. in den Langhalsrundkolben und der Waschflasche zu beobachten?

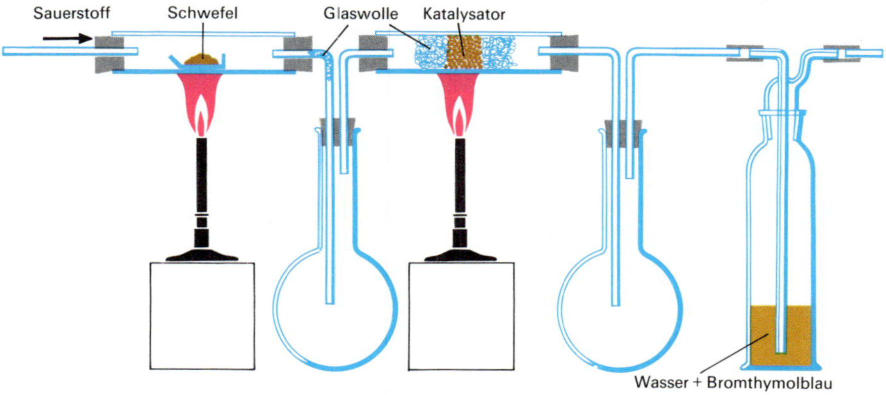

Herstellung der Schwefelsäure

Konzentrierte Schwefelsäure und Wasser?

V3 Ein Becherglas wird zu etwa einem Drittel mit kaltem Wasser gefüllt. Nachdem mit einem Thermometer die Temperatur bestimmt worden ist, gibt man unter dauerndem Rühren langsam *konzentrierte Schwefelsäure (ätzend)* dazu und beobachtet die Temperaturänderung *(Schutzbrille!)*.

V4 Auf einer Waage werden in einem großen Uhrglas 10 bis 15 cm^3 *konzentrierte Schwefelsäure (ätzend)* genau austariert. Nach etwa 15 Minuten wird erneut die Masse bestimmt.

V5 In einem hohen Becherglas werden ca. 40 g Zucker mit ca. 40 cm^3 *konz. Schwefelsäure (ätzend)* zu einer breiartigen Masse verrührt. Man stellt das Becherglas in den Abzug. Was ist nach kurzer Zeit zu beobachten?

Die oxidierende Wirkung konzentrierter Schwefelsäure

V6 In ein großes Reagenzglas gibt man ein Stück Kupferfolie zu *konzentrierter Schwefelsäure (ätzend)* und erwärmt. Welches *Gas (giftig)* entwickelt sich beim Erwärmen?

Nachweis von Schwefelsäure und Sulfaten?

V7 In drei Reagenzgläsern befinden sich Lösungen von Bariumchlorid, Bromthymolblau und Lackmus. Alle drei Lösungen werden mit einigen Millilitern verdünnter Schwefelsäure versetzt. Der Versuch wird unter Verwendung von frisch hergestellter schwefliger Säure wiederholt. In einem weiteren Reagenzglas mischt man eine Kupfersulfat-Lösung ($CuSO_4$) mit Bariumchlorid-Lösung ($BaCl_2$).

Reaktion von verdünnter Schwefelsäure mit Metallen

V8 In verschiedenen Reagenzgläsern gibt man kleine Stücke von Aluminium, Zink und Eisen zu verdünnter Schwefelsäure. Wir untersuchen das *entstehende Gas (feuergefährlich)* mittels Knallgasprobe und dampfen eine der entstandenen Lösungen in einer schwarzen Porzellanschale ein.

Schwefeltrioxid: SO_3

1. Beim Verbrennen von Schwefel an der Luft entsteht zunächst Schwefeldioxid (SO_2). Durch weitere Sauerstoffzufuhr bei erhöhter Temperatur und bei Anwesenheit bestimmter Katalysatoren wie z. B. Platin (Pt) oder Vanadiumpentoxid (V_2O_5) kann Schwefeldioxid zu einem weiteren Oxid, dem Schwefeltrioxid mit der Formel SO_3, oxidiert werden (V1):

$$2\ SO_2 + O_2 \rightarrow 2\ SO_3 \qquad |\ \Delta H = -198\ \text{kJ}$$

Schwefeltrioxid ist eine weiße Substanz, die im Versuch als Rauch auftritt.

Im Schwefeltrioxid besitzt der Schwefel die Oxidationszahl + VI:

$$\overset{+VI}{S}\overset{-II}{O_3}$$

Gasförmiges Schwefeltrioxid enthält einzelne Schwefeltrioxidmoleküle. Diese sind eben gebaut und bilden gleichseitige Dreiecke mit einem Bindungswinkel von 120°.

Schwefelsäure: H_2SO_4

2. Reagiert Schwefeltrioxid mit Wasser, so entsteht in exothermer Reaktion die Schwefelsäure mit der Formel H_2SO_4:

$$SO_3 + H_2O \rightarrow H_2SO_4$$

Kontaktverfahren zur Herstellung von Schwefelsäure

Zur technischen Gewinnung der Schwefelsäure wird heute in erster Linie das sogenannte «Kontaktverfahren» benutzt (V2). Man geht dabei entweder vom Pyrit (FeS_2) oder aber vom elementaren Schwefel aus, der im ersten Reaktionsschritt in exothermer Reaktion zu Schwefeldioxid oxidiert wird:

$$4\ FeS_2 + 11\ O_2 \rightarrow 8\ SO_2 + 2\ Fe_2O_3 \qquad |\ \Delta H = -3309\ \text{kJ}$$
$$S + O_2 \rightarrow SO_2 \qquad |\ \Delta H = -297\ \text{kJ}$$

Die Herstellung von Schwefeldioxid aus Pyrit geht in sogenannten «Röstöfen» vor sich. Der Vorgang wird als «Rösten» bezeichnet.
Das im Entstauber sorgfältig von Katalysatorgiften[1] gereinigte Schwefeldioxid wird anschließend getrocknet, mit Luftsauerstoff gemischt und bei etwa 600 °C über einen Katalysator (z. B. Vanadiumpentoxid, V_2O_5) geleitet. An diesem «Kontakt» wird Schwefeldioxid zu Schwefeltrioxid oxidiert:

$$2\ SO_2 + O_2 \xrightarrow{V_2O_5} 2\ SO_3 \qquad |\ \Delta H = -198\ \text{kJ}$$

Schwefeltrioxid ist in Schwefelsäure wesentlich besser löslich als in Wasser. Darum wird es im Absorptionsturm in konzentrierter Schwefelsäure gelöst. Aus der dabei entstehenden rauchenden Schwefelsäure erhält man durch Zusatz einer entsprechenden Menge Wasser konzentrierte Schwefelsäure.

[1] Katalysatorgifte sind Stoffe, die einen Katalysator unwirksam machen, ihn also gewissermaßen «vergiften».

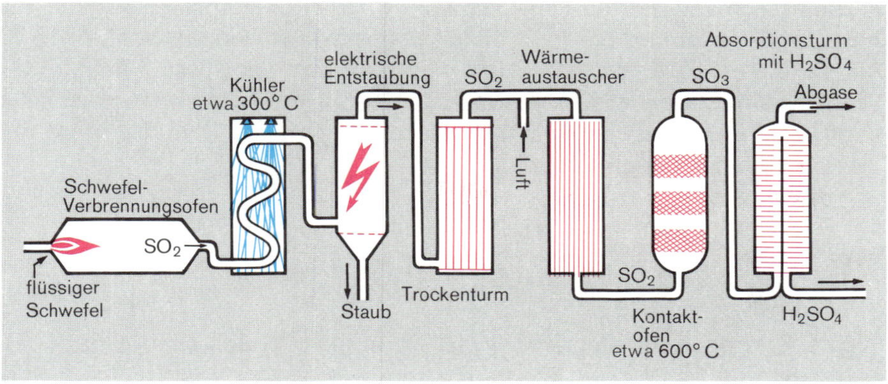

Schema des Kontaktverfahrens zur Schwefelsäureherstellung

3. Schwefelsäure ist einer der wichtigsten Ausgangsstoffe der chemischen Großindustrie und wird deshalb in riesigen Mengen benötigt.
Weltweit wurden 1980 ca. 120 Millionen Tonnen Schwefelsäure hergestellt.

Schwefelsäureproduktion in der Bundesrepublik Deutschland

1964	1967	1970	1973	1976	1979	1980	1982	
3,6	3,7	4,4	4,4	4,6	5,1	4,6	4,4	(in Mio. t)

Schwefelsäure ist die meistgebrauchte technische Säure. Sie wird vor allem zur Herstellung von Mineraldüngern, Salzsäure, Phosphorsäure und Nitriersäure, aber auch für Akkumulatoren, in der Kunstseidenindustrie und bei vielen anderen chemischen Synthesen benötigt.

Großtechnische Anlage zur Schwefelsäureherstellung. Links der Kontaktofen, in Bildmitte der Absorptionsturm, im Vordergrund Anlagen zur Kühlung der Säure

4. Reine Schwefelsäure ist eine schwere, ölige und farblose Flüssigkeit, die bei 338 °C siedet und bei 10,3 °C zu farblosen Kristallen erstarrt. Bei 15 °C hat sie eine Dichte von 1,836 g/cm³, sie ist also spezifisch schwerer als Wasser. Wird Schwefelsäure in Wasser gebracht, so kommt es zu einer stark exothermen chemischen Reaktion. Dabei reagiert die Schwefelsäure mit Wasser zu einer sauren Lösung:

$$H_2SO_4 + H_2O \rightarrow H_3O^+_{aq} + HSO^-_{4\,aq}$$

bzw.

$$HSO^-_{4\,aq} + H_2O \rightarrow H_3O^+_{aq} + SO^{2-}_{4\,aq}$$

Während konz. Schwefelsäure Moleküle enthält, finden sich in der verd. Schwefelsäure Hydronium-Ionen, Hydrogensulfat-Ionen (HSO_4^-) und Sulfat-Ionen (SO_4^{2-}).
Die hohe Reaktionswärme geht vor allem auf die Hydration der beim Verdünnen entstehenden Ionen zurück.

5. Um Unfälle beim chemischen Arbeiten zu vermeiden, ist es wichtig, daß stets die Schwefelsäure in das Wasser gegeben wird und nie umgekehrt! Da Wasser eine wesentlich niedrigere Siedetemperatur und auch eine geringere Dichte als Schwefelsäure hat, würde es andernfalls spontan sieden und aus dem Mischungsgefäß herausspritzen.

«Nie das Wasser in die Säure, sonst geschieht das Ungeheure»

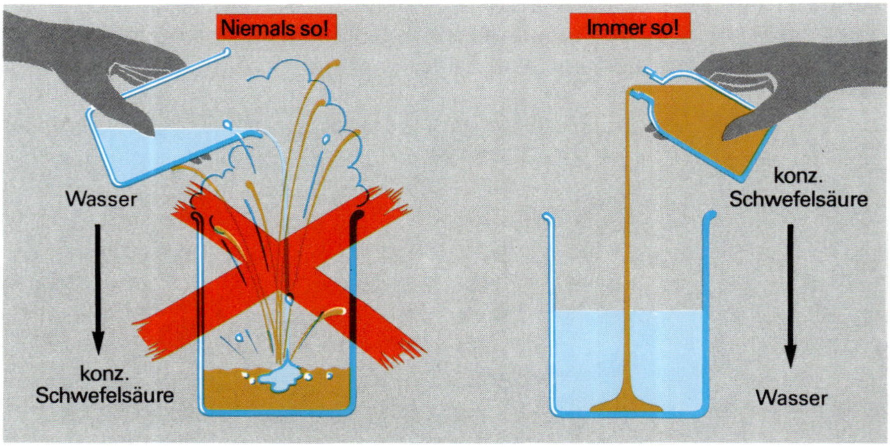

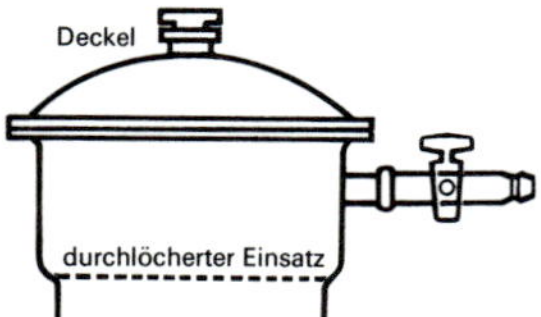

Exsikkator

Läßt man Schwefelsäure an der Luft stehen, so nimmt sie den in der Luft enthaltenen Wasserdampf auf. Sie ist hygroskopisch. Deshalb wird sie als Trockenmittel in Exsikkatoren und zur Trocknung von Gasen verwendet. Die Fähigkeit der Schwefelsäure, Wasser aufzunehmen, ist mitverantwortlich dafür, daß sie gewisse organische Verbindungen (z. B. Zucker, Cellulose) verkohlt.
Schwefelsäure kommt in verschiedenen Konzentrationen in den Handel, die verschiedene Bezeichnungen tragen:

Handelsübliche Konzentrationen der Schwefelsäure

Bezeichnung	Gehalt	Dichte bei 20 °C
Verdünnte Schwefelsäure	16% H_2SO_4, Rest H_2O	1,11 g/cm³
Konzentrierte Schwefelsäure	95 bis 97% H_2SO_4, Rest H_2O	1,84 g/cm³
Rauchende Schwefelsäure (Oleum)	Konz. Schwefelsäure mit 65% SO_3	1,99 g/cm³

6. Verdünnte Schwefelsäure reagiert mit unedlen Metallen wie z. B. mit Zink, Aluminium oder Eisen. Dabei entstehen Wasserstoff und Sulfate. Sie enthalten ebenso wie die verdünnte Schwefelsäure Sulfat-Ionen.

Schwefelsäure + Metall → Sulfat + Wasserstoff

Reaktionsgleichung:

$$H_2SO_{4\,aq} + Zn \rightarrow H_2 + ZnSO_{4\,aq}$$

Teilchengleichung:

$$H_3O^+_{aq} + SO^{2-}_{4\,aq} + Zn \rightarrow H_2 + Zn^{2+}_{aq} + SO^{2-}_{4\,aq} + H_2O$$

7. Die in der Lösung von Schwefelsäure oder von Sulfaten enthaltenen Sulfat-Ionen können mit Bariumchloridlösung ($BaCl_{2\,aq}$) nachgewiesen werden. Dabei bildet sich ein weißer Niederschlag von Bariumsulfat (V7).

Bariumchlorid als Reagenz auf Schwefelsäure und Sulfate

Reaktionsgleichung:

$$H_2SO_{4\,aq} + BaCl_{2\,aq} \rightarrow BaSO_4 + 2\ HCl_{aq}$$

reagierende Teilchen:

$$Ba^{2+}_{aq} + SO^{2-}_{4\,aq} \rightarrow |Ba^{2+} + SO_4^{2-}|$$

Bariumchlorid ist also ein Nachweismittel (Reagenz) für Schwefelsäure und Sulfate.

8. Konzentrierte Schwefelsäure hat auch oxidierende Wirkung. Sie oxidiert z. B. Kupfer zunächst zu schwarzem Kupferoxid, das dann mit überschüssiger Schwefelsäure zu Kupfersulfat weiterreagiert (V6).

$$2\ H_2SO_4 + Cu \rightarrow Cu^{2+}_{aq} + SO^{2-}_{4\,aq} + SO_2 + 2\ H_2O$$

Die Lösungen von schwefliger Säure oder von Sulfiten wirken reduzierend. Die Sulfite werden dabei zu Sulfaten oxidiert:

$$2\ Na_2SO_{3\,aq} + O_2 \rightarrow 2\ Na_2SO_{4\,aq}$$

Der Schwefel wechselt die Oxidationszahl von + IV nach + VI, er wird oxidiert. Sauerstoff wird reduziert (von der Oxidationszahl ± 0 zur Oxidationszahl − II).
Auf der reduzierenden Wirkung der Sulfite und des Schwefeldioxids beruht auch ihre Verwendung als Bleichmittel.

A1 Für die Reaktion von Aluminium mit verdünnter Schwefelsäure soll die Reaktionsgleichung formuliert werden.

A2 Warum muß man beim Verdünnen von konzentrierter Schwefelsäure immer die Säure in das Wasser geben?

A3 Warum wird bei der technischen Schwefelsäureherstellung Schwefeltrioxid nicht direkt in Wasser, sondern in konzentrierte Schwefelsäure eingeleitet?

A4 Wieviel Schwefel ist nötig, um 1 Tonne Schwefelsäure zu produzieren?

A5 Welche Oxidationszahlen hat der Schwefel in den folgenden Verbindungen: SO_2, SO_3, H_2SO_3, K_2SO_4, H_2SO_4, $ZnSO_4$, $NaHSO_3$?

A6 Die Reaktion von Zink mit Schwefelsäure ist eine Redoxreaktion. An Hand der Oxidationszahlen soll gezeigt werden, was dabei oxidiert bzw. was reduziert wird.

A7 Auch für die Reaktion zwischen Kupfer und konz. Schwefelsäure soll an Hand der Oxidationszahlen gezeigt werden, was oxidiert bzw. was reduziert wird. Worin besteht der wesentliche Unterschied gegenüber der Reaktion mit Zink (A6)?

A8 Schweflige Säure kann je nach Reaktionspartner als Oxidations- oder als Reduktionsmittel reagieren, konz. Schwefelsäure nur als Oxidationsmittel. Wie kann dies aus den jeweiligen Oxidationszahlen des Schwefels gedeutet werden?

11.3 Phosphor

Vorsicht: Weißer Phosphor ist giftig, ätzend und an der Luft selbstentzündlich (unter Wasser aufbewahren!). Roter Phosphor ist leicht entzündlich.

Wie verhält sich Phosphor an der Luft?

V1 Eine Stange *weißer Phosphor* wird mit einer Pinzette aus der Vorratsflasche entnommen und in eine Glasschale mit Wasser gebracht. Wir versuchen die *Phosphor*stange unter Wasser zu schneiden. Im verdunkelten und im hellen Raum wird die *Phosphor*stange anschließend mit der Pinzette über dem Wassergefäß in der Luft gehalten. Welche Aussagen lassen sich über die Dichte, Härte und Reaktion des *weißen Phosphors* in Wasser und Luft machen?

V2 Eine etwa erbsengroße Menge *weißer Phosphor* wird im Abzug in 6–8 cm^3 *Schwefelkohlenstoff (feuergefährlich, giftige Dämpfe!)* gelöst. Diese Lösung wird anschließend im Abzug auf Holzwolle oder Filterpapier gegossen. Man stellt fest, ob der *Phosphor* sich dabei von selbst entzündet.

Vergleich von rotem und weißem Phosphor

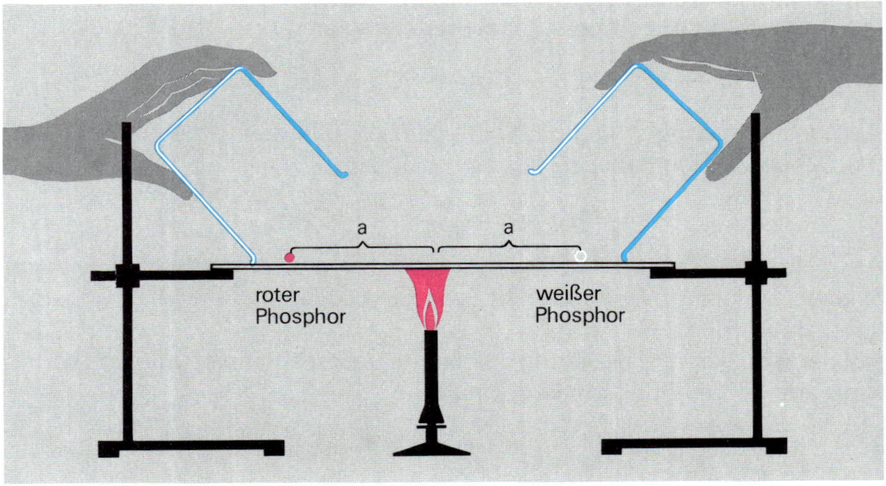

Verbrennung von rotem und weißem Phosphor (V3)

V3 Gleiche Mengen von *weißem Phosphor* und von *rotem Phosphor* werden *im Abzug* wie abgebildet auf einem Blech erwärmt. Die *entstehenden Produkte (ätzend)* werden in einem Becherglas, das man über den brennenden *Phosphor* hält, aufgefangen und verglichen *(Schutzbrille!)*.

V4 Eine etwa erbsengroße Menge von *rotem Phosphor* wird in ein trockenes Reagenzglas gebracht, das man oben mit etwas Glaswolle verschließt. Dann wird im Dunkeln langsam erwärmt.

Modifikationen: roter und weißer Phosphor

1. Phosphor[1] ist ein chemisches Element, das in verschiedenen Modifikationen vorkommt. Die wichtigsten sind der weiße (P_w), der rote (P_r) und der schwarze Phosphor (P_{schw}).
Die einzelnen Modifikationen des Phosphors können ineinander umgewandelt werden.
Läßt man z. B. die Stangen von weißem Phosphor längere Zeit in der Substanzflasche stehen, so werden sie unter der Einwirkung von Licht allmählich gelblich bis rötlich, da sich dabei teilweise roter Phosphor bildet. Umgekehrt kann man roten Phosphor beim Erhitzen im Dunkeln zum Leuchten bringen, was auf der Bildung von weißem Phosphor beruht. Roter Phosphor ist die bei Zimmertemperatur stabilere Modifikation. Im Unterschied zu weißem und rotem Phosphor leitet schwarzer Phosphor den elektrischen Strom und zeigt damit bereits metallischen Charakter.

2. Bei der Verbrennung der verschiedenen Phosphor-Modifikationen entsteht Phosphorpentoxid.

Modifikationen des Phosphors

	Weißer Phosphor	Roter Phosphor
Physikalische Eigenschaften		
Dichte	1,82 g/cm³	2,36 g/cm³
Smt.	44,2 °C	Etwa 620°C (unter Druck)
Sdt.	280 °C	Sublimiert
Löslichkeit	Löslich in CS_2	Unlöslich in allen Lösungsmitteln
Elektrische Leitfähigkeit	Nichtleiter	Nichtleiter
Chemische Eigenschaften		
Giftwirkung	Giftig (tödliche Dosis: 0,1 g)	Vergleichsweise ungiftig
Entzündungstemperatur	50°C (feinverteilt etwa 20°C)	Etwa 400°C
Chemolumineszenz	Leuchtet an der Luft	Leuchtet nicht an der Luft
Handelsformen	Stangen	Pulver
Verwendung	Herstellung von rotem Phosphor Giftpräparate (gegen Mäuse, Ratten)	Zündholzindustrie

Die Oxidation von Phosphor ist eine exotherme Reaktion. Ein Teil der Energie wird dabei als Licht frei, eine Erscheinung, die man als Chemolumineszenz bezeichnet. An weißem Phosphor ist diese Erscheinung bei Zimmertemperatur zu beobachten (V1).

[1] Von *phosphoros* (gr.) Lichtträger.

Weißer Phosphor ist sehr reaktionsfreudig

3. Der weiße Phosphor ist wesentlich reaktionsfreudiger als die anderen Modifikationen. Er muß deshalb im Gegensatz zum reaktionsträgeren roten Phosphor unter Wasser aufbewahrt werden, damit keine Selbstentzündung an der Luft eintritt.
Weißer Phosphor wurde erstmals 1669 von dem Alchemisten Brand entdeckt, als er Harn eindampfte und den Rückstand in Tonretorten unter Luftabschluß glühte. Dabei wurde ein im Harn enthaltenes Phosphorsalz durch die Wirkung der verkohlten organischen Stoffe zum elementaren Phosphor reduziert.

Weißer Phosphor: P_4-Moleküle

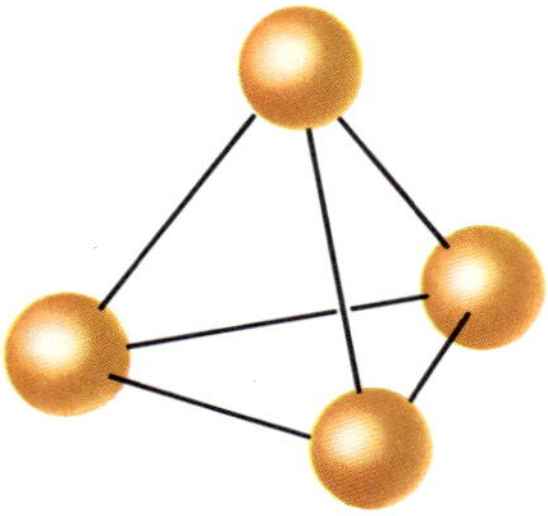

Tetraedrische Anordnung der Atome im weißen Phosphor

4. Die große Reaktivität von weißem im Vergleich zu rotem Phosphor ist in der besonderen Struktur des weißen Phosphors begründet. Im weißen Phosphor liegen Moleküle vor, die aus 4 tetraedrisch angeordneten Phosphoratomen aufgebaut sind. Jedes Phosphoratom ist durch drei Einfachbindungen mit drei weiteren Phosphoratomen verbunden; der Winkel zwischen den Atomen beträgt 60°.
Eine weitere Modifikation ist der rote Phosphor; er entsteht allmählich, wenn man weißen Phosphor am Licht stehenläßt. Die mehr oder weniger festen, oft sogar schleimigen Produkte dieser Umwandlung besitzen kein geordnetes Molekülgitter. Roter Phosphor enthält keine P_4-Tetraeder mehr und besteht vermutlich aus Molekülketten von mehreren bis vielen Phosphoratomen; diese besitzen jedoch nur eine unvollkommene kristalline Ordnung. Zwischen den Molekülketten herrschen Van-der-Waals-Kräfte, die für die relativ hohe Stabilität des roten Phosphors verantwortlich sind. Roter Phosphor besitzt daher eine höhere Schmelztemperatur als weißer Phosphor. Unter normalem Druck zersetzt er sich beim Erhitzen in weißen Phosphor.
Bei der Oxidation des roten Phosphors muß zunächst durch Energiezufuhr die P_4-Struktur hergestellt werden. Damit hängt auch seine höhere Entzündungstemperatur zusammen (V_3).

A_1 Wie kann man die Tatsache erklären, daß reiner weißer Phosphor völlig farblos ist, in Vorratsflaschen aber bald eine gelbliche Farbe annimmt?

A_2 Mit welchen Versuchen haben wir bewiesen, daß weißer Phosphor und roter Phosphor Modifikationen *eines* Elements sind?

A_3 Eine Stange aus weißem Phosphor brennt an der Luft nicht von alleine. Wird weißer Phosphor aber in Schwefelkohlenstoff gelöst und die Lösung dann auf Holzwolle gegossen, so entzündet er sich von alleine. Warum?

11.4 Phosphoroxid und Phosphorsäure

Vom Phosphor zur Phosphorsäure

V_1 Ein Standzylinder wird zu etwa 1/3 mit destilliertem Wasser gefüllt. Anschließend führen wir in einem Verbrennungslöffel eine kleine Menge brennenden *Phosphor* ein *(Schutzbrille!)*.

Das Verbrennungsprodukt (ätzend) wird durch Umschütteln im destillierten Wasser gelöst. Die entstandene Lösung wird mit Bromthymolblau geprüft. Der Versuch wird mit *weißem Phosphor (giftig, ätzend, selbstenzündlich)* und mit *rotem Phosphor (feuergefährlich)* durchgeführt.

V2 Einige Gramm *Phosphorpentoxid (ätzend)* werden in einer offenen Petrischale auf eine Waage gebracht und genau austariert. Was ist nach einiger Zeit zu beobachten?

V3 Zu verdünnter Phosphorsäure (H_3PO_4) werden in einem Reagenzglas einige Zinkperlen gegeben. Das *entstehende Gas (leicht entzündlich; bildet mit Luft explosive Gemische)* wird auf Brennbarkeit untersucht. Wir wiederholen den Versuch mit Eisen.

Phosphoroxid: P_4O_{10}

1. Bei der Oxidation von weißem und von rotem Phosphor entsteht in stark exothermer Reaktion eine weiße Substanz, die als Phosphorpentoxid[1] bezeichnet wird. Aus Molmassenbestimmungen ergibt sich, daß in Wirklichkeit ein Molekül mit der Formel P_4O_{10} vorliegt[2]; aus historischen Gründen wurde jedoch der Name Phosphorpentoxid beibehalten.

$$P_4 + 5\ O_2 \rightarrow P_4O_{10} \qquad |\ \Delta H = -2987\ \text{kJ}$$

Im Phosphorpentoxid hat Phosphor die Oxidationszahl +V. Aus der Abbildung der räumlichen Struktur dieses Oxids geht hervor, daß bei der Oxidbildung die P_4-Tetraeder erhalten bleiben.

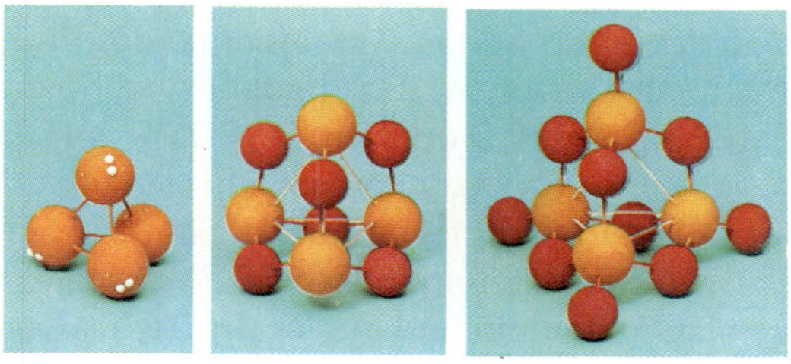

Räumliche Struktur von P_4, P_4O_6, P_4O_{10}

2. Phosphorpentoxid gehört zu den am stärksten hygroskopischen Substanzen, die man kennt. Es wird deshalb in Exsikkatoren und Trockenrohren als hervorragendes Trocknungsmittel verwendet (V2).

Bei der Reaktion von P_4O_{10} mit Wasser entsteht unter Zischen Phosphorsäure (H_3PO_4)[3].

Phosphorsäure: H_3PO_4

$$P_4O_{10} + 6\ H_2O \rightarrow 4\ H_3PO_4$$

Reine Phosphorsäure ist bei Raumtemperatur fest. Die handelsübliche Phosphorsäure ist 80- bis 85-prozentig und ähnlich wie Schwefelsäure eine sirupöse, schwere Flüssigkeit. Im Gegensatz zur konzentrierten Schwefelsäure besitzt sie keine oxidierende Wirkung.

[1] *penta* (gr.) fünf.
[2] In der Literatur wird häufig noch die Formel P_2O_5 angegeben.
[3] Phosphor bildet verschiedene Säuren. Die bekannteste ist die Orthophosphorsäure mit der Formel H_3PO_4.

Phosphorsäure bildet Phosphate

3. Die Phosphorsäurelösung reagiert mit unedlen Metallen unter Bildung von Wasserstoff und Phosphaten.

$$2\ H_3PO_{4\,aq} + 3\ Zn \rightarrow Zn_3(PO_4)_{2\,aq} + 3\ H_2$$

Phosphate, Hydrogenphosphate und Dihydrogenphosphate

Die Phosphorsäure bildet drei Arten von Salzen:

$$H_3PO_4 + H_2O \rightarrow H_3O^+_{aq} + H_2PO^-_{4\,aq}$$

Dihydrogenphosphat-Ion

$$H_2PO^-_{4\,aq} + H_2O \rightarrow H_3O^+_{aq} + HPO^{2-}_{4\,aq}$$

Hydrogenphosphat-Ion

$$HPO^{2-}_{4\,aq} + H_2O \rightarrow H_3O^+_{aq} + PO^{3-}_{4\,aq}$$

Phosphat-Ion

4. Da Phosphor leicht unter Energieabgabe mit Sauerstoff reagiert, findet sich elementarer Phosphor nicht in der Natur. Hauptsächlich kommt Phosphor in energiearmen und schwerlöslichen Phosphaten vor, z. B. im Apatit. Zur Gewinnung von elementarem Phosphor werden die Phosphate im elektrischen Ofen mit Kohlenstoff reduziert. Dabei wird Calciumphosphat durch Quarzsand (SiO_2) in Calciumsilicat ($CaSiO_3$) übergeführt:

$$Ca_3(PO_4)_2 + 3\ SiO_2 + 5\ C \rightarrow 3\ CaSiO_3 + 5\ CO + 2\ P$$

5. Mit Ausnahme der Alkaliphosphate sind alle Phosphate in Wasser schwer löslich. Dies hängt mit der hohen Ladung des Phosphat-Ions und der daraus resultierenden hohen Gitterenergie der Phosphate zusammen.
Auch mit Eisen bzw. Zink bildet Phosphorsäure schwerlösliche Phosphate: $Fe_3(PO_4)_2 \cdot 8\ H_2O$ oder $Zn_2Fe(PO_4)_2 \cdot 4\ H_2O$. Dies wird bei der Phosphatierung z. B. von Autokarosserien ausgenutzt. Dabei entstehen auf dem Eisenblech relativ festhaftende Schutzschichten, die gleichzeitig als Haftgrund für Lackierungen dienen. Phosphate spielen auch bei der Herstellung von Düngemitteln und in Waschmitteln eine wichtige Rolle. So gelangen sie ins Abwasser bzw. über die Böden in unsere Gewässer. Hier stellen sie ein ernstes Umweltproblem dar.
Phosphate sind zwar ungiftig, fördern aber als Düngemittel das Wachstum der Wasserpflanzen. Diese «Eutrophierung» der Gewässer ist vor allem deshalb unerwünscht, weil die abgestorbenen Pflanzen bei der Verwesung Sauerstoff verbrauchen. Es ist daher notwendig, den Phosphatgehalt der Gewässer durch sparsamen Verbrauch der Phosphate und durch Einrichten von speziellen Reinigungsanlagen in den Klärwerken zu vermindern.

A1 Bei der Oxidation von Phosphor entsteht zunächst P_4O_6 als Zwischenprodukt, welches dann unter Abgabe von Licht in P_4O_{10} übergeht. Stellen Sie die entsprechenden Reaktionsgleichungen auf.

A2 Bei der Reaktion von verdünnter Phosphorsäure mit Magnesium entsteht Magnesiumphosphat mit der Formel $Mg_3(PO_4)_2$. Wie lautet die Reaktionsgleichung?

A3 Phosphorsäure wird als Korrosionsschutz für Autobleche benutzt, wobei diese kurzzeitig in die Säure eingetaucht werden. Wie lautet die Gleichung für die Reaktion, die zwischen Eisen (Fe) und Phosphorsäure abläuft, wenn Eisenphosphat der Formel $FePO_4$ entsteht?

A4 Welche Oxidationszahlen hat Phosphor in folgenden Verbindungen: P_4O_6, Na_3PO_4, H_3PO_4, PCl_3, K_2HPO_4?

11.5 Vom Stickstoff zur Salpetersäure

Wie wird Salpetersäure hergestellt?

V1 In einer luftgefüllten, vierfach tubulierten Glaskugel gemäß Abbildung wird zwischen zwei Kupferstäben mit Hilfe eines Hochspannungstransformators ein Lichtbogen erzeugt *(Vorsicht beim Arbeiten mit Hochspannung! Zuleitungen gut isolieren!)*. Man arbeitet dabei mit einem Transformator (10–15 Volt Wechselstrom), einer Primärspule von 75 Windungen und einer Sekundärspule von 12 000 Windungen.
Wir beobachten die Farbänderung im Innern der Glaskugel. Nach etwa 5 Minuten saugt man mit Hilfe einer Wasserstrahlpumpe den Inhalt der Glaskugel in die mit Bromthymolblaulösung versehene Waschflasche.

Oxidation von Stickstoff im Lichtbogen (V_1)

V2 Ein 100-cm^3-Zweihalsrundkolben mit 25 cm^3 *halbkonzentrierter Ammoniaklösung (ätzend)* und wenig Bromthymolblau ist mit einem Gaseinleitungsrohr versehen, das etwa

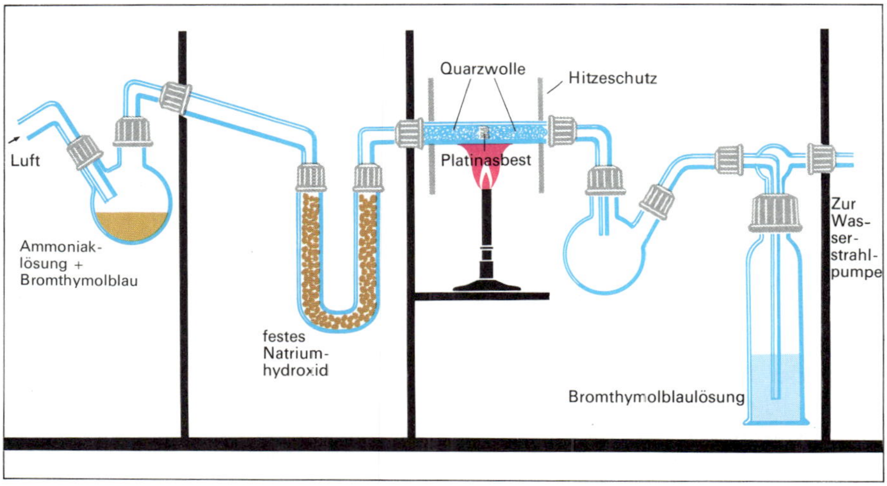

Oxidation von Ammoniak nach Ostwald (V_2)

1 cm über der Flüssigkeitsoberfläche endet. Der Kolben ist über ein U-Rohr mit festem *Natriumhydroxid (ätzend)* als Trockenmittel, ein Reaktionsrohr mit einer 1 cm breiten Schicht von 15%igem Platinasbest zwischen Quarzwolle, einen leeren zweiten Zweihalsrundkolben und eine Gaswaschflasche mit 30 cm^3 neutraler Bromthymolblaulösung an eine Wasserstrahlpumpe angeschlossen. Zunächst wird der Platinasbest im Reaktionsrohr etwa eine Minute lang kräftig erhitzt. Dann wird ein schwacher Luft-Ammoniak-Strom durch die Apparatur gesaugt. Man beobachtet die in den Zweihalsrundkolben und in der Waschflasche eintretenden Veränderungen.

Welche Eigenschaften haben verdünnte und konzentrierte Salpetersäure?

V_3 In zwei großen Reagenzgläsern läßt man stark verdünnte (1%ige) Salpetersäure (HNO_3) auf etwas *Magnesiumpulver (feuergefährlich)* bzw. gekörntes *Calcium (feuergefährlich)* einwirken. Das *entstehende Gas (leicht entzündlich)* wird durch Knallgasprobe untersucht.

V_4 Im Abzug läßt man in einem großen Reagenzglas *konzentrierte Salpetersäure (ätzend)* auf ein Kupferstück einwirken (*Vorsicht: es entsteht ein giftiges Gas*).

V_5 Ein Reagenzglas wird senkrecht im Stativ eingespannt, zu etwa ⅓ mit *rauchender Salpetersäure (ätzend)* gefüllt und im Abzug vorsichtig erwärmt. Dann wirft man kleine, erhitzte Holzkohlestücke ein (*Schutzbrille!*).

1. Elementarer Stickstoff reagiert im Gegensatz zu den bereits behandelten Elementen Schwefel und Phosphor nur unter besonderen Bedingungen mit Sauerstoff. Dies ist auf die relativ große Stabilität des zweiatomigen Stickstoffmoleküls zurückzuführen.
Im Stickstoffmolekül

$$|N \equiv N|$$

Das Stickstoffmolekül ist sehr stabil

werden die beiden Stickstoffatome durch eine Dreifachbindung zusammengehalten. Die Bindungsenergie ist daher mit 942 kJ/mol sehr hoch.
Will man Stickstoff mit Sauerstoff oxidieren, so braucht man dazu die Temperatur des elektrischen Lichtbogens (etwa 2800 °C).

2. Bei der Oxidation wird in einer stark endothermen Reaktion (V_1) zunächst das farblose Stickstoffmonoxid (NO) gebildet:

$$N_2 + O_2 \rightarrow 2\,NO \qquad |\,\Delta H = +180{,}6\ kJ$$

Stickstoffmonoxid reagiert in exothermer Reaktion sofort mit Sauerstoff, und es entsteht braunes, giftiges Stickstoffdioxid (NO_2):

$$2\,NO + O_2 \rightarrow 2\,NO_2 \qquad |\,\Delta H = -114{,}2\ kJ$$

Oxide des Stickstoffs: Stickstoffmonoxid (NO), Stickstoffdioxid (NO_2)

Stickstoff bildet also mehrere Oxide. Die wichtigsten sind das farblose Stickstoffmonoxid (NO) und das braune Stickstoffdioxid (NO_2).
Im Stickstoffmonoxid besitzt der Stickstoff die Oxidationszahl +II, im Stickstoffdioxid die Oxidationszahl +IV. Das Stickstoffdioxidmolekül ist gewinkelt und besitzt daher Dipolcharakter.

3. Bei der Reaktion von Stickstoffdioxid mit Wasser entsteht eine saure Lösung, die sowohl salpetrige Säure (HNO_2) als auch Salpetersäure (HNO_3) enthält (V_1):

$$2\,NO_2 + H_2O \rightarrow HNO_{3\,aq} + HNO_{2\,aq}$$

Dabei ist die salpetrige Säure nur in Lösung faßbar. Ihre Salze, die sogenannten Nitrite, sind dagegen auch als Reinsubstanzen beständig. Salpetrige Säure oxidiert schon an der Luft zur Salpetersäure:

Salpetrige Säure (HNO_2) und Nitrite

$$2\ HNO_2 + O_2 \rightarrow 2\ HNO_3$$

Im Labor verwendet man wäßrige Lösungen der Salpetersäure. Bei niedrigen Konzentrationen (bis 60%) sind diese Lösungen farblos.

$$HNO_3 + H_2O \rightarrow H_3O^+_{aq} + NO^-_{3\,aq}$$

«Rauchende» Salpetersäure (96%) ist durch das bei der teilweisen Zersetzung entstandene Stickstoffdioxid gelb bis rotbraun gefärbt.

Salpetersäure (HNO_3) und Nitrate

Salpetersäure wirkt oxidierend

4. Stark verdünnte Salpetersäure reagiert mit Metallen unter Bildung von Wasserstoff. Dabei entstehen die Salze der Salpetersäure, die sogenannten Nitrate:

$$2\ HNO_{3\,aq} + Ca \rightarrow Ca(NO_3)_{2\,aq} + H_2$$

Salpetersäure ist, besonders in konzentrierter Lösung, auch ein starkes Oxidationsmittel. Die meisten Metalle[1] werden unter Stickstoffdioxidbildung gelöst (V_4):

$$Cu + 4\ HNO_3 \rightarrow Cu(NO_3)_{2\,aq} + 2\ H_2O + 2\ NO_2$$

Die oxidierende Wirkung läßt sich auch mit organischen Stoffen nachweisen (V_5).

5. Die chemische Industrie braucht große Mengen Salpetersäure zur Herstellung von Düngemitteln. Salpetersäure wird nach zwei verschiedenen Verfahren gewonnen:

- Das Birkeland-Eyde-Verfahren beruht auf der Verbrennung von Stickstoff mit Sauerstoff im elektrischen Lichtbogen. Es ist mit hohen Stromkosten verbunden und wird daher nur noch selten angewandt.
- Das wichtigste großtechnische Verfahren ist heute die katalytische Ammoniakverbrennung, das sogenannte Ostwald-Verfahren[2]. Stickstoffhaltiger Ausgangsstoff ist Ammoniak mit der Formel NH_3.

Herstellung der Salpetersäure durch Oxidation von Ammoniak

$$4\ NH_3 + 5\ O_2 \rightarrow 4\ NO + 6\ H_2O$$
$$4\ NO + 2\ O_2 \rightarrow 4\ NO_2$$
$$4\ NO_2 + 2\ H_2O + O_2 \rightarrow 4\ HNO_3$$

A_1 Welches Verfahren wird heute in erster Linie zur großtechnischen Synthese von Salpetersäure angewandt? Wie lauten die Reaktionsgleichungen dieser Synthese?

A_2 Welche bisher behandelten Elemente bilden mehrere Oxide? In Reaktionsgleichungen soll formuliert werden, wie diese Oxide entstehen bzw. wie sie mit Wasser reagieren.

A_3 Im Versuch V_5 oxidiert rauchende Salpetersäure den Kohlenstoff, wobei Kohlenstoffdioxid, Stickstoffdioxid und Wasser entstehen. Die Reaktionsgleichung soll formuliert werden.

A_4 Welche Oxidationszahlen besitzt Stickstoff in folgenden Verbindungen: NO, NO_2, HNO_2, HNO_3, NH_3?

[1] Da Salpetersäure zwar Silber, nicht aber Gold löst, wird sie in der Edelmetallindustrie als «Scheidewasser» verwendet. Auch andere Edelmetalle, z. B. Platin, werden von Salpetersäure nicht gelöst.

[2] Nach dem deutschen Chemiker und Philosophen Wilhelm Ostwald (1853–1932).

11.6 Ammoniak

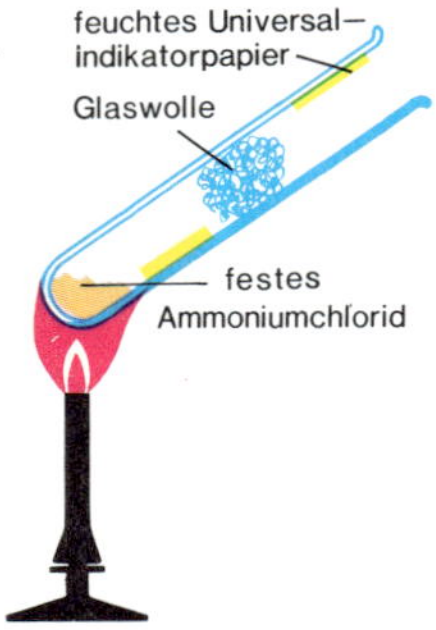

Erwärmung von Ammoniumchlorid (V_3)

Eigenschaften, Reaktionen und Herstellung von Ammoniak

V_1 Verdünnte Ammoniaklösung wird mit Indikatorlösung überprüft. Außerdem wird vorsichtig eine Geruchsprobe durchgeführt.
An die Öffnung einer Flasche mit *konzentrierter Ammoniaklösung (ätzend)* hält man kurz eine geöffnete Flasche mit *konzentrierter Salzsäure (ätzend)*. Was läßt sich beobachten?

V_2 In einem Becherglas werden 50 cm³ dest. Wasser mit 10 Tropfen Universalindikatorlösung sowie 2 Tropfen einer *konzentrierten Ammoniaklösung (ätzend)* versetzt. Beobachtung? Die Hälfte der Lösung wird in einem großen Reagenzglas erhitzt (Siedesteinchen verwenden). Was läßt sich beobachten, wenn man der Öffnung des Reagenzglases eine offene Flasche mit *konz. Salzsäure (ätzend)* nähert? Dann hält man an die Öffnung des Reagenzglases ein feuchtes Universalindikatorpapier. Beobachtung? Schließlich wird die Ammoniaklösung noch einige Minuten weiter erhitzt.

V_3 In einem schräg gehaltenen Reagenzglas wird nach Abbildung etwas festes Ammoniumchlorid (NH_4Cl) vorsichtig mit Sparflamme erwärmt. Was läßt sich dabei an den beiden angefeuchteten Universalindikatorpapieren erkennen?

V_4 In einem trockenen Reagenzglas erwärmt man Horn oder Federn zusammen mit einigen Perlen von *Natriumhydroxid (ätzend)*. An die Öffnung des Reagenzglases hält man ein feuchtes Universalindikatorpapier. Beobachtung?

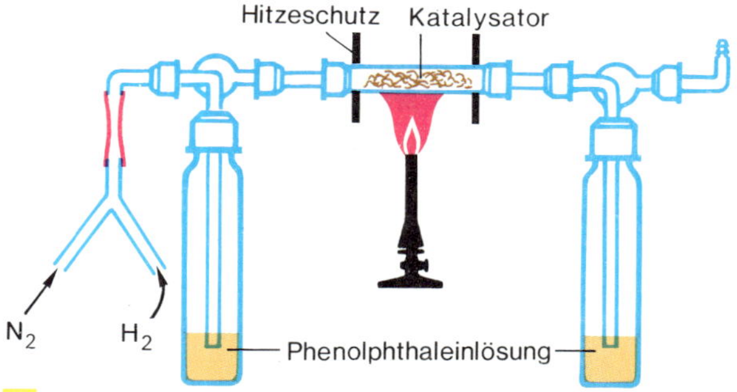

Modellversuch zum Haber-Bosch-Verfahren (V_5)

V_5 Die Versuchsapparatur wird nach Abbildung im Abzug aufgebaut. Die beiden Waschflaschen werden jeweils zu einem Drittel mit Phenolphthaleinlösung gefüllt, im Reaktionsrohr befindet sich zwischen Quarzwolle der Katalysator. Man benutzt entweder den in der Technik eingesetzten Katalysator zur Ammoniaksynthese oder ein Gemisch aus Eisenpulver und Aluminiumoxid (Massenverhältnis $Fe : Al_2O_3 = 2 : 1$), das dann locker zwischen Quarzwolle aufgebracht wird. Die gut gasdichte Apparatur wird zunächst mit Stickstoff und Wasserstoff gespült, um sie völlig luftfrei zu machen. Das am Ende der Apparatur *ausströmende Gasgemisch (mit Luft gemischt explosiv)* wird durch Knallgasprobe untersucht. Erst wenn sie negativ verläuft, wird das Stickstoff-Wasserstoff-Gemisch auf ein Mischungsverhältnis von $N_2 : H_2 = 1 : 3$ eingestellt, wobei die Flüssigkeit in den Waschflaschen als Blasenzähler dient. Dann wird der Katalysator erhitzt, bis die Phenolphthaleinlösung in der zweiten Waschflasche eine Farbänderung anzeigt. Anschließend werden der Brenner und die Wasserstoffzufuhr abgestellt. Bei schwach laufendem Stickstoffstrom läßt man das Reaktionsrohr erkalten; dann wird auch der Stickstoff abgestellt. Was läßt sich aus der Beobachtung ableiten?

Ammoniak: farbloses, giftiges Gas

1. Eine der wichtigsten Stickstoffverbindungen ist Ammoniak. Es ist ein farbloses, giftiges Gas mit stechendem Geruch und zu Tränen reizender Wirkung. Wie mit Hilfe des Satzes von Avogadro aus seiner Molekülmasse (17 u) ausgerechnet werden kann, ist es leichter als Luft. Bemerkenswert ist seine besonders gute Löslichkeit in Wasser: Bei 20 °C löst 1 Raumteil Wasser 702 Raumteile Ammoniakgas.

2. Ammoniak ist als Gas aus Molekülen der Formel NH_3 aufgebaut. Im Ammoniakmolekül bilden Stickstoff- und Wasserstoffatome zusammen eine Pyramide (siehe S. 152). Durch die polaren N-H-Bindungen besitzt es Dipolcharakter. Dies erklärt die gute Wasserlöslichkeit des Ammoniakgases. Zwischen Wassermolekülen und Ammoniakmolekülen können Wasserstoffbrücken ausgebildet werden.

Ammoniak: Dipolmoleküle NH_3

3. Darüber hinaus kommt es beim Lösen von Ammoniak auch zu einer chemischen Reaktion. Mit Indikatoren läßt sich feststellen, daß die Lösung alkalisch reagiert. Sie enthält also Hydroxid-Ionen, die nach folgender Reaktionsgleichung entstanden sind:

Ammoniakmolekül als Base

$$NH_3 + H_2O \rightarrow NH^+_{4\,aq} + OH^-_{aq}$$

Wasser reagiert dabei als Säure mit Ammoniak als Base unter Übergang eines Protons. Es liegt eine Protolyse vor.

4. Umgekehrt kann Ammoniak durch Erhitzen wieder aus einer Ammoniaklösung ausgetrieben werden, wobei die Protolyse in der Gegenrichtung abläuft (V2):

Umkehrbare Reaktionen können in beiden Richtungen ablaufen

$$NH^+_{4\,aq} + OH^-_{aq} \rightarrow NH_3 + H_2O$$

Reaktionen, die je nach Reaktionsbedingungen in beiden Richtungen ablaufen können, heißen umkehrbare Reaktionen.
Ein weiteres Beispiel für eine umkehrbare Reaktion ist die Protolyse zwischen Ammoniak mit Chlorwasserstoff nach folgender Gleichung:

$$NH_3 + HCl \rightarrow |NH_4^+ + Cl^-|$$

So kann Ammoniak leicht mit Chlorwasserstoff nachgewiesen werden.
Wird Ammoniumchlorid vorsichtig erwärmt, so entstehen wieder Chlorwasserstoff und Ammoniak (V3).

$$NH_4Cl \rightarrow NH_3 + HCl$$

Dies kann mit feuchtem Universalindikatorpapier nachgewiesen werden.

5. Ammoniak ist als Ausgangsstoff zur Herstellung anderer Stickstoffverbindungen von überragender Bedeutung. Dies zeigt die folgende Grafik sehr deutlich.

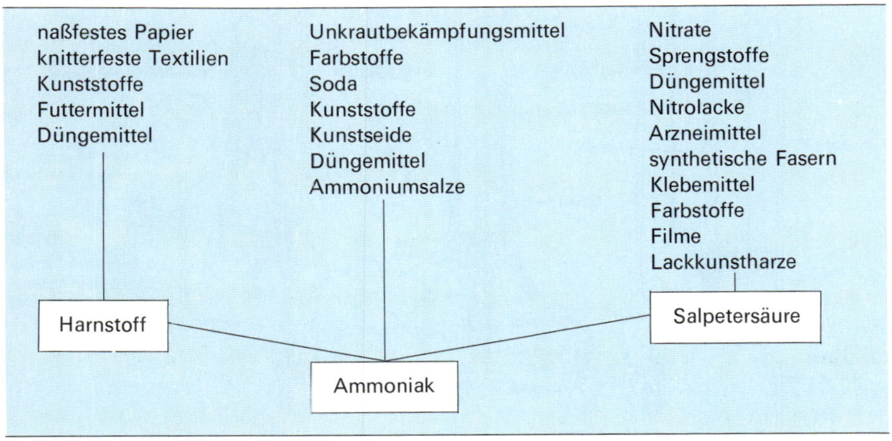

Ammoniak als Ausgangsstoff zur Herstellung vieler Stickstoffverbindungen

Fritz Haber (1868–1934) und Carl Alexander Bosch (1874–1940)

Haber-Bosch-Verfahren zur Ammoniaksynthese

«Die Versuche fanden sehr schnell ein unerwartetes Ende. Als wir zum ersten Mal einen Kontaktapparat von 1 m Länge und 70 mm Durchmesser mit Osmiumkontakt gefüllt und, von außen elektrisch beheizt, einige Stunden in Betrieb hatten, erfolgte eine Explosion, erfreulicherweise ohne weitere schädliche Wirkungen, da wir als vorsichtige Leute alles in einem eigens zu diesem Zweck gebauten Betonunterstand untergebracht hatten.»

Carl Bosch, 1912 vor der Gesellschaft deutscher Naturforscher

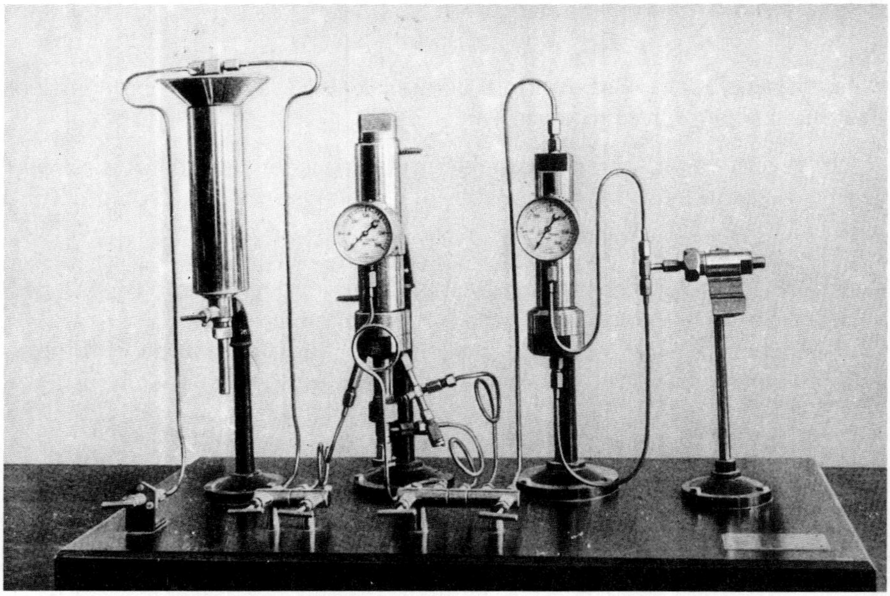

Von Fritz Haber um 1908/09 benutzter Laboratoriumsapparat für die Synthese von Ammoniak

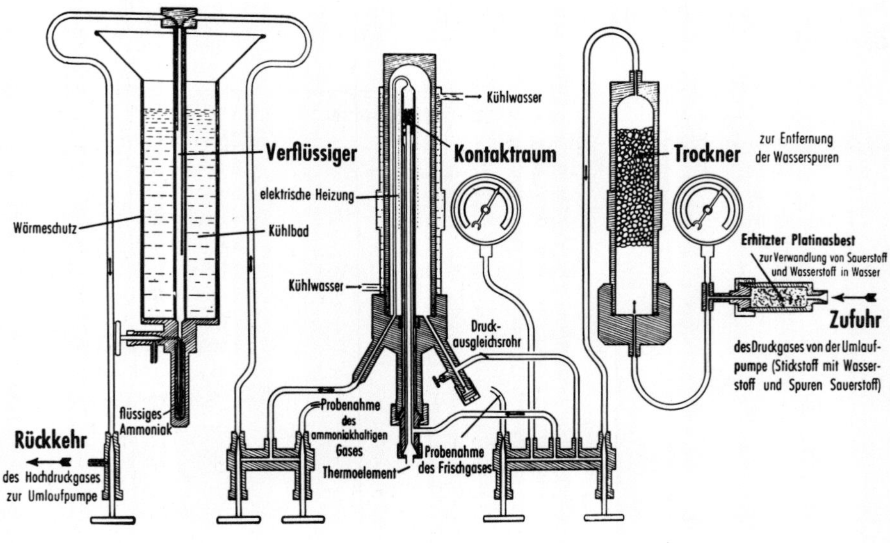

Schema der Versuchsapparatur von Fritz Haber zur Ammoniaksynthese

Die großtechnische Ammoniaksynthese ist vor allem bei der Düngemittelproduktion von Bedeutung. Die größten Anlagen produzieren heute über 1500 Tonnen Ammoniak pro Tag.

Ammoniak von überragender Bedeutung zur Herstellung z. B. von Mineraldüngern

Im Jahre 1979 wurden weltweit rund 60 Millionen Tonnen Ammoniak hergestellt, davon in der Bundesrepublik Deutschland 2,1 Millionen Tonnen. Der weitaus größte Teil (ca. 75–80%) des Ammoniaks wird zur Herstellung von Mineraldüngern wie z. B. Ammoniumnitrat (NH_4NO_3), Diammoniumhydrogenphosphat, $(NH_4)_2HPO_4$, oder Ammoniumsulfat, $(NH_4)_2SO_4$, verarbeitet. Die restlichen 20–25% dienen zur Herstellung von Fasern, Farbstoffen, Pflanzenschutzmitteln, Medikamenten, Sprengstoffen usw.

6. Die Herstellung von Ammoniak aus den Elementen Stickstoff und Wasserstoff ist eines der wichtigsten Verfahren der chemischen Industrie. Im Jahre 1903 begann F. Haber[1] mit der wissenschaftlichen Untersuchung der Reaktion von Stickstoff mit Wasserstoff zu Ammoniak (V5):

$$N_2 + 3\ H_2 \rightarrow 2\ NH_3 \quad |\Delta H = -93\ \text{kJ}$$

Auch diese Reaktion ist umkehrbar:

$$2\ NH_3 \rightarrow N_2 + 3\ H_2 \quad |\Delta H = +93\ \text{kJ}$$

Im Reaktionsgemisch liegen daher stets Ausgangsstoffe und Reaktionsprodukte nebeneinander vor. Die Untersuchung zeigte, daß der prozentuale Anteil der einzelnen Stoffe vom Druck und von der Temperatur abhängig ist. Der Gehalt an Ammoniak im Reaktionsgemisch ist um so höher, je niedriger die Temperatur und je höher der Druck ist.

Ammoniakausbeute abhängig von Druck und Temperatur

7. Zur Gewinnung von Ammoniak aus Stickstoff und Wasserstoff sollte man daher bei möglichst hohem Druck und möglichst niedriger Temperatur arbeiten. Nun ist aber, um eine Reaktion in Gang zu bringen, eine bestimmte Aktivierungsenergie und damit auch eine bestimmte Temperatur erforderlich. Außerdem laufen chemische Reaktionen um so langsamer ab, je tiefer die Temperatur ist. Deshalb muß bei höherer Temperatur gearbeitet und damit eine geringere Ausbeute an Ammoniak in Kauf genommen werden. Geeignete Katalysatoren setzen die Aktivierungsenergie herab, ihre Anwesenheit erlaubt ein Arbeiten bei Temperaturen, die nicht über 500 °C liegen. Nach diesem Prinzip stellte Fritz Haber zu Anfang dieses Jahrhunderts im Labor bei 550 °C und 187 bar Ammoniak her. Seine Ausbeute betrug 80 g Ammoniak pro Stunde.

Großtechnische Herstellung von Ammoniak im Haber-Bosch-Verfahren

8. Es ist das Verdienst von Carl Bosch[2], die Ammoniaksynthese vom Laboratoriumsmaßstab zum großtechnischen Verfahren weiterentwickelt zu haben. Dabei waren nicht nur chemische, sondern insbesondere technische Probleme zu lösen. Es mußten z. B. Öfen entwickelt werden, die der hohen Temperatur und dem hohen Druck standhielten. Für diesen Zweck galt es, sogar spezielle Stahlsorten zu entwickeln. Außerdem mußten Katalysatoren gefunden werden, die bei einem wirtschaftlich tragbaren Preis einen möglichst hohen Effekt haben.

[1] Fritz Haber (1868–1934), Professor für physikalische Chemie in Karlsruhe und Berlin. 1918 Nobelpreis für die Entwicklung der Ammoniaksynthese.

[2] Carl Bosch (1874–1940), deutscher Chemiker. Er erhielt 1931 für seine Arbeiten zur Ammoniaksynthese den Nobelpreis.

Die erste großtechnische Anlage der Badischen Anilin- und Sodafabrik (BASF) nahm 1913 in Oppau, nördlich von Ludwigshafen, ihren Betrieb auf – mit einer Produktion von 30 Tonnen Ammoniak täglich. Für dieses Verfahren hat sich die Bezeichnung «Haber-Bosch-Verfahren» eingebürgert.

A1 Durch welche Reaktionsgleichungen kann gezeigt werden, daß die Reaktion von Ammoniak mit Wasser umkehrbar ist?

A2 Beim vorsichtigen Erwärmen von Ammoniumchlorid (V3) zeigt feuchtes Universalindikatorpapier alkalische bzw. saure Reaktion an. Wie ist dies zu erklären? Gleichungen!

A3 Aus Ammoniak und den entsprechenden Säuren werden Stoffe wie Ammoniumnitrat, Ammoniumsulfat oder Ammoniumchlorid hergestellt. Wie lauten die entsprechenden Reaktionsgleichungen?

11.7 Chemie und Welternährung. Mineraldünger

Welche Elemente kann man in Pflanzen nachweisen?

V1 In einem Reagenzglas erhitzt man getrocknete Pflanzen wie z. B. Heu, Stroh oder Holz. Beobachtung? Welches Element ist damit nachgewiesen?

V2 In einer Reibschale werden trockene Erbsen oder auch Kartoffelstücke mit dem Pistill zerstampft. Das erhaltene Material wird im Reagenzglas mit etwas 10%iger *Natronlauge (ätzend)* erwärmt. Man prüft den Geruch. Die aus dem Reagenzglas entweichenden Gase werden mit einem feuchten Universalindikatorpapier untersucht.

V3 In einem Becherglas wird etwa ein Eßlöffel Holzasche in ca. 100 cm^3 siedendes dest. Wasser gegeben. Dann wird filtriert. Das Filtrat wird mit käuflichen Reagenziensätzen auf Nitrat-, Phosphat- und Eisen-Ionen geprüft.

V4 In einen Teil des Filtrats von Versuch V3 taucht man ein ausgeglühtes Magnesiastäbchen ein und hält es dann in die nichtleuchtende Brennerflamme. Die Flamme wird evtl. durch ein Kobaltglas betrachtet. In einem Parallelversuch arbeitet man mit einer Kaliumsalzlösung anstelle des Filtrats.

1. Durch Untersuchungen des Chemikers Justus von Liebig[1] weiß man, daß die Pflanze zum Gedeihen bestimmte Elemente in mineralischer Form benötigt. Den Hauptbestandteil, Kohlenstoff, nimmt sie aus dem Kohlenstoffdioxid der Luft auf, dem Boden entzieht sie neben Wasser insbesondere Stickstoff, Phosphor, Kalium und Calcium in Form wasserlöslicher Salze. Diese Stoffe können dem Boden als organische Dünger (Mist, Jauche u. ä.) wieder zugeführt werden.

Die in den letzten hundert Jahren außerordentlich stark angewachsene und immer noch weiter wachsende Bevölkerung der Erde kann aber nur ernährt werden, wenn die zur Verfügung stehenden landwirtschaftlichen Flächen optimal genutzt werden, der Boden also möglichst hohe Erträge liefert.

Zur Zeit erwartet der Landwirt in Mitteleuropa im Jahr durchschnittlich 4200 kg Weizen pro Hektar. Dabei werden dem Boden etwa 135 kg Stickstoff, 11 kg Phosphor und 50 kg Kalium entzogen. Diese Mengen

[1] Justus von Liebig (1803–1873), Professor der Chemie in Gießen und München, Begründer einer berühmten Chemieschule in Gießen: bedeutende Arbeiten u. a. über Pflanzenernährung, Maßanalyse, technische Chemie.

Das Liebigsche Minimumgesetz: Wachstum wird bestimmt durch den Pflanzennährstoff, der im Boden in relativ geringster Menge vorliegt

können durch organische Dünger nicht mehr ersetzt werden. Es ist deshalb notwendig, zusätzlich mineralische Dünger einzusetzen. Diese Mineraldünger enthalten vor allem die Elemente Stickstoff, Kalium und Phosphor. Die Zusammensetzung muß je nach Pflanzen- und Bodenart variiert werden, denn das Gedeihen der Pflanzen wird bestimmt durch den Pflanzennährstoff, der in der relativ (d. h. im Verhältnis zum Bedarf) geringsten Menge im Boden vorliegt (Liebigsches Minimumgesetz).

Getreidefeld gedüngt (links) und ungedüngt (rechts)

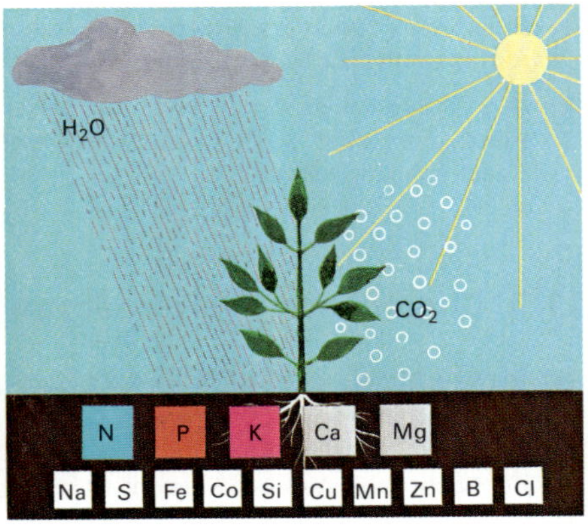

Zu einem gesunden Wachstum benötigt die Pflanze neben Licht und Wärme noch Wasser, Kohlenstoffdioxid sowie verschiedene Mineralstoffe bzw. Spurenelemente

Stickstoffhaltige Salze: unentbehrlich für das Pflanzenwachstum

2. Auf das Element Stickstoff sind die Pflanzen in besonderem Maße angewiesen, weil es zum Aufbau von Eiweiß, der Grundsubstanz eines jeden Lebewesens, benötigt wird. Obwohl Stickstoff als Element in der Luft zu ca. 80% enthalten ist, kann er nur von einigen Bakterien, die im Boden oder in den sogenannten Wurzelknöllchen der Schmetterlingsblütler (z. B. Lupine, Bohne, Erbse) leben, direkt verwertet werden. Normalerweise nimmt die Pflanze den Stickstoff in Form löslicher Stickstoffsalze über die Wurzeln auf. Salzlager stickstoffhaltiger Salze sind auf der Erde jedoch sehr selten. Lediglich in der Atacamawüste in Chile werden größere Mengen von Natriumnitrat (Chilesalpeter[1]) abgebaut.
Heute werden Nitrate vor allem durch Oxidation von Ammoniak mit Hilfe des Ostwaldverfahrens hergestellt. Auch die Ammoniumsalze wie z. B. Ammoniumnitrat (NH_4NO_3) oder Ammoniumsulfat, $(NH_4)_2SO_4$, werden aus Ammoniak durch Umsetzung mit den entsprechenden Säuren hergestellt, z. B.:

$$NH_3 + HNO_3 \rightarrow NH_4NO_3$$

Deshalb ist die Produktion von Ammoniak nach dem Haber-Bosch-Verfahren für die Ernährung der Menschheit von sehr großer Bedeutung. Die Weltproduktion an Stickstoffdüngemitteln betrug 1977 46 Millionen Tonnen und stieg 1979 auf 53,8 Millionen Tonnen an. In der Bundesrepublik Deutschland betrug sie 1979 1,2 Millionen Tonnen.

[1] Der Name der Salpetersäure und auch die Bezeichnung Chilesalpeter für $NaNO_3$ bzw. Kalisalpeter für KNO_3 leiten sich von *sal petrae* (lat.), Felsensalz, ab.

Justus von Liebig (1803–1873)

Justus von Liebig wurde im Jahre 1803 als Sohn eines Farbstoffhändlers in Darmstadt geboren. Schon als Kind beschäftigte er sich in einem kleinen Laboratorium seines Vaters mit chemischen Experimenten. Nach einer Apothekerlehre studierte er Chemie an den Universitäten in Bonn, Erlangen, München und Paris. Seine frühen Erfolge brachten ihm die Unterstützung bedeutender Gelehrter. Liebig war erst 21 Jahre alt, als er auf Empfehlung von Alexander von Humboldt zum Professor der Chemie an der Universität Gießen ernannt wurde. 1842 verlieh ihm der hessische Erzherzog den Adelstitel. 1852 folgte er einem Ruf des bayerischen Königs an die Universität München. Die wissenschaftlichen Interessen Liebigs waren sehr vielseitig. Als Begründer der «Agrikulturchemie» führte er die Mineraldüngung in die Landwirtschaft ein. Von ihm stammen richtungweisende Arbeiten über technische Chemie und über die Zusammensetzung organischer Verbindungen. Er war es auch, der erstmals die bis heute wichtige Ausbildung junger Chemiker im Laboratorium einführte. Viele seiner Schüler sind hervorragende Forscher geworden.

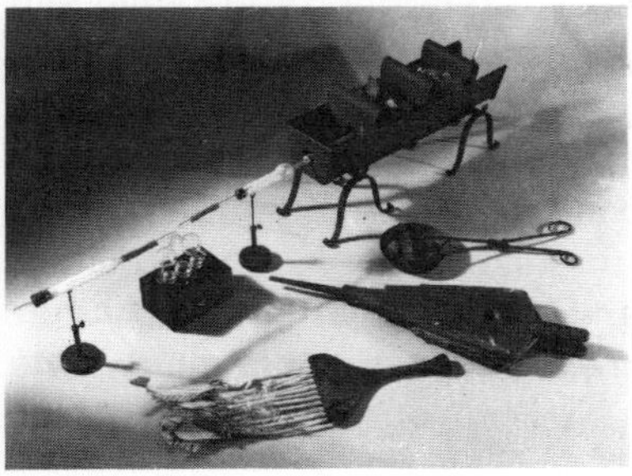

Von Liebig entwickelte Apparatur, mit der die elementare Zusammensetzung von organischen Verbindungen ermittelt werden kann.

Im analytischen Labor in Gießen herrscht drangvolle Enge. Unter den abgebildeten Liebig-Schülern ist August Wilhelm von Hofmann (rechts, vorn) besonders zu erwähnen. Seine Arbeiten begründen das Zeitalter der synthetischen Farbstoffe.

Kaliumsalze und Phosphate als wichtige Bestandteile von Mineraldüngern

3. Die Kaliumsalze der Mineraldünger, z. B. Kaliumnitrat, KNO_3, oder Kaliumsulfat, K_2SO_4, (sogenannte Edelsalze), gewinnt man aus Kalilagern, die sich an vielen Stellen der Erde finden. Auch Deutschland besitzt solche Kalivorkommen. Der Phosphoranteil der Düngemittel stammt aus phosphorhaltigen Erzen, in denen schwerlösliche Phosphate, z. B. Calciumphosphat, $Ca_3(PO_4)_2$, enthalten sind. Diese schwerlöslichen Phosphate werden mit Hilfe von Schwefelsäure in eine wasserlösliche Verbindung übergeführt und so für die Pflanze nutzbar gemacht:

$$Ca_3(PO_4)_2 + 2\,H_2SO_4 \rightarrow \underbrace{Ca(H_2PO_4)_2 + 2\,CaSO_4}_{\text{Superphosphat}}$$

Dabei entsteht ein Gemisch aus Calciumsulfat und einem löslichen Phosphat (Calciumhydrogenphosphat), das als Superphosphat bezeichnet wird und einen wertvollen Mineraldünger darstellt.
Ein großer Teil der heute so wichtigen Phosphatlager, z. B. in Nordafrika, geht auf Ablagerungen von tierischen Ausscheidungen zurück. Noch heute beobachtet man die Entstehung gewaltiger Kotablagerungen von Seevögeln auf Inseln des Stillen Ozeans und der Südsee. Diese als Guano bezeichneten Kotablagerungen sind ein calciumphosphathaltiges Gemisch, das schon lange als Stickstoff- und Phosphatdünger geschätzt wird.
Seit 1927 verwendet man in der Landwirtschaft meist sogenannte Volldünger; das sind Mischdünger, die in jedem Düngerkorn alle Hauptnährstoffe und gelegentlich auch noch die notwendigen Spurenelemente (z. B. Aluminium, Mangan, Bor, Molybdän, Zink, Kupfer) enthalten. Als Spurenelemente

Die wichtigsten Mineraldünger

Trivialname	Formel	Chemische Bezeichnung
Stickstoffdüngemittel		
Ammonsalpeter	NH_4NO_3	Ammoniumnitrat
Chilesalpeter	$NaNO_3$	Natriumnitrat
Harnstoff	H_2NCONH_2	Harnstoff (Carbamid)
Kalisalpeter	KNO_3	Kaliumnitrat
Kalkstickstoff	$CaCN_2 + C$	Calciumcyanamid + Kohlenstoff
Phosphordüngemittel		
Superphosphat	$Ca(H_2PO_4)_2 + 2\,CaSO_4$	Calciumdihydrogenphosphat + Calciumsulfat
Doppelsuperphosphat	$Ca(H_2PO_4)_2$	Calciumdihydrogenphosphat
Thomasmehl (aus der Stahlherstellung)	$Ca_3(PO_4)_2 + CaO$	Calciumphosphat + Calciumoxid
Kalidünger		
Carnallit	$KCl \cdot MgCl_2 \cdot 6\,H_2O$	Kalium-Magnesiumchlorid
Kalimagnesia	$K_2SO_4 \cdot MgSO_4 \cdot 6\,H_2O$	Kalium-Magnesiumsulfat
Mischdünger (Volldünger)		
Nitrophoska	$NH_4Cl + (NH_4)_2HPO_4 + KNO_3$	Ammoniumchlorid + Diammoniumhydrogenphosphat + Kaliumnitrat
Hakaphos	$H_2NCONH_2 + KNO_3 + (NH_4)_2HPO_4$	Harnstoff + Kaliumnitrat + Diammoniumhydrogenphosphat

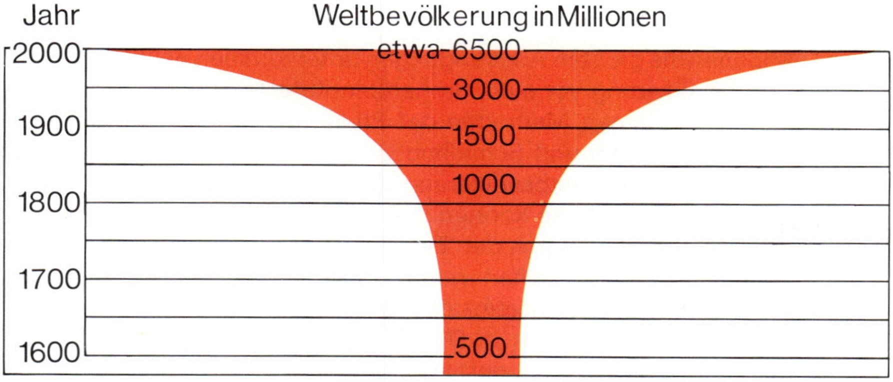

Die Zunahme der Weltbevölkerung seit 1650

bezeichnet man Elemente, die von der Pflanze in nur sehr geringen Mengen benötigt werden.

4. In der vorstehenden Grafik ist die Zunahme der Weltbevölkerung seit 1600 festgehalten. Sie zeigt stark ansteigende Tendenz; insbesondere seit dem Beginn der Industrialisierung ist die Gesamtbevölkerung der Erde in immer stärkerem Maße angewachsen; z. Z. leben ca. 4,5 Milliarden Menschen auf der Welt, bis zum Jahre 2000 rechnet man mit 6 bis 7 Milliarden. Schon heute hungern 800 Millionen Menschen, und 1,3 Milliarden sind einseitig oder unterernährt. Pro Jahr sterben 10 Millionen Menschen an den direkten oder indirekten Auswirkungen des Hungers. Besonders groß ist der Hunger in den Entwicklungsländern: Dort leben 72% der Weltbevölkerung; produziert werden dort aber nur 40% der Weltnahrungsmittelmenge. Die folgende Grafik zeigt den «Hungergürtel» der Erde.

5. Es wird immer schwieriger, die besonders in den Entwicklungsländern explosionsartig anwachsende Bevölkerung mit den nötigen Nahrungsmitteln zu versorgen. Dies bedeutet, daß von den verschiedenen wissenschaftli-

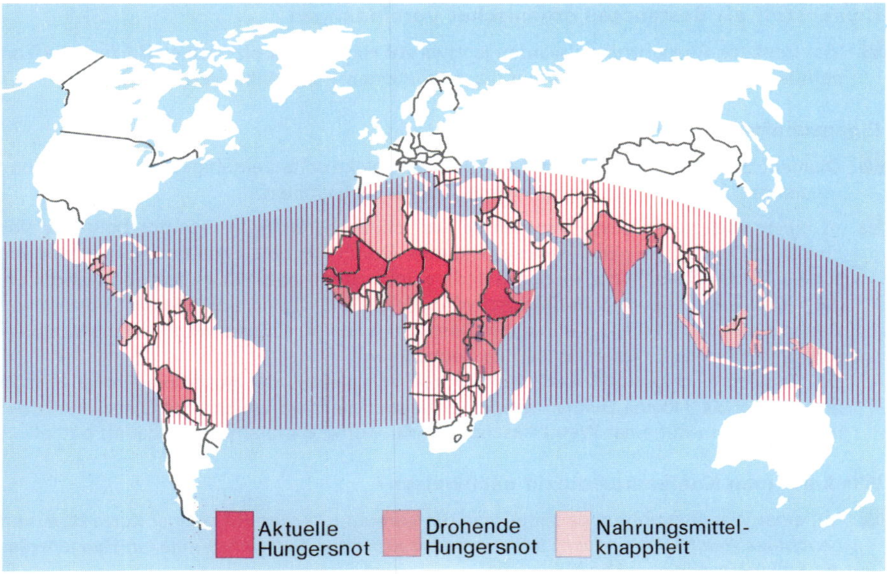

«Hungergürtel» auf der Erde

chen Disziplinen die größten Anstrengungen unternommen werden müssen, um die Weltbevölkerung vor einer drohenden Katastrophe zu bewahren.
Nur durch die modernen Methoden der Pflanzennahrung, Pflanzenzüchtung, Bodenbearbeitung und Schädlingsbekämpfung kann die Ernährung der rasch wachsenden Weltbevölkerung sichergestellt werden.
Was die Düngung betrifft, so können heute ausreichende Nahrungsmittelmengen nicht mehr allein durch den Einsatz von Wirtschaftsdüngern (Mist, Kompost, Jauche usw.) erhalten werden. Die folgende Grafik zeigt, wie durch gezielten Mineraldüngereinsatz die Ertragsleistung wichtiger landwirtschaftlicher Kulturpflanzen in Deutschland innerhalb der letzten 100 Jahre teilweise um rund 400% gesteigert werden konnte.

Mineraldüngeraufwand und Hektarertrag in der Bundesrepublik Deutschland (nach Amberger)

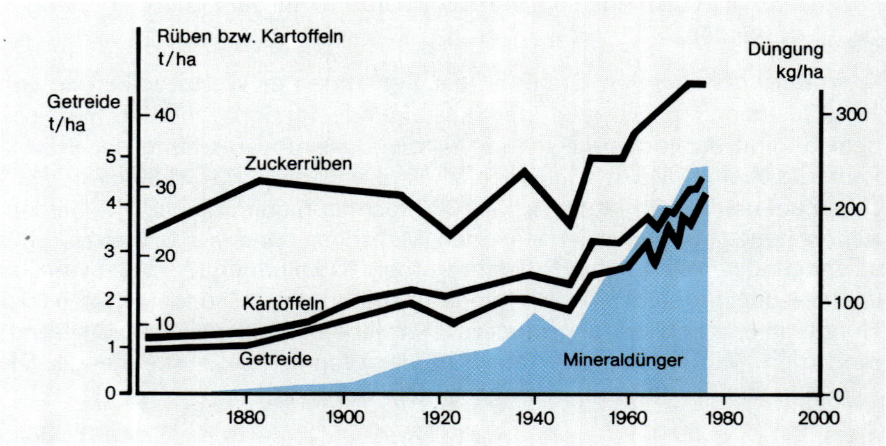

11.8 Kohlenstoff, Kohlenstoffdioxid und Kohlensäure

Kohlenstoff als Bestandteil organischer Verbindungen

V_1 Vier trockene Reagenzgläser werden je etwa zur Hälfte mit Holz, Papier, Zucker und Torf gefüllt. Nach dem Erhitzen werden die verbliebenen Rückstände verglichen.

Eigenschaften von Graphit und Diamant

V_2 Diamant und Graphit werden auf Farbe, Härte, elektrische Leitfähigkeit und Kristallform untersucht. Die Ergebnisse sind in einer Tabelle festzuhalten.

V_3 In einem waagrecht eingespannten schwerschmelzbaren Reaktionsrohr befinden sich zwischen Quarzwolle einige Holzkohlestücke. Durch das eine Ende des Rohres wird ein schwacher O_2-Strom eingeleitet, das andere Ende ist mit zwei Waschflaschen verbunden, die Kalkwasser [Lösung von Calciumhydroxid, $Ca(OH)_2$] und Barytwasser [Lösung von Bariumhydroxid, $Ba(OH)_2$] enthalten. Das Rohr wird von außen erhitzt. Welche Veränderungen sind in den Waschflaschen zu beobachten?
Der Versuch wird zweimal wiederholt, wobei man anstelle der Holzkohle einmal Graphit und dann 2 bis 3 kleine Diamantsplitter verwendet. Bei dem Versuch mit Diamant arbeitet man am besten mit einer Waschflasche, die nur wenig Bariumhydroxidlösung enthält.

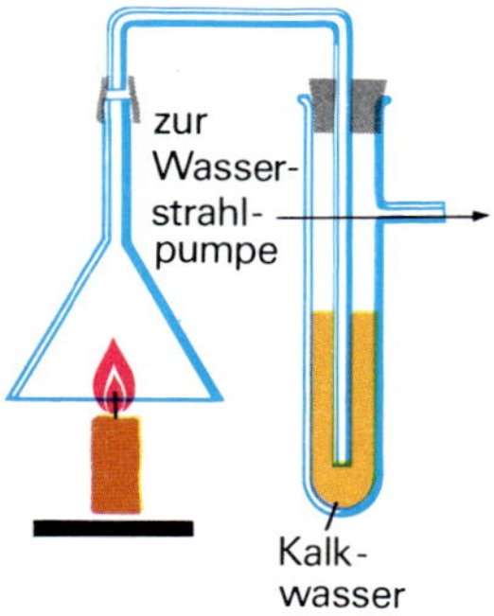

Untersuchung von Verbrennungsgasen mit Kalkwasser (V_4)

Wie kann man Kohlenstoffdioxid nachweisen?

V_4 Mit einer Wasserstrahlpumpe saugt man die Verbrennungsprodukte einer Kerze bzw. von *Leuchtgas (leicht entzündlich; bildet mit Luft explosive Gemische)* in je ein Reagenzglas mit Kalkwasser (siehe Abb.).

V5 Aus einer Stahlflasche mit Kohlenstoffdioxid (CO_2) leitet man Gas in eine Waschflasche, die Kalkwasser enthält, und läßt den Versuch mehrere Minuten laufen. Was geschieht dabei mit dem zunächst gebildeten Niederschlag?

V6 Zwei Waschflaschen, die Kalkwasser enthalten (siehe Abb.), werden mit kurzen Gummischläuchen über ein T-Stück miteinander verbunden. Mit Hilfe eines Schlauches wird Einatmungsluft über W_1 vorsichtig angesaugt und Ausatmungsluft über W_2 ausgeatmet. Wir beobachten, welche Veränderungen und Unterschiede in den Waschflaschen nach mehrmaliger Wiederholung zu erkennen sind.

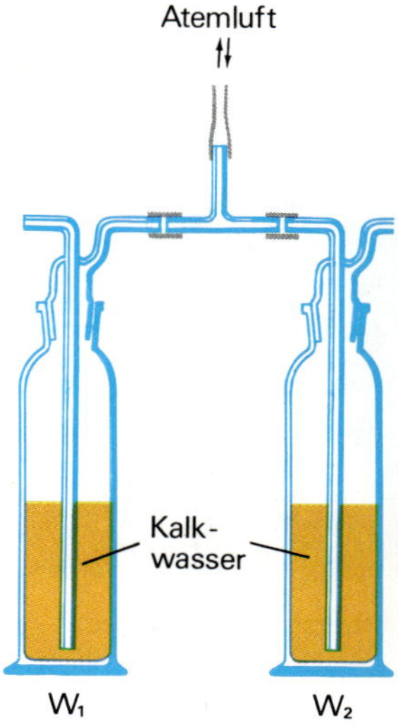

Nachweis von Kohlenstoffdioxid in der Atemluft (V6)

Kohlenstoff als Reduktionsmittel

V7 Wir vermischen 0,1 g Holzkohlepulver intensiv mit 1 g schwarzem Kupferoxid (CuO), bringen das Gemisch in ein schwerschmelzbares Reagenzglas und verschließen es mit Stopfen und Gasableitungsrohr. Das beim Erwärmen entstehende Gas leitet man in ein Reagenzglas mit Kalkwasser.

Welche Eigenschaften besitzt Kohlenstoffdioxid?

V8 Ein Standzylinder wird mit Kohlenstoffdioxid (CO_2) gefüllt. Dann führt man eine brennende Kerze ein.

V9 Vier gleich große Standzylinder werden nebeneinandergestellt. Einer davon wird aus der Stahlflasche mit Kohlenstoffdioxid (CO_2) gefüllt. Der Inhalt wird nacheinander in die anderen Zylinder umgegossen. In den letzten Zylinder gibt man etwas Kalkwasser, verschließt mit einer Glasplatte und schüttelt kräftig durch.

V10 Man leitet einen schwachen Kohlenstoffdioxidstrom durch zwei hintereinandergeschaltete Waschflaschen, die destilliertes Wasser enthalten. Der ersten wurden einige Tropfen Lackmus-, der zweiten Bromthymolblaulösung zugesetzt.

1. Werden pflanzliche Stoffe wie Holz, Papier oder Zucker unter Luftabschluß erhitzt, so erhält man neben brennbaren Gasen einen schwarzen Rückstand. Es handelt sich dabei in erster Linie um Kohlenstoff, ein chemisches Element mit dem Symbol C[1]. Kohlenstoff ist in Form verschiedenartiger Verbindungen in allen Lebewesen enthalten. Er ist auch Bestandteil der einzelnen Kohlesorten wie Braunkohle, Steinkohle oder Anthrazit. Diese Kohlearten sind im Lauf der Erdgeschichte durch Zersetzung von pflanzlichen Stoffen unter Luftabschluß bei hoher Temperatur und hohem Druck entstanden.

Graphit und Diamant sind Modifikationen des Kohlenstoffs

2. Elementarer Kohlenstoff bildet zwei verschiedene Modifikationen: Graphit und Diamant. Durch Oxidation mit Sauerstoff läßt sich zeigen, daß beide Stoffe aus Kohlenstoffatomen aufgebaut sind, obwohl sie sehr unterschiedliche physikalische Eigenschaften besitzen. Die wichtigsten Eigenschaften und Anwendungsgebiete von Diamant und Graphit sind in der folgenden Tabelle zusammengestellt.

Diamant aus Graphit unter hohem Druck

Die beiden Modifikationen sind ineinander umwandelbar. Die Umwandlung von Graphit in den wesentlich wertvolleren Diamant ist seit 1955 bekannt und gelingt unter Anwendung von sehr hohem Druck von über 100 000 bar (10,1 GPa).

$$C_{Graphit} \xrightarrow{100\,000\text{ bar}} C_{Diamant} \qquad | \Delta H = +1{,}9 \text{ kJ/mol}$$

[1] Von *carbo* (lat.) Kohle.

Diamant	Graphit

Struktur:

Tetraedrisches Atomgitter. Sehr hohe Gitterenergie (39 700 kJ/mol). Jedes Atom mit 4 Atombindungen.

Gitterstruktur Diamant

Geschichtetes Atomgitter. Jedes Atom mit 3 Atombindungen. Bewegliche Elektronen zwischen den Schichten.

Gitterstruktur Graphit

Eigenschaften:

Nichtleiter des elektrischen Stroms. Sehr hart, spröde, Mohs-Skala[1]: Härte 10. Schwer spaltbar, oktaedrisch spaltend. Dichte = 3,5 g/cm^3. Farblos, durchsichtig, stark lichtbrechend.

Rohdiamant in Kimberlit

Leiter des elektrischen Stroms. Sehr weich, Mohs-Skala[1]: Härte 1–2. Fühlt sich fettig an. Leicht in Blättchen spaltbar. Dichte = 2,2 g/cm^3. Schwarz, undurchsichtig, glänzend.

Graphit

Verwendung:

Zum Bohren und Schleifen von sehr harten Stoffen, als Achslager, für Präzisionsinstrumente, geschliffene Diamanten («Brillanten») als Edelstein.

Tiegel für Metallschmelzen, Elektroden. Schmiermittel bei hohen Temperaturen, Bleistiftminen (durch Mischen von Graphit mit Ton erhält man die verschieden harten Minen).

[1] Vgl. S. 137

Die Möglichkeit zur Umwandlung von Graphit in Diamant wird zur Herstellung von Industriediamanten ausgenutzt.

3. Wird Kohlenstoff vollständig verbrannt, so entsteht in exothermer Reaktion gasförmiges Kohlenstoffdioxid (CO_2):

Kohlenstoffdioxid: CO_2

$$C + O_2 \rightarrow CO_2 \qquad | \Delta H = -393,8 \text{ kJ}$$

Dieser energieliefernde Vorgang ermöglicht das Heizen mit Kohle. Kohlenstoffdioxid entsteht auch bei der Verbrennung anderer kohlenstoffhaltiger Verbindungen. Bei der Atmung wird der Kohlenstoff organischer Verbindungen im Körper langsam zu Kohlenstoffdioxid oxidiert, wobei Energie freigesetzt wird. Da sich Kohlenstoff sehr leicht oxidieren läßt, kann er als billiges Reduktionsmittel z. B. zur Gewinnung von Metallen aus Oxiden verwendet werden:

Kohlenstoff als wichtiges Reduktionsmittel

$$2\,CuO + C \rightarrow 2\,Cu + CO_2$$

Dabei wird das Kupfer (II)-Ion (Cu^{2+}) des Kupfer (II)-oxids zu elementarem Kupfer reduziert, der Kohlenstoff zu Kohlenstoffdioxid oxidiert:

$$\overset{+II-II}{CuO} + \overset{\pm 0}{C} \rightarrow 2\,\overset{\pm 0}{Cu} + \overset{+IV-II}{CO_2}$$

Kohlenstoff besitzt im Kohlenstoffdioxid die Oxidationszahl + IV.

Kohlenstoffdioxid: schwerer als Luft, erstickt Flammen

4. Kohlenstoffdioxid (CO_2) ist ein farbloses, nicht brennbares Gas. Es ist zu 0,03 Vol. % in der Luft enthalten (in der Ausatmungsluft zu 4 bis 5%). Kohlenstoffdioxid ist ein Bestandteil vulkanischer Gase und bildet sich bei der Gärung.
In einer Kohlenstoffdioxid-Atmosphäre ist weder Verbrennung noch Atmung möglich. Sowohl die Kerzenflamme als auch die Lebewesen «ersticken». Kohlenstoffdioxid wird deshalb in den meisten Feuerlöschern verwendet.
Kohlenstoffdioxid ist mit einer molaren Masse von rund 44 g erheblich schwerer als Luft (Litergewichte: Kohlenstoffdioxid 1,977 g/l, Luft 1,293 g/l); es kann sich deshalb an tiefliegenden Stellen, z. B. in Gärkellern, ansammeln.
Kohlenstoffdioxid läßt sich relativ leicht verflüssigen und kommt in dieser Form in grauen Stahlflaschen in den Handel. Festes Kohlenstoffdioxid geht bei − 78,5 °C direkt in den gasförmigen Zustand über: es sublimiert. Man bezeichnet es deshalb als Trockeneis.
Kohlenstoffdioxidmoleküle sind linear gebaut:

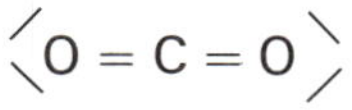

Trotz polarer Atombindungen sind sie daher keine Dipolmoleküle.

Nachweis von Kohlenstoffdioxid mit Kalkwasser

5. Kohlenstoffdioxid kann mit Calciumhydroxidlösung («Kalkwasser») oder mit Bariumhydroxidlösung («Barytwasser») nachgewiesen werden (V4):

$$CO_2 + Ca(OH)_{2\,aq} \rightarrow CaCO_3 + H_2O$$
$$CO_2 + Ba(OH)_{2\,aq} \rightarrow BaCO_3 + H_2O$$

Dabei entstehen weiße Niederschläge von Calciumcarbonat ($CaCO_3$) bzw. Bariumcarbonat ($BaCO_3$). Bei einem Überschuß von Kohlenstoffdioxid löst sich der Niederschlag von $CaCO_3$ wieder auf und bildet eine wasserlösliche Verbindung, das Calciumhydrogencarbonat, mit der Formel $Ca(HCO_3)_2$:

$$CaCO_3 + CO_2 + H_2O \rightarrow Ca(HCO_3)_{2\,aq}$$

Durch unvollständige Verbrennung entsteht giftiges Kohlenstoffmonoxid

6. Wird Kohlenstoff bei sehr hohen Temperaturen (über 1000 °C) oxidiert, so entsteht das farb- und geruchlose Kohlenstoffmonoxid (CO), das wegen seiner großen Giftigkeit gefährlich ist.

$$2\,C + O_2 \rightarrow 2\,CO \qquad |\,\Delta H = -\,221{,}2\ kJ$$

Kohlenstoffmonoxid besteht aus Dipolmolekülen folgender Strukturformel:

$$|C \equiv O|$$

Es verbrennt mit charakteristisch bläulicher Flamme zu CO_2:

$$2\,CO + O_2 \rightarrow 2\,CO_2 \qquad | \Delta H = -566{,}5 \text{ kJ}$$

Kohlenstoffmonoxid bildet sich auch bei der Verbrennung kohlenstoffhaltiger Stoffe (wie Holz, Kohle, Benzin, Heizöl), wenn nicht genügend Sauerstoff vorhanden ist. Die Abgase von Benzinmotoren und schlecht ziehenden Öfen enthalten daher immer Kohlenstoffmonoxid.
Wegen seiner reduzierenden Wirkung wird Kohlenstoffmonoxid als Reduktionsmittel im Hochofenprozeß eingesetzt. Dort bildet sich bei hohen Temperaturen Kohlenstoffmonoxid aus Kohlenstoffdioxid und Kohlenstoff:

$$C + CO_2 \rightarrow 2\,CO \qquad | \Delta H = -172{,}\ 6 \text{ kJ}$$

Satz von Hess: bei unterschiedlichen Reaktionswegen gleiche Reaktionswärmen

7. Beim Vergleich der Reaktionswärmen, die bei der Oxidation von Kohlenstoff entstehen, zeigt sich eine allgemeingültige Gesetzmäßigkeit, die im sogenannten Wärmesatz von Hess[1] (1840) umschrieben wird.

$$\begin{aligned} 2\,C + 2\,O_2 &\rightarrow 2\,CO_2 \qquad | \Delta H = -787{,}7 \text{ kJ} \\ 2\,C + O_2 &\rightarrow 2\,CO \qquad | \Delta H = -221{,}2 \text{ kJ} \\ 2\,CO + O_2 &\rightarrow 2\,CO_2 \qquad | \Delta H = -566{,}5 \text{ kJ} \end{aligned}$$

Addiert man die Reaktionswärmen der beiden letzten Gleichungen, so erhält man den gleichen Betrag, der auch bei der direkten Oxidation von Kohlenstoff zu Kohlenstoffdioxid gemessen wird. Der Satz von Hess besagt, daß die Reaktionswärme, die beim Übergang eines chemischen Systems von einem bestimmten Ausgangszustand (hier C und O_2) in einen bestimmten Endzustand (hier CO_2) abgegeben oder aufgenommen wird, unabhängig vom Weg der Reaktion ist.

Kohlensäure mit Hydrogencarbonat- und Carbonat-Ionen

8. Kohlenstoffdioxid ist in Wasser relativ gut löslich (1 Liter Wasser löst bei 0 °C 1,7 Liter CO_2, bei 20 °C 0,9 Liter CO_2). Die Löslichkeit ist abhängig vom Druck und von der Temperatur.
Beim Auflösen reagiert ein Teil des Kohlenstoffdioxids mit dem Wasser. Die dabei nach der Gleichung

$$CO_2 + H_2O \rightarrow H_2CO_3$$

entstehende Kohlensäure (H_2CO_3) ist als Substanz nicht faßbar.
Beständig sind jedoch die Ionen dieser Säure; kohlensäurehaltiges Wasser enthält daher Hydrogencarbonat-Ionen (HCO_3^-) und Carbonat-Ionen (CO_3^{2-}):

$$\begin{aligned} CO_2 + 2\,H_2O &\rightarrow H_3O^+_{aq} + HCO^-_{3\,aq} \\ HCO^-_{3\,aq} + H_2O &\rightarrow H_3O^+_{aq} + CO^{2-}_{3\,aq} \end{aligned}$$

[1] Hermann H. Hess (1802–1850), Chemieprofessor in St.Petersburg, Mitbegründer der Thermochemie.

A_1 Durch welche chemische Reaktion kann festgestellt werden, daß Diamant und Graphit trotz sehr unterschiedlicher Eigenschaften Modifikationen ein und desselben Elementes sind? Wie lauten die Reaktionsgleichungen?

A_2 Ausatmungsluft enthält mehr Kohlenstoffdioxid als Einatmungsluft. Welcher Schluß läßt sich aus dieser Tatsache ziehen?

A_3 Zinn (Sn) wird aus Zinndioxid (SnO_2) durch Reduktion mit Kohlenstoff gewonnen. Die Reaktionsgleichung soll aufgestellt werden.

A_4 Was geschieht, wenn man Kohlenstoffdioxid im Überschuß in Kalkwasser einleitet? Reaktionsgleichungen!

11.9 Carbonate

Untersuchung von Kalk

V_1 In einem Reagenzglas mit Stopfen und Gasableitungsrohr gibt man zu einem Kalkstück verdünnte Salzsäure. Das entstehende Gas leitet man in Kalkwasser ein. Außerdem tropft man mit der Tropfpipette verdünnte Salzsäure auf verschiedene kalkhaltige Gesteine, auf Kalkrückstände z. B. aus dem Teekessel, auf Eier- oder Muschelschalen bzw. auf Schneckengehäuse. Beobachtung?

V_2 Auf einem Uhrglas, das in den Luftzufuhrschlitz eines Teclubrenners eingeklemmt wurde, gibt man zu Kalkpulver tropfenweise *konzentrierte Salzsäure (ätzend)*. Mit Hilfe eines glühenden Magnesiastäbchens bringt man die reagierenden Stoffe teilweise zum Verdampfen. Was läßt sich in der nichtleuchtenden Brennerflamme beobachten? In einem Parallelversuch prüft man in gleicher Weise Calciumsalze.

Reaktion von Kalk mit kohlensäurehaltigem Wasser

V_3 Der Versuch V_5 von Kapitel 11.8 wird wiederholt. Dann wird ein Teil der entstehenden Lösung im Reagenzglas erhitzt. Beobachtung?

V_4 In einer schwarzen Porzellanschale wird Leitungswasser bis zur Trockne eingedampft. Was läßt sich am Boden in der Porzellanschale beobachten?

Hartes und weiches Wasser

V_5 Mit Hilfe von käuflichen Reagenziensätzen wird die Härte von Leitungswasser und Regenwasser untersucht.

Kalk und Zement als Baustoffe

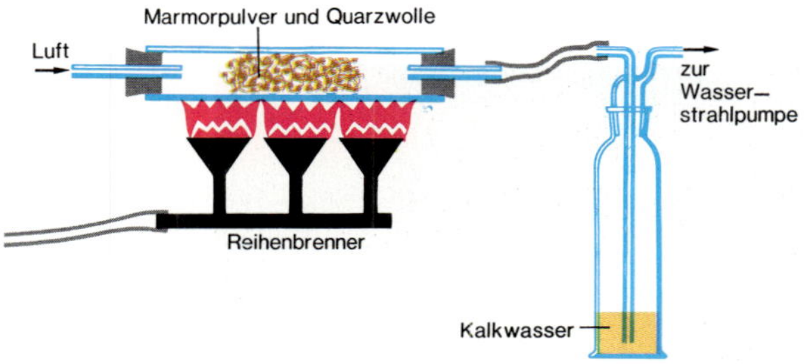

Brennen von Kalk im Versuch (V_6)

V_6 In einem Quarzrohr wird nach Abbildung Marmor- oder Kalkpulver, das sich zwischen Quarzwolle befindet, mit einem Reihenbrenner stark erhitzt. Das beim Erhitzen freiwerdende Gas saugt man mit einer Wasserstrahlpumpe durch Kalkwasser. Beobachtung?

V7 *Frisch gebrannter Kalk (ätzend),* den man sich durch Brennen von Kalk- oder Marmorstücken in einem Tiegelofen hergestellt hat, wird nach Abkühlen in einem Exsikkator im Reagenzglas tropfenweise mit Wasser versetzt. Mit einem Thermometer wird die Temperatur gemessen. Anschließend fügt man etwas Indikatorlösung hinzu.

V8 In einer Porzellanschale wird gelöschter Kalk, $Ca(OH)_2$, mit der 3–4fachen Menge an Sand gut vermischt und durch Wasserzugabe ein steifer Brei angerührt, den man dann einige Tage an der Luft stehenläßt. Was ist danach mit der Lupe zwischen den Sandkörnern zu beobachten?

V9 Etwa 1 Eßlöffel Zement wird mit der gleichen bis doppelten Menge an feinem Sand vermischt und mit Wasser zu einem steifen Brei angerührt. Mit dem Zementmörtel füllt man eine Streichholzschachtel und läßt sie etwa 1/2 Stunde an der Luft stehen. Dann bringt man sie mit der Streichholzschachtelhülle unter Wasser. Was ist nach einigen Tagen zu beobachten?

Kalkstein enthält vor allem Calciumcarbonat ($CaCO_3$)

1. Ein weitverbreitetes Gestein ist der Kalk. Kalk baut ganze Gebirgszüge auf, so z. B. die Schwäbische und Fränkische Alb, den Jura und die Kalkalpen. Er entstand in früheren Perioden der Erdgeschichte durch Kalkausscheidungen und Kalkablagerungen von Meerestieren und Meerespflanzen. Kalk besteht vor allem aus Calciumcarbonat ($CaCO_3$). Aus Kalk bzw. kalkhaltigem Material läßt sich mit Hilfe von Salzsäure Kohlenstoffdioxid freisetzen (V1):

$$CaCO_3 + 2\,HCl \rightarrow CaCl_2 + H_2O + CO_2$$

Diese Reaktion dient dem Geologen im Gelände auch zur Erkennung carbonathaltiger Gesteine: Auf das zu untersuchende Gestein läßt man

Calciumcarbonat ($CaCO_3$) kommt in der Natur in zwei kristallinen Modifikationen vor: Calcit und Aragonit. Entscheidend für die Entstehung dieser Mineralien ist die Temperatur. Calcit bildet sich aus Lösungen unter 30 °C, Aragonit aus Lösungen über 30 °C.

Calcit (Cumberland)

Aragonit auf Sandstein (Südtirol)

Calcit ist in über 100 verschiedenen „Kristalltrachten" bekannt. Große Kristalle zeigen besonders deutlich die Doppelbrechung des Lichts („Doppelspat").

Calcit (Erzgebirge)

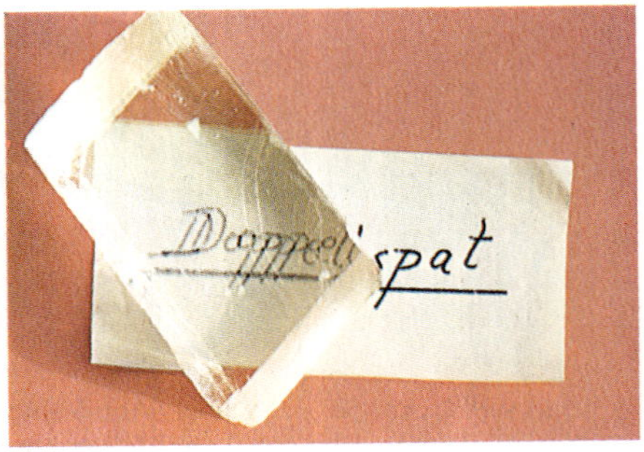

Doppelspat (Island)

etwas Salzsäure auftropfen. Kommt es dabei unter Aufschäumen zur Kohlenstoffdioxidentwicklung, so ist das Gestein carbonathaltig.
Besonders reines Calciumcarbonat liegt vor in Marmor, Kreide und Kalkspat. Der Dolomit enthält neben Calciumcarbonat auch noch Magnesiumcarbonat: $MgCO_3 \cdot CaCO_3$.
Gröbere im Kalkstein vorhandene Calciumcarbonatkristalle werden als Calcit bezeichnet. Sie sind farblos, beziehungsweise – als Folge der Lichtbrechung an den Kristallflächen – weiß. Reiner Kalkstein bildet daher oft leuchtend weiße Felsen. Viele Kalke enthalten aber neben Calciumcarbonat noch andere Stoffe, z. B. Ton oder Eisenoxid. Das Gestein erscheint dann grau oder rötlich braun.

Kohlenstoffdioxidhaltiges Wasser löst den Kalk

2. In reinem Wasser ist Calciumcarbonat nahezu unlöslich. Enthält das Wasser jedoch Kohlenstoffdioxid, dann steigt die Löslichkeit beträchtlich an. Wasser und Kohlenstoffdioxid reagieren nämlich mit Calciumcarbonat unter Bildung von löslichem Calciumhydrogencarbonat, $Ca(HCO_3)_2$.

$$CaCO_3 + H_2O + CO_2 \rightarrow Ca(HCO_3)_2$$

Das Kohlenstoffdioxid stammt zunächst aus der Luft, aber auch aus den Stoffwechselvorgängen der Bodenbewohner. Regenwasser, das durch den Boden gesickert und anschließend in die Spalten des darunter liegenden Kalkgesteins eingedrungen ist, greift dieses Gestein an. Im Laufe von langen Zeitperioden werden die Spalten erweitert, es entstehen breite Klüfte und Höhlen, in denen das Wasser rasch abfließt. Gebirgszüge aus Kalkgestein sind daher an ihrer Oberfläche meist wasserarm mit karger Vegetation. Ein bekanntes Beispiel dafür ist der jugoslawische Karst. Hat das Wasser die Möglichkeit, in immer tiefere Gesteinsschichten einzusickern, dann sinkt der Grundwasserspiegel immer weiter ab. Viele Höhlen trocknen dann aus und werden für den Menschen begehbar. Das durch den Berg sickernde Wasser tritt erst im Tal wieder zutage, dann allerdings in großen Quellen mit beträchtlicher Wasserführung.

Wasserhärte durch Ca^{2+}-Ionen

3. Das in diesen Quellen austretende Wasser enthält Calciumhydrogencarbonat in Form freibeweglicher Ionen, also Calcium-Ionen, Ca^{2+}, und Hydrogencarbonat-Ionen, HCO_3^-. Solches Wasser bezeichnet man als hartes Wasser. Die Härte des Wassers wird in «deutschen Härtegraden»[1] gemessen. Wasser aus dem Kalk der Schwäbsichen Alb hat etwa 25 deutsche Härtegrade; weiches Wasser aus dem Schwarzwald, dessen Quellen im Bereich von Urgesteinen (z. B. Granit) liegen, weist nur 2 bis 4 deutsche Härtegrade auf.

Abscheidung von Kalk aus hartem Wasser

4. Die Reaktion, nach der sich Calciumcarbonat mit Wasser und Kohlenstoffdioxid zu Calciumhydrogencarbonat umsetzt, ist umkehrbar. Aus dem harten Wasser kann daher Kalk ausfallen (V3):

$$Ca(HCO_3) \rightarrow CaCO_3 + H_2O + CO_2$$

[1] 1 Grad deutscher Härte entspricht dabei einem Gehalt von 10 mg Calciumoxid (CaO) pro Liter Wasser.

Das geschieht vor allem dann, wenn dem Wasser Kohlenstoffdioxid entzogen wird, zum Beispiel beim Erhitzen, durch Wasserpflanzen oder auch durch Diffusion. So entsteht im Teekocher oder in Heizungsrohren Kesselstein. Besonders viel Kalk scheidet sich aus stark bewegtem Wasser ab, an den Gefällstufen der Bäche oder an Wasserfällen. Viele Täler der Schwäbischen Alb sind mit dem aus hartem Wasser abgeschiedenen Kalktuff buchstäblich ausgekleidet.

Kalk in Heißwasserrohren

Tropfsteine sind Ablagerungen von Kalksinter

5. Besonders attraktive Kalksintergebilde sind die Tropfsteine. Sie entstehen im Laufe vieler Jahrhunderte in Höhlen dadurch, daß das kalkhaltige Wasser immer an derselben Stelle herabtropft. Jedesmal, wenn ein Tropfen an der Höhlendecke hängt, und jedesmal, wenn er am Höhlenboden aufschlägt, verliert das Wasser Kohlenstoffdioxid, und außerdem verdunstet etwas Wasser. Dabei wird jedesmal eine winzige Menge an Kalk abgeschieden. Im

Tropfsteine in der Bärenhöhle bei Erpfingen/Schwäbische Alb

Uracher Wasserfall: Terrasse und Sporn bestehen aus abgeschiedenem Kalktuff. Im Laufe der Jahre wachsen sie immer weiter nach außen.

Laufe langer Zeiträume wachsen so die Tropfsteine sowohl von der Höhlendecke nach unten wie auch vom Höhlenboden nach oben. Eventuell entsteht so eine durchgehende Kalksäule.

6. Kalk wird technisch vielseitig genutzt. Er dient als Baustein, als Schotter sowie zur Herstellung von Kalkmörtel und Zement.
Zur Mörtelherstellung wird der Kalk zunächst gebrannt, d.h. auf etwa 1000 °C erhitzt. Dabei entsteht unter Abgabe von Kohlenstoffdioxid das Calciumoxid, der «gebrannte Kalk».

$$CaCO_3 \rightarrow CaO + CO_2 \qquad | \Delta H = +167 \text{ kJ}$$

Gebrannter Kalk: CaO

Anschließend wird dieser gebrannte Kalk gelöscht, d. h. mit Wasser versetzt; so entsteht Calciumhydroxid, der «gelöschte Kalk».

$$CaO + H_2O \rightarrow Ca(OH)_2 \qquad | \Delta H = -63 \text{ kJ}$$

Gelöschter Kalk: $Ca(OH)_2$

Gelöschter Kalk wird mit überschüssigem Wasser sowie mit dem doppelten bis vierfachen Volumen an Sand zu einem Brei angerührt und dient so seit alters her als Luftmörtel. Beim Mauern tritt zunächst das überschüssige Wasser aus (= «Abbinden» des Mörtels), später reagiert das Calciumhydroxid mit dem Kohlenstoffdioxid der Luft wieder zu Calciumcarbonat:

$$Ca(OH)_2 + CO_2 \rightarrow CaCO_3 + H_2O$$

Die dabei entstehenden Calciumcarbonatkristalle verkitten die Sandkörner und Bausteine fest miteinander. Wir haben es also insgesamt mit einem Kreislauf des Kalks zu tun.

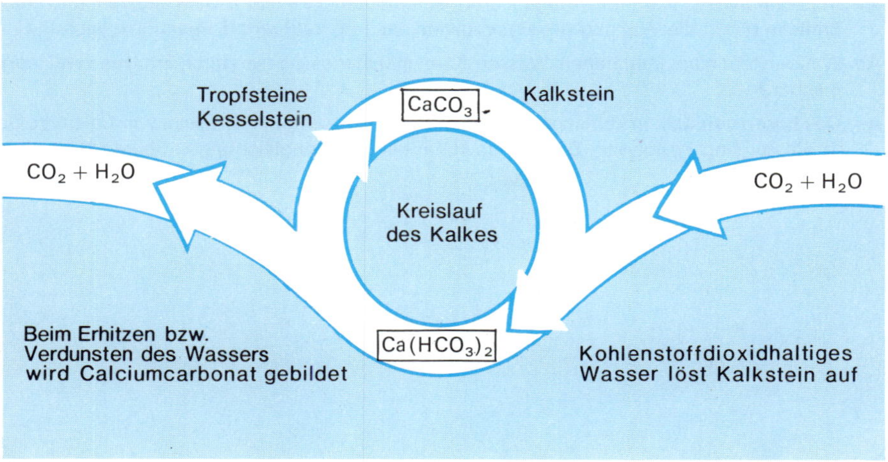

Kreislauf des Kalks

7. Die moderne Betonbauweise verwendet als Baumaterial Zement. Zu seiner Herstellung wird in großen, bis zu 100 m langen Drehrohröfen ein Gemisch aus Kalk und Ton erhitzt. Als Rohstoffe dienen meist Kalkmergel, in denen diese beiden Bestandteile bereits im richtigen Mischungsverhältnis vorliegen. Beim Brennen entstehen Verbindungen, die insbesondere Calciumoxid und Siliciumdioxid (SiO_2) sowie in geringen Mengen Aluminiumoxid (Al_2O_3) und Eisenoxid (Fe_2O_3) enthalten.

Zement aus Kalk und Ton

Dieser Zement erhärtet im Unterschied zum Luftmörtel auch unter Wasser. Zum Aushärten wird nämlich nicht Kohlenstoffdioxid, sondern Wasser benötigt. Dabei wird Wasser an die Calcium-Silicium-Aluminiumverbindungen gebunden, wobei sich kristallwasserhaltige Calciumsilikatkristalle bilden. Diese entstehenden Kristallnadeln verfilzen sehr eng und geben dadurch dem Zement seine hohe Festigkeit. Wie den gelöschten Kalk verwendet man auch den Zement nicht in reiner Form, sondern als Mischung mit Sand oder Kies. Ausgehärtet wird dieses Gemisch zu Beton.

8. Technisch wichtige Carbonate sind auch die Soda, ein kristallwasserhaltiges Natriumcarbonat ($Na_2CO_3 \cdot 10\ H_2O$), und das Kaliumcarbonat (K_2CO_3). Sie werden beide zur Herstellung von Glas sowie in der Seifenindustrie verwendet. Die Reaktion von Hydrogencarbonaten mit Säure wird bei Feuerlöschern mit Kohlenstoffdioxid ausgenutzt:

$$NaHCO_3 + HCl \rightarrow NaCl + H_2O + CO_2$$

Das entstehende Kohlenstoffdioxid drückt z. B. bei Schaumlöschern nicht nur das Löschmittel aus dem Vorratsbehälter; es bildet außerdem infolge seiner Dichte über dem Brandherd eine Schicht, die dem Luftsauerstoff den weiteren Zutritt versperrt.

A_1 Welche Reaktion läuft ab, wenn man Kohlenstoffdioxid im Überschuß in Kalkwasser einleitet?

A_2 Was geschieht, wenn man kalkhaltiges Wasser erhitzt? Reaktionsgleichung!

A_3 Was versteht man unter dem Brennen bzw. Löschen von Kalk?

A_4 In Backpulver ist Natriumhydrogencarbonat enthalten. Wie läßt es sich erklären, daß beim Erhitzen durch die Wirkung des Backpulvers der Teig «aufgeht»? Reaktionsgleichung!

A_5 Was versteht man unter hartem Wasser? Kann man hartes Wasser durch Erhitzen «weicher» machen?

A_6 Das Lösen von Kalk in kohlenstoffdioxidhaltigem Wasser und das Lösen von Calciumoxid in Wasser sind Protolysen. Das soll an Hand der Teilchengleichungen überprüft werden.

12 Kohlenwasserstoffe, Erdöl, Kohle

12.1 Sonderstellung der Kohlenstoffchemie

Was haben organische Verbindungen gemeinsam?

V1 In verschiedenen Reagenzgläsern werden folgende Stoffe erhitzt: Sägemehl, Federn, Zucker, Aspirin, ein Waschmittel. Man versucht, die an der Mündung des Reagenzglases austretenden gasförmigen Stoffe zu entzünden.

V2 In einem trockenen Standzylinder werden 1 bis 2 Tropfen *Benzin (feuergefährlich)* verbrannt, die man in einem Verbrennungslöffel entzündet hat. Man beobachte die Wände des Standzylinders und prüfe dann die Verbrennungsprodukte mit Kalkwasser.

Organische Verbindungen enthalten Kohlenstoff

1. Die Untersuchung von Stoffen aus dem Pflanzen- und Tierreich zeigt, daß darin stets das Element Kohlenstoff enthalten ist. Beim Verbrennen entstehen jeweils Kohlenstoffdioxid und Wasser. Damit sind die Elemente Kohlenstoff und Wasserstoff als Bestandteile der Organismen nachgewiesen. Die Analyse zeigt, daß daneben auch noch andere Elemente in den organischen Stoffen vorkommen, z. B. Sauerstoff, Stickstoff, Schwefel, Halogene und Phosphor.

2. In der Mitte des 18. Jahrhunderts widmete sich vor allem Scheele[1] der Isolierung von Stoffen aus pflanzlichen und tierischen Produkten. Trotz intensiver Bemühungen gelang es aber nicht, solche Verbindungen der belebten Natur im Reagenzglas künstlich herzustellen. Daher schien sich immer mehr die Vorstellung zu bestätigen, daß Verbindungen der lebenden Organismen nur mit Hilfe einer «Lebenskraft», der sogenannten Vis vitalis, aufgebaut werden können. So schlug Berzelius 1807 vor, die kohlenstoffhaltigen Verbindungen der belebten Natur als sogenannte «organische» Verbindungen zu bezeichnen und sie den Stoffen der unbelebten Natur, den anorganischen Verbindungen, gegenüberzustellen.

Friedrich Wöhler (1800–1882), Professor der Chemie in Berlin und Göttingen. Entdecker des Aluminiums, bedeutende Experimentaluntersuchungen über Harnstoff, Harnsäure, Benzoesäure und Cyansäure

3. Im Jahre 1828 gelang es jedoch Wöhler, die Ansicht der «Vitalisten» zu widerlegen. Er stellte Harnstoff, also einen typisch «organischen» Stoff, aus einer anorganischen Substanz, dem Ammoniumcyanat, her:

$$NH_4OCN \xrightarrow{\text{Erhitzen}} \underset{\text{Harnstoff}}{CO(NH_2)_2}$$

«Harnstoff ohne Nieren»

Mit dieser Synthese, der bald weitere folgten, war bewiesen, daß prinzipiell auch organische Verbindungen im Labor hergestellt werden können. Wöhler war sich der Bedeutung dieser Tatsache bewußt, als er seinem Lehrer Berzelius schrieb: «... und muß Ihnen sagen, daß ich Harnstoff machen kann, ohne dazu Nieren oder überhaupt ein Thier, sei es Mensch oder Hund, überhaupt nötig zu haben.»

[1] Carl Wilhelm Scheele (1742–1786), Apotheker und Chemiker. Er entdeckte Chlor (siehe Seite 104), Sauerstoff, Mangan und isolierte aus Naturstoffen Oxalsäure und Glycerin.

Damit war die Einteilung in anorganische und organische Chemie eigentlich gegenstandslos geworden. Wenn heute die Chemie des Kohlenstoffs[1] dennoch als «organische Chemie» von der Chemie der übrigen Elemente abgegrenzt wird, so geschieht dies zum Teil aus historischen Gründen. Die Sonderstellung der organischen Chemie ist jedoch auch deshalb berechtigt, weil vom Element Kohlenstoff mehr Verbindungen bekannt sind (einige Millionen) als von allen anderen Elementen zusammen (etwa 200 000).

Vielfalt organischer Verbindungen: Ketten, Ringe, Einfach- und Mehrfachbindungen

4. Die Vielfalt der organischen Kohlenstoffverbindungen erklärt sich folgendermaßen:

- Das Kohlenstoffatom besitzt vier Valenzelektronen und hat die Möglichkeit, vier Atombindungen einzugehen, wobei Moleküle entstehen können. Die theoretische Möglichkeit, C^{4+}- bzw. C^{4-}-Ionen zu bilden, wird im allgemeinen nicht realisiert, da dabei zu große Energien aufgewendet werden müßten.
- Die wichtigste Besonderheit des Kohlenstoffs besteht darin, daß sich seine Atome in den Molekülen nahezu unbegrenzt untereinander zu Ketten, Ringen, Netzen oder dreidimensionalen Gerüsten verbinden können. Die dabei entstehenden C—C-Bindungen sind bei Raumtemperatur sehr beständig.
- Das Kohlenstoffatom besitzt wie keine andere Atomart die Fähigkeit, mit benachbarten Kohlenstoffatomen neben der C—C-Einfachbindung auch Doppelbindungen (C=C) und Dreifachbindungen (C≡C) zu bilden, wodurch die Zahl der möglichen Verbindungen weiter ansteigt.
- In vielen Kohlenstoffverbindungen sind trotz gleicher Summenformel unterschiedliche Atomanordnungen möglich, eine Erscheinung, die als Isomerie bezeichnet wird. Auch dadurch wird die Zahl der möglichen Verbindungen erhöht.
- Weitere Verbindungsmöglichkeiten ergeben sich durch das Auftreten von «Fremdatomen» (z. B. N, O, S) in oder an den Kohlenstoffketten und -ringen.

C—C-Bindungen stabiler als Si—Si-Bindungen

5. Obwohl sich das Element Silicium in derselben Gruppe des Periodensystems findet wie der Kohlenstoff, zeigt es in vielen Fällen ein anderes chemisches Verhalten. Silicium vermag zwar wie Kohlenstoff Ketten zu bilden, jedoch sind diese wesentlich kürzer und vor allem relativ instabil. Doppel- und Dreifachbindungen des Siliciums konnten bisher nicht beobachtet werden; dafür ist das Siliciumatom bereits zu groß. Die Orbitale können hier nicht mehr im nötigen Umfang überlappen.
Si—Si-Bindungen sind weniger stabil als C—C-Bindungen. Die Bindungsenergie der C—C-Bindung (Bindungslänge 154 pm) beträgt 347 kJ/mol, die der Si—Si-Bindung mit der größeren Bindungslänge von 234 pm jedoch nur 177 kJ/mol. Ähnliches gilt für die Si—H-Bindung (294 kJ/mol), die eine erheblich geringere Bindungsenergie besitzt als die C—H-Bindung (413 kJ/mol).

[1] Das Element Kohlenstoff, die Kohlenstoffoxide, Kohlensäure und die Carbonate werden der «anorganischen» Chemie zugeordnet.

Das unterschiedliche Verhalten z. B. von Kohlenstoff- bzw. Silicium-Wasserstoffverbindungen ist auch auf die unterschiedlichen Elektronegativitätswerte zurückzuführen. Während das Wasserstoffatom in der C—H-Bindung der positiver geladene Partner ist, trägt es in der Si—H-Bindung die negative Teilladung.
Aus diesem Grunde sind auch Si—O-Bindungen (451 kJ/mol) stabiler als C—O-Bindungen (351 kJ/mol). So kommt Silicium in vielen Gesteinen in Form von Sauerstoffverbindungen, den sogenannten Silicaten, vor.

12.2 Das Tetraedermodell des Methans

Wie kann man Methan herstellen?

V1 In einem Erlenmeyerkolben mit Gummistopfen und Gasableitungsrohr fügt man zu etwa 5 g Aluminiumcarbid (Al_4C_3) etwas Wasser und erwärmt vorsichtig. Das *entstehende Gas (feuergefährlich)* wird in einer mit Wasser gefüllten pneumatischen Wanne in mehrere Standzylinder geleitet. Einer der Zylinder wird nur zu $^1/_{10}$ des Volumens mit dem Gas gefüllt. Welche Eigenschaften des Gases lassen sich beobachten?

Welche Zusammensetzung hat Methan?

V2 Unter einem Trichter läßt man eine Erdgasflamme brennen. Die Verbrennungsprodukte werden mittels Wasserstrahlpumpe durch ein gekühltes U-Rohr und durch eine Waschflasche mit Kalkwasser gesaugt.

Eigenschaften von Methan

V3 In einem Standzylinder wird das in Versuch V1 erhaltene *Gas* auf Brennbarkeit untersucht. Dann gibt man etwas Kalkwasser, $Ca(OH)_2$, in den Zylinder, verschließt mit einer Glasscheibe und schüttelt. Welche Verbindung läßt sich nachweisen?

V4 In den nur zu $^1/_{10}$ mit *Gas* gefüllten Standzylinder gemäß Versuch V1 werden $^9/_{10}$ Luft eingeleitet. Dann wird der Standzylinder *mit einem Tuch umwickelt* und das *Gasgemisch (explosiv; Schutzbrille!)* gezündet.

1. Reagiert Aluminiumcarbid (Al_4C_3) mit Wasser, so erhält man ein farb- und geruchloses Gas (Sdt. −161,4 °C) mit der Verhältnisformel CH_4, das Methan: Methan: CH_4

$$Al_4C_3 + 12\,H_2O \rightarrow 4\,Al(OH)_3 + 3\,CH_4$$

Methan brennt mit fahler Flamme, wobei Kohlenstoffdioxid und Wasser entstehen (V3):

$$CH_4 + 2\,O_2 \rightarrow CO_2 + 2\,H_2O \qquad |\,\Delta H = -883\text{ kJ}$$

Da die Verbrennung stark exotherm abläuft, ist natürlich vorkommendes Methan als Heizgas und Motorentreibstoff von großer Bedeutung. Mit Luft bildet Methan explosive Gemische, wobei die Explosionsgrenze bei 6 bis 12 Vol.% Methan liegt.
Eine Molmassenbestimmung des Methans ergibt den Wert 16 g. Dies zeigt, daß das Methanmolekül nur 1 Kohlenstoffatom und 4 Wasserstoffatome enthält. Weitere Untersuchungen haben gezeigt, daß alle Wasserstoffatome gleich fest an das Kohlenstoffatom gebunden sind und die Bindungslänge 107 pm beträgt. Der H—C—H-Bindungswinkel beträgt 109° 28′.

Methanmolekül und Elektronenkonfiguration des Kohlenstoffatoms

2. Die Bildung von vier Bindungen durch Kohlenstoff im Methan läßt sich aus der Elektronenkonfiguration des Kohlenstoffs (siehe Kapitel 6.7)

$_{6}$C 1s [↑↓] 2s [↑↓] 2p [↑ | ↑ |]

nicht ohne weiteres verstehen: Das Kohlenstoffatom besitzt zwar vier Valenzelektronen, doch liegen im Grundzustand nur zwei einfach besetzte 2p-Orbitale vor, die mit den 1s-Orbitalen von nur zwei Wasserstoffatomen zu Atombindungen überlappen könnten. Zu erwarten wäre also eine Verbindung mit der Formel CH_2.

Da dies mit den Tatsachen nicht übereinstimmt, nimmt man an, daß das Kohlenstoffatom zunächst aus dem Grundzustand unter Energieaufnahme in einen angeregten Zustand übergeht. Dabei wird ein Elektron des doppelt besetzten 2s-Orbitals in das noch freie 2p-Orbital gehoben, wodurch vier einfach besetzte Orbitale gebildet werden:

$_{6}$C 1s [↑↓] 2s [↑] 2p [↑ | ↑ | ↑]

Würde das Kohlenstoffatom in diesem angeregten Zustand mit vier Wasserstoffatomen polare Atombindungen eingehen, so müßten drei Wasserstoffatome anders an das Kohlenstoffatom gebunden werden als das vierte. Experimentelle Untersuchungen zeigen jedoch, daß im Methanmolekül die vier Bindungen der Wasserstoffatome an das Kohlenstoffatom völlig gleichwertig sind.

Vier gleichwertige sp^3-Hybridorbitale

3. Für das Kohlenstoffatom schlug Pauling deshalb eine abgewandelte Modellvorstellung vor, den sogenannten hybridisierten Zustand. Man nimmt dabei an, daß die drei senkrecht aufeinanderstehenden 2p-Orbitale und das kugelsymmetrische 2s-Orbital beim angeregten Kohlenstoffatom vier gleichwertige sogenannte sp^3-Hybridorbitale bilden:

$_{6}$C sp^3-hybr. 1s [↑↓] $2sp^3$ [↑ | ↑ | ↑ | ↑]

Dies wird als sp^3-Hybridisierung des Kohlenstoffs bezeichnet. Die Hybridorbitale können wirkungsvoller als reine s- und p-Orbitale mit anderen Orbitalen überlappen und erstrecken sich räumlich in die Ecken eines regulären Tetraeders.

Überlappung von einem p- mit einem s-Orbital bzw. von einem s- mit einem sp^3-Hybridorbital

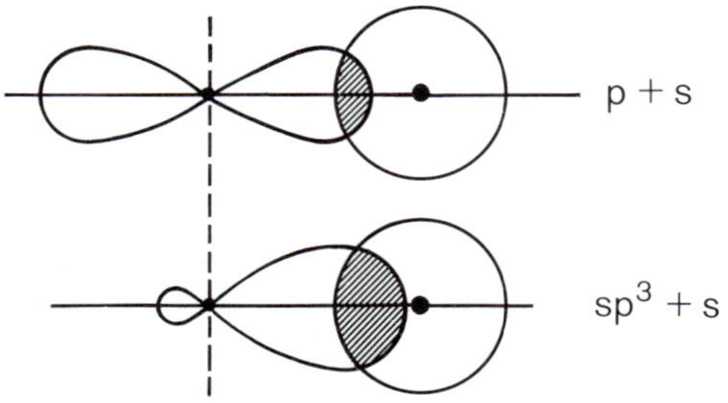

Tetraederanordnung der sp^3-Hybridorbitale

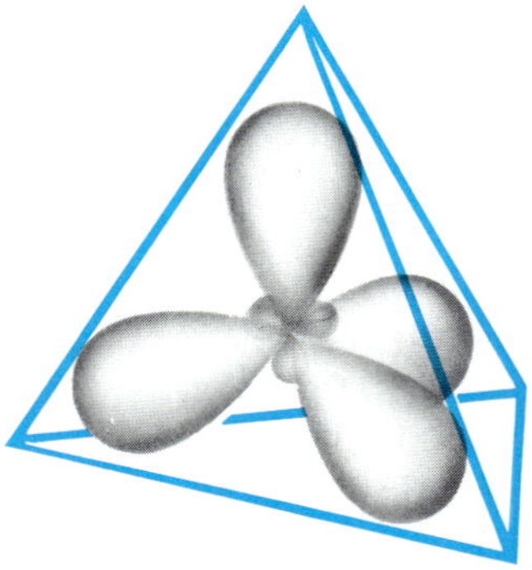

4. Im Methanmolekül überlappen also die vier gleichwertigen sp^3-Hybridorbitale des Kohlenstoffatoms mit den kugelsymmetrischen 1s-Orbitalen von

Zwei Molekülmodelle des Methans: Das linke Modell zeigt besonders gut die Winkel im Methanmolekül, das rechte insbesondere die Größenverhältnisse der Atome.

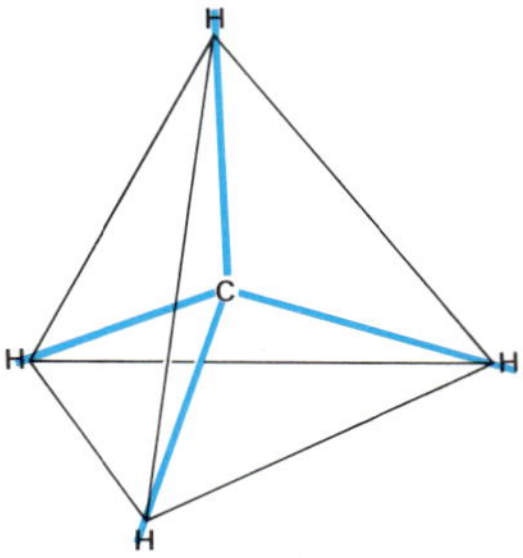

Methanmolekül: Die Wasserstoffatome sitzen in den Ecken eines Tetraeders

vier Wasserstoffatomen. Es entstehen vier untereinander völlig gleichartige Atombindungen. Das Kohlenstoffatom des Methanmoleküls steht dabei im Mittelpunkt eines regulären Tetraeders, die Wasserstoffatome in den Ecken. Der Bindungswinkel von 109° 28′ entspricht dem «Tetraederwinkel», d. h. dem Winkel zwischen zwei Strahlen, die durch das Zentrum und je eine Ecke des Tetraeders verlaufen. Die von Pauling vorgeschlagene Modellvorstellung wird damit den tatsächlichen Verhältnissen des Methanmoleküls gerecht.

Die Struktur des Methanmoleküls wird gewöhnlich durch nebenstehende Strukturformel dargestellt. Im Gegensatz zu den obigen Abbildungen läßt diese Formel die räumliche Anordnung der Atome unberücksichtigt. Es handelt sich lediglich um eine Projektion in die Papierebene.

Strukturformel von Methan:

```
   H
   |
H—C—H
   |
   H
```

5. Viele Eigenschaften des Methans lassen sich aus der Art der chemischen Bindungen im Methanmolekül verstehen. Infolge der geringen Elektronegativitätsdifferenz zwischen Kohlenstoff (EN 2,5) und Wasserstoff (EN 2,1) sind die Atombindungen im Methan nur schwach polar. Das Kohlenstoffatom besitzt eine schwach negative, die vier Wasserstoffatome haben je eine schwach positive Teilladung. Infolge der Tetraederstruktur fallen die Ladungsschwerpunkte zusammen. Methan ist deshalb kein Dipolmolekül. Die zwischenmolekularen Kräfte sind daher gering, so daß Methan bei Zimmertemperatur ein Gas ist. In Wasser ist es nur schwach, in unpolaren Lösungsmitteln dagegen gut löslich. Methan gibt praktisch keine Protonen ab, reagiert also nicht als Säure. Es reagiert jedoch mit Radikalen, also Teilchen mit ungepaarten Elektronen. Dabei wird die C—H-Bindung homolytisch gespalten. Die Oxidation des Methans mit Sauerstoff bei höherer Temperatur ist eine solche Radikalreaktion.

Eigenschaften des Methans: gasförmig, brennbar, kaum wasserlöslich

A_1 Welche Fakten begründen die Sonderstellung der Kohlenstoffchemie?

A_2 Wieviel Gramm Aluminiumcarbid werden benötigt, um unter Normbedingungen 10 Liter Methan zu erhalten?

A_3 Welche Elektronenkonfigurationen können für das Kohlenstoffatom im Grundzustand, im angeregten Zustand und im hybridisierten Zustand angenommen werden? Welche experimentell ermittelten Ergebnisse sollen durch diese Annahmen erklärt werden?

A_4 Welcher Bindungstyp liegt im Methanmolekül vor, wenn man die Elektronegativitätsunterschiede beachtet?

12.3 Alkane und Cycloalkane

Vorsicht: Alle Alkane sind brennbar. Leichtflüchtige Alkane (z.B. Propan,, Hexan, Heptan, Benzin) sind leicht entzündlich; als Gase bzw. Dämpfe bilden sie mit Luft explosive Gemische.

Wie verhalten sich Alkane beim Verbrennen?

V_1 Ein Standzylinder wird durch Luftverdrängung mit *Propan* gefüllt. Das *Gas* wird entzündet.

V_2 In einem völlig trockenen Standzylinder werden 1 bis 2 Tropfen *Hexan* oder *Heptan* in einem Verbrennungslöffel verbrannt. Man beobachtet die Wände des Standzylinders und prüft dann die Verbrennungsprodukte mit Kalkwasser.

V_3 Wenige Milliliter folgender Stoffe werden in je einen Porzellantiegel gegeben: *Hexan, Leichtbenzin, Schwerbenzin,* Petroleum, Dieselöl, Paraffinöl. Dann versucht man, die Stoffe mit Hilfe eines brennenden Holzspans zu entzünden. Eventuell ist vorsichtiges Erwärmen notwendig.

Eigenschaften und Reaktionen von Alkanen

V_4 Im Reagenzglas werden gleiche Mengen von *Benzin* und Wasser unter Schütteln vermischt.

V_5 In einem Reagenzglas fügt man zu etwa 6 cm^3 *Benzin* zunächst 1 cm^3 Paraffinöl und schüttelt. Dann gibt man ein Stückchen festes Paraffin dazu und schüttelt wieder.

V_6 In verschiedenen Reagenzgläsern werden die Reaktionen von *Benzin* und Petroleum mit folgenden Stoffen untersucht: *konzentrierte Schwefelsäure (ätzend, Schutzbrille), konzentrierte Salzsäure (ätzend), Natronlauge (ätzend).*

V_7 Die Löslichkeit von Paraffin wird im Reagenzglas in kaltem und heißem Wasser geprüft. Was ist beim Abkühlen zu beobachten?

Homologe Reihe der Alkane: C_nH_{2n+2}

1. Neben dem Methan (CH_4) gibt es noch eine große Zahl von organischen Verbindungen, die nur aus den Elementen Kohlenstoff und Wasserstoff aufgebaut sind. Solche Verbindungen werden als «Kohlenwasserstoffe» bezeichnet.
Kohlenwasserstoffe, deren Moleküle nur die relativ stabilen C–C-Einfachbindungen und C–H-Bindungen enthalten, lassen sich theoretisch vom Methan dadurch ableiten, daß man jeweils eine CH_2-Gruppe, die sogenannte Methylengruppe, dazurechnet. Verbindungsreihen, deren einzelne Glieder sich nur durch die Zahl der Methylengruppen voneinander unterscheiden, nennt man homologe Reihen. Die vom Methan abgeleitete homologe Reihe besitzt die allgemeine Formel C_nH_{2n+2} und wird als die Reihe der Alkane bezeichnet.

Alkylradikal: C_nH_{2n+1}

Die Namen der höheren Alkane (ab Butan) sind von griechischen Zahlwörtern abgeleitet und erhalten alle die Endung «an». Die aus den Alkanen durch Abgabe eines Wasserstoffatoms entstehenden Radikale (Teilchen mit ungepaarten Elektronen) werden als Alkyle bezeichnet. Ihr Name entsteht, indem die Endung «an» des entsprechenden Alkans durch die Endung «yl» ersetzt wird. Alle Bindungen in Alkanen stehen im Tetraederwinkel zueinander.

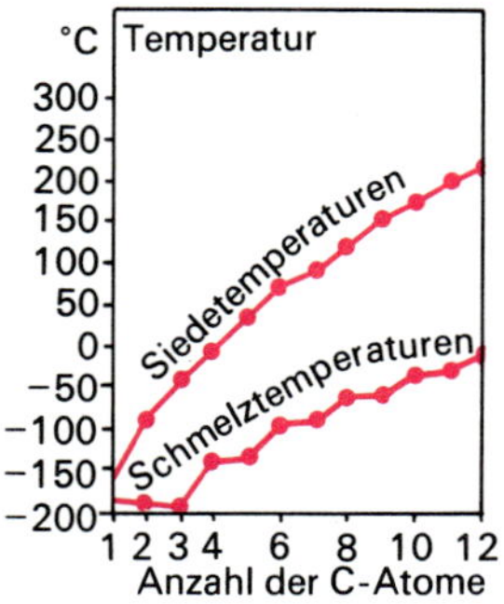

Schmelz- und Siedetemperaturen der Alkane

2. In vielen Eigenschaften verhalten sich die einzelnen Glieder einer homologen Reihe sehr ähnlich. Es sind nur graduelle Unterschiede vorhanden, die sich aus der ansteigenden Molekülmasse erklären. Bei den Alkanen steigen die Siedetemperaturen mit steigender Zahl von Kohlenstoffatomen

Einige Vertreter aus der homologen Reihe der Alkane

Name	Summenformel	Struktur	Smt. (°C)	Sdt. (°C)	Name/Formel der Radikale (Alkyle)
Methan	CH_4	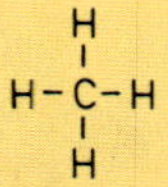	−184	−164	Methyl/CH_3—
Ethan	C_2H_6	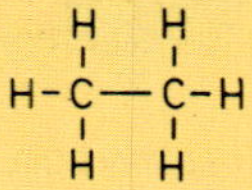	−172	−88,5	Ethyl/C_2H_5—
Propan	C_3H_8	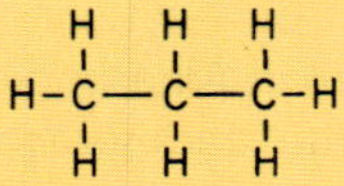	−190	−42,06	Propyl/C_3H_7—
Butan	C_4H_{10}	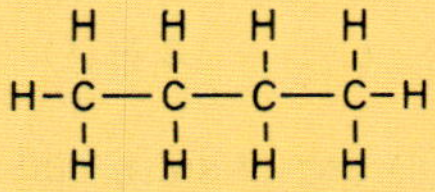	−135	−0,65	Butyl/C_4H_9—
Pentan	C_5H_{12}	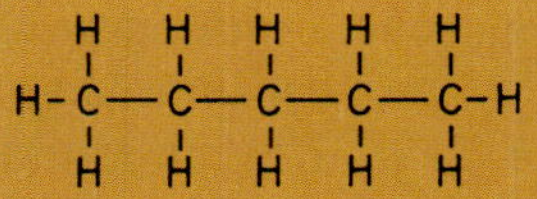	−130	36,2	Pentyl/C_5H_{11}—
Hexan	C_6H_{14}	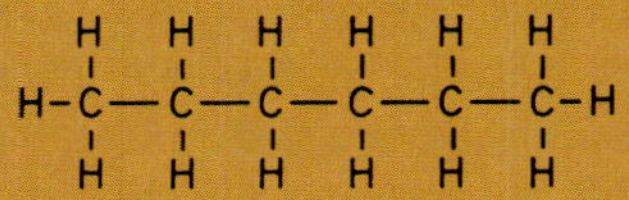	−94,3	69	Hexyl/C_6H_{13}—
⋮					
Hexadecan	$C_{16}H_{34}$	$H_3C-(CH_2)_{14}-CH_3$	17,8	287	Hexadecyl/$C_{16}H_{33}$—
Heptadecan	$C_{17}H_{36}$	$H_3C-(CH_2)_{15}-CH_3$	22,5	303	Heptadecyl/$C_{17}H_{35}$—
⋮					
Hexakontan	$C_{60}H_{122}$	$H_3C-(CH_2)_{58}-CH_3$	101	–	Hexakontyl/$C_{60}H_{121}$—

Allgemeine Summenformel: C_nH_{2n+2}

an, weil mit zunehmender Molekülgröße auch die Van-der-Waals-Kräfte größer werden. Die Tabelle zeigt, daß die ersten vier Glieder der homologen Reihe der Alkane bis zum Butan bei gewöhnlicher Temperatur gasförmig sind. Sie sind in reinem Zustand geruchlos und wie alle Alkane in Wasser nur sehr wenig löslich. Vom Pentan bis zum Hexadecan handelt es sich um farblose Flüssigkeiten von petroleumähnlichem Geruch, während die noch höheren Alkane fest sind (sog. Paraffine).

Je größer das Molekül, desto höher die Siedetemperatur

Molekülmodelle der ersten sechs Alkane

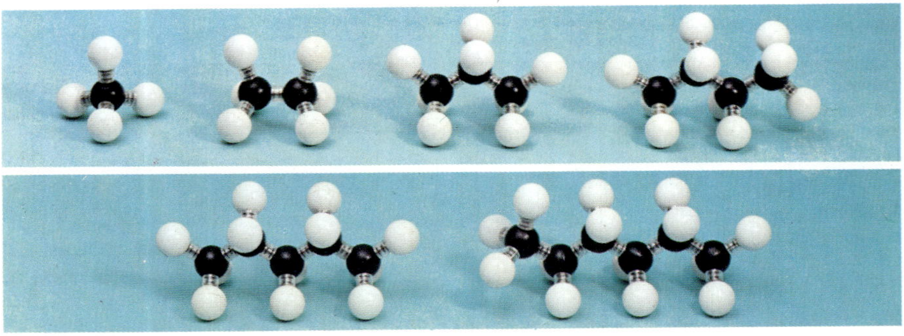

Die Bindungen in den Alkanen sind nur schwach polar. Sie können daher nur schwer heterolytisch gespalten werden. Alkane bilden aus diesem Grunde keine Ionen und nehmen nicht an protolytischen Reaktionen teil.
Demgegenüber sind die Bindungen in Alkanmolekülen homolytisch leichter spaltbar. Alkane reagieren daher unter anderem mit Sauerstoff. Darauf beruht ihre Bedeutung als Brenn- und Treibstoffe:

$$2\ C_6H_{14} + 19\ O_2 \rightarrow 12\ CO_2 + 14\ H_2O \qquad |\ \Delta H = -8276\ kJ$$

Unpolare Stoffe lösen sich in unpolaren Lösungsmitteln, polare Stoffe in polaren Lösungsmitteln

3. Aus den Versuchen (z. B. V_5) ergibt sich, daß Alkane untereinander, z. B. Paraffinöl in Benzin oder festes Paraffin in Benzin, gut löslich sind. Dies läßt sich aus der Art der chemischen Bindungen und aus der Symmetrie der Alkanmoleküle verstehen. Wegen der unpolaren C – C-Bindungen und der sehr geringen Polarität der C – H-Bindungen besitzen Alkanmoleküle keinen Dipolcharakter. In den Alkanen sind deshalb Van-der-Waals-Kräfte als zwischenmolekulare Kräfte wirksam. Diese sind dabei um so größer, je größer die Oberfläche und je größer die Masse der Moleküle ist. Die unpolaren Alkanmoleküle z. B. des festen Paraffins sind daher in unpolaren Lösungsmitteln wie z. B. in anderen Alkanen gut löslich.
In Wasser jedoch sind die Alkane praktisch unlöslich (V_4, V_7). Als zwischenmolekulare Kräfte werden zwischen den Alkanmolekülen die Van-der-Waals-Kräfte wirksam, im Wasser werden die Wassermoleküle durch Wasserstoffbrücken zusammengehalten. Da Alkane mit Wasser nicht mischbar sind, kann angenommen werden, daß die Van-der-Waals-Kräfte der Alkanmoleküle untereinander bzw. die Wasserstoffbrücken der Wassermoleküle untereinander stärker sein müssen als die Kräfte, die zwischen Alkanmolekülen einerseits und den kleinen Dipolmolekülen des Wassers wirksam werden können.

Isomerie: gleiche Summenformel, aber unterschiedliche Struktur

4. Mit Ausnahme der ersten drei Glieder der homologen Reihe können die Moleküle der Alkane auch aus verzweigten Ketten aufgebaut sein.
Vom Butan gibt es zwei Verbindungen. Sie haben die gleiche Summenformel, aber verschiedene Struktur und damit verschiedene Eigenschaften.
Die Erscheinung, daß Moleküle gleicher Summenformel verschiedene Struktur besitzen können, bezeichnet man als Isomerie. Beruht die Isomerie, wie hier bei den Alkanen, auf der unterschiedlichen Verknüpfung der Atome in den Molekülen, so spricht man von Strukturisomerie.

Die Isomere des Butans

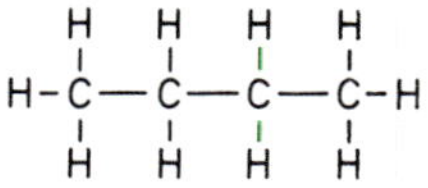

Sdt. − 0,5°C

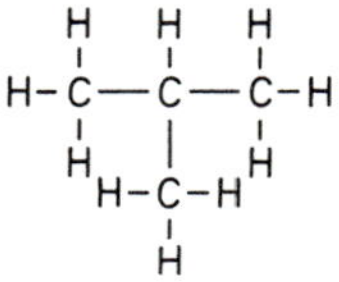

Sdt. − 11,7°C

Beim Pentan sind bereits drei Isomere, beim Hexan fünf Isomere möglich.

Pentane:

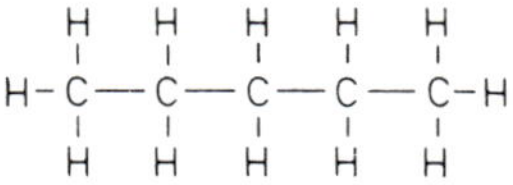

Sdt. 36°C

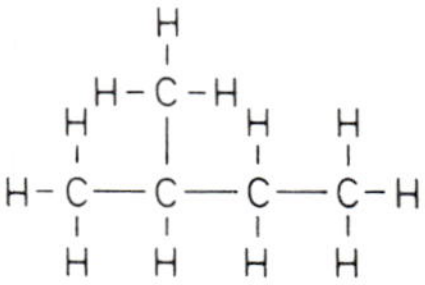

Sdt. 27,9°C

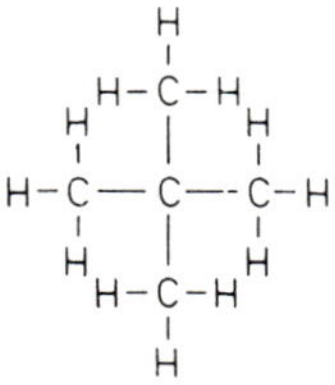

Sdt. 9°C

Hexane:

Je mehr Kohlenstoffatome im Molekül, desto mehr Isomere

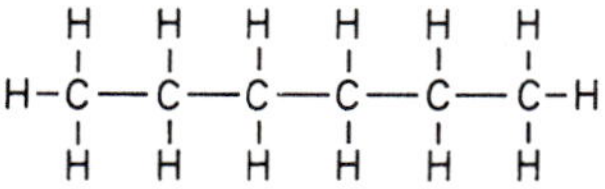

Sdt. 69°C

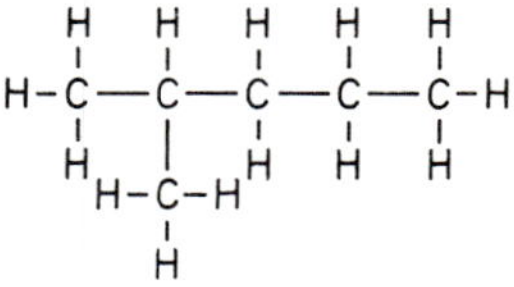

Sdt. 60,3°C

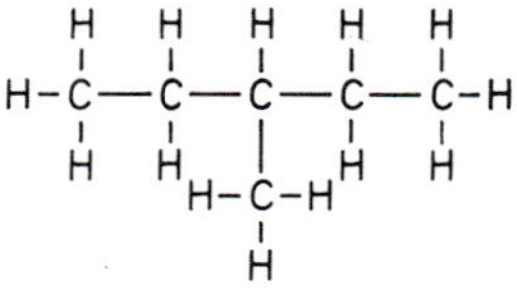

Sdt. 63,3°C

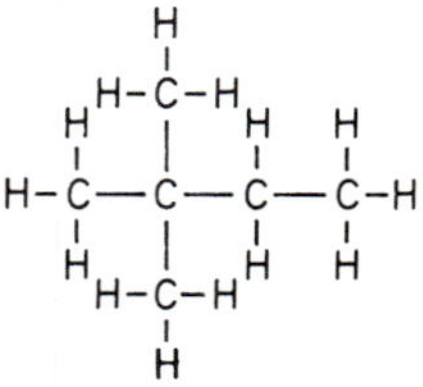

Sdt. 49,7°C

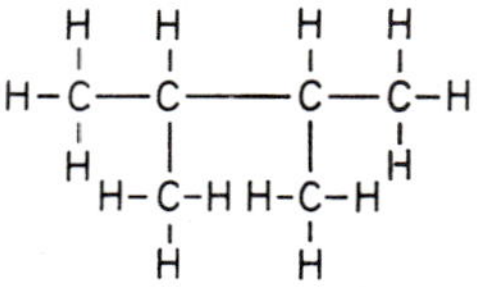

Sdt. 58°C

Wie ersichtlich, haben unverzweigte Alkane in der Regel eine höhere Siedetemperatur als verzweigte Alkane mit der gleichen Zahl von C-Atomen. Dies hängt unter anderem mit der kleineren Oberfläche der letzteren und den dadurch verminderten Van-der-Waals-Kräften zusammen.

Mit steigender Kohlenstoffzahl steigt die Anzahl möglicher Isomere stark an:

Zahl der Isomere bei Alkanen

Zahl der C-Atome	4	5	6	7	8	9	10	20	30
Zahl der Isomere	2	3	5	9	18	35	75	366 319	4 111 846 763

Benennung der Alkane

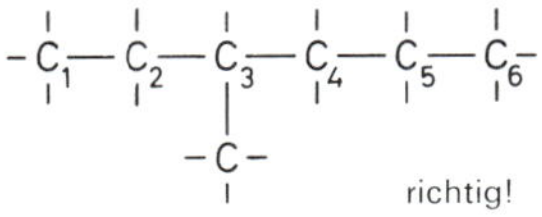

richtig!

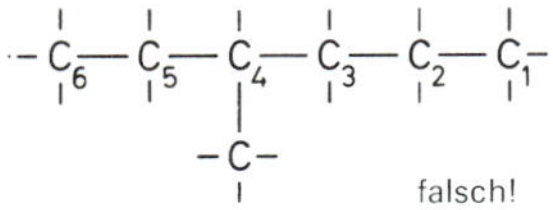

falsch!

5. Für die Benennung der Alkane gelten folgende Regeln[1]:

- Zunächst wird die längste Kette durchnumeriert. Aus der Zahl der C-Atome ergibt sich der Name der Grundkette[2]: ...-hexan.
- Man ermittelt die Namen der Seitenketten: ...-Methylhexan.
- Schließlich wird noch die Nummer der C-Atome angegeben, an denen die Seitenketten hängen: 3-Methylhexan. (Grundsätzlich wird so durchnumeriert, daß die C-Atome mit Seitenketten möglichst niedrige Nummern erhalten; also nicht: 4-Methylhexan.)

Weitere Beispiele:

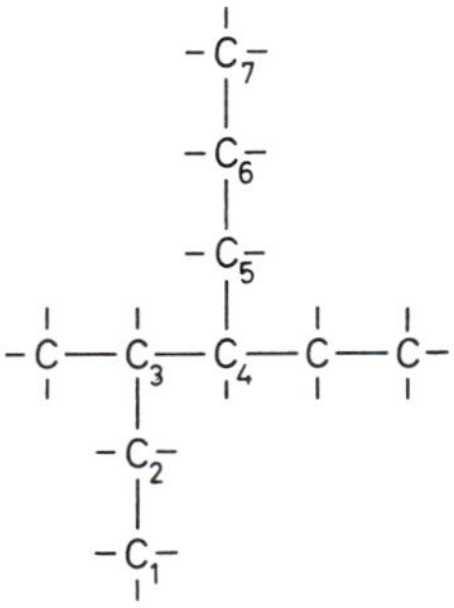

3-Methyl-4-ethylheptan

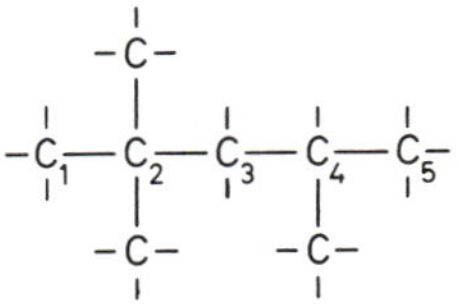

2,2,4-Trimethylpentan (Isooctan)

Cycloalkane enthalten C-Ringe

6. Eine weitere homologe Reihe bilden die sogenannten Cycloalkane. Sie enthalten wie die Alkane nur C–C-Einfachbindungen und C–H-Bindungen, bilden jedoch ringförmige Moleküle. Die einfachste Verbindung dieser Reihe ist das gasförmige Cyclopropan (C_3H_6). In diesem Molekül wird der Tetraederwinkel nicht erreicht; der Bindungswinkel im Cyclopropan beträgt 60 °. Die hybridisierten Kohlenstoffatome überlappen nur geringer. Damit kann die niedrigere Bindungsenergie gedeutet werden. Daher ist Cyclopropan sehr reaktionsfähig.

Auch das Cyclobutan (C_4H_8) ist aus den gleichen Gründen noch recht reaktiv. Beständiger sind erst die 5- und 6-Ringe, also Cyclopentan und Cyclohexan. Die allgemeine Summenformel der Cycloalkane lautet C_nH_{2n}.

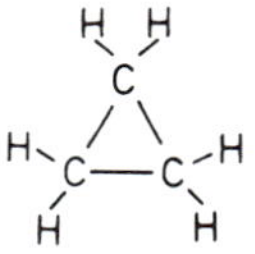

Cyclopropan

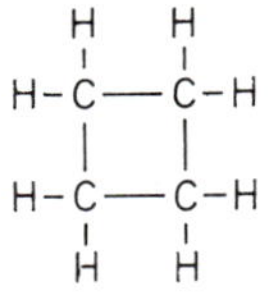

Cyclobutan

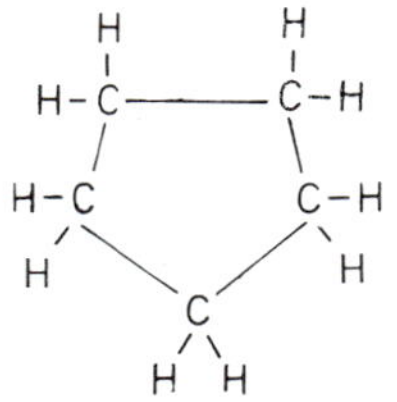

Cyclopentan

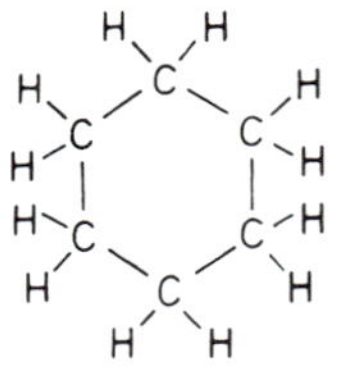

Cyclohexan

[1] Im Interesse der internationalen Verständigung wurden Regeln für die Benennung von Verbindungen durch die IUPAC (Internationale Union für praktische und angewandte Chemie) aufgestellt.

[2] In den Formeln sind die Wasserstoffatome nicht eingezeichnet.

A_1 Erklären Sie, weshalb die C – C-Einfachbindung relativ stabil ist.

A_2 Wie lauten die Namen der Pentan- und Hexanisomere?

A_3 Eine Verbindung der Alkanreihe hat nebenstehende Struktur. Wie lautet der Name dieser Substanz?

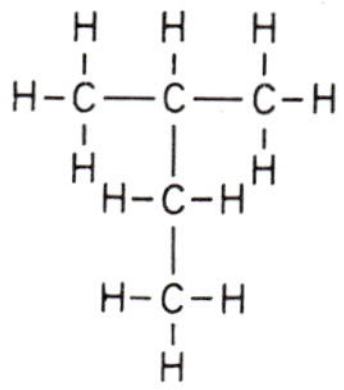

A_4 Stellen Sie die Strukturformel der Verbindung 2,2-Dimethyl-3,4-diethylhexan auf.

A_5 Wieviel Liter Sauerstoff werden verbraucht, wenn 1 Liter Hexan (Dichte 0,66 g/cm^3) vollständig verbrannt wird?

A_6 Wie können die unterschiedlichen Beobachtungen von Versuch V_3 erklärt werden?

12.4 Halogenalkane

Vorsicht: Alkane und Halogenalkane sind meist brennbar und zum Teil leicht entzündlich. Halogenalkandämpfe sind zum Teil giftig – nicht einatmen!

Wie reagieren Alkane mit Halogenen?

V_1 Zwei mit *Methan* bzw. *Chlor (giftig)* gefüllte Standzylinder werden *mit einem Handtuch umwickelt* und so aufeinandergestellt, daß sich die Gase vermischen. Nach Trennen der beiden Standzylinder wird das *Methan-Chlor-Gemisch (explosiv)* des einen Standzylinders an der Bunsenbrennerflamme entzündet und das Verbrennungsprodukt mit *Ammoniakgas (giftig)* geprüft.
Der zweite Standzylinder wird mit der Öffnung nach unten in eine gesättigte Kochsalzlösung gestellt und einige Zeit im diffusen Tageslicht stehengelassen. Was ist zu beobachten?

V_2 In zwei 100-cm^3-Erlenmeyerkolben gibt man je 20 cm^3 *Hexan* und versetzt mit je 0,5 bis 1 cm^3 *Brom (ätzend; giftige Dämpfe)*. Ein Kolben wird im Dunkeln aufbewahrt, der andere mit einer UV-Lampe bestrahlt. In welchem Kolben findet eine Reaktion statt? Prüfung der Reaktionsprodukte mit Lackmuspapier und Ammoniak!

Welche Eigenschaften haben Halogenalkane?

V_3 In verschiedenen Porzellanschalen werden folgende Stoffe auf Brennbarkeit geprüft: *Monochlorethan* (C_2H_5Cl), *Chloroform* ($CHCl_3$), *Monobromethan* (C_2H_5Br) und *Tetrachlorkohlenstoff* (CCl_4) *(Dämpfe nicht einatmen!)*.

V_4 Aus einer Ampulle sprüht man *Monochlorethan* auf die Hand bzw. in die Bunsenflamme *(Dämpfe nicht einatmen!)*.

V_5 Die Löslichkeit von *Chloroform, Monochlorethan,* Iodoform (CHI_3), Bromoform ($CHBr_3$) und *Tetrachlorkohlenstoff* in Wasser wird überprüft.

V_6 Ein jeweils frisch ausgeglühter und wieder erkalteter Kupferblechstreifen wird in folgende Stoffe getaucht und danach in die Bunsenflamme gehalten: *Chloroform, Tetrachlorkohlenstoff, Monochlorethan,* Iodoform.

Aus Alkanen und Halogenen entstehen Halogenalkane

1. Alkane sind vielen Stoffen gegenüber reaktionsträge. Mit Halogenen dagegen reagieren sie teilweise sehr heftig. So setzt sich das reaktionsfähigste Halogen, Fluor, bereits bei Zimmertemperatur mit allen Alkanen um, zum Teil sogar explosionsartig.
Das sehr viel weniger reaktionsfähige Brom reagiert, z. B. mit Hexan, bei Belichtung (V_2). Dabei entsteht als Nebenprodukt Bromwasserstoff (HBr). Bei der Reaktion müssen also Brommoleküle und C – H-Bindungen des Alkans gespalten worden sein. Im Hexan werden Wasserstoffatome durch Bromatome ersetzt:

$$C_6H_{14} + Br_2 \xrightarrow{\text{UV-Licht}} \underset{\text{Monobromhexan}}{C_6H_{13}Br} + HBr$$

Die Reaktion eines Halogens mit einem Alkan bleibt nicht auf eine einzige C–H-Bindung beschränkt, sondern es entstehen Gemische verschiedener Halogenalkane. Zum Beispiel erhält man durch Einwirkung von Chlor auf Methan vier verschiedene Verbindungen, sogenannte Abkömmlinge oder Derivate – in diesem Fall Chlorderivate – des Methans (V1):

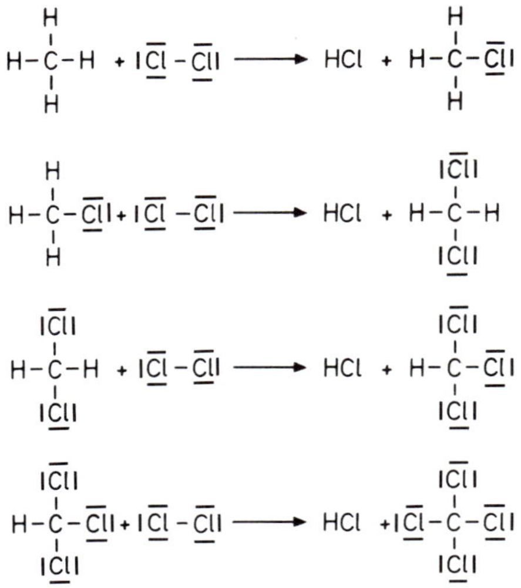

Monochlormethan

Dichlormethan

Trichlormethan (Chloroform)

Tetrachlormethan (Tetrachlorkohlenstoff)

Substitution: Austausch von Atomen oder Atomgruppen

Reaktionen, bei denen Atome oder Atomgruppen durch andere Atome oder Atomgruppen ersetzt werden, bezeichnet man als Substitutionsreaktionen.[1]

2. Bei der Substitution von Hexan mit Brom lassen sich drei Teilschritte unterscheiden:

Startreaktion: Entstehung von Radikalen

– Zunächst absorbieren die Halogenmoleküle Licht, wobei ihr Energieinhalt erhöht wird. Dabei kann es zu einer homolytischen Spaltung des Halogenmoleküls kommen, so daß Halogenatome als Radikale entstehen:

$$|\overline{\underline{Br}}-\overline{\underline{Br}}| \xrightarrow{\text{Lichtenergie}} |\overline{\underline{Br}}\cdot + \cdot\overline{\underline{Br}}|$$

Kettenreaktion: Bei jedem Reaktionsschritt entstehen erneut reaktionsfähige Radikale

– Beim Zusammenstoß eines Bromatoms mit einem Hexanmolekül wird eine C–H-Bindung homolytisch gespalten. Es entstehen Bromwasserstoff (HBr) und ein Hexylradikal:

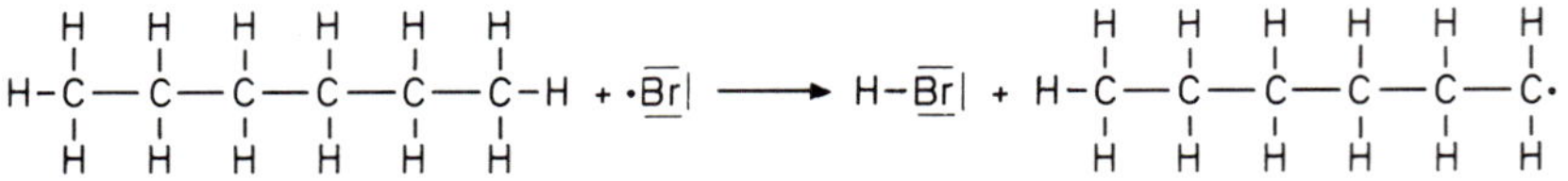

Hexylradikal

– Trifft ein solches Hexylradikal mit einem Brommolekül zusammen, so können Bromhexan sowie ein weiteres Bromatom entstehen:

[1] *substituere* (lat.) ersetzen.

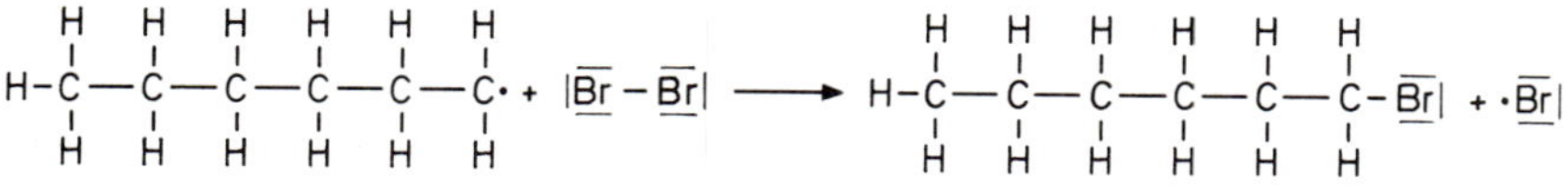

Monobromhexan

So gebildete Bromatome können nun in einer Kettenreaktion erneut mit Hexanmolekülen reagieren. Die Kettenreaktion bricht erst ab, wenn zwei Radikale zusammenstoßen und miteinander reagieren. Je nach Reaktionsbedingungen (Dauer der Reaktion, Stoffmengen, Katalysator, Temperatur) können verschieden viele Wasserstoffatome der Alkane durch Halogenatome substituiert werden. Da bei der Reaktion Radikale als Zwischenprodukte auftreten, wird sie als radikalische Substitution bezeichnet.

Abbruchreaktion: Reaktion von zwei Radikalen miteinander

3. Die Halogenalkane sind in der Regel spezifisch schwere, süßlich riechende, in Wasser praktisch unlösliche Flüssigkeiten. Einige, wie Monochlormethan,

Eigenschaften von Halogenalkanen

Halogenalkane von praktischer Bedeutung

Name	Formel	Sdt. (°C)	Eigenschaften	Verwendung
Trichlormethan (Chloroform)	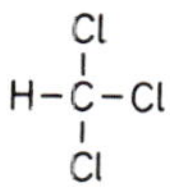	61	Farblose Flüssigkeit, süßlicher Geruch, stark lichtbrechend	Lösungsmittel für Fette, Harze, Iod; Narkotikum
Tetrachlormethan (Tetrachlorkohlenstoff)	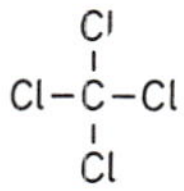	76,5	Giftig, nicht brennbar, farblose Flüssigkeit, süßlicher Geruch	Lösungsmittel für Harze und Fette, chemische Reinigung
Monofluortrichlormethan (Freon 11, Frigen 11)	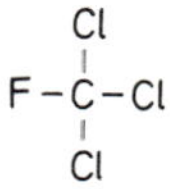	23,8	Unbrennbares, nicht giftiges Gas, nicht korrosiv wirkend	Kältemittel für Kühlanlagen, Treibgas für Sprays
Difluordichlormethan (Freon 12, Frigen 12)	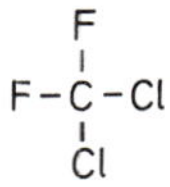	– 29,8	Unbrennbares, nicht giftiges Gas, nicht korrosiv wirkend	Kältemittel für Kühlanlagen, Treibgas für Sprays
Monochlorethan	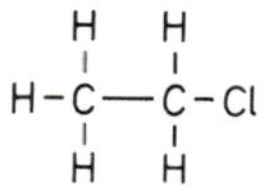	12	Leicht bewegliche, farblose Flüssigkeit, hohe Verdunstungskälte	Kältemittel, örtliches Betäubungsmittel
Triiodmethan (Iodoform)	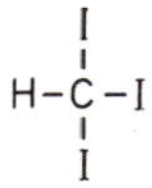		Gelbe Blättchen bildender Feststoff (Smt. 119°C), charakteristischer Geruch, keimtötende Wirkung	Desinfektionsmittel für Wunden

Monobromethan und Monochlorethan, sind gasförmig. In der angegebenen Tabelle sind einige wichtige Halogenalkane und deren Verwendung zusammengestellt. Wegen ihrer erhöhten Reaktivität spielen Halogenalkane auch als Zwischenprodukte für chemische Synthesen eine bedeutende Rolle.

4. Im Jahre 1974 konnte erstmals nachgewiesen werden, daß Fluorchlorkohlenwasserstoffe bis in den Ozongürtel der Erdatmosphäre in 20–30 km Höhe eindringen können. Möglicherweise bilden sie eine Gefahr für die Umwelt, weil sie mit Ozon reagieren und dadurch dessen Konzentration vermindern könnten. Die Ozonschicht schützt die Erdoberfläche wirksam gegen gesundheitsschädliche, kurzwellige Sonnenstrahlung. Die wichtigsten Fluorchlorkohlenwasserstoffe sind das Monofluortrichlormethan ($CFCl_3$) und das Difluordichlormethan (CF_2Cl_2), die z. B. in der Kältetechnik und als Treibgase für Sprays weite Anwendungsgebiete gefunden haben.

5. Der Nachweis der Halogene in Halogenalkanen gelingt mit Hilfe eines erhitzten Kupferbleches (sogenannte Beilsteinprobe[1]). In Gegenwart von Kupfer bilden sich in der Flamme Kupferhalogenide, welche eine grüne Flammenfärbung hervorrufen (V_6).
Halogenalkane sind mit Wasser nur wenig mischbar. Die Halogenderivate eines bestimmten Alkans besitzen im allgemeinen höhere Schmelz- und Siedetemperaturen als das betreffende Alkan selber. Dies ist auf die größeren Van-der-Waals-Kräfte zurückzuführen, die durch die höheren Molekülmassen der Halogenalkane bedingt sind.

A_1 Reines Chloroform soll mit alkoholischer Silbernitratlösung versetzt werden. Warum ist keine Reaktion möglich, obwohl die Substanz Halogen enthält? Wie könnte man das Chlor nachweisen?

A_2 Formulieren Sie die radikalische Substitution am Beispiel der Reaktion von Methan mit Chlor.

A_3 Monochlormethan siedet bei −24°C, Dichlormethan bei 39,8°C, Trichlormethan bei 61°C, Tetrachlormethan bei 76,5°C. Wie sind die unterschiedlichen Siedetemperaturen zu erklären?

A_4 Chloroform löst sich in Wasser etwas besser als Tetrachlormethan. Wie ist das zu erklären?

12.5 Alkene

Vorsicht: Die in den folgenden Versuchen verwendeten bzw. auftretenden Gase sind sehr leicht entzündlich und im Gemisch mit Luft explosiv.

Herstellung von Ethen

V_1 In einem 100-cm^3-Rundkolben, der über einen Gummistopfen mit einem langen Steigrohr verbunden ist, wird ein Gemisch aus etwa 6 g Zinkpulver und 3 cm^3 *1,2-Dibromethan (giftige Dämpfe)* über einem Drahtnetz erhitzt. Sobald die Luft durch die lebhafte Gasentwicklung aus dem Rundkolben verdrängt ist, fängt man das *Gas* in einer Gasmeßglocke auf.

[1] Nach dem St. Petersburger Chemiker Friedrich Beilstein (1838–1906).

V_2 In einen 200-cm^3-Erlenmeyerkolben mit Stopfen und Gasableitungsrohr gibt man 10 cm^3 96%iges *Ethanol (leicht entzündlich)*, etwas Quarzsand und anschließend langsam 15 cm^3 *konzentrierte Schwefelsäure (ätzend)*. Dann wird vorsichtig bis 150 °C erwärmt und das *entstehende Gas* mit Hilfe einer pneumatischen Wanne in Standzylindern aufgefangen.

Zusammensetzung und Eigenschaften von Ethen

V_3 Der *Inhalt* eines Standzylinders von Versuch V_1 oder V_2 wird entzündet. Anschließend gibt man etwas Kalkwasser dazu und schüttelt gut durch.

V_4 Die Verbrennungsprodukte einer Ethylenflamme werden mit Hilfe einer Wasserstrahlpumpe über einen Trichter durch ein gekühltes U-Rohr und danach durch eine Waschflasche mit Kalkwasser geleitet.

V_5 In einen Standzylinder von Versuch V_1 gibt man etwas *Bromwasser (giftige Dämpfe)*, verschließt mit einer Glasscheibe und schüttelt gut durch. Dasselbe wird unter Verwendung einer Lösung mit 10% Natriumcarbonat (Na_2CO_3) und etwas Kaliumpermanganat ($KMnO_4$) wiederholt. Zum Vergleich führt man dieselben Reaktionen mit *Ethan* durch.

V_6 Durch eine Waschflasche mit *Bromwasser (giftige Dämpfe)* leitet man *Stadtgas*.

V_7 Einem Standzylinder von Versuch V_2 wird im Verhältnis 1 : 15 Luft zugemischt. Nach *Umwickeln mit einem Handtuch wird das Gemisch* gezündet *(Schutzscheibe! Schutzbrille!)*.

1. Bei der Reaktion von 1,2-Dibromethan mit Zinkpulver erhält man ein farbloses Gas, das Ethen (Ethylen), mit der Formel C_2H_4 und Zinkbromid:

$$C_2H_5Br_2 + Zn \rightarrow C_2H_4 + ZnBr_2$$

Ethen kann für Laboratoriumszwecke auch durch Reaktion von Ethanol (C_2H_5OH) mit konz. Schwefelsäure hergestellt werden:

$$C_2H_5OH \xrightarrow{H_2SO_4} H_2O + C_2H_4$$

Ethen ist ein brennbares Gas, das mit rußender und leuchtender Flamme verbrennt. Dabei werden in exothermer Reaktion Kohlenstoffdioxid und Wasser als Verbrennungsprodukte gebildet (V_3):

$$C_2H_4 + 3\,O_2 \rightarrow 2\,CO_2 + 2\,H_2O \qquad |\,\Delta H = -1386 \text{ kJ}$$

2. Ethen ist wie Methan ein Kohlenwasserstoff. Die Summenformel C_2H_4 zeigt jedoch, daß es sich nicht um ein Alkan handeln kann. Man muß vielmehr annehmen, daß das Ethenmolekül eine C=C-Doppelbindung besitzt:

Struktur-formel von Ethen:

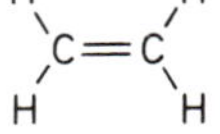

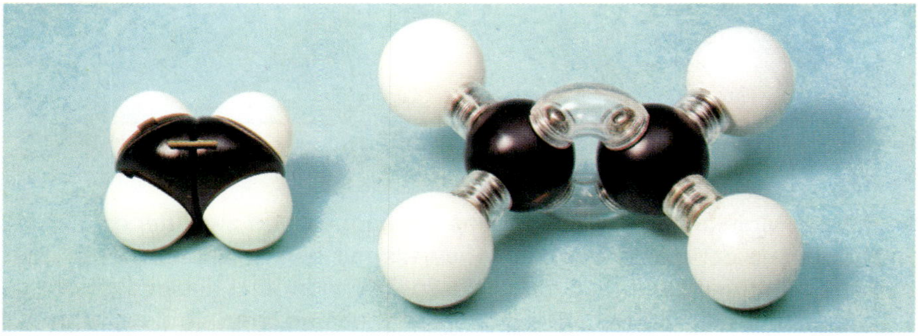

Modelle des Ethenmoleküls

Das linke Modell des Ethenmoleküls läßt die Größenverhältnisse der Atome erkennen; das rechte Modell zeigt die Winkel im Ethenmolekül, die Anordnung der Atome in einer Ebene und die Tatsache, daß die C=C-Bindung nicht mehr frei drehbar ist.

Strukturuntersuchungen zeigen, daß im Ethenmolekül sowohl die H—C—H-Bindungen wie auch die H—C=C-Bindungen Winkel von 120° einschließen, daß die C=C-Bindungslänge 135 pm, die C—H-Bindungslänge 107 pm beträgt und daß alle Atome des Moleküls in einer Ebene liegen.

Bindungslängen und Bindungswinkel im Ethenmolekül

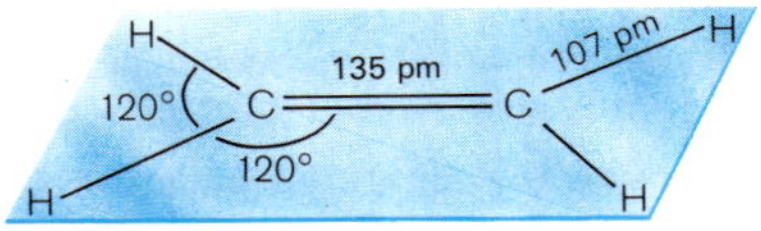

3. Überprüft man diese Struktur anhand der Elektronenkonfiguration des Kohlenstoffatoms, so ergibt sich, daß jedes Kohlenstoffatom wie in den Alkanen vier Bindungen betätigt. Da aber der Bindungswinkel von 120° stark vom Tetraederwinkel (109°28′) abweicht, ist die Annahme einer sp^3-Hybridisierung im Ethen, die zu vier gleichartigen Bindungen führen würde, nicht sinnvoll. Auch die Bindungsenergie der C=C-Doppelbindung, die mit 594 kJ bei weitem nicht doppelt so hoch ist wie die der C—C-Einfachbindung in Alkanen (347 kJ), zeigt, daß im Ethen andere Bindungsverhältnisse herrschen müssen. Deshalb stellt man sich hier eine andere Art der Hybridisierung vor, die sogenannte sp^2-Hybridisierung. Man geht dabei von der Elektronenkonfiguration des angeregten Kohlenstoffatoms aus:

C=C-Doppelbindung mit sp^2-hybridisierten C-Atomen

$$_6C \quad 1s\,[\uparrow\downarrow] \quad 2s\,[\uparrow] \quad 2p\,[\uparrow|\uparrow|\uparrow]$$

Nun wird das 2s-Orbital mit nur zwei der drei vorhandenen 2p-Orbitale hybridisiert, und es entstehen drei identische Hybridorbitale, die sogenannten sp^2-Hybridorbitale. Das dritte 2p-Orbital des C-Atoms bleibt von der Hybridisierung unberührt:

$$_6C \ sp^2\text{-hybr.} \quad 1s\,[\uparrow\downarrow] \quad 2sp^2\,[\uparrow|\uparrow|\uparrow] \quad 2p\,[\uparrow]$$

Die Form der sp^2-Hybridorbitale ist sehr ähnlich wie die der sp^3-Hybridorbitale. Dabei liegen die drei sp^2-Hybridorbitale in einer Ebene und bilden zueinander Winkel von 120°. Das verbliebene p-Orbital steht senkrecht zur Ebene der sp^2-Hybridorbitale (vgl. nachfolgende Abbildung links):

sp^2-Hybridorbitale mit senkrecht zur Ebene stehendem 2p-Orbital

Überlappung der sp^2-Hybridorbitale im Ethen (die p-Orbitale sind nicht dargestellt)

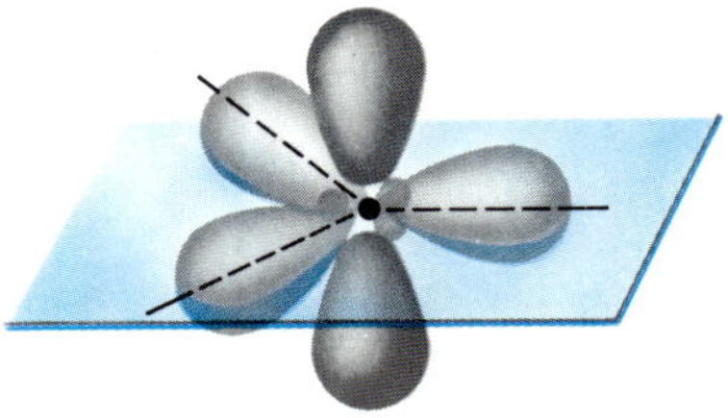

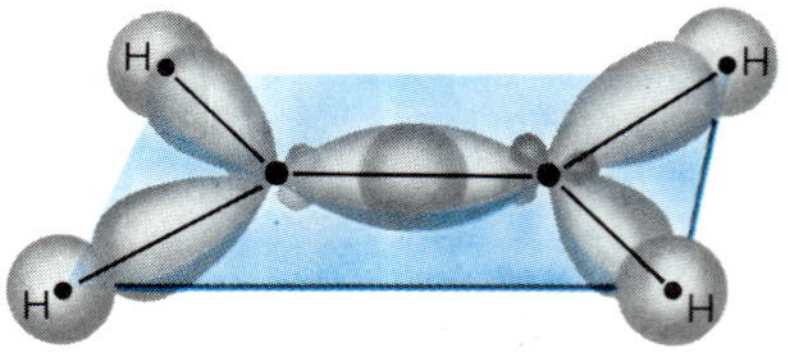

4. Bei der Molekülbildung des Ethens überlappen nun zwei der drei $2sp^2$-Hybridorbitale der Kohlenstoffatome jeweils mit den 1s-Orbitalen von zwei Wasserstoffatomen, während das dritte sp^2-Hybridorbital des einen Kohlenstoffatoms mit dem dritten sp^2-Hybridorbital des anderen Kohlenstoffatoms überlappt (vgl. obige Abbildung rechts). So entstehen je zwei C—H-Bindungen und eine C—C-Bindung, die in einer Ebene liegen und einen Winkel von 120° zueinander besitzen. Die C—C-Bindung kommt durch Überlappung zweier

Ethen: ebenes Molekül mit Bindungswinkeln von 120°

Hybridorbitale zustande, die in der Bindungsachse der beiden Kohlenstoffatome liegen. Die an der Hybridisierung nicht beteiligten 2p-Orbitale der beiden Kohlenstoffatome, die senkrecht zu dieser Molekülebene stehen, überlappen ebenfalls. Auch hierbei kommt es zu einer Atombindung, bei der die Überlappung der Orbitale aber seitlich der Bindungsachse (über und unter der Molekülebene) erfolgt:

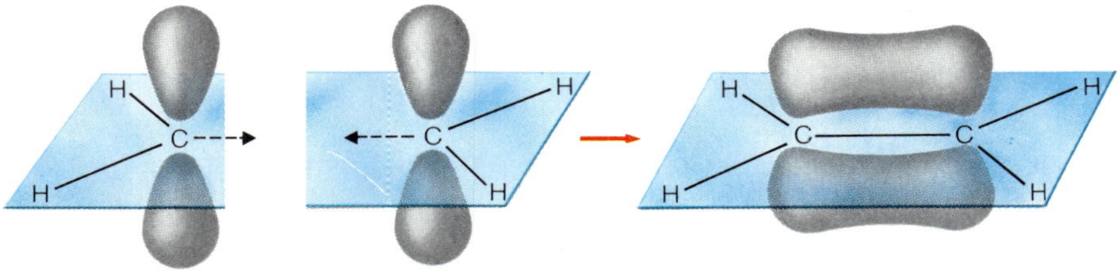

Überlappung der p-Orbitale im Ethenmolekül

5. Nach dieser Modellvorstellung unterscheiden wir also zwei verschiedene Bindungsarten:

σ-Bindung und π-Bindung

– Im einen Fall überlappen hybridisierte sp-Orbitale zweier C-Atome untereinander oder mit dem s-Orbital von Wasserstoff. Die Überlappung erfolgt zwischen den Atomen in deren Bindungsachse. Diese Bindung wird als σ- (Sigma-) Bindung bezeichnet. Diese Bindungsart liegt in allen C—C- bzw. C—H-Bindungen der Alkane vor.
– Im anderen Fall überlappen zwei nichthybridisierte p-Orbitale. Die Überlappung erfolgt dabei beidseits der Bindungsachse; diese Bindung wird als π- (Pi-) Bindung bezeichnet.

Da die Überlappung von p-Orbitalen nicht so stark sein kann wie diejenige hybridisierter Orbitale, ist eine π-Bindung schwächer als eine σ-Bindung zwischen zwei C-Atomen.

Ethen ist reaktionsfreudiger als Ethan

6. Aus dem Bau des Moleküls lassen sich viele Eigenschaften des Ethens verstehen. Ethenmoleküle besitzen keinen Dipolcharakter; zwischen ihnen herrschen nur schwache Van-der-Waals-Kräfte. Deshalb ist Ethen ein Gas (Smt. −169,2 °C, Sdt. −103,7 °C). Ähnlich den Alkanen ist Ethen bei Zimmertemperatur beständig, kann bei höheren Temperaturen aber leicht oxidiert werden. Im Vergleich zum Ethanmolekül wird eine wesentlich höhere Reaktionsfähigkeit festgestellt (V_5). So wird Bromwasser durch Ethen entfärbt, wobei Brom an das Ethenmolekül angelagert wird. Auch die Entfärbung einer alkalischen Kaliumpermanganatlösung (sogenannte «Baeyersche Probe[1]») ist ein Hinweis auf die erhöhte Reaktionsfähigkeit, die mit dem Vorhandensein der C=C-Doppelbindung im Molekül zusammenhängt.

Die Entfärbung von Bromwasser und die Baeyersche Probe dienen allgemein zum Nachweis von Mehrfachbindungen zwischen Kohlenstoffatomen in organischen Molekülen. Bei diesen Reaktionen erweist sich die π-Bindung als die eigentliche reaktionsfähige Stelle des Moleküls.

[1] Nach Adolf von Baeyer (1835–1917), Professor der Chemie in Straßburg und München.

Elektrophile und nukleophile Reaktion

7. Die bei der Anlagerung von Brom an Ethen im einzelnen ablaufenden Vorgänge sind gut untersucht. Durch die π-Bindung besitzt das Ethen an der C=C-Doppelbindung eine Stelle erhöhter negativer Ladungsdichte. Sie polarisiert ein sich näherndes Brommolekül, das dadurch Teilladungen erhält:

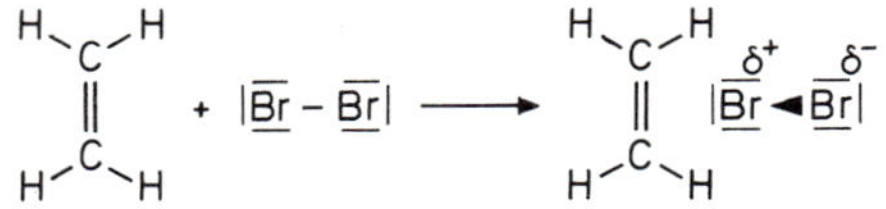

Unter der zusätzlichen Wirkung eines polaren Lösungsmittels wird das Brommolekül heterolytisch gespalten, wobei ein Br^+-Kation und ein Br^--Anion entstehen. Das Br^+-Kation greift sofort an der π-Bindung des Ethens an. Teilchen, die wie das Br^+-Kation an Stellen erhöhter negativer Ladungsdichte angreifen, heißen elektrophile[1] Teilchen. Man spricht daher vom elektrophilen Angriff des Br^+-Kations. Dabei wird die π-Bindung des Ethens gelöst und das Br^+-Kation in einer σ-Bindung an das Ethen angelagert, wobei ein Teilchen mit positiv geladenem Kohlenstoffatom, ein sogenanntes Carbenium-Ion,[2] entsteht:

Carbenium-Ion

Dieses Carbenium-Ion reagiert nun mit dem noch vorhandenen Br^--Anion. Teilchen, die wie das Br^--Anion Elektronenüberschuß besitzen, bezeichnet man als nukleophile («kernsuchende») Teilchen. Br^- greift also nukleophil am Carbenium-Ion an und bildet ebenfalls eine σ-Bindung aus:

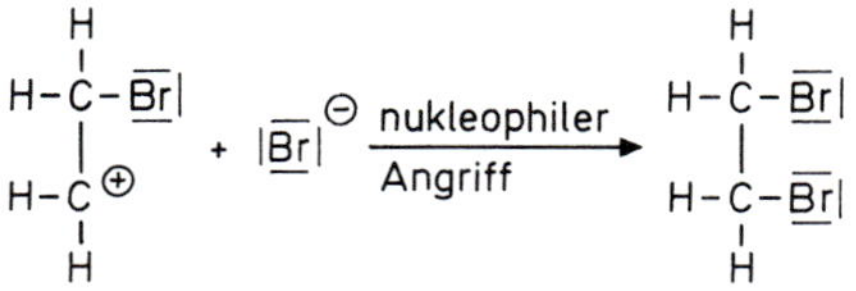

Additionsreaktion: Anlagerung von Atomen oder Atomgruppen

8. Insgesamt wird bei der Reaktion Brom an das Ethen angelagert, addiert:

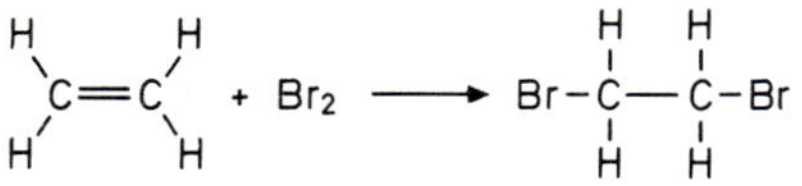

1,2-Dibromethan

[1] *philos* (gr.) der Freund; elektrophil also «elektronenfreundlich» oder elektronensuchend.
[2] Das Carbenium-Ion wurde früher als Carbonium-Ion bezeichnet.

Reaktionen dieser Art werden als Additionsreaktionen bezeichnet. Da bei der Brom-Anlagerung der erste Reaktionsschritt im elektrophilen Angriff eines Br^+-Kations besteht, bezeichnet man die Reaktion als elektrophile Addition. In gleicher Weise ist auch die Addition von Halogenwasserstoff oder von Wasserstoff an Ethen möglich:

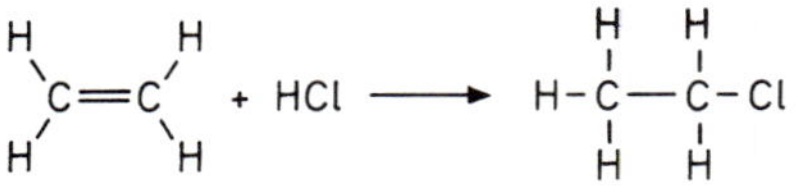

Monochlorethan

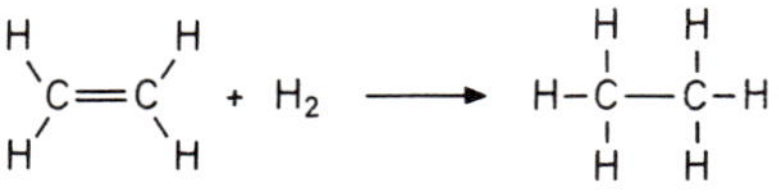

Ethan

Eine Verbindung, welche, wie Ethen, noch Wasserstoff anzulagern vermag, wird als «ungesättigt» bezeichnet. Demgegenüber sind z. B. Alkane «gesättigte» Verbindungen.

cis-trans-Isomerie

9. Infolge der π-Bindung ist die im Ethan vorhandene Drehbarkeit um die C–C-Bindungsachse im Ethenmolekül blockiert. So sind Derivate des Ethens möglich, in welchen die Atome zwar gleich miteinander verknüpft, aber räumlich anders angeordnet sind. Es wurden zwei isomere 1,2-Dichlorethene gefunden, die sich in ihren physikalischen Eigenschaften unterscheiden. Liegen dabei die Chloratome auf der gleichen Seite des Moleküls, also benachbart, so spricht man von cis-1,2-Dichlorethen (Sdt. 60,3 °C). Beim trans-1,2-Dichlorethen (Sdt. 47,7 °C) liegen sie auf verschiedenen Seiten. Diese Form der Isomerie bezeichnet man als cis-trans-Isomerie.

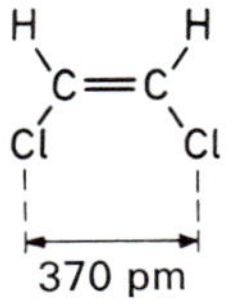

cis-1,2-Dichlorethen (Sdt. 60,3°C)

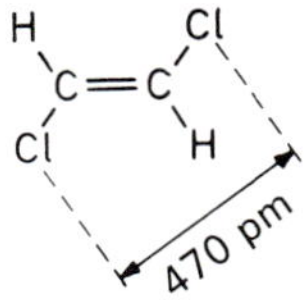

trans-1,2-Dichlorethen (Sdt. 47,7°C)

10. Wie vom Methan die Alkanreihe, kann vom Ethen ebenfalls eine homologe Reihe, die der sogenannten Alkene, abgeleitet werden. Die Alkene enthalten nur die Elemente Kohlenstoff und Wasserstoff und sind durch die Atomgruppe C=C als reaktionsbestimmende, sogenannte funktionelle Gruppe charakterisiert. Da die Doppelbindung an verschiedenen Stellen des Moleküls sitzen und außerdem Anlaß zu cis-trans-Isomerie geben kann, ergeben sich gegenüber den entsprechenden Alkanen zusätzliche Isomeriemöglichkeiten.

Funktionelle Gruppen

Die Namen der Alkene lassen sich von denjenigen der Alkane dadurch ableiten, daß man die Endung «an» durch die Endung «en» ersetzt; z. B. wird aus Eth*an* Eth*en*, aus Prop*an* Prop*en*. Die Stellung der C=C-Doppelbindung im Molekül wird so bezeichnet, daß man die Nummer des C-Atoms, an dem die Doppelbindung beginnt, mit Bindestrich dem Namen voranstellt (siehe Tabelle S. 226).

Homologe Reihe der Alkene: C_nH_{2n}

Wie bei den Alkanen sind auch die niederen Alkene (bis Buten) bei Normbedingungen gasförmig, die höheren (C_5H_{10} bis $C_{15}H_{30}$) flüssig; größere Moleküle bilden Feststoffe.

Erdöl – Ethen – Kunststoff

11. Eine wichtige Verbindung der Alkenreihe ist das Ethen. Seine großtechnische Darstellung erfolgt fast ausschließlich aus Erdöl. Ethen wird besonders zur Herstellung des Kunststoffs Polyethylen verwendet, welcher aus

Homologe Reihe der Alkene

Name	Summenformel	Struktur	Smt. (°C)	Sdt. (°C)
Ethen (Ethylen)	C_2H_4	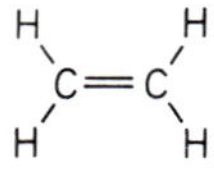	−169,4	−103,7
Propen	C_3H_6	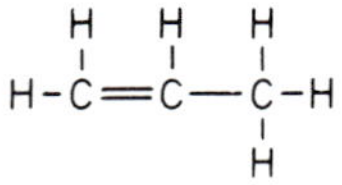	−185	− 47,7
1-Buten	C_4H_8	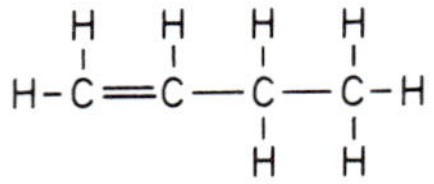	−186	− 6,5
2-Buten	C_4H_8	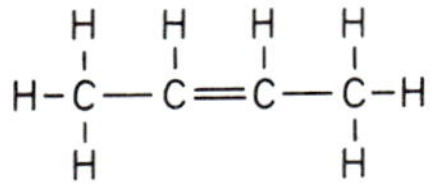	−139,3	− 3,7
2-Methyl-1-propen	C_4H_8	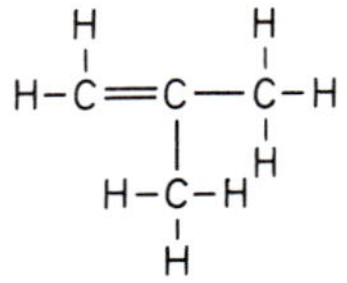	−140	− 6,6
1-Penten	C_5H_{10}	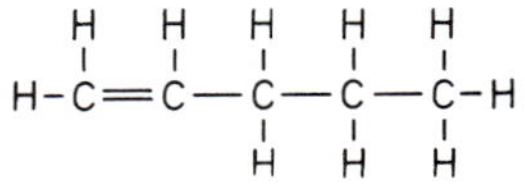	−166	30,1
1-Hexen	C_6H_{12}	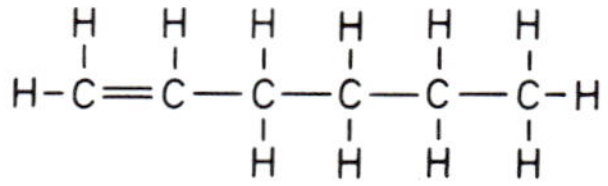	−138	63,5

Allgemeine Summenformel: C_nH_{2n}

Ethen in Gegenwart bestimmter Katalysatoren bei höherer Temperatur und unter Druck entsteht:

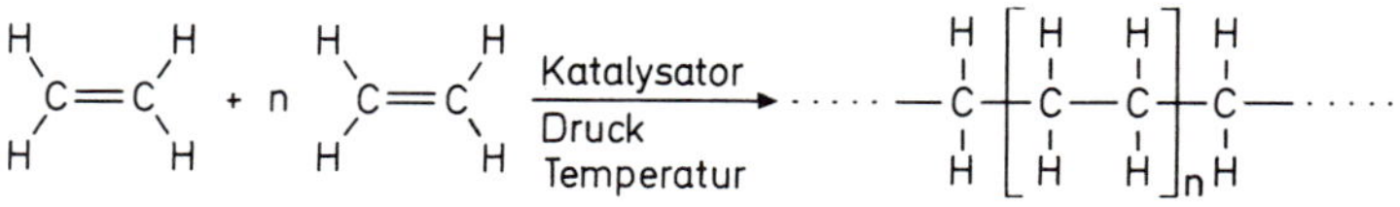

Ausschnitt aus einer Polyethylenkette

Diene und Polyene

12. Schließlich gibt es auch Verbindungen, die nicht nur eine, sondern zwei oder mehr Doppelbindungen im Molekül besitzen. Sie werden als Diene bzw. Polyene bezeichnet. Ein wichtiger Vertreter der Diene ist das 1,3-Butadien (Sdt. − 4,4 °C):

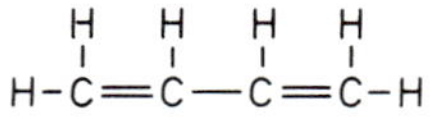

1,3-Butadien wird vor allem zur Herstellung von synthetischem Kautschuk verwendet.

A1 Welcher Reaktionsgleichung folgt die Reaktion von Ethen mit Chlorwasserstoff? Welcher Stoff entsteht dabei? Welcher Reaktionsmechanismus läuft ab?

A2 Wie viele Pentene sind möglich? Wie sind sie zu bezeichnen?

A3 Geben Sie die Formeln folgender Verbindungen an: 1-Buten, cis-2-Buten, trans-2-Buten, 2-Methyl-2-buten.

A4 Folgende Stoffe werden mit Bromwasser geschüttelt: Hexan, 1-Hexen, Cyclohexan, 2-Methyl-2-penten. Welche Stoffe reagieren?

12.6 Alkine

Vorsicht: Das in den folgenden Versuchen auftretende Gas Ethin ist sehr leicht entzündlich; Gemische mit Luft sind explosiv.

Herstellung und Zusammensetzung von Ethin

V1 In einem 250-cm^3-Rundkolben mit aufgesetztem Tropftrichter und Gasableitungsrohr läßt man Wasser auf einige erbsengroße Stücke Calciumcarbid (CaC_2) tropfen. Nachdem alle Luft verdrängt ist, leitet man das bei der Reaktion *entstehende Gas* mit Hilfe einer pneumatischen Wanne in mehrere Standzylinder. *Vor der weiteren Verwendung ist zu prüfen, ob das Gas luftfrei ist (Knallgasprobe!).*

V2 In einem Standzylinder von Versuch V1 wird das *Gas* entzündet.

V3 In Standzylindern aus Stahl werden *Ethin und Luft* im Verhältnis 1 : 12 *gemischt* und dann gezündet *(Schutzscheibe! Schutzbrille!).*

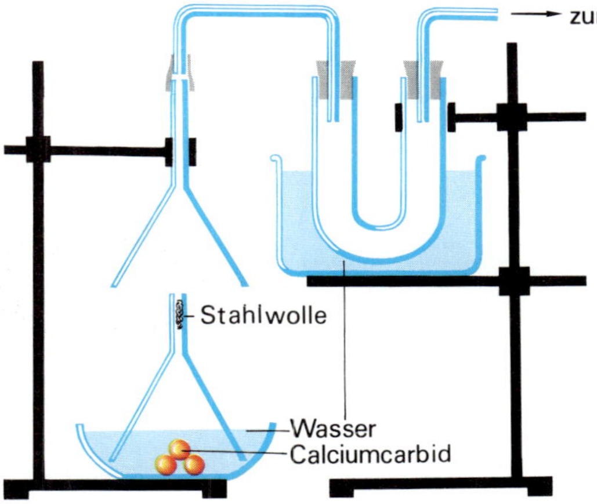

V4 In der Apparatur gemäß Abbildung stellt man *Ethin* her und entzündet nach völliger Luftverdrängung. Die Verbrennungsprodukte leitet man mit Hilfe einer Wasserstrahlpumpe durch ein von außen gekühltes U-Rohr.

Welche Reaktionen zeigt Ethin?

V5 Je ein Standzylinder von Versuch V1 wird mit einer 10%igen Natriumcarbonatlösung, die wenig Kaliumpermanganat enthält, bzw. mit verdünntem *Bromwasser (giftige Dämpfe)* geschüttelt.

V6 *Ethin,* das analog Versuch V1 hergestellt wird, leitet man durch Waschflaschen mit ammoniakalischer Kupfer(I)-chloridlösung bzw. ammoniakalischer Silbernitratlösung. Die entstehenden *Niederschläge (explosiv)* werden abfiltriert und in kleinen Portionen auf einem Asbestdrahtnetz durch Erhitzen gezündet *(Schutzschreibe! Schutzbrille! Keine Niederschlagsreste aufbewahren!)*

Ethin: C_2H_2

1. Bei der Reaktion von Calciumcarbid mit Wasser entsteht ein farb- und nahezu geruchloses Gas, das Ethin (Acetylen), mit der Formel C_2H_2:

$$CaC_2 + 2\,H_2O \rightarrow Ca(OH)_2 + C_2H_2$$

Ethin ist leicht brennbar und bildet mit Luft Gemische, die bei einem Ethingehalt von 3 bis 70% explosionsartig reagieren:

$$2\,C_2H_2 + 5\,O_2 \rightarrow 4\,CO_2 + 2\,H_2O \qquad |\,\Delta H = -\,2614\ \text{kJ}$$

Ethin wird für viele chemische Synthesen benötigt und ist als Energielieferant beim Schweißen von Bedeutung. Die großtechnische Darstellung des Ethins erfolgt heute in erster Linie aus Erdöl. Ethin kommt in gelben Stahlflaschen in den Handel.

H—C≡C—H

Strukturformel von Ethin

2. Die Summenformel des Ethins (C_2H_2) und die Vierbindigkeit der Kohlenstoffatome lassen sich nur durch die Annahme einer C≡C-Dreifachbindung im Molekül in Übereinstimmung bringen.
Untersuchungen haben ergeben, daß die Bindungslänge der C≡C-Dreifachbindung 121 pm, die C—H-Bindungslänge 105 pm beträgt. Dabei sind alle Atome des Moleküls linear angeordnet; die Bindungswinkel betragen also 180°.

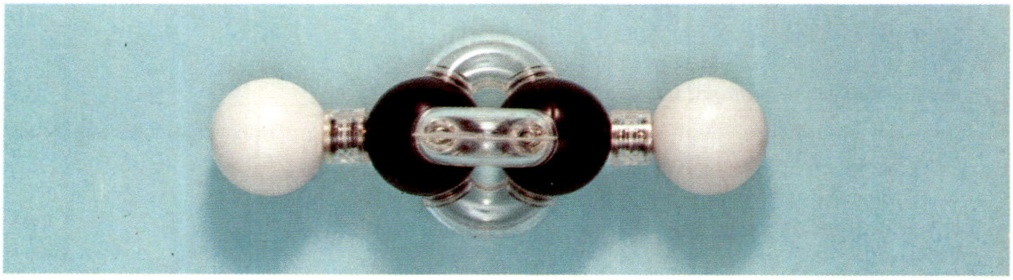

Das Modell des Ethinmoleküls zeigt die räumliche Anordnung der Atome im Molekül. Durch die C≡C-Dreifachbindung ist die freie Drehbarkeit aufgehoben.

C≡C-Dreifachbindung mit sp-hybridisierten Kohlenstoffatomen

3. Um die Struktur des Ethinmoleküls mit dem Orbitalmodell erklären zu können, muß eine weitere Form der Hybridisierung, die sogenannte sp-Hybridisierung, angenommen werden.
Geht man von der Elektronenkonfiguration des angeregten C-Atoms aus, so entstehen bei der sp-Hybridisierung aus nur einem der drei 2p-Orbitale und dem 2s-Orbital zwei sp-Hybridorbitale. Die beiden restlichen 2p-Orbitale des C-Atoms nehmen an der Hybridisierung nicht teil:

$_6$C 1s [↑↓] 2s [↑] 2p [↑|↑|↑] → $_6$C sp-hybr. 1s [↑↓] 2sp [↑|↑] 2p [↑|↑]

Die beiden sp-Hybridorbitale liegen auf einer Achse. Die beiden 2p-Orbitale stehen senkrecht zueinander und zu den sp-Hybridorbitalen (Abbildung links):

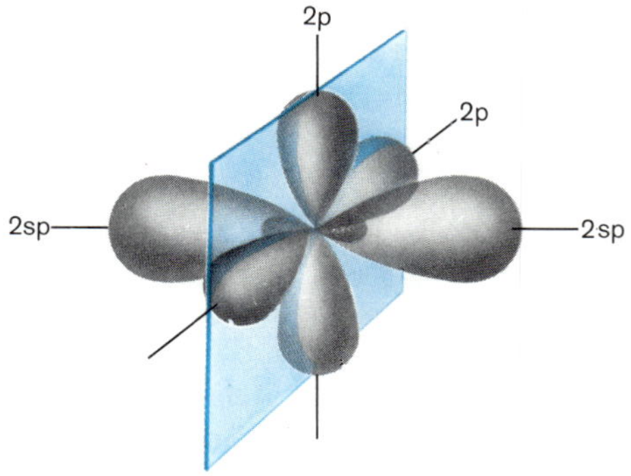

sp-hybridisiertes C-Atom

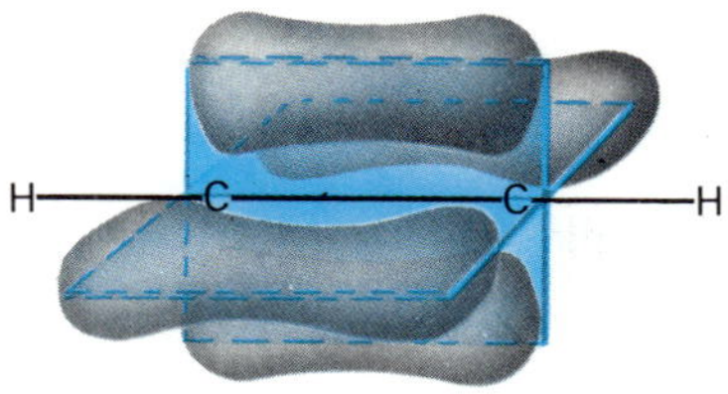

Überlappung der Orbitale im Ethinmolekül

4. Bei der Molekülbildung des Ethins überlappt ein sp-Hybridorbital des einen Kohlenstoffatoms mit einem sp-Hybridorbital des anderen Kohlenstoffatoms zu einer σ-Bindung (vgl. Abbildung oben). Das an jedem C-Atom noch vorhandene zweite sp-Hybridorbital bildet durch Überlappung mit je einem 1s-Orbital eines Wasserstoffatoms ebenfalls eine σ-Bindung. Alle drei σ-Bindungen sind linear angeordnet. Die zu dieser Achse senkrecht stehenden zwei 2p-Orbitale jedes Kohlenstoffatoms überlappen ebenfalls, wobei zwei π-Bindungen gebildet werden.
Im linearen Ethinmolekül liegt also eine C ≡ C-Dreifachbindung vor, wobei eine Bindung als σ-Bindung, zwei als π-Bindungen ausgebildet sind. Die C – H-Bindungen sind σ-Bindungen (siehe Abbildung).

C ≡ C-Dreifachbindung: eine σ-Bindung und zwei π-Bindungen

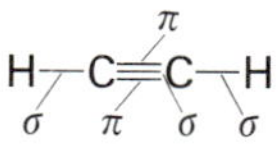

σ- und π-Bindungen im Ethinmolekül

5. Im Vergleich zum Ethan (C – C-Bindungslänge 154 pm) und Ethen (C = C-Doppelbindungslänge 135 pm) ist die C ≡ C-Dreifachbindungslänge mit 121 pm weiter verkürzt. Dies spricht für eine noch höhere Bindungsenergie.

Bindung	C – C	C = C	C ≡ C
Bindungsenergie (kJ/mol)	347	594	779

6. Infolge der π-Bindungen ist Ethin, ähnlich wie Ethen, zu Additionsreaktionen befähigt. Da der Mechanismus dieser Reaktion teilweise anders ist als beim Ethen, läuft sie langsamer ab (V_5).

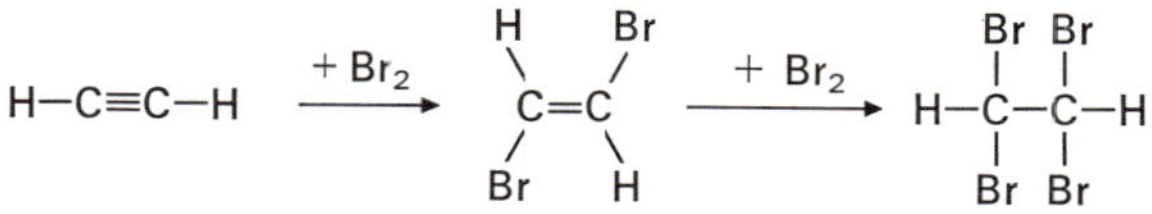

1,2-Dibromethen 1,1,2,2-Tetrabromethan

Additionen an der C ≡ C-Dreifachbindung

Die Baeyersche Probe verläuft beim Ethin ebenfalls positiv.

7. Ethin reagiert als schwache Säure. Dies kann durch die Annahme erklärt werden, daß sp-hybridisierte Kohlenstoffatome eine höhere Elektronegativität besitzen, wodurch die Polarität der C–H-Bindung verstärkt wird. Das bei der Abgabe von Protonen entstehende Acetylid-Ion bildet mit Metall-Ionen Salze, die sogenannten Acetylide (V6):

$$C_2H_2 + 2\,Ag^+ + 2\,NH_3 \rightarrow Ag_2C_2 + 2\,NH_4^+$$

Silberacetylid (formal aus 2 Ag^+ und $|C\equiv C|^{2-}$)

Ethin bildet Salze: Acetylide

Manche Acetylide sind explosiv. So explodiert Silberacetylid bereits bei Schlag, wobei das Acetylid-Ion zu Kohlenstoff oxidiert, die Silber-Ionen zu Silber reduziert werden:

$$\overset{+I}{Ag_2}\overset{-I}{C_2} \rightarrow 2\,Ag + 2\,C$$

Homologe Reihe der Alkine: C_nH_{2n-2}

8. Wie vom Methan die Alkanreihe und vom Ethen die Alkenreihe, läßt sich vom Ethin die homologe Reihe der sogenannten Alkine ableiten. Die Alkine enthalten als funktionelle Gruppe eine C≡C-Atomgruppe im Molekül. Da die Dreifachbindung an verschiedenen Stellen des Moleküls stehen kann, ergeben sich wiederum entsprechende Isomeriemöglichkeiten. Die Namen der Alkine leiten sich von denjenigen der Alkane dadurch ab, daß die Endung «an» durch die Endung «in» ersetzt wird; so wird z. B. aus Eth*an* Eth*in*, aus Prop*an* Prop*in*.
Alkene und Alkine werden als ungesättigte Kohlenwasserstoffe den Alkanen und Cycloalkanen (gesättigte Kohlenwasserstoffe) gegenübergestellt.

Homologe Reihe der Alkine

Name	Summenformel	Struktur	Smt. (°C)	Sdt. (°C)
Ethin (Acetylen)	C_2H_2	$H-C\equiv C-H$	– 83,4	– 81,8
Propin	C_3H_4	$H-C\equiv C-\overset{H}{\underset{H}{C}}-H$	–101,5	– 23,3
1-Butin	C_4H_6	$H-C\equiv C-\overset{H}{\underset{H}{C}}-\overset{H}{\underset{H}{C}}-H$	–122,5	8,6
1-Pentin	C_5H_8	$H-C\equiv C-\overset{H}{\underset{H}{C}}-\overset{H}{\underset{H}{C}}-\overset{H}{\underset{H}{C}}-H$	– 98	39,7

Allgemeine Summenformel: C_nH_{2n-2}

A1 Wie lautet die Reaktionsgleichung der Kupferacetylidbildung?

A2 Wie viele Isomere sind bei Pentin möglich? Wie lauten ihre Namen?

A3 In drei unbeschrifteten Standzylindern sollen sich Ethan, Ethen und Ethin befinden. Wie könnte man durch Reaktionen feststellen, welches Gas in den einzelnen Standzylindern vorhanden ist?

A4 Wieviel Gramm Ethin sind aus 100 g Calciumcarbid herstellbar, wenn man eine 90%ige Ausbeute annimmt?

A5 Was entsteht aus Ethin bei der Addition von Chlor bzw. Chlorwasserstoff? Reaktionsgleichungen angeben!

A6 Calciumcarbid ist aus Calcium- und Acetylid-Ionen aufgebaut. Für die Reaktion von Calciumcarbid mit Wasser soll eine Teilchengleichung formuliert werden. Welche Teilchen reagieren als Säure bzw. als Base?

12.7 Benzol

Vorsicht: Benzol und seine Dämpfe sind giftig und leicht entzündlich. Alle Versuche mit Benzol sind im Abzug durchzuführen.

Welche Zusammensetzung besitzt Benzol?

V1 In einer Porzellanschale wird wenig *Benzol* entzündet. Mit der Tiegelzange hält man eine zweite Porzellanschale in die Flamme. Beobachtung?

Welche Eigenschaften hat Benzol?

V2 Etwa 10 cm^3 *Benzol* werden mit Azobenzol angefärbt. Zur einen Hälfte dieser Lösung gibt man 5 cm^3 Wasser, zur anderen 5 cm^3 *Benzin (feuergefährlich)*.

V3 In einem Reagenzglas wird etwas Fett zu *Benzol* gegeben.

Welche Reaktionen zeigt Benzol?

V4 In einem Reagenzglas gibt man zu Benzol einige Tropfen einer Lösung von Brom in *Tetrachlorkohlenstoff (giftige Dämpfe)*. In einem Parallelversuch arbeitet man anstelle von Benzol mit *Cyclohexen (feuergefährlich)*. Welche Unterschiede sind zu beobachten?

V5 Zu einigen cm^3 einer mit Natriumcarbonat (Soda) alkalisch gemachten Kaliumpermanganatlösung gibt man in einem Reagenzglas einige Tropfen *Benzol*, verschließt mit einem Stopfen und schüttelt kräftig.

V6 In einem kleinen Rundkolben gibt man gemäß Abbildung zu 10 cm^3 *Benzol* eine Spatelspitze grobe Eisenfeilspäne und 2 cm^3 *Brom (ätzend; giftige Dämpfe)*.
Auf den Kolben wird ein Rückflußkühler aufgesetzt und darauf ein zweimal gebogenes Glasrohr mit Trichter, der in einem Becherglas knapp über dest. Wasser endet. Nach anfänglichem leichtem Erwärmen läuft die Reaktion von selbst weiter. Die Lösung in der Vorlage wird im Scheidetrichter kräftig mit *Benzol* geschüttelt, um mitgerissenes *Brom* abzutrennen. Die wäßrige Phase prüft man dann mit einem Indikator und Silbernitratlösung.

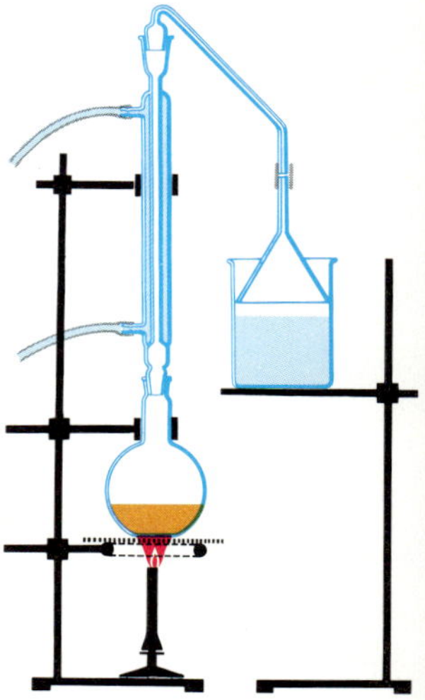

Vorrichtung zur Bromierung von Benzol (V_6)

1. Benzol, 1824 von Faraday[1] im Steinkohlenteer erstmals aufgefunden, ist eine farblose Flüssigkeit von aromatischem Geruch, die bei 80 °C siedet und bei 5,5 °C zu farblosen Kristallen erstarrt. Die Dämpfe von Benzol sind sehr giftig und wirken krebserzeugend. Der Umgang mit Benzol muß deshalb mit größter Vorsicht erfolgen.

Benzol:
brennbar, giftig, nicht wasserlöslich

[1] Michael Faraday (1791–1867), Professor für Chemie an der Royal Institution von London. Entdecker der «Faraday-Gesetze».

Benzol ist leicht entzündlich und verbrennt mit leuchtender, stark rußender Flamme. Das läßt auf einen hohen Kohlenstoffgehalt schließen. Benzol mischt sich nicht mit Wasser und besitzt eine geringere Dichte als dieses (Dichte 0,879 g/cm^3). Mit Benzin und anderen organischen Lösungsmitteln ist es sehr gut mischbar; Benzol ist daher ein gutes Lösungsmittel für Fette, Harze, Wachse und Kautschuk.

Summenformel von Benzol: C_6H_6

2. Die Elementaranalyse zeigt, daß im Benzol wie in den Kohlenwasserstoffen nur die Elemente Kohlenstoff und Wasserstoff enthalten sind; sie ergibt für Benzol die Verhältnisformel CH. Eine Bestimmung der molaren Masse ergibt den Wert 78 g; dies bedeutet, daß Benzol die Summenformel C_6H_6 besitzt. Ein Vergleich mit den entsprechenden Verbindungen der Alkane (Hexan: C_6H_{14}), Alkene (Hexen: C_6H_{12}), Alkine (Hexin: C_6H_{10}) und Cycloalkane (Cyclohexan: C_6H_{12}) macht deutlich, daß Benzol noch wasserstoffärmer ist.

Benzolstruktur nach Kekulé

3. Im Jahre 1865 schlug Kekulé[1] für Benzol eine Formel vor, nach der das Molekül einen Kohlenstoffring besitzt, dessen Atome abwechselnd durch Einfach- und Doppelbindungen verknüpft sind.

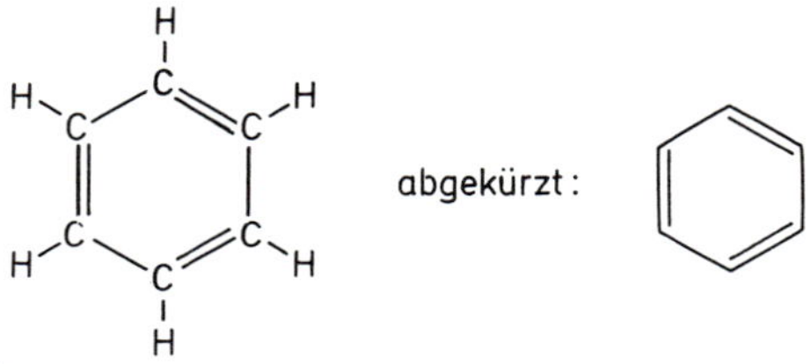

Einige Ergebnisse der organischen Chemie lassen sich mit Hilfe der von Kekulé vorgeschlagenen Benzolformel gut erklären:

- Die Vierbindigkeit des Kohlenstoffs und die Einbindigkeit des Wasserstoffs bleiben gewahrt.
- Bei der Substitution zeigt sich, daß alle Wasserstoffatome gleich gebunden sind. Daher entsteht jeweils nur ein Monosubstitutionsprodukt, z. B. Monobrombenzol (C_6H_5Br).
- Die Kekulé-Formel läßt verstehen, daß man aus Benzol durch Reaktion mit Wasserstoff (sog. Hydrierung) Cyclohexan herstellen kann. Diese Reaktion muß jedoch bei einer Temperatur von 200 °C und Nickel als Katalysator durchgeführt werden.

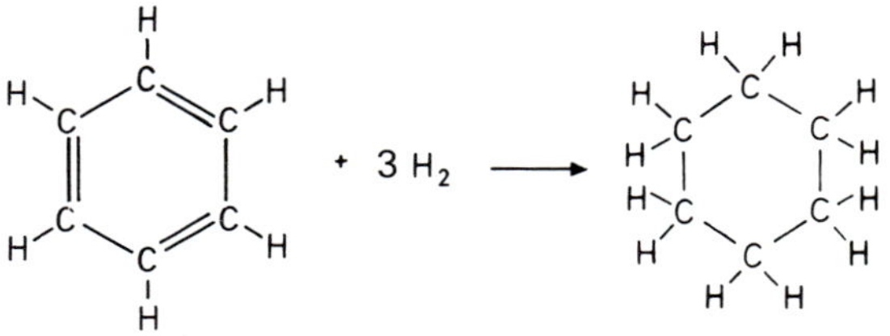

[1] August Kekulé von Stradonitz (1829–1896), Professor der Chemie in Gent und Bonn.

Die Kekulésche Benzolformel war für die Erklärung der Eigenschaften des Benzols und für den Fortschritt der organischen Chemie von außerordentlicher Bedeutung.

4. Einige Strukturmerkmale und Eigenschaften des Benzols lassen sich aber mit der Kekulé-Formel nicht deuten:

Kekulé-Formel erklärt nicht alle Eigenschaften des Benzols

— Bei abwechselnden Einfach- und Doppelbindungen müßten die Kohlenstoffatome im Benzol unterschiedliche Abstände voneinander haben. Das ist aber nicht der Fall; die Röntgenstrukturanalyse zeigt vielmehr, daß die Bindungslängen der C—C-Bindungen ohne Unterschied 139 pm betragen.

Ethan	Ethen	Ethin	Benzol
154 pm	135 pm	121 pm	139 pm

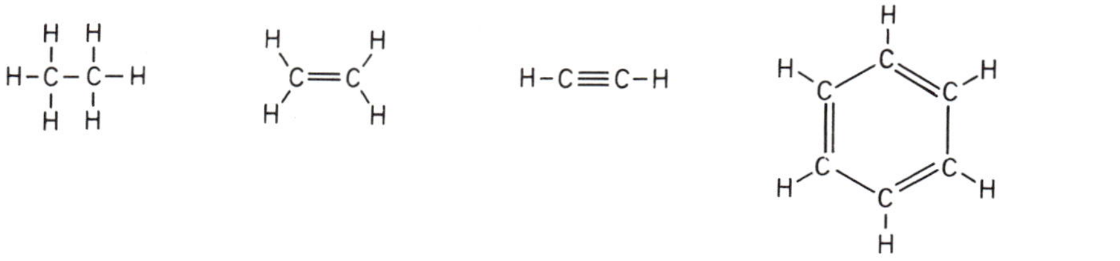

— Hätte Benzol im Molekül Doppelbindungen, so müßte es ähnlich reagieren wie Ethen oder das ebenfalls ungesättigte Cyclohexen, d. h., es müßte Additionsreaktionen eingehen. Das ist unter normalen Bedingungen jedoch nicht der Fall; vielmehr tritt bei der Reaktion von Benzol mit Brom eine Substitution ein (V_6):

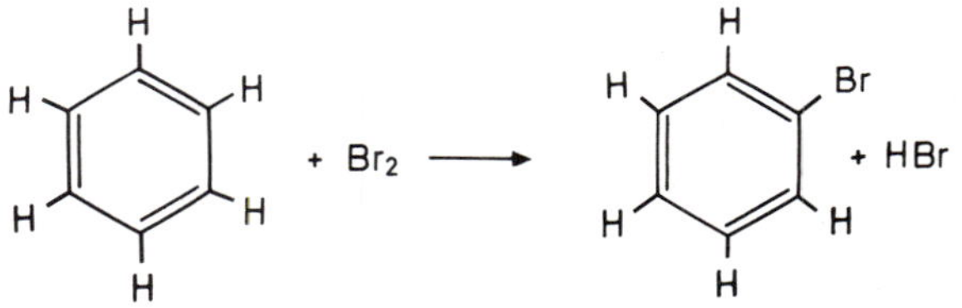

Benzol + Brom → Monobrombenzol + Bromwasserstoffgas

Molekülmodell von Benzol

5. Vergleicht man Benzol und Ethen miteinander, so zeigt sich, daß sie ähnliche Konstitution besitzen: Beide Moleküle sind eben gebaut, und die von ihren Kohlenstoffatomen ausgehenden Bindungen bilden Winkel von 120 °. Man kann daher für die Kohlenstoffatome des Benzols, analog zu denjenigen des Ethens, sp^2-Hybridisierung annehmen. Jedes Kohlenstoffatom verfügt also zusätzlich über ein nichthybridisiertes p-Orbital. Der Kekulé-Formel entsprechend bilden dann jeweils zwei benachbarte p-Orbitale eine der drei π-Bindungen im Benzol.

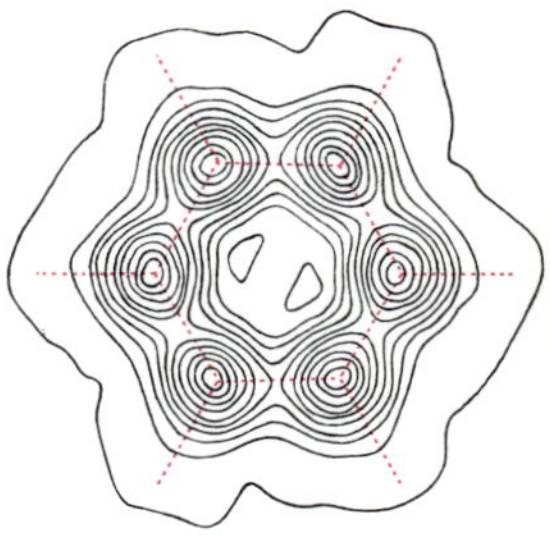

Experimentell und rechnerisch ermittelte Elektronendichteverteilung im Benzol

Nun ist leicht einzusehen, daß jedes p-Orbital nicht nur mit dem p-Orbital eines der benachbarten Kohlenstoffatome überlappt. Es kommt vielmehr zur Überlappung mit den p-Orbitalen beider benachbarter Kohlenstoffatome. Die Elektronen aller sechs p-Orbitale bilden dadurch ein gemeinsames ringförmiges System von π-Elektronen, eine π-Wolke, die sich über den ganzen Benzolring erstreckt.

Delokalisierte π-Elektronen im Benzolmolekül

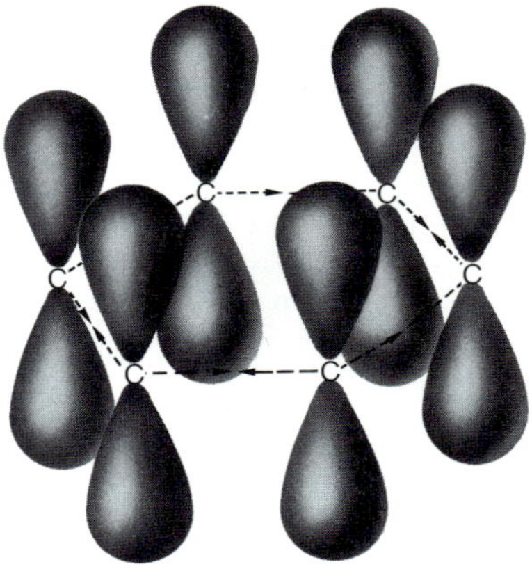

C_6-Ring mit sechs nichthybridisierten p-Orbitalen

Benzol mit delokalisiertem π-Syster

Benzol mit delokalisierten Elektronen

6. Da keine lokalisierten Doppelbindungen vorliegen, kommt es beim Benzol normalerweise nicht zu Additionsreaktionen. So wird verständlich, warum Brom am Benzol nicht addiert wird, sondern eine Substitution stattfindet.
Zur Beschreibung des Benzolmoleküls benutzt man heute meist eine Formel, in der die sechs delokalisierten Elektronen durch einen Kreis symbolisiert werden.

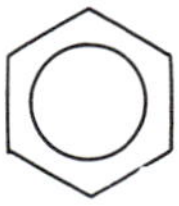

Aromaten enthalten oft Benzolringe

7. Benzol ist der einfachste Vertreter der sogenannten aromatischen Kohlenwasserstoffe. Da sich viele aromatisch riechende Verbindungen vom Benzol herleiten lassen, entstand der Sammelname Aromaten. Heute wird der Ausdruck «aromatisch» jedoch nur noch mit bestimmten Struktur- und Eigenschaftsmerkmalen verknüpft, die sich besonders deutlich im Benzol zeigen. Benzol und seine Abkömmlinge heißen daher aromatische Verbindungen. Zu ihnen gehören auch Naphthalin, Anthracen und viele andere Systeme, die mehrere Benzolringe oder, wie man auch sagt, «Benzolkerne» aufweisen:

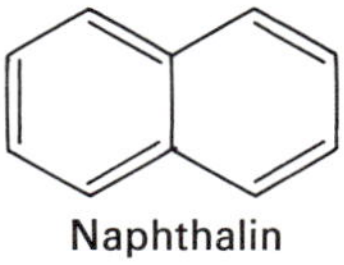

Naphthalin

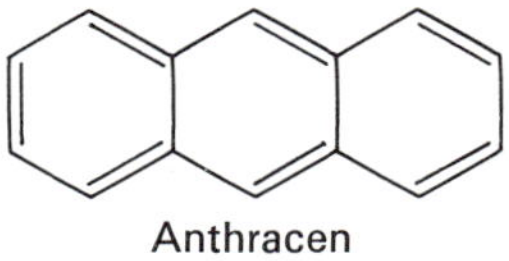

Anthracen

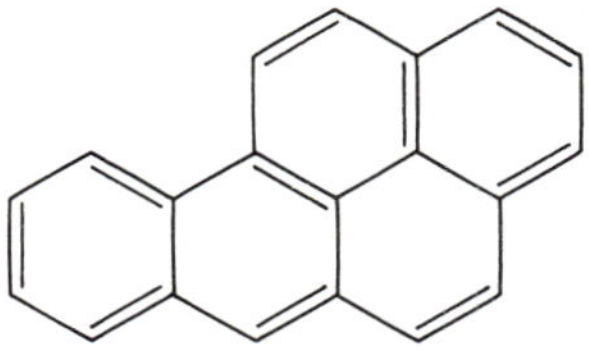

3,4-Benzpyren

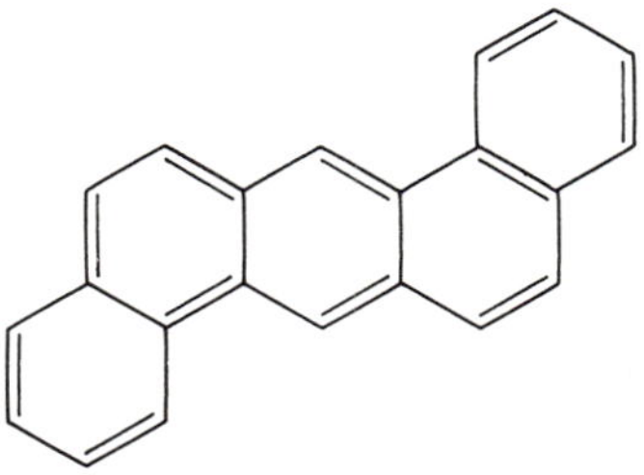

Dibenzanthracen

8. Aromaten finden sich im Steinkohlenteer ebenso wie im Teer des Tabakrauchs, im Ruß unserer Städte und in den Auspuffgasen. Aber auch in gebratenen und gerösteten Lebensmitteln entstehen solche Aromaten, insbesondere dann, wenn diese Lebensmittel über dem Holzkohlengrill zubereitet werden. Im Tierversuch konnte nachgewiesen werden, daß viele Aromaten, darunter vor allem das Benzpyren, Krebs erzeugen.
In den vergangenen Jahren wurde durch viele statistische Untersuchungen gezeigt, daß starke Zigarettenraucher erheblich häufiger an Krebs der Atemwege erkranken und sterben als Nichtraucher. Das dürfte insbesondere auf die im Zigarettenrauch enthaltenen Aromaten zurückzuführen sein. Rauchen ist auch daher ein erhebliches Gesundheitsrisiko.

Krebsgefahr durch Rauchen

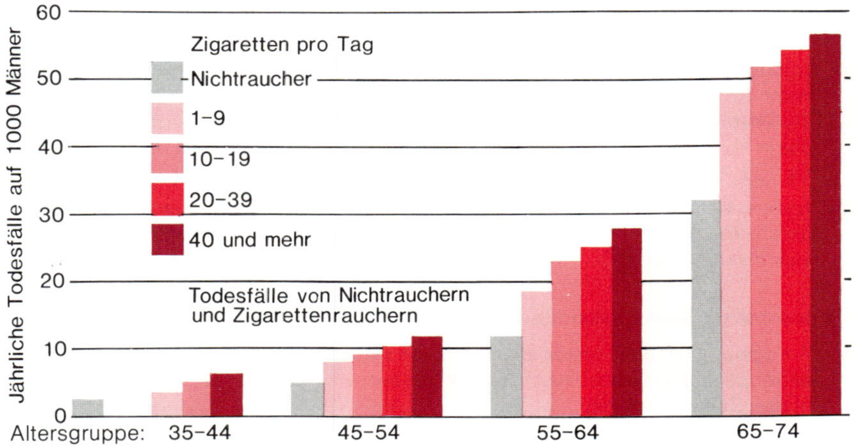

Sterblichkeit von Rauchern und Nichtrauchern bei verschiedenen Altersgruppen

9. Einige chlorierte aromatische Kohlenwasserstoffe sind als wirksame Insektizide – das sind Mittel zur Bekämpfung schädlicher Insekten – bekannt geworden. Mit ihrer Hilfe konnte z. B. der Überträger der Malaria, die Fiebermücke Anopheles, wirksam bekämpft und somit diese gefährliche Krankheit eingedämmt werden.
Ein sehr aktives Insektizid, das vor allem zur Bekämpfung der Malaria eingesetzt wird, ist das DDT. Es wirkt als Kontaktinsektizid schon bei Berührung des Insektenkörpers.

Chlorierte aromatische Kohlenwasserstoffe: wirksame Insektizide mit Nachteilen

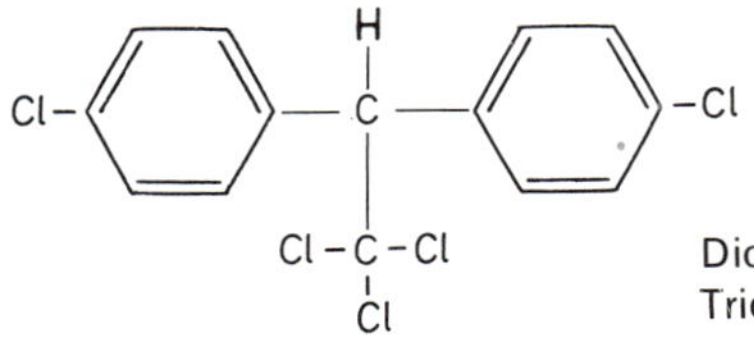

Dichlor-Diphenyl-Trichlor-Ethan (DDT)

Insektizide von der Art des DDT wirken allerdings meist unspezifisch, sind also auch für Bienen und alle übrigen Insekten giftig. Außerdem werden sie in der Natur nur sehr langsam wieder abgebaut und sammeln sich unter anderem im Fettgewebe von Tier und Mensch an. Das kann zu gesundheitlichen Schäden führen. In einigen Staaten, darunter auch in der Bundesrepublik Deutschland, ist der Gebrauch von DDT heute verboten.

A_1 Eine Reaktionsgleichung zur vollständigen Verbrennung von Benzol ist zu formulieren.

A_2 Benzol verbrennt oft mit einer stark rußenden Flamme. Wie könnte man dies in einer Reaktionsgleichung zum Ausdruck bringen?

A_3 Welche Formeln kann man für das Benzol angeben?

A_4 Welche Tatsache spricht gegen die Annahme von drei festliegenden Doppelbindungen im Benzolmolekül?

12.8 Petrochemie

Vorsicht: Benzin und andere tiefsiedende Erdölprodukte sind leicht entzündlich.

Zusammensetzung des Erdöls

V_1 In einer Destillationsapparatur werden in einem 250-cm^3-Rundkolben etwa 100 cm^3 Rohöl unter Zusatz von Siedesteinen in einer Pilzheizhaube erhitzt. Während der Destillation ist das Thermometer genau zu beobachten. Es werden Fraktionen folgender Temperaturbereiche in Vorlagen gesammelt: *1. Fraktion* bis 70 °C, *2. Fraktion* 70 bis 110 °C, *3. Fraktion* 110 bis 150 °C, *4. Fraktion* 150 bis 250 °C.

V_2 In verschiedenen Porzellanschalen werden Proben der vier *Fraktionen von* Versuch V_1 durch langsames Annähern eines brennenden Spans zur Entzündung gebracht. Was läßt sich dabei feststellen?

Eigenschaften und Reaktionen von Erdölprodukten

V_3 Am oberen Ende einer schräg eingespannten Blechrinne befindet sich ein Trichter mit einem *benzingetränkten* Wattebausch, am unteren Ende eine brennende Kerze. Was läßt sich nach einiger Zeit beobachten?

V_4 In einen etwa 4 cm hoch mit Quarzsand gefüllten Stahlzylinder leitet man Sauerstoff und gibt 2 bis 3 Tropfen *Benzin* dazu. Das *Benzin-Sauerstoff-Gemisch (explosiv)* wird geschüttelt und *nach Umwickeln mit einem Handtuch* an der Bunsenflamme gezündet *(Schutzscheibe! Schutzbrille)*.

Katalytisches Cracken von Paraffinöl

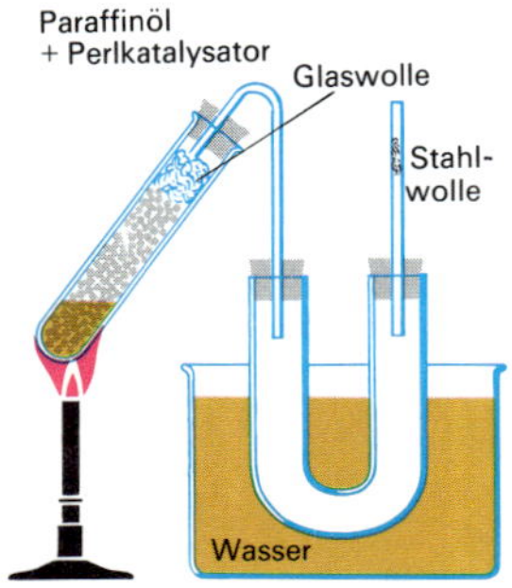

Katalytisches Cracken von Paraffinöl (V_5)

V_5 In ein schwerschmelzbares Reagenzglas gibt man ca. 3 cm^3 Paraffinöl; anschließend füllt man das Reagenzglas nach Abb. zu etwa 2/3 mit Perlkatalysator (oder einer Rolle aus Kupferdrahtnetz) und etwas Quarzwolle. Das Reagenzglas wird mit einem wassergekühlten U-Rohr und einem Glasrohr verbunden, das locker etwas Stahlwolle enthält. Mit dem Brenner erhitzt man zunächst den Perlkatalysator bzw. das Kupferdrahtnetz und erst dann zusätzlich auch das Paraffinöl. Sobald man die ersten Tropfen eines Kondensats im U-Rohr beobachten kann, versucht man die aus dem Glasrohr austretenden Dämpfe zu entzünden. Wenn sich genügend Kondensat gebildet hat, wird der Versuch beendet. Paraffinöl bzw. Kondensat werden mit Bromwasser geschüttelt bzw. auf ihre Entflammbarkeit geprüft. Was kann man beobachten?

Wie kann man Blei im Benzin nachweisen?

V6 In einem Scheidetrichter werden 50 cm^3 *Autobenzin* vorsichtig mit 5 cm^3 reiner *konzentrierter Salzsäure (ätzend)* versetzt. Das Gemisch wird im Scheidetrichter einige Minuten geschüttelt und schließlich mit 50 cm^3 destilliertem Wasser verdünnt. Die wäßrige Phase wird abgetrennt und mit *Natronlauge (ätzend)* schwach alkalisch gemacht (Indikatorpapier). Ein Teil dieses Benzinextrakts wird im Reagenzglas mit 3 bis 5 cm^3 einer frisch bereiteten Lösung von 1 bis 2 mg Dithizon in 10 cm^3 *Tetrachlorkohlenstoff (giftige Dämpfe)* geprüft.

1. Erdöl und Erdgas gehören zu den wichtigsten Energieträgern und chemischen Rohstoffen unserer Zeit. Sie finden sich in der Natur in großen Mengen in verschiedenen geologischen Formationen. Meist ist das Erdöl in porösen Sedimentgesteinen in größerer Tiefe abgelagert und muß mit Hilfe von komplizierten geophysikalischen Methoden gesucht und dann durch Bohrungen gewonnen werden.
Die erste planmäßige Bohrung nach Erdöl wurde am 27. August 1859 in Oil Creek bei Titusville in Pennsylvania, USA, niedergebracht. Die Geschichte der modernen Erdölindustrie ist also nicht viel älter als hundert Jahre.

Erdöl, wahrscheinlich aus Plankton entstanden

2. Bei der Frage nach der Entstehung des Erdöls und Erdgases ist die Wissenschaft bis heute noch nicht zu einem einheitlichen Ergebnis gelangt. Wahrscheinlich hat sich am Grunde von Seen und abgetrennten Meeresarmen durch Zersetzung von abgestorbenem pflanzlichem und tierischem Plankton zunächst sogenannter Faulschlamm gebildet, eine Erscheinung, die auch heute auf dem Grunde von sehr nährstoffreichen Gewässern, z. B. dem Kaspischen Meer, zu beobachten ist. Unter der Einwirkung von anaeroben Mikroorganismen, Druck, Temperatur und katalytischen Prozessen wurde der Faulschlamm im Laufe von Jahrmillionen chemisch abgebaut und letztlich in Erdgas und Erdöl umgewandelt. Für die Entstehung des Erdöls aus biologischem Material spricht die Tatsache, daß man im Rohöl Stoffe findet, die als Abbauprodukte des Chlorophylls (grüner Pflanzenfarbstoff) und des Hämins (Blutfarbstoff) aufzufassen sind.
Da man Kohlenwasserstoffe jedoch auch aus Metallcarbiden (Methan aus Aluminiumcarbid, Ethin aus Calciumcarbid) herstellen kann, könnten Erdgas und Erdöl nach einer anderen Theorie auf anorganischem Wege gebildet worden sein.

Erdöl, ein kompliziertes Kohlenwasserstoffgemisch

3. Rohöl, das «flüssige Gold», ist eine braungefärbte Flüssigkeit von charakteristischem, petroleumähnlichem Geruch. Es besteht aus einem komplizierten Gemisch sehr verschiedenartiger Kohlenwasserstoffe, wobei die gesättigten, kettenförmigen Verbindungen mengenmäßig überwiegen. Daneben sind auch ungesättigte Kohlenwasserstoffe, zyklische und aromatische Verbindungen vorhanden. Je nach Herkunftsort ist das Erdöl verschiedenartig zusammengesetzt. Zum Beispiel besteht das Erdöl aus Pennsylvania fast ausschließlich aus normalen und verzweigten Alkanen, die Erdölvorkommen des Mittleren Ostens enthalten etwa 75% Alkane, während

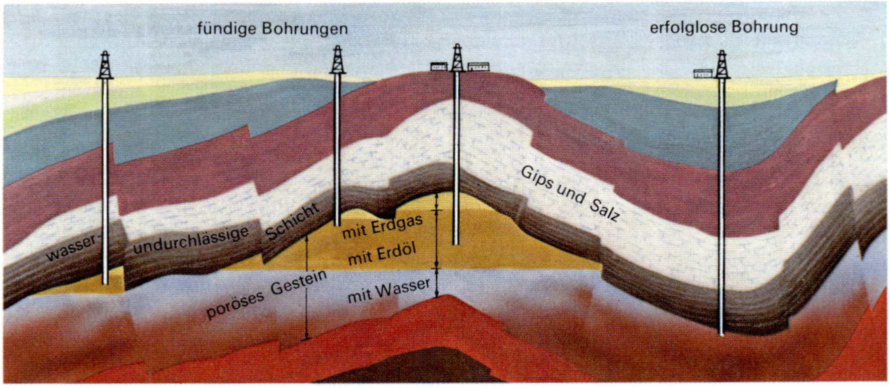

Erdöllagerstätte, schematische Darstellung

das russische Erdöl bis zu 80% aus Cycloalkanen besteht. Erdöl enthält in geringen Mengen auch organische Schwefelverbindungen. Der darin enthaltene Schwefel bildet beim Verbrennen des Öls Schwefeldioxid und stellt so ein ernstzunehmendes Umweltproblem dar.

Hauptbestandteil des Erdgases ist Methan

4. Auch das Erdgas zeigt je nach Herkunft eine unterschiedliche Zusammensetzung. In der Regel sind die mit dem Erdöl ausströmenden Erdgase überwiegend Gemische von gesättigten Kohlenwasserstoffen. In erster Linie handelt es sich dabei um Methan (bis 95%), daneben sind Ethan, Propan, Butan sowie Kohlenstoffdioxid, Stickstoff und manchmal sogar Helium im Erdgas enthalten. In Texas z. B. gibt es Erdgasquellen mit einem Heliumgehalt von bis zu 1 Vol. %.

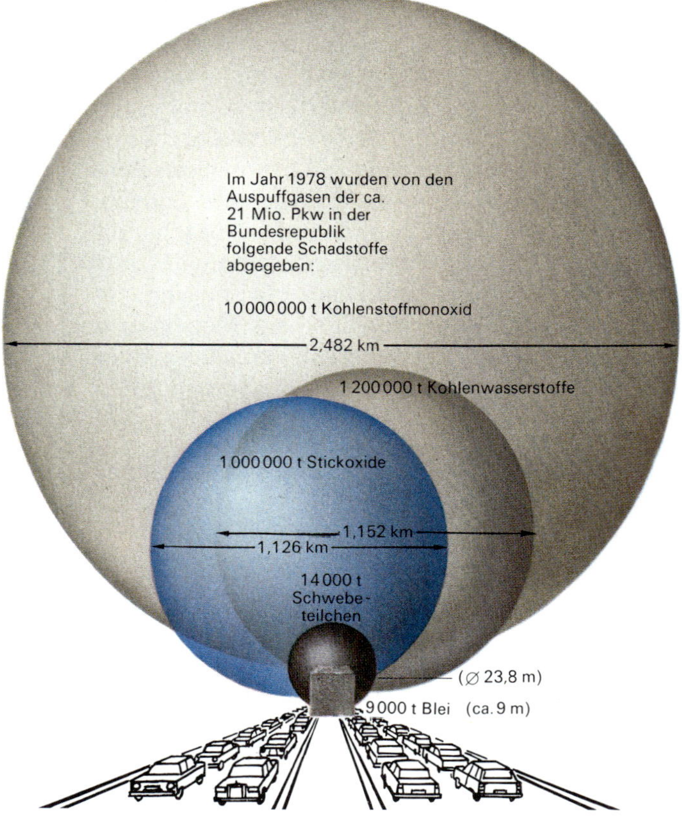

Auspuffgase aus dem Kraftfahrzeugverkehr belasten unsere Umwelt

Technisch wird Erdgas in erster Linie zu Heizzwecken benutzt. Daneben sind auch die Gewinnung von Ethin aus Methan und die Herstellung von Ruß und Wasserstoff aus dem Erdgas von Bedeutung.

Erdöl und Erdgas: wichtigste Energieträger und wichtigste Rohstoffe der organischen Chemie

5. Erdgas und Erdöl haben als Energieträger und als Rohstoff der chemischen Großindustrie besonders nach dem Zweiten Weltkrieg eine überragende Bedeutung erlangt. Gegenwärtig werden mehr als 65% des Weltbedarfs an Energie aus Erdölprodukten gedeckt. Ohne Übertreibung kann man sagen, daß Erdölprodukte als Kraftstoff für Automobile, Schiffe und Flugzeuge, als Heizmaterial für Kraftwerke, private Haushalte und Industrieanlagen, als Schmierstoff für Maschinen, als Ausgangsmaterial zur Herstellung von Kunststoffen, Textilien und Pharmazeutika eine wesentliche Stütze unserer heutigen Zivilisation bilden.
In Deutschland deckt die organisch-chemische Industrie mindestens 80% ihres Rohstoffbedarfs durch Erdöl- bzw. Erdgasprodukte. Daraus ergibt sich die Bedeutung der Chemie des Erdöls und Erdgases, der sogenannten Petrochemie.

	1960	1970	1974	1978	1980	1981	1982
Welterdölförderung	1 052,0	2 333,5	2 872,5	3 055,8	3 059	2 859	2 756
Welterdölreserven	40 940	83 890	97 300	88 920	87 366	91 489	91 343

Welterdölförderung und bekannte Welterdölreserven (in Millionen Tonnen)

6. Da der Erdölverbrauch in den letzten Jahrzehnten nahezu explosionsartig angewachsen ist, sind viele Forscher in fast allen Teilen der Welt auf der Suche nach neuen Erdöllagerstätten. Viele Vorkommen, z. B. unter dem Meeresboden, lassen sich aber nur mit großem Aufwand ausbeuten.

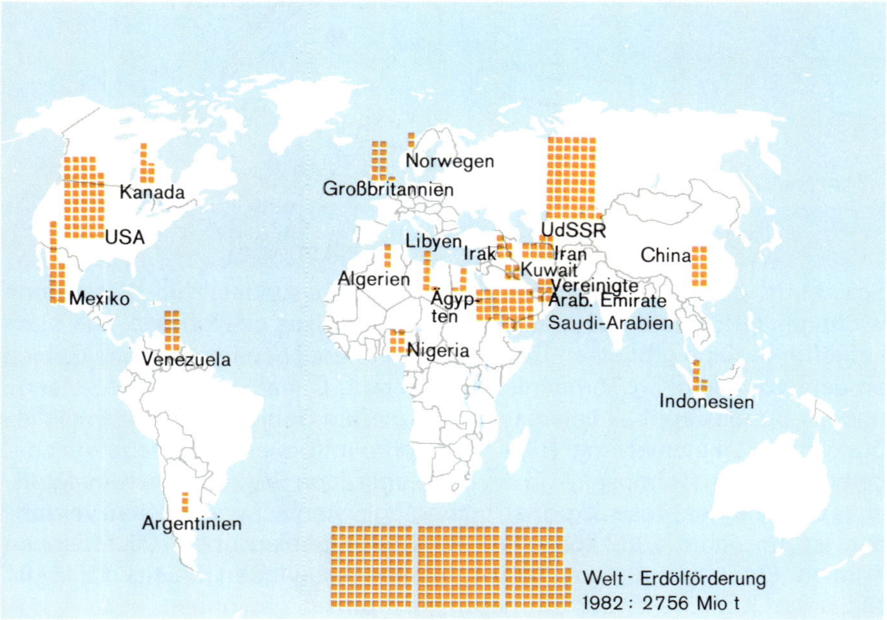

Die größten Ölproduzenten der Welt

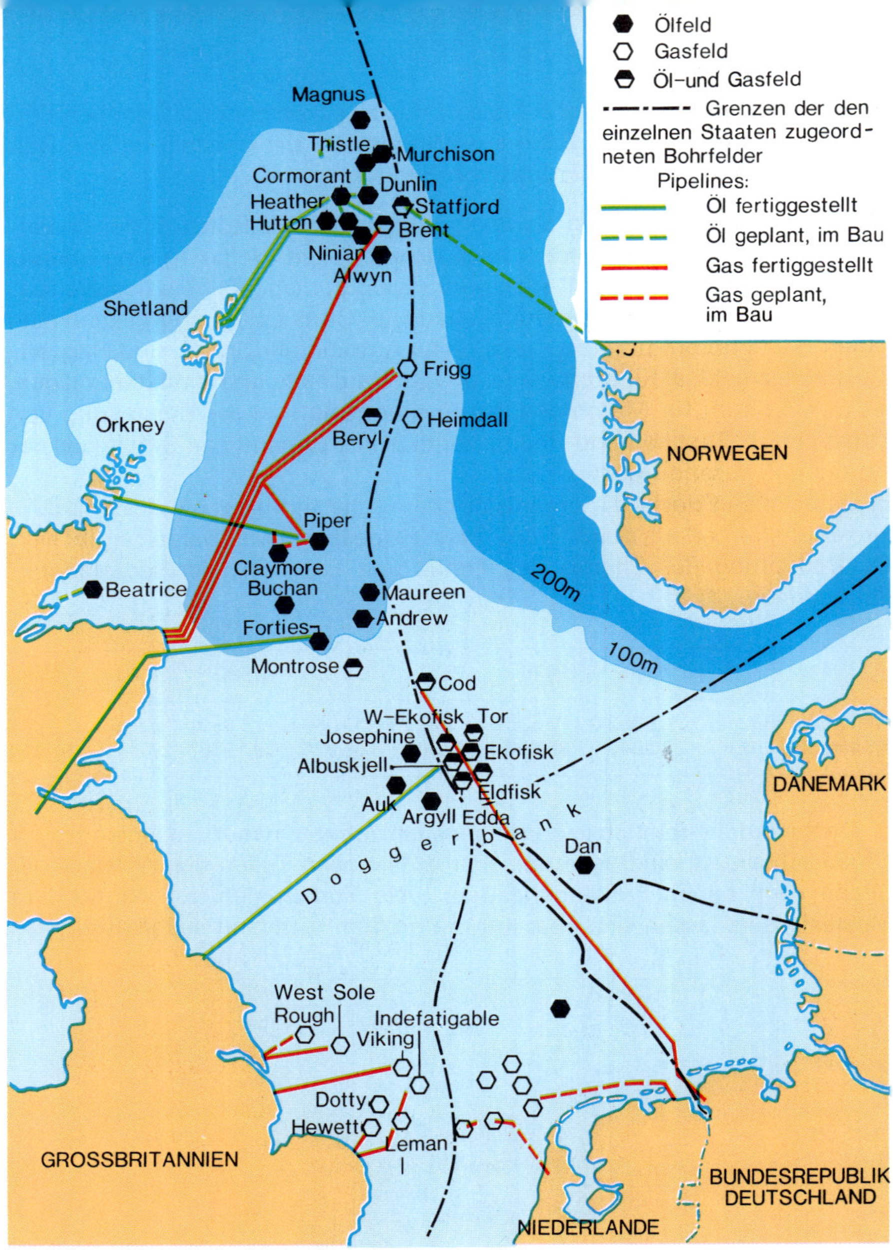

Erdöl- und Erdgasvorkommen in der Nordsee

Seit Mitte der sechziger Jahre wird ein insbesondere für Westeuropa wichtiges Erdöl- und Erdgasfeld unter der Nordsee erschlossen. Die oben aufgeführte Karte gibt einen Überblick über dieses neuerschlossene Gebiet, an dem vor allem Großbritannien, Norwegen, Dänemark, die Niederlande und die Bundesrepublik beteiligt sind. In diesem Gebiet erfolgt die Erschließung der Vorkommen mit Hilfe von Bohrplattformen, Bohrschiffen oder halbgetauchten Bohrinseln – in der oft stürmischen See ein nicht ungefährliches Unterfangen, das mit großen technologischen Schwierigkeiten verbunden ist. Im Jahre 1982 förderte z. B. Großbritannien über 100 Millionen Tonnen Erdöl aus diesem Gebiet; an Erdgas wurden bereits 1978 64 Milliarden Kubikmeter aus der gesamten Nordsee gewonnen.

7. Vor der Verwendung muß das Rohöl in Raffinerien aufgearbeitet werden. Das bereits beim Austritt aus der Erde von Wasser, Salzlösungen, Sand und Bohrschlamm gereinigte Rohöl wird dabei in bis zu 50 m hohen Destillationstürmen – zunächst bei Normaldruck – einer fraktionierten Destillation unterworfen. Dabei wird das Rohöl zuerst in einem Röhrenofen erhitzt. Die hier entstehenden Rohöldämpfe gelangen in den eigentlichen Destillationsraum, den Fraktionierturm. Dieser ist durch Zwischenböden, sogenannte Glockenböden, abgeteilt. Die von unten aufsteigenden Rohöldämpfe werden entsprechend ihren Siedetemperaturen an verschiedenen Stellen des Fraktionierturmes kondensiert. Die niedrig siedenden Bestandteile kondensieren in den oberen Glockenböden, die höher siedenden Verbindungen in den tieferen, während ganz oben nicht kondensierte Gase abgeleitet werden, die im Rohöl gelöst waren. So erhält man durch Destillation bei Normaldruck zunächst folgende Hauptfraktionen:

Gewinnung von Treibstoffen, Heiz- und Schmierölen

Sdt.	bis 150 °C	Rohbenzin (Gasolin)
Sdt. 150	bis 250 °C	Leuchtöl (Kerosin)
Sdt. 250	bis 350 °C	Gasöl (Dieselöl, Heizöl)

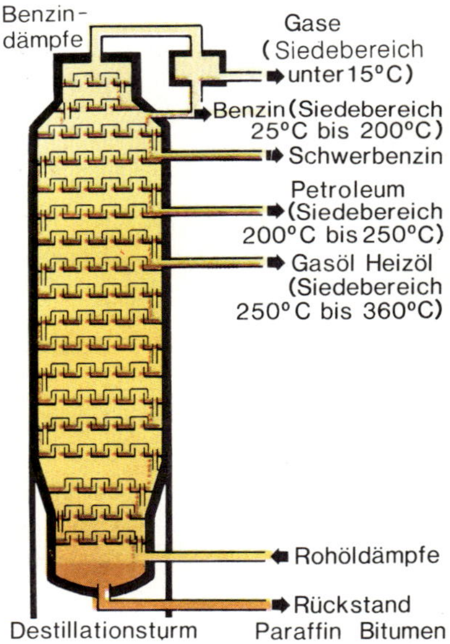

Der über 350 °C siedende Rückstand wird durch Vakuumdestillation weiter aufgearbeitet. Dabei gewinnt man schweres Gasöl, Heiz- und Schmieröle, während als Rückstand Pech und asphaltartige Produkte, sogenanntes Bitumen, verbleiben. Die Hauptfraktionen werden nun erneut destilliert, wobei Teilfraktionen gewonnen werden. Die wichtigsten Fraktionen und deren Verwendung sind in der folgenden Tabelle zusammengestellt.

Siedebereich (°C, 760 bar [101 kPa])	Fraktion	Hauptanteil an Alkanen (Anzahl der C-Atome)	Verwendung
40–70	Petrolether	5–6	Lösungsmittel für Harze und Fette
70–150	Benzin	6–10	Treibstoff für Ottomotoren
140–180	Schwerbenzin	9–12	Kraftstoff für Düsenflugzeuge, Terpentinersatz
170–250	Petroleum	12–20[1]	Leichtes Heizöl für Haushalt- und Beleuchtungszwecke
240–300	Dieselöl und Schmieröl	12–20[1]	Treibstoff für Dieselmotoren, schweres Heizöl, Schmiermittel
über 300	Paraffin Rückstand: Bitumen	20–28 –	Kerzen, Bohnerwachs Straßenbau, Dachpappe

[1] Die Verbindungen mit höheren C-Zahlen sind in den flüssigen Komponenten gelöst.

Cracken: Aufspalten von Ketten

8. Da im Rohöl die besonders begehrten Fraktionen wie Benzin oft nur in relativ geringer Menge enthalten sind (z. B. enthält russisches Erdöl aus Baku nur 18%, deutsches Erdöl aus Celle nur 7% Benzin), hat man bereits im Jahre 1912 damit begonnen, die weniger wertvollen hochsiedenden Öle und auch die Hauptmenge der Petroleumfraktion in flüchtigere, benzinartige Produkte aufzuspalten. Dies gelingt im sogenannten Crackprozeß[1]. Dabei werden langkettige, hochsiedende Kohlenwasserstoffe in kürzere, tiefer siedende Moleküle aufgespalten.
Beim thermischen Cracken wird dies durch hohe Temperaturen, manchmal unter Anwendung von Druck erreicht, z. B. nach dem Reaktionsschema:

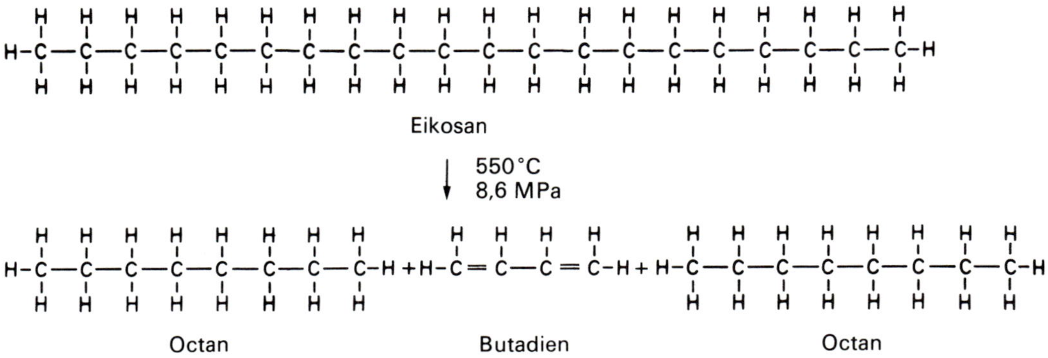

Das katalytische Cracken, das man heute in verschiedenen Varianten durchführt, bringt die Spaltung der langkettigen Moleküle durch den Einsatz von Katalysatoren (meist Aluminiumoxid-Siliciumdioxid-Mischkatalysatoren) zustande (V_5), z. B. gemäß

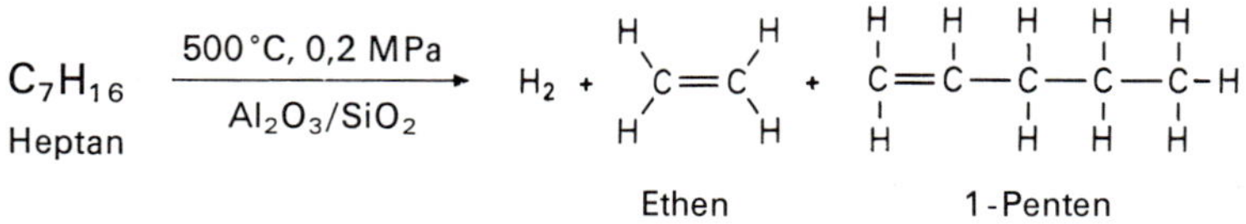

Beim Cracken erhält man also auch ungesättigte Kohlenwasserstoffe wie z. B. das zur Herstellung von Polyethylen wichtige Ethen.

Octanzahl und Klopffestigkeit

9. Benzin, der wichtigste Motorentreibstoff, ist ein Gemisch, das vor allem Alkane mit 5–10 Kohlenstoffatomen enthält. Da der Wirkungsgrad von Benzinmotoren vom Verdichtungsverhältnis (Verhältnis von Anfangs- zu Endvolumen des Treibstoff-Luft-Gemisches) abhängt, ist es günstig, ein möglichst hochverdichtetes Gemisch im Motor zur Zündung zu bringen. Hochverdichtete Treibstoff-Luft-Gemische zünden jedoch häufig schon

[1] *to crack* (engl.) spalten, zerbrechen.

Bohrturm (Höhe etwa 51 m) beim Einsatz einer Erdgasbohrung. Im Vordergrund verschiedene Arten von Bohrmeißeln

vorzeitig. Diese Erscheinung wird als «Klopfen» bezeichnet und führt nicht nur zu beträchtlichem Energieverlust, sondern auch zu starkem Motorenverschleiß. Um hohe Verdichtungen erreichen zu können, war es notwendig, möglichst «klopffeste» Treibstoffe zu entwickeln.

Als Maß für die Klopffestigkeit eines Benzins wurde die sogenannte Octanzahl eingeführt. Dabei teilte man dem n-Heptan, das besonders stark zum Klopfen neigt, die Octanzahl 0, dem Isooctan (2,2,4-Trimethylpentan), das sehr klopffest ist, die Octanzahl 100 zu (heute sind Stoffe mit Octanzahlen über 100 bekannt). Um die Octanzahl eines Treibstoffes festzustellen, vergleicht man seine Klopffestigkeit in einem genormten Einzylindermotor mit einer Mischung aus n-Heptan und Isooctan. Verhält sich z. B. ein untersuchter Treibstoff so wie ein Gemisch aus 85% Isooctan und 15% n-Heptan, so erhält er die Octanzahl 85.

Die Octanzahl läßt sich durch Zusatz von sogenannten Antiklopfmitteln, z. B. Bleitetraethyl, $Pb(C_2H_5)_4$, heraufsetzen. Da sowohl das Bleitetraethyl als auch seine Verbrennungsprodukte giftig sind, bemüht man sich, ungiftige Antiklopfmittel zu entwickeln bzw. klopffestere Kohlenwasserstoffmischungen zu verwenden.

Dank Reforming mehr und besseres Benzin

10. Neben den Crackverfahren werden noch weitere «Veredlungsverfahren», sogenannte Reforming-Verfahren, durchgeführt, um Treibstoffe mit möglichst hohen Octanzahlen zu erhalten. Gesättigte unverzweigte Kohlenwasserstoffe besitzen niedrigere Octanzahlen als verzweigte oder vor allem ungesättigte und aromatische Kohlenwasserstoffe. Der Reforming-Prozeß dient dazu, aus den Alkanen und Cycloalkanen des Erdöls Benzine mit höherem Gehalt an Verbindungen mit hoher Octanzahl herzustellen, wobei gleichzeitig große Mengen an Wasserstoff gewonnen werden.

A_1 Hexan wird in einem Ottomotor verbrannt. Wie muß das Hexan-Luft-Mischungsverhältnis sein, damit eine optimale Verbrennung stattfindet?

A_2 Die durchschnittliche Zusammensetzung des Erdöls liefert etwa 12% Benzin, 15% Leuchtöl, 16% Gasöl, 35% Schmieröl und etwa 22% Bitumen. Am Weltmarkt werden jedoch durchschnittlich folgende Mengen benötigt: 45% Benzin, 5% Leuchtöl, 35% Heiz- und Dieselöl, 3% Schmieröl, 12% Bitumen. Durch welche Verfahren können Angebot und Nachfrage aufeinander abgestimmt werden? Geben Sie Reaktionsgleichungen an.

A_3 Wie läßt sich erklären, daß im flüssigen Rohöl Komponenten vorliegen, deren C-Zahlen bis über 20 reichen?

A_4 Welche Octanzahl besitzt ein Gemisch aus 95% Isooctan und 5% n-Heptan?

A_5 Welche Vorstellungen bezüglich der Erdölentstehung wurden im Text erwähnt, und welche Fakten stützen diese Theorien?

A_6 Aus den Tabellenwerten soll errechnet werden, wie lange die Erdölvorräte noch ausreichen, wenn man gleichbleibende Jahresförderung voraussetzt.

12.9 Kohle – Energieträger und Rohstoff

Was entsteht beim Erhitzen von Kohle?

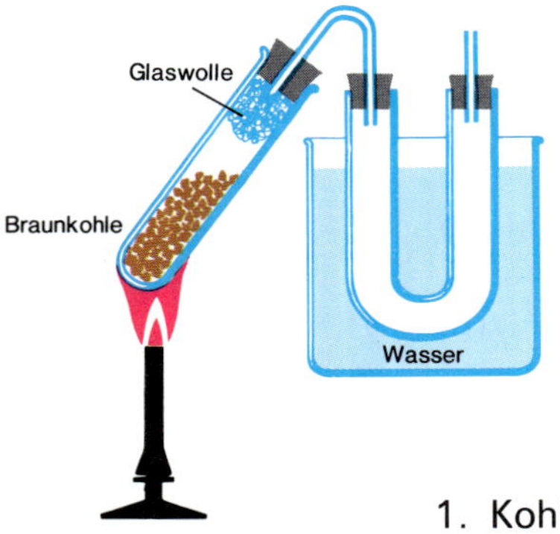

Erhitzen von Braunkohle (V_1)

V_1 Ein schwerschmelzbares Reagenzglas, das zu ca. 3/4 mit Braunkohle (z. B. zerkleinerte Stücke von Brikett) und einem Glaswollebausch gefüllt ist, wird nach Abbildung mit einem wassergekühlten U-Rohr und Gasableitungsrohr verbunden. Man erhitzt das Reagenzglas und untersucht die aus dem Gasableitungsrohr austretenden gasförmigen Stoffe mit feuchtem Bleiacetatpapier; anschließend versucht man, das Gas zu entzünden.
Die im U-Rohr kondensierte Flüssigkeit wird mit Universalindikator untersucht. Der Versuch kann mit Steinkohle wiederholt werden.

1. Kohle entsteht durch Zersetzung von pflanzlichen Stoffen unter Luftabschluß bei hoher Temperatur und hohem Druck. Die Kohlebildung verläuft dabei in verschiedenen Stadien von Torf über Braunkohle bis zu Anthrazit.

Brennstoff	Geologisches Alter	Zusammensetzung (%)			Heizwert (kJ/kg)
		C	O	H	
Holz	Gegenwart	50	44	6	16 500
Torf	Gegenwart	55–65	30–40	5–7	21 000–25 000
Braunkohle	5 Millionen Jahre	65–75	20–30	5–6	25 000–29 000
Steinkohle	500 Millionen Jahre	75–90	5–18	4–6	29 000–33 500
Anthrazit	1000 Millionen Jahre	95	2–3	2–3	33 500–37 500

Die Torfbildung als erste Stufe der Entstehung von Kohle (Inkohlung) läßt sich auch heute noch in Moorgebieten verfolgen. Das Wasser des Moores verhindert den Zutritt des Luftsauerstoffs zu den abgestorbenen Pflanzenteilen; dadurch unterbleibt die normale Verwesung. Die Zersetzung der abgestorbenen Moorvegetation unter Luftabschluß führt im Laufe der Zeit zur Bildung von Torf.
In der zweiten Stufe des Inkohlungsprozesses entsteht die Braunkohle. Die deutsche Braunkohle stammt aus der Zeit des Tertiärs, das vor etwa 60 Millionen Jahren begann und etwa vor 600 000 Jahren endete. Damals bildeten sich große Sumpfwälder. Die abgestorbenen Pflanzenmassen vertorften; es entstanden mächtige Moore, die später durch Meer- und Schuttablagerungen überdeckt wurden. Durch den Druck der Erdmassen und die Erdwärme bildete sich schließlich die Braunkohle.

Entstehung der Kohle:

Torf

Braunkohle

Steinkohle

Anthrazit

↓ Kohlenstoffgehalt steigt

2. Die Steinkohle des Ruhrgebiets entstand in der als Karbonzeit bekannten erdgeschichtlichen Epoche vor etwa 300–500 Millionen Jahren. In Europa herrschte damals ein feuchtwarmes Klima. Baumgroße Schachtelhalme und Farne bildeten riesige Sumpfwälder. Durch wiederholt stattfindende Erdbewegungen senkte sich das Land unter den Wasserspiegel. Das pflanzliche Material wurde von Sand und Geröll überdeckt.
Im Laufe der weiteren Erdgeschichte entstand durch Zersetzung dieser pflanzlichen Stoffe unter Luftabschluß, durch den gewaltigen Druck der überlagernden Erdmassen und durch die hohen Temperaturen der Erdwärme (bis 200 °C!) die Kohle.

Farnabdruck in Steinkohle

3. Kohle ist kein reiner Kohlenstoff. Die Frage nach der chemischen Struktur der Kohle ist noch nicht geklärt. Wahrscheinlich ist sie aus einer großen Zahl aneinanderhängender, meist aromatischer Kohlenstoffringe aufgebaut, die zusätzlich mit Sauerstoff-, Stickstoff- und Schwefelatomen verknüpft sind. Viele Kohlesorten enthalten darüber hinaus mineralische Bestandteile wie Pyrit (FeS_2), Calcit ($CaCO_3$) oder Quarz (SiO_2). Beim Verbrennen von Kohle entstehen neben Kohlenstoffdioxid und Wasser auch Schwefeldioxid und Stickstoffoxide. Diese Verbindungen sind giftig und bilden mit Wasser saure Lösungen. Für die Reinheit der Luft stellen sie ein ernstes Problem dar. Die Rauchgase von Kohleverbrennungsanlagen müssen daher gut gereinigt werden.

Kohle:
ein kompliziertes Gemisch kohlenwasserstoffhaltiger Verbindungen und anorganischer Mineralien

4. Die deutschen Braunkohlevorkommen finden sich z. B. in der Ville westlich von Köln (hier sind sie mit 105 m Höhe besonders mächtig), in der Wetterau, in der Oberpfalz und am Fuße der Alpen. Sie betragen ca. 62 000 Millionen Tonnen in der Bundesrepublik; davon sind ca. 10 000 Millionen

Braunkohle im Tagebau
Steinkohle im Untertagebau

Tonnen abbaufähig. Steinkohle findet sich in der Bundesrepublik vor allem im Ruhrgebiet. Man schätzt auf einen Vorrat von rund 225 000 Millionen Tonnen; davon dürften etwa 10 000 Millionen Tonnen förderbar sein. Der Abbau der Steinkohle erfolgt im Untertagebau, heute meist mit Hilfe des Kohlenhobels. Seine Arbeitsweise kann man mit einem Tischlerhobel vergleichen: Starke Elektromotoren ziehen den Hobel an Ketten an der Kohlenfront entlang, wobei die Kohle in etwa 10 cm dicken Streifen abgehobelt und in den Förderer geschoben wird. Als Förderer dient eine ca. 50 cm breite Stahlrinne, in der die Kohle mit Hilfe von Ketten vorwärtstransportiert wird. Durch Förderbänder gelangt die Kohle in Förderwagen und kommt schließlich mit dem Förderkorb ans Tageslicht.

Verkokung liefert Koks, Steinkohlegas und Steinkohleteer

5. In den letzten beiden Jahrzehnten ging der Verbrauch der Kohle zu Heizzwecken zwar zurück; an ihre Stelle traten Erdöl und Erdgas. Dafür wuchs aber die Bedeutung der Kohle als Rohstoff und Energieträger insbesondere für die Stahlindustrie und die Stromerzeugung.
Der wichtigste Verbraucher der Steinkohle ist die Stahlindustrie, die fast die Hälfte der Förderung in Form von Koks verbraucht. Bei der Herstellung von Koks (Verkokung) wird feinkörnige Steinkohle in luftdicht geschlossenen Öfen auf 800–1000 °C erhitzt, so daß aus der Kohle nur gasförmige Stoffe austreten, die Kohle aber nicht verbrennt. Der dabei verbleibende Rückstand heißt Koks. Er besteht weitgehend aus Kohlenstoff und verbrennt bei ausreichender Luftzufuhr fast rauch- und flammenlos. Er dient als wichtigstes Reduktionsmittel bei der Verhüttung der Eisenerze.

Braunkohletagebau

Mit Hilfe des Kohlenhobels bzw. des Walzenschrämladers wird die Kohle direkt aus den Flözen herausgeschnitten und in den Förderer gebracht. So entfällt das früher so anstrengende Einschaufeln der Kohle in den Förderer.

Neben dem Koks entstehen bei der Verkokung Steinkohlegas, Gaswasser und Steinkohleteer. Steinkohlegas besteht in erster Linie aus Methan und Wasserstoff; daneben sind unter anderem noch Kohlenstoffmonoxid, Ammoniak, Schwefelwasserstoff, Benzol und andere Kohlenwasserstoffe enthalten. Steinkohlegas ist brennbar und dient daher als Energieträger, z. B. zum Erhitzen der Koksöfen. Aus dem Steinkohleteer lassen sich wertvolle organische Verbindungen wie Benzol, Toluol und Naphthalin gewinnen.

An zweiter Stelle im Verbrauch von Kohle stehen in der Bundesrepublik die Kraftwerke, die etwa ein Drittel der Gesamtförderung verbrauchen, um daraus Strom zu erzeugen. Die restliche Förderung geht in die übrige Industrie, in kleinere Betriebe und in die Haushalte.

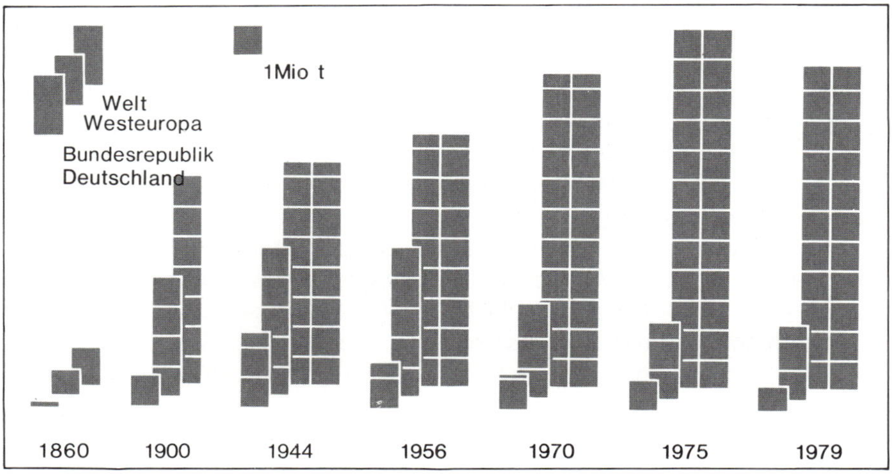

Entwicklung der Steinkohlenförderung in Mio t

Erdöl wird knapp, Kohle noch reichlich vorhanden

6. Der Energiebedarf der Erdbevölkerung wird heute zum größten Teil über Erdöl und Erdgas gedeckt. 1979 lieferte die Kohle nur knapp ein Drittel der benötigten Energie. Am Gesamtenergievorrat der Erde aber ist die Kohle mit 93%, Erdöl jedoch nur mit 4% und Erdgas mit 3% beteiligt. Eine Studie der UNO hat für das Jahr 2000 vorausberechnet, daß bis dahin ca. 80% der Erdöl- und ca. 70% der Erdgasreserven verbraucht sein werden, aber nur etwa 2% der Kohlereserven. Das bedeutet, daß der derzeitige Weltbedarf an Energie für die nächsten 250 Jahre durch Kohle gedeckt werden könnte.

Weltvorräte und Abbau fossiler Rohstoffe

	gesamt (Mrd t SKE)	jährlicher Abbau (%)
Erdöl	500	2,9
Erdgas	250	2,0
Steinkohle	8000	0,54
Braunkohle	2000	0,21

Die Tabelle zeigt die Weltvorräte an Kohle, Erdöl und Erdgas im Vergleich. Dabei entspricht 1 Tonne Erdöl 1,4 Tonnen SKE (= Steinkohleneinheit).

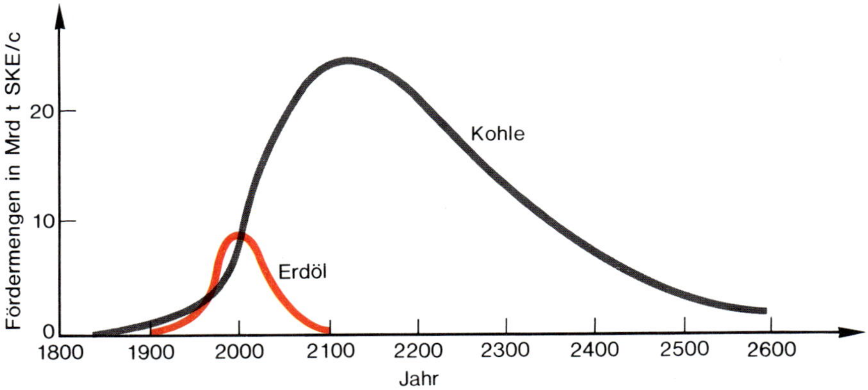

Voraussichtliche Entwicklung der Förderung an Kohle und Erdöl

Benzin aus Kohle durch Hydrierung

7. Kohle dient nicht nur zum Verbrennen. In verschiedenen Verfahren versucht man heute Kohle zu «veredeln», d.h. aus ihr z.B. Elektrizität, Kohlegas oder Benzin zu gewinnen.
Bei der «Kohleverflüssigung» erhält man Heizöle und Motorenkraftstoffe. Dabei wird Kohle durch Reaktion mit Wasserstoff durch sogenanntes Hydrieren bei hohem Druck (bis 30 MPa) und hoher Temperatur (450–500 °C) und bei Anwesenheit von spezifischen Katalysatoren in flüssige Kohlenwasserstoffe umgewandelt.
Bei der Kohlevergasung wird die Kohle zunächst staubfein gemahlen und anschließend in einem Vergaser mit Wasserdampf verwirbelt. Nach Aufheizen auf etwa 1000 °C reagieren Kohlenstoff und Wasserdampf miteinander zu Kohlenstoffmonoxid und Wasserstoff.

$$C + H_2O \rightarrow CO + H_2 \qquad | \Delta H = +118{,}7 \text{ kJ/mol}$$

Dieses Gas dient in gereinigter Form als Brennstoff; es kann aber auch zur Synthese von verschiedenen organischen Verbindungen benutzt werden.

A1 Worauf ist es zurückzuführen, daß in der Bundesrepublik Deutschland die Steinkohlenförderung in den letzten Jahren zurückging?

A2 Woher weiß man, daß zur Zeit der Bildung der Steinkohle die damaligen Wälder vor allem aus baumgroßen Farnen und Schachtelhalmen bestanden?

A3 Was versteht man unter der sog. Inkohlung?

A4 Wie wird Koks hergestellt und wozu wird er verwendet?

A5 Beim Verbrennen von Kohle entstehen unter anderem Schwefeldioxid und Stickstoffdioxid. Es sollen die Reaktionsgleichungen formuliert werden, nach denen aus diesen Stoffen saure Lösungen entstehen.

13 Einfache organische Sauerstoffverbindungen

13.1 Strukturaufklärung am Beispiel des Ethanols

Vorsicht: Ethanol ist leicht entzündlich; seine Dämpfe geben mit Luft explosive Gemische.

Welche Elemente enthält Ethanol?

V_1 Im Verbrennungslöffel wird *Ethanol* entzündet und brennend in einen Standzylinder getaucht. Was ist an den Wänden des Zylinders zu beobachten? Man füllt Kalkwasser ein und schüttelt kräftig um.

V_2 In einem schwerschmelzbaren Reagenzglas wird etwas Quarzsand mit absolutem *Ethanol* getränkt. Nachdem das Reagenzglas waagerecht am Stativ befestigt ist, bringt man in seinen vorderen Teil Magnesiumpulver und verschließt durch einen Gummistopfen mit abgewinkeltem Glasröhrchen. Durch Erhitzen wird *Ethanoldampf* über heißes *Magnesiumpulver (feuergefährlich)* geleitet. Nach Verdrängen der Luft entzündet man das *entweichende Gas (leicht entzündlich; bildet mit Luft explosive Gemische)* an der Spitze des Röhrchens. Was ist zu beobachten?

Wieviele Kohlenstoffatome enthält das Ethanolmolekül?

V_3 Man tropft 0,058 cm^3 (1 mmol) absolutes Ethanol aus einer Mikropipette auf den Boden eines ca. 20 cm langen Quarz-Reagenzglases und überschichtet nacheinander jeweils 4 cm hoch mit Kupfer (II)-oxid-Pulver und Kupfer (II)-oxid in Drahtform. Das Reagenzglas wird waagrecht am Stativ befestigt und mit einem 100-cm^3-Kolbenprober verbunden (siehe Abbildung). Man erhitzt zuerst den Kupferoxid-Draht und dann das Kupferoxid-Pulver. Nach dem Erkalten wird die Volumenzunahme im Kolbenprober bestimmt.

Quantitative Bestimmung des Kohlenstoffs im Ethanol (V_2)

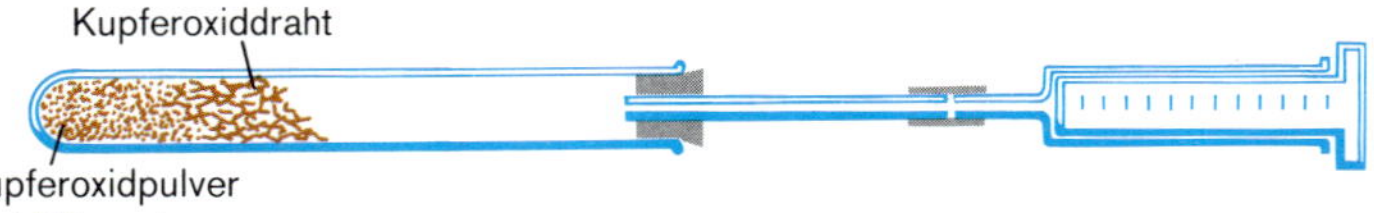

Struktur des Ethanolmoleküls?

V_4 Im Reagenzglas gibt man zu absolutem *Ethanol* ein erbsengroßes Stückchen entkrustetes *Natrium (feuergefährlich; reagiert heftig mit Wasser)*. Das *entstehende Gas (leicht entzündlich; bildet mit Luft explosive Gemische)* wird an der Öffnung eines aufgesetzten Glasröhrchens entzündet *(Schutzbrille! Knallgasprobe!)*.

1. Eine der wichtigsten Aufgaben bei der Untersuchung einer organischen Verbindung ist die Ermittlung ihrer Struktur. Die klassische Methode dazu soll am Beispiel des Ethanols beschrieben werden. Ethanol ist eine wasserklare, leicht bewegliche Flüssigkeit, die bei 78 °C siedet und mit bläulicher Flamme verbrennt.

Qualitative Analyse: Ethanol enthält C, H und O

– Zuerst muß man die am Aufbau der Verbindung beteiligten Elemente ermitteln. Bei der Oxidation von Ethanol entstehen Kohlenstoffdioxid und Wasser. Ethanol enthält also Kohlenstoff und Wasserstoff. Mit heißem Magnesium reagiert das Ethanol unter Bildung von Magnesiumoxid. Als weiteres Element muß also Sauerstoff am Aufbau des Ethanolmoleküls beteiligt sein.

– Eine weitere für die Strukturaufklärung wichtige Größe ist die molare Masse. Bei Flüssigkeiten wird sie meistens durch Messung des Dampfvolumens einer ausgewogenen Stoffportion bestimmt. Da das molare Volumen von Gasen bekannt ist (22,4 Liter/mol), kann aus diesen Werten die molare Masse berechnet werden. Sie beträgt für Ethanol 46 g/mol. Die Masse eines Moleküls in Atommasseneinheiten, die Molekülmasse, beträgt also 46 u. Danach sind zwei verschiedene Summenformeln möglich:

Verschiedene Summenformeln bei gleicher Molekülmasse

Summenformel	1. Möglichkeit C_2H_6O		2. Möglichkeit CH_2O_2	
Atome und Massen (u)	2 C	24	1 C	12
	6 H	6	2 H	2
	1 O	16	2 O	32
Molekülmasse (u)		46		46

– Um entscheiden zu können, welche der beiden Summenformeln zutrifft, muß man das Massenverhältnis der Elemente C, H und O im Ethanol ermitteln. Dies geschieht durch die von Justus von Liebig entwickelte quantitative Elementaranalyse. Dabei werden die beim Verbrennen einer bestimmten Menge der organischen Verbindung entstehenden Massen an CO_2 und H_2O bestimmt. Zum Beispiel erhält man durch Verbrennung von 0,0830 g Ethanol 0,0964 g Wasser und 0,1580 g Kohlenstoffdioxid Ethanol enthält also rund 52% C, 13% H und 35% O (100 – 52 – 13 = 35). Indem man diese Massen durch die Atommassen der betreffenden Elemente dividiert, erhält man das Atomzahlverhältnis C : H : O = 4,3 : 13,0 : 2,2, auf ganze Zahlen gebracht C : H : O = 2 : 6 : 1. Ethanol hat also die Summenformel C_2H_6O.

Quantitative Analyse: Atomzahlverhältnis C : H : O = 2 : 6 : 1

Summenformel C_2H_6O

2. Kohlenstoff ist gewöhnlich vierbindig, Wasserstoff einbindig und Sauerstoff zweibindig. Unter dieser Voraussetzung sind für C_2H_6O zwei isomere Strukturformel denkbar:

I 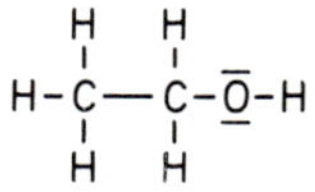

II 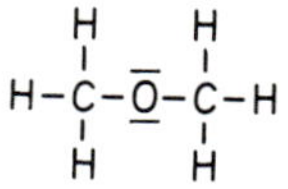

Während in Formel II alle Wasserstoffatome gleichartig an Kohlenstoffatome gebunden sind, enthält Formel I ein durch die Bindung an Sauerstoff ausgezeichnetes Wasserstoffatom.

Strukturformel von Ethanol:

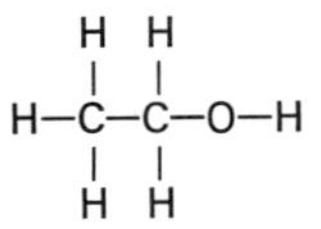

Wasserfreies Ethanol reagiert mit Natrium unter Wasserstoffentwicklung. Natrium kann jedoch unter Paraffinöl einem Alkan-Gemisch, ohne Reaktion aufbewahrt werden. Das zeigt, daß dieses Alkalimetall die chemisch stabilen C–H-Bindungen nicht angreift. Der freigesetzte Wasserstoff stammt also nicht aus den Alkylresten, sondern aus der in Formel I enthaltenen OH-Gruppe. Damit ist die Strukturformel des Ethanols gefunden.

3. Bei komplizierten Molekülen ist die klassische chemische Methode der Strukturaufklärung schwierig und zeitraubend. Heute werden deshalb zusätzlich physikalische Methoden angewendet, die in kurzer Zeit und mit kleinen Stoffmengen Einblick in den Molekülbau gewähren.
Eines dieser Verfahren ist die Infrarotspektroskopie. Dabei wird die Verbindung, die untersucht werden soll, mit Infrarot bestrahlt, einer elektromagnetischen Strahlung mit einer Energie im Bereich von 1,25 bis 12,5 kJ. Trifft Infrarotstrahlung auf die Moleküle eines Stoffes auf, so können die Atome in bestimmte Schwingungen versetzt werden. Die dazu nötige Anregungsenergie wird der Energie der elektromagnetischen Strahlung entnommen. Die Strahlung schwächt sich in denjenigen Wellenbereichen ab, die dieser Anregungsenergie entsprechen. Im Spektrum des Infrarots treten Absorptionsbereiche, sogenannte Banden, auf. Jede dieser Absorptionsbanden entspricht einer Schwingung der Atome im Molekül.

Federmodell eines Moleküls

4. Die Theorie der Atombindung zeigt, daß die Kräfte zwischen zwei Atomen in einem Molekül den Charakter von Federkräften haben. Zwischen den Atomen können Schwingungen entlang ihrer Verbindungslinie (sogenannte Valenzschwingungen) auftreten, deren Frequenz[1] mit steigender Masse der Atome abnimmt. Anstelle der Frequenz ν wird meistens die Wellenzahl ω angegeben. Beide Größen sind proportional: $\nu = c \cdot \omega$ (c = Lichtgeschwindigkeit).

Abhängigkeit der Schwingungsfrequenz von der Atommasse

Bindung	$m_1 + m_2$ (u)	Wellenzahl (cm^{-1})
C–H	13	2950
C–F	30	1049
C–Cl	47	710
C–Br	92	595
C–I	139	523

Auch die Bindekraft zwischen den Atomen beeinflußt die Lage der Schwingungsfrequenz bzw. Wellenzahl:

Schwingungsfrequenz und Bindungsenergie

Bindung	Bindungsenergie (kJ/mol)	Wellenzahl (cm^{-1})
$-\overset{|}{\underset{|}{C}}-\overset{|}{\underset{|}{C}}-$	347,5	990
$>C=C<$	607,1	1640
$-C\equiv C-$	837,4	1970

[1] Die Frequenz (Schwingungszeit) ist die Zeit, die ein schwingender Massepunkt zum vollen Hin- und Herschwingen benötigt.

Die Schwingungsfrequenz der Atome entspricht der Frequenz, bei der die Bindung im Infrarotspektrum absorbiert. Die in den Tabellen angegebenen Bindungen absorbieren also Infrarotstrahlung entsprechend den aufgeführten Wellenzahlen.

Schwingungsformen eines dreiatomigen Moleküls

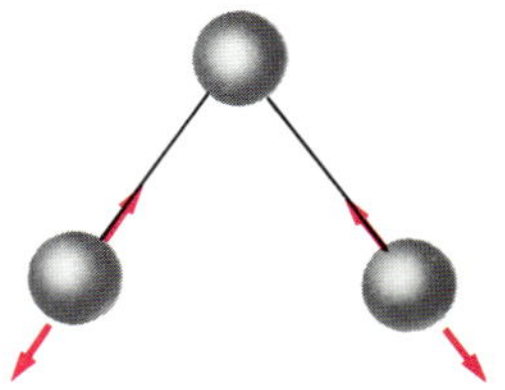

Valenzschwingung

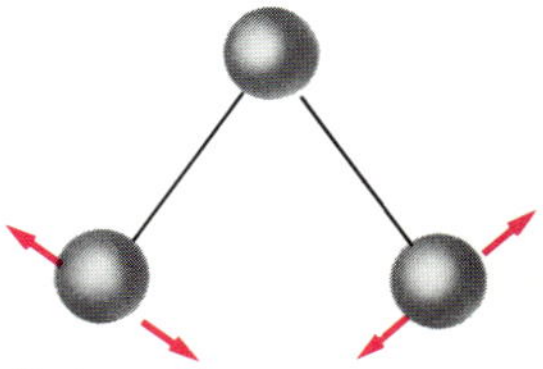

Deformationsschwingung

5. In einem Molekül mit drei oder mehr Atomen können neben Schwingungen in Richtung der Bindungen (Valenzschwingungen) auch sogenannte Deformationsschwingungen auftreten, d. h. Schwingungen, bei welchen der Bindungswinkel verengt oder aufgeweitet wird.
Da die Valenzkräfte wesentlich größer sind als die winkelerhaltenden Kräfte, haben die Deformationsschwingungen im allgemeinen niedrigere Energien, somit auch niedrigere Frequenzen.
Im IR-Spektrum des Ethanols (vgl. nachfolgende Abbildung) können die Durchlässigkeitsminima (Absorptionsbanden) den in der danebenstehenden Tabelle aufgeführten Schwingungen zugeordnet werden.
Als «Fingerabdrücke der Moleküle» geben die IR-Spektren einen Einblick in die Feinstruktur der Moleküle. Aus den Spektren können Rückschlüsse auf Bindungslänge, Bindungsenergie und Bindungswinkel gezogen werden.

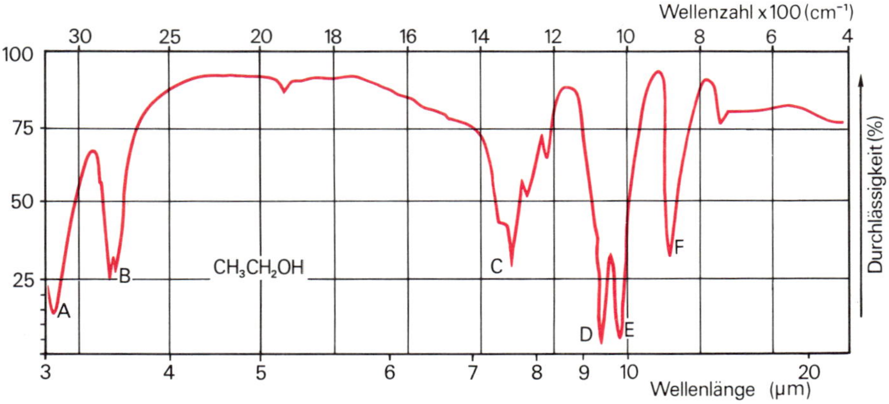

Bande	Schwingung
A	O—H-Valenz
B	C—H-Valenz
C	C—H-Deformation
D, E	C—O-Valenz
F	C—C-Valenz

IR-Spektrum des Ethanols

6. Die Massenspektroskopie ist schon seit langem zur Bestimmung der Atommasse und zur Isotopentrennung benützt worden. Inzwischen hat sich diese Methode auch bei der Strukturaufklärung bewährt.
Wenige Milligramm der zu untersuchenden Substanz werden einer energiereichen Elektronenstrahlung ausgesetzt. Dadurch werden die Moleküle zertrümmert und in positiv geladene Bruchstücke unterschiedlicher Masse aufgespalten. Aus der Menge und der Massenzahl der dabei auftretenden Ionen erhält man Hinweise auf die Summenformel und die Stabilität der Bindungen des untersuchten Moleküls.
Die folgende Tabelle zeigt das «Massenspektrum» von Ethanol. Die Masse des größten Ions $C_2H_5OH^+$ entspricht der Molekülmasse. Aus der Art der Bruchstücke sieht man, daß die C—O-Bindung stabiler sein muß als die C—C-Bindung.

Massenspektroskopie: Zertrümmerung der Moleküle und Identifizierung der Bruchstücke

Massenspektrum des Ethanols

Getrennte Bindung	Ion	Masse (u)	Menge der Bruchstücke (Intensität)
C—C	CH_2OH^+	31	100
C—H	$C_2H_4OH^+$	45	42
C—O, C—H	$C_2H_3^+$	27	22
C—O	$C_2H_5^+$	29	19
–	$C_2H_5OH^+$	46	18
C—C	CH_3^+	15	11

7. Neben Infrarot- und Massenspektroskopie spielen bei der Strukturaufklärung weitere Verfahren (z. B. Ultraviolett-, Raman-, Kernresonanzspektroskopie), deren Ergebnisse sich gegenseitig zu einem Gesamtbild ergänzen, eine wichtige Rolle. Sie sind als moderne physikalische Hilfsmittel heute aus der Chemie nicht mehr wegzudenken.

A_1 Wieviel Gramm Wasser und wieviel cm^3 Kohlenstoffdioxid entstehen bei der Verbrennung von 5 g Ethanol?

A_2 Die Molekülmasse einer organischen Verbindung beträgt 150 u. Bei der Verbrennung von 150 mg entstehen 88,7 cm^3 Kohlenstoffdioxid. Wie viele Kohlenstoffatome enthält ein Molekül dieser Verbindung?

A_3 Eine organische Verbindung hat die Molekülmasse 62 u. Im IR-Spektrum treten u. a. die Absorptionsbanden folgender Schwingungen auf: C—H-Valenz 2950 cm^{-1}, C—Cl-Valenz 710 cm^{-1}, C=C-Valenz 1640 cm^{-1}. Welche Strukturformel hat diese Verbindung?

A_4 Die qualitative Elementaranalyse einer organischen Verbindung ergibt die Elemente Kohlenstoff, Wasserstoff und Brom. Das Massenspektrum zeigt Bruchstücke mit folgenden Massen: 15, 29, 94 und 109 u. Welche Verbindung liegt vor? Welche Ionen entsprechen den angegebenen Massen?

13.2 Alkohole (Alkanole)

Vorsicht: Methanol ist giftig. Niedere Alkohole sind leicht entzündlich; ihre Dämpfe bilden mit Luft explosive Gemische.

Eigenschaften der Alkohole?

V_1 In einem 150-cm^3-Mischzylinder gibt man zu 60 cm^3 Wasser vorsichtig 60 cm^3 *Ethanol*. Nach dem Umschütteln werden Temperatur und Volumen der Mischung bestimmt.

V_2 Folgende Alkohole werden auf ihre Mischbarkeit mit Wasser und *Tetrachlorkohlenstoff (giftige Dämpfe)* untersucht: *Methanol, Ethanol, 1-Propanol, 1-Butanol,* 1-Pentanol, *Glykol,* Glycerin und Mannit.

V_3 Durch Messung der Ausfließgeschwindigkeit aus einer Bürette vergleicht man die Viskosität von Wasser, *1-Propanol, Glykol* und Glycerin.

Reaktionen der Alkohole?

V_4 Versuch V_4 aus Kapitel 13.1 wird mit *Methanol (giftig)* (statt mit *Ethanol*) durchgeführt. Nach der Reaktion prüft man die Flüssigkeit mit Phenolphthaleinlösung und untersucht ihre Leitfähigkeit im Vergleich zu der des *Methanols*.

V_5 In einem kleinen Destillierkolben gibt man zu 20 cm^3 *Ethanol* unter Kühlung langsam 20 cm^3 *konzentrierte Schwefelsäure (ätzend; Schutzbrille!)*. Zur abgekühlten Mischung werden 10 ml Wasser und 20 g gepulvertes Kaliumbromid gegeben. Dann destilliert man in eine mit Wasser gefüllte Vorlage. Mit dem Destillat wird die Beilstein-Probe durchgeführt.

Entstehung und Nachweis von Ethanol?

V6 In einem 500-cm^3-Rundkolben mit aufgesetztem 60 bis 80 cm langem Steigrohr werden etwa 200 cm^3 billiger Süßwein erhitzt. *Nach Verdrängung der Luft* entzündet man die *entweichenden Dämpfe* am oberen Ende des Steigrohrs.

V7 Etwas Hefe wird mit Wasser aufgeschlämmt und unter dem Mikroskop betrachtet. In einem 1-Liter-Rundkolben mischt man 500 cm^3 lauwarmes Wasser, 20 g Hefe und 50 g Zucker. Der Kolben wird durch einen mit Kalkwasser gefüllten Gäraufsatz verschlossen. Nach etwa 12 Stunden ersetzt man den Gäraufsatz durch das in Versuch V_1 verwendete Steigrohr. Die beim Erhitzen *entweichenden Dämpfe* werden auf Geruch und – *nach Verdrängung der Luft* – auf Brennbarkeit überprüft.

1. Denkt man sich bei den in Kapitel 12 beschriebenen Kohlenwasserstoffmolekülen einzelne Wasserstoffatome durch die Hydroxylgruppe $-OH$ ersetzt, so erhält man die entsprechenden Alkoholmoleküle. Die Hydroxylgruppe muß streng vom Hydroxid-Ion OH^- unterschieden werden. In der Nomenklatur wird sie angezeigt, indem man an den Namen des entsprechenden Kohlenwasserstoffs die Endung -ol anhängt. So gelangt man zum Beispiel vom Methan zum Methanol und allgemein von der homologen Reihe der Alkane zur homologen Reihe der Alkanole. Um die Stellung der OH-Gruppe in der Kohlenstoffkette zu bezeichnen, setzt man die Nummer des Kohlenstoffatoms, das die OH-Gruppe trägt, als Zahl mit Bindestrich vor den Namen. Beim Numerieren der längsten Kohlenstoffkette muß mit dem C-Atom begonnen werden, das der OH-Gruppe am nächsten steht. Neben diesen systematischen oder rationellen Bezeichnungen sind vielfach noch Trivialnamen gebräuchlich, z. B. Ethylalkohol für Ethanol (vgl. Tabelle).

Hydroxylgruppe: $-OH$
Hydroxid-Ion: OH^-

Alkohole: $R-O-H$

Beispiel zur Benennung:

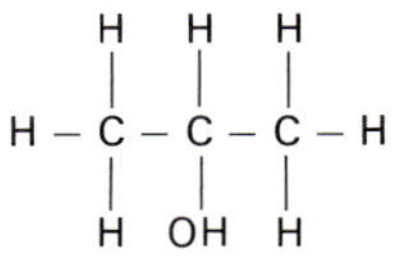

2-Propanol

Die ersten Glieder aus der homologen Reihe der Alkanole

Formel	Rationeller Name	Trivialname	Smt. (°C)	Sdt. (°C)	Dichte (g/cm^3)
CH_3-OH	Methanol	Methylalkohol	− 97	65	0,792
CH_3-CH_2-OH	Ethanol	Ethylalkohol («Alkohol»)	−114	78	0,789
$CH_3-CH_2-CH_2-OH$	1-Propanol	Propylalkohol	−126	97	0,804
$CH_3-CH-CH_3$ $\vert$ OH	2-Propanol	Isopropylalkohol	− 90	82	0,786
$CH_3-CH_2-CH_2-CH_2-OH$	1-Butanol	n-Butylalkohol	− 90	117	0,810
$CH_3-CH-CH_2-OH$ $\vert$ CH_3	2-Methyl-1-propanol	Isobutylalkohol	−108	108	0,802
$CH_3-CH-CH_2-CH_3$ $\vert$ OH	2-Butanol	sek. Butylalkohol	− 89	100	0,808
CH_3 $\vert$ CH_3-C-CH_3 $\vert$ OH	2-Methyl-2-propanol	tert. Butylalkohol	25	83	0,789
$CH_3-CH_2-CH_2-CH_2-CH_2-OH$	1-Pentanol	n-Amylalkohol	− 79	138	0,817

Isomerie bei Alkanolen

2. Durch die Hydroxylgruppe wird die Zahl der Isomeriemöglichkeiten gegenüber den Alkanen stark erhöht. So existieren zwei isomere Propanole, die sich in der Stellung der OH-Gruppe voneinander unterscheiden[1]. Bei Alkoholen mit 4 C-Atomen sind insgesamt 4 Isomere möglich.
Nach der Stellung der OH-Gruppe unterscheidet man primäre, sekundäre und tertiäre Alkohole:

Primäre, sekundäre und tertiäre Alkohole

Charakteristische Gruppe

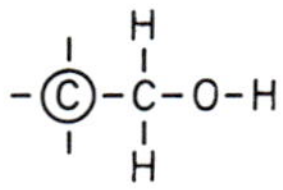

Bei primären Alkoholen ist das C-Atom, das die OH-Gruppe trägt, an höchstens ein weiteres C-Atom gebunden

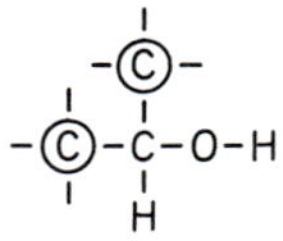

Bei sekundären Alkoholen ist das die OH-Gruppe tragende C-Atom an zwei weitere C-Atome gebunden

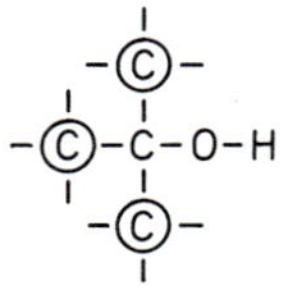

Bei tertiären Alkoholen ist das die OH-Gruppe tragende C-Atom an drei weitere C-Atome gebunden

Primäre, sekundäre und tertiäre Alkohole besitzen unterschiedliche physikalische und chemische Eigenschaften.

3. Die physikalischen und chemischen Eigenschaften der Alkohole werden wesentlich durch ihre funktionelle Gruppe, die Hydroxylgruppe, bestimmt.
Im Vergleich zu Alkanen mit ungefähr gleichgroßer Molekülmasse haben die Alkohole höhere Siedetemperaturen und sind zähflüssiger. Die Zähigkeit einer Flüssigkeit wird als Viskosität bezeichnet.

Siedetemperaturen von Alkanen und Alkanolen

Verbindung	Ethanol	Propan	Methanol	Ethan
Molekülmasse (u)	46	44	32	30
Sdt. (°C)	78,3	−42,1	65	−88,5

Wie die Wassermoleküle, besitzen auch die Alkoholmoleküle Dipolcharakter:

R = Alkylrest

Wasserstoffbrücken bei Alkoholen, daher relativ hohe Siedetemperaturen und Viskositäten

Die starken Anziehungskräfte zwischen den Dipolmolekülen führen auch bei den Alkoholen zur Bildung von Wasserstoffbrücken:

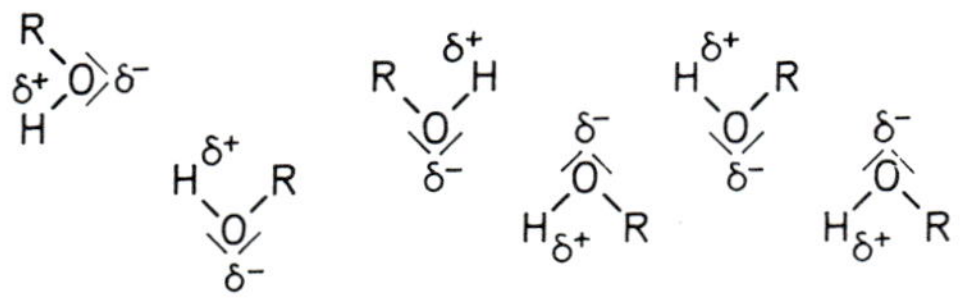

[1] Diese Stellungsisomerie ist eine besondere Form der Strukturisomerie.

Beim Verdampfen des flüssigen Alkohols müssen diese Wasserstoffbrücken unter Energiezufuhr gelöst werden. Das erklärt die relativ hohen Siedetemperaturen. Auch die verhältnismäßig hohe Viskosität ist eine Folge der Wasserstoffbrücken.
Im übrigen steigt, wie bei den Alkanen, die Siedetemperatur mit zunehmender Zahl der Kohlenstoffatome (vgl. Tabelle), da dabei die Van-der-Waals-Kräfte größer werden. Alkohole mit mehr als 12 C-Atomen sind bei Zimmertemperatur fest. Alkohole mit verzweigten Molekülen haben niedrigere Siedetemperaturen als solche mit unverzweigten.

Hydrophile OH-Gruppe und lipophiler Alkylrest

4. Eine weitere Auswirkung der Hydroxylgruppe ist die im Gegensatz zu den Alkanen ausgeprägte Mischbarkeit der niederen Alkohole mit Wasser. Dabei werden zwischen den Alkoholmolekülen und den Wassermolekülen Wasserstoffbrücken gebildet:

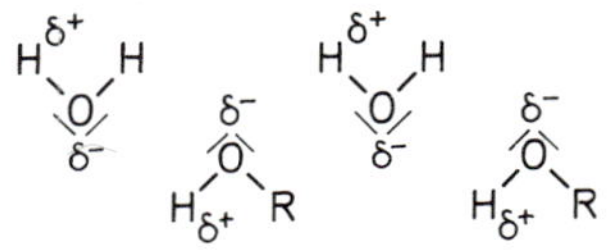

Die Hydroxylgruppe besitzt, wie man sagt, hydrophilen[1] Charakter. Bei längerer Kohlenstoffkette, werden die Van-der-Waals-Kräfte zwischen den Alkoholmolekülen immer größer. Schließlich überwiegt die Zunahme der Wechselwirkung zwischen den Alkylresten der Alkoholmoleküle gegenüber den Wasserstoffbrücken zwischen Hydroxylgruppen und Wassermolekülen. Butanole und Pentanole mischen sich nur noch teilweise mit Wasser, höhere Alkohole praktisch gar nicht mehr (es bilden sich zwei getrennte Phasen). Demgegenüber mischen sich auch höhere Alkohole mit unpolaren Lösungsmitteln wie Hexan oder Tetrachlorkohlenstoff. Sie sind ausgezeichnete Lösungsmittel für Fette und Wachse. Dies ist eine Folge der Van-der-Waals-Kräfte, die zwischen dem Alkylrest des Alkohols und unpolaren Molekülen wirksam werden. Der Alkylrest hat sogenannt lipophile[2] Wirkung. Die hydrophile Hydroxyl-Gruppe und der lipophile Alkylrest bestimmen das Verhalten der Alkohole bei Lösungs- und Mischungsvorgängen.

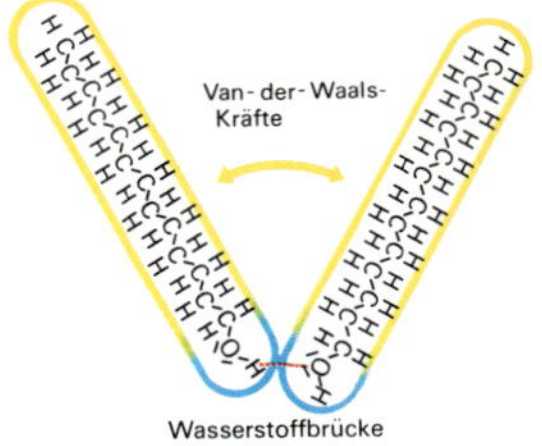

Wechselwirkung zwischen langkettigen Alkoholmolekülen

Alkohol als Ampholyt

5. Alkoholmoleküle sind Ampholyte, d.h. sie können je nach Reaktionspartner als Säure oder als Base reagieren.
- Die alkoholische OH-Gruppe besitzt, wie die OH-Gruppe des Wassers, infolge ihrer Polarität schwache Säureeigenschaften, d.h. sie wirkt als Protonenspender:

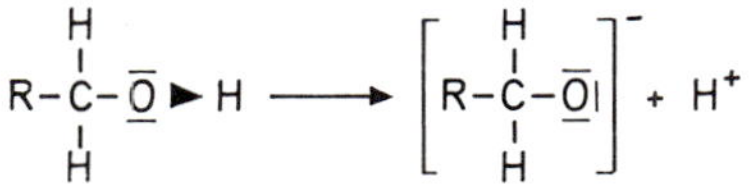

Alkoholat-Anion

(R steht für einen Alkylrest)

Dies kommt zum Ausdruck bei der Reaktion zwischen Ethanol und Natrium, für die folgende Teilchengleichung formuliert wird:

[1] *hydrophil* (gr.) wasserfreundlich.
[2] *lipophil* (gr.) fettfreundlich.

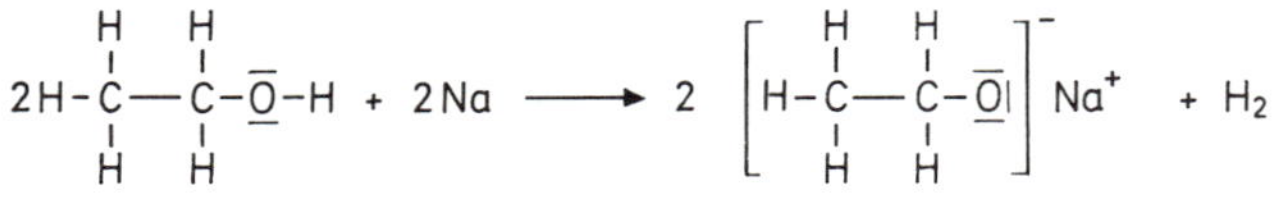

Natriumethanolat

Salze der Alkohole: Alkoholate

Neben Wasserstoff entsteht als Salz des Ethanols festes Natriumethanolat, dessen Lösung den elektrischen Strom leitet. Die Salze der Alkohole heißen Alkoholate. Das Ethanolat-Anion kann als starke Base mit Wasser unter Bildung von Ethanol reagieren:

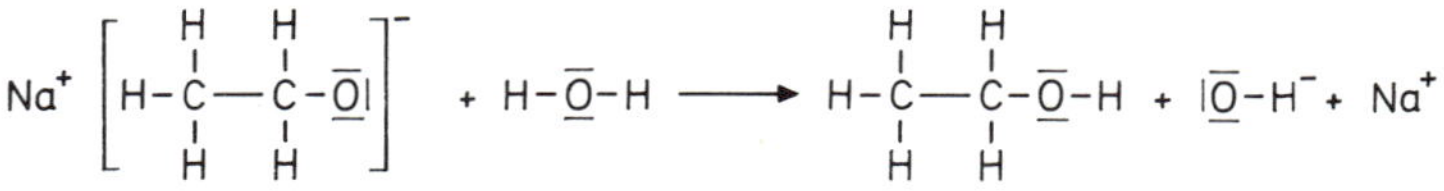

– Das Alkoholmolekül reagiert als Base, wenn ein Proton an ein freies Elektronenpaar des Hydroxylsauerstoffs angelagert wird:

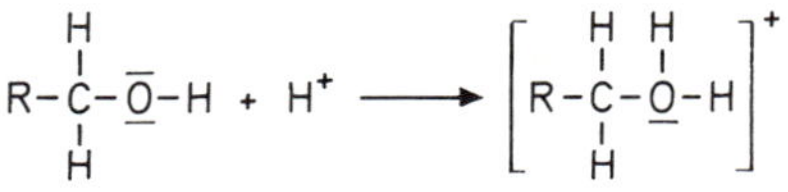

Oxonium-Kation

Das Oxonium-Kation entsteht, wenn Alkohole mit starken Säuren reagieren. Ein Beispiel dafür ist die Umsetzung des Ethanols mit Bromwasserstoffsäure:

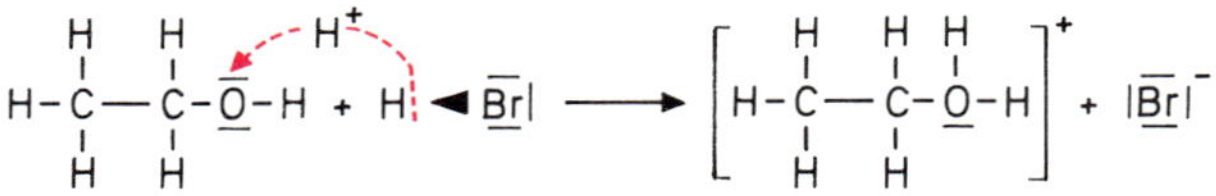

Das Oxonium-Kation ist in freiem Zustand unbeständig. Feste Oxiumsalze sind nicht bekannt. Vielmehr lagert sich das negativ geladene Bromid-Ion am positiven Pol des polaren Oxonium-Ions an, wobei Wasser abgespalten und Bromethan gebildet wird:

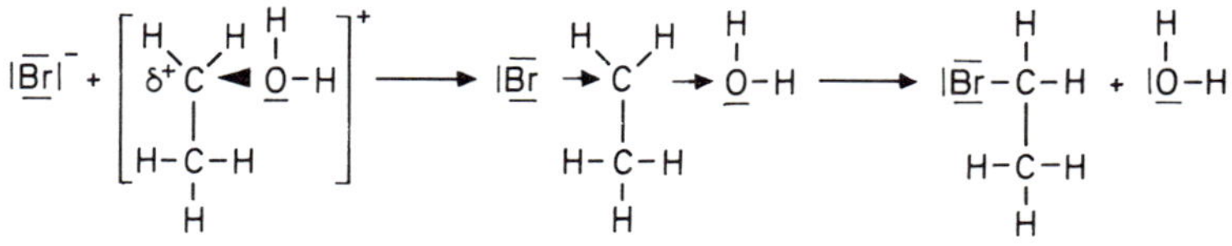

Bromethan

Nukleophile Substitution bei Alkoholen

Das Bromid-Ion reagiert als nukleophiles Teilchen und tritt an die Stelle des abgespaltenen Wassers. Unter nukleophilen Teilchen versteht man Teilchen, die sich bei chemischen Reaktionen an Atome mit positiver Teilladung anlagern. Die Reaktion wird deshalb als nukleophile Substitution bezeichnet. Das Oxonium-Ion spielt auch bei anderen Alkoholreaktionen eine wichtige Rolle, so bei der Ether- und bei der Esterbildung.

6. Methanol (Methylalkohol, CH_3OH) wird technisch in großen Mengen aus Wasserstoff und Kohlenmonoxid unter Druck und unter Verwendung von Metalloxidkatalysatoren hergestellt:

$$CO + 2\,H_2 \rightarrow CH_3OH$$

Methanol: CH_3OH

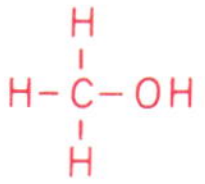

Methanol ist eine fast geruchlose, leicht brennbare Flüssigkeit. Als Lösungsmittel und als Ausgangsstoff zur Herstellung von Kunststoffen ist es eine der wichtigsten organischen Grundchemikalien. Methanol ist ein Gift, das bei Einnahme schon in geringen Mengen zur Erblindung oder zum Tod führt. Deshalb darf es nicht mit trinkbarem Ethanol verwechselt werden.

7. Ethanol (Ethylalkohol, «Weingeist», C_2H_5OH) kann auf zwei verschiedene Arten gewonnen werden:

Ethanol: C_2H_5OH

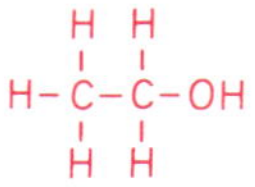

Ethanol aus Ethen oder durch alkoholische Gärung

– Technisch durch Addition von Wasser an Ethen:

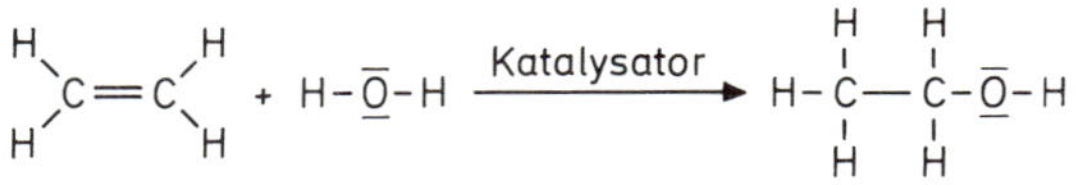

– Biochemisch bei der Vergärung von Zucker durch Hefepilze. Dabei wird durch Enzyme, die in der Hefe enthalten sind, Zucker (meist Traubenzukker) über eine Reihe komplizierter Zwischenschritte zu Ethanol und Kohlenstoffdioxid oxidiert:

$$\underset{\text{Traubenzucker}}{C_6H_{12}O_6} \xrightarrow{\text{Gärung}} 2\,C_2H_5OH + 2\,CO_2 \;|\; \Delta H = -108{,}9\text{ kJ}$$

Die freiwerdende Energie wird im Stoffwechsel der Hefepilze verbraucht. Die alkoholische Gärung liefert Flüssigkeiten mit maximal 18 Vol.% Ethanol. Zur Herstellung hochprozentiger Mischungen muß destilliert werden. Dabei erreicht man eine Ethanolkonzentration von maximal 96%. Wasserfreier («absoluter») Alkohol wird durch Entzug des restlichen Wassers mit Hilfe von hygroskopischen (d. h. wasseranziehenden) Stoffen (Calciumoxid, wasserfreies Kupfersulfat) hergestellt.

8. Reines, sogenanntes absolutes Ethanol ist eine schwach riechende, wasserklare Flüssigkeit, die bei 78 °C siedet. Ethylalkohol ist ein gutes Lösungsmittel und dient als Ausgangsstoff für zahlreiche Synthesen. In großen Mengen wird er als Bestandteil alkoholischer Getränke verbraucht (Bundesrepublik 1982: 12,2 Liter reiner Alkohol pro Kopf der Bevölkerung). Er wirkt als Rauschgift und beeinträchtigt dabei die Funktionen des Nervensystems und des Gehirns (Seh- und Gleichgewichtsstörungen). Alkoholmißbrauch führt zu chronischen Herz- und Leberschäden.
Als Branntwein unterliegt Alkohol einer hohen Steuer (Steueranteil bis zu 90% des Verkaufspreises). Für den technischen Gebrauch wird er durch Zusatz von Vergällungsmitteln (Petrolether, Pyridin) ungenießbar gemacht und kommt so als billiger Brennspiritus in den Handel.

Gefahren des Alkoholmißbrauchs

Alkoholkonsum in der Bundesrepublik (in Liter pro Einwohner)

	1980
Bier	145,7
Wein	21,4
Spirituosen	7,9
Sekt	4,4

Alkoholische Getränke

	Alkoholgehalt (Vol.%)	g Alkohol in 1 Liter	Gewinnung
Bier	3–8	30	Gärung von malzhaltigen Maischen
Wein	4–7	50	Gärung von Traubenmaischen
Süßwein	7–14	80	
Likör	20–40	250	Weingeist, Zucker und Aromastoffe
Branntweine	40–80	350	Destillation vergorener, alkoholhaltiger Maischen
Weinbrand			Wein
Whisky			Korn
Wodka			Kartoffeln
Obstbranntwein			Obst (Äpfel, Birnen, Kirschen)
Rum			Zuckerrohr

Mehrwertige Alkohole: mehrere Hydroxylgruppen

9. Alkohole, bei denen ein Molekül mehrere Hydroxylgruppen enthält, werden als mehrwertige Alkohole bezeichnet. Nach der Erlenmeyerschen[1] Regel sind Verbindungen mit mehr als einer OH-Gruppe am gleichen C-Atom instabil. Sie zerfallen leicht unter Abspaltung von Wasser:

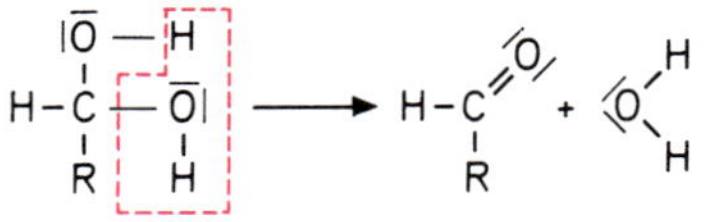

Glykol [1,2-Ethandiol, CH_2OH-CH_2OH] ist der einfachste stabile zweiwertige Alkohol. Es ist eine farblose, ölige Flüssigkeit (Sdt. 197 °C, Smt. −17,4 °C) mit schwach süßem Geschmack[2], die sich mit Wasser in jedem Verhältnis mischt. Glykol wird vor allem als Frostschutzmittel für Motorkühler verwendet.

Glycerin [1,2,3-Propantriol, $CH_2OH-CHOH-CH_2OH$] ist eine hochviskose, hygroskopische Flüssigkeit mit süßem Geschmack und hoher Siedetemperatur (290 °C). Es kann aus Fetten hergestellt werden und mischt sich, wie das Glykol, mit Wasser. Glycerin wird zur Herstellung von Salben und als Frostschutzmittel verwendet und ist Ausgangsstoff zur Herstellung des Sprengstoffs Nitroglycerin.

Mannit [$CH_2OH(CHOH)_4CH_2OH$] ist ein sechswertiger Alkohol. Er ist fest (Smt. 165 °C), schmeckt süß und ist in vielen Pflanzen enthalten. Chemisch ist er mit den Zuckern verwandt.

A1 Warum kann man die Bildung von Natriummethanolat aus Natrium und Methanol als Redox-Reaktion, die Reaktion von Natriummethanolat mit Wasser als Protolyse bezeichnen?

[1] Nach dem Chemiker Carl Emil Erlenmeyer (1825–1909), Professor an der Technischen Hochschule München.

[2] *glykos* (gr.) süß.

A2

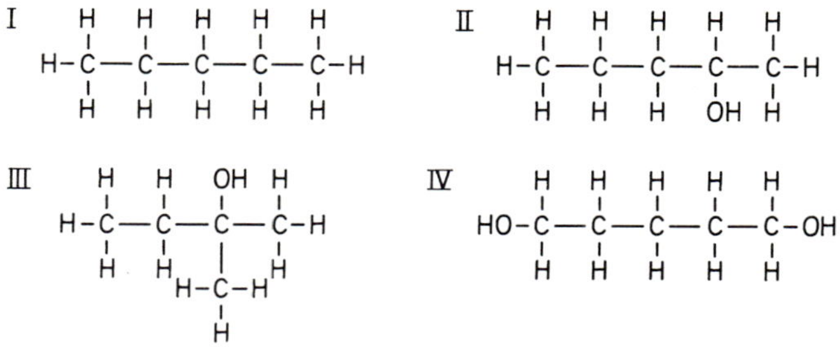

a) Wie heißen die zu diesen Strukturformeln gehörigen Stoffe?
b) Ordnen Sie die Stoffe nach ansteigenden Siedetemperaturen und begründen Sie die Anordnung.
c) Welcher dieser Stoffe mischt sich am besten, welcher am schlechtesten mit Wasser? Geben Sie die Gründe an.
d) Welche der angegebenen Strukturformeln gehört zu einem tertiären Alkohol?

A3 Erklären Sie die unterschiedlichen Siedetemperaturen und Viskositäten von 1-Hexanol, Glykol und Glycerin.

A4 Warum ist Glykol ein geeignetes Frostschutzmittel?

13.3 Ether

Vorsicht beim Arbeiten mit Diethylether! Ether ist leicht entzündlich; Etherdampf-Luft-Gemische sind leicht explosiv; selbst relativ weit entfernte Flammen können zur Entzündung führen.

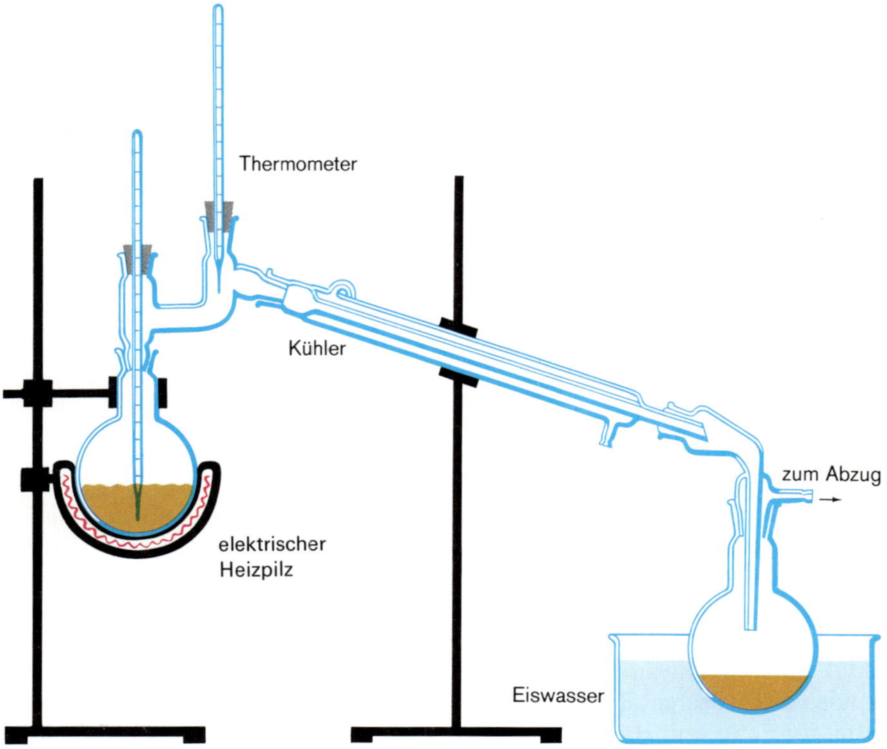

Herstellung von Diethylether (V_6)

Welche Eigenschaften hat Ether?

V₁ In Reagenzgläsern wird die Mischbarkeit des *Diethylethers mit Methanol (feuergefährlich, giftig), Tetrachlorkohlenstoff (giftige Dämpfe)* und *Benzin (feuergefährlich)* untersucht.

V₂ Man prüft die Löslichkeit von Fett, Kerzenwachs und *Iod (ätzend)* in *Diethylether*.

V₃ Kleine Stückchen gut gereinigtes *Natrium (feuergefährlich; Schutzbrille!)* werden in Reagenzgläsern jeweils mit absolutem *Ethanol (feuergefährlich)* und wasserfreiem *Diethylether* übergossen.

V₄ In den Trichter einer Apparatur gemäß Abbildung wird ein mit *Diethylether* getränkter Wattebausch gebracht. Man wiederholt das Experiment, wobei die Kerze durch einen vorher erhitzten Dreifuß ersetzt wird.

Herstellung von Diethylether

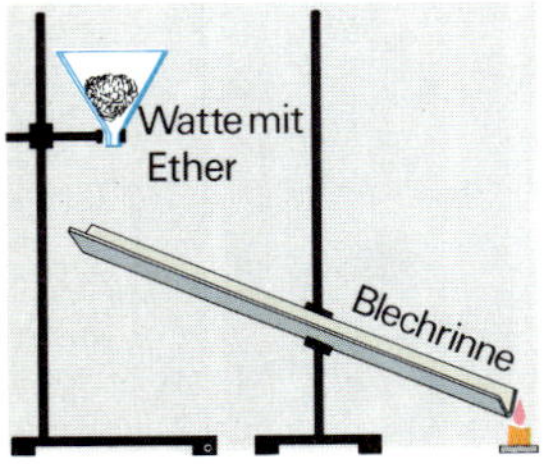

Brennbarkeit von Etherdämpfen (V₄)

V₅ In einem 100 cm^3 Destillierkolben werden 30 cm^3 einer gesättigten Lösung von *Kaliumhydroxid (ätzend)* in *Ethanol (feuergefährlich)* mit 4 cm^3 *Ethylbromid (feuergefährlich)* gemischt. Man destilliert durch Erwärmen mit einem Heizpilz in eine mit Eiswasser gekühlte Vorlage, die durch einen Schlauch mit dem Abzug verbunden ist. Was kann im Destillierkolben beobachtet werden? Man prüft das *Destillat (feuergefährlich)* auf Geruch und Mischbarkeit mit Wasser. Eine kleine Probe wird in einer Porzellanschale angezündet.

V₆ In einem kleinen Destillierkolben gibt man zu 15 cm^3 Ethanol *(feuergefährlich)* vorsichtig 10 cm^3 *konzentrierte Schwefelsäure (ätzend! Schutzbrille!)*. Dann setzt man die in der Abbildung dargestellte Destillationsapparatur zusammen und erhitzt auf 130–140 °C. Ist der Destillationsvorgang beendet muß zuerst der heiße Heizpilz entfernt werden. Dann prüft man *das Destillat (feuergefährlich)* auf Geruch und auf Mischbarkeit mit Wasser. Eine kleine Probe wird angezündet.

Ether: R – O – R′

1. Ether sind Verbindungen, deren Moleküle zwei über ein Sauerstoffatom («Sauerstoffbrücke») verknüpfte Alkylreste enthalten: R – O – R′. Als funktionelle Gruppe tritt die Sauerstoffbrücke auf.

Wichtige Ether

Formel	Name	Sdt. (°C)	Weitere Eigenschaften
$CH_3—O—CH_3$	Dimethylether	– 24,9	Wenig löslich in Wasser
$CH_3CH_2—O—CH_3$	Ethylmethylether	10,8	
$CH_3CH_2—O—CH_2CH_3$	Diethylether	34,6	Wenig mischbar mit Wasser
$CH_3CH_2CH_2—O—CH_3$	Propylmethylether	39	
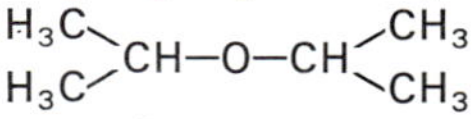	Diisopropylether	67,5	Klopffester Treibstoff
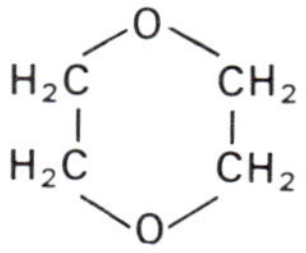	Dioxan	101	Mischbar mit Wasser, Lösungsmittel bei Synthesen

Eigenschaften von Diethylether $C_2H_5 – O – C_2H_5$

Ether sind relativ reaktionsträge Stoffe und werden deshalb bei vielen Synthesen als indifferente Lösungsmittel verwendet. Ihr wichtigster Vertreter ist der Diethylether. Er ist eine farblose, leicht bewegliche Flüssigkeit von süßlichem Geruch mit einer Siedetemperatur von 34,6 °C. Da seine Dämpfe beim Einatmen Bewußtlosigkeit verursachen, diente er früher als Narkosemittel. Etherdämpfe sind leicht entzündbar und schwerer als Luft, mit der sie explosive Gemische bilden. Diethylether ist ein ausgezeichnetes Lösungsmittel für Fette und Harze.

2. Man erhält Ether aus Alkoholen durch folgende Synthesen:

Herstellung von Ether aus Alkohol

– Reaktion von Alkalialkoholat mit Halogenalkan gemäß

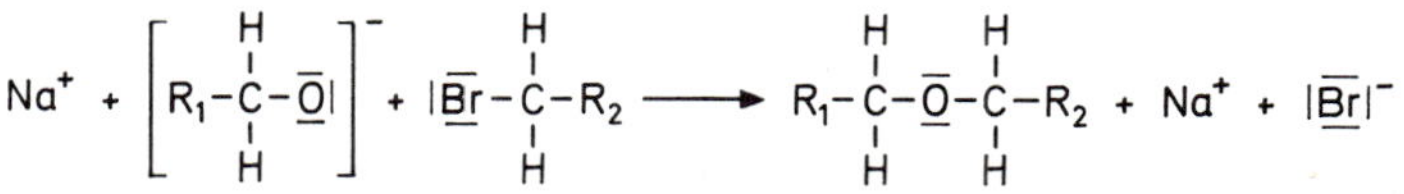

– Wasserabspaltung aus Alkohol mit konzentrierter Schwefelsäure gemäß

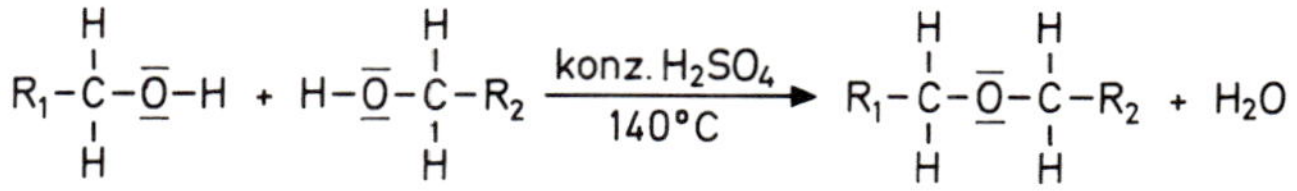

3. Die Beziehung des Diethylethers zu Ethanol und Wasser wird durch folgende Zusammenstellung verdeutlicht:

Wasser, Ethanol und Diethylether im Vergleich

Strukturformel	H–O–H Wasser	C_2H_5–O–H Ethanol	C_2H_5–O–C_2H_5 Diethylether
Molekülmasse	18	46	74
Sdt. (°C)	100	78	34,6
Dichte (g/cm³)	1,0	0,78	0,71

Keine Wasserstoffbrücken bei Ethern

Trotz der größeren Molekülmasse liegt die Siedetemperatur des Diethylethers wesentlich unter derjenigen des Ethanols. Wasserstoffbrücken sind zwischen den Molekülen des Diethylethers, im Gegensatz zum Ethanol, nicht möglich. Die zwischenmolekularen Anziehungskräfte nehmen von Wasser über Ethanol zum Diethylether hin ab. Da Diethylether keine hydrophilen Hydroxylgruppen enthält, mischt er sich nur schlecht mit Wasser.

A1 Welches Verfahren eignet sich zur Herstellung von Propylmethylether?

A2 Mischt man Ether, Wasser und Ethanol in gleichen Volumenverhältnissen miteinander, so entsteht eine homogene Mischung. Wie läßt sich das erklären?

A3 Warum besitzt das Diethylethermolekül schwache Dipoleigenschaften?

13.4 Aldehyde (Alkanale)

Vorsicht: tiefsiedende organische Verbindungen sind feuergefährlich; Methanal ist giftig und ätzend.

Wie werden Aldehyde hergestellt?

V1 Eine in der Brennerflamme erhitzte und dabei oxidierte Kupferdrahtnetzrolle wird in ein wenig *Ethanol (feuergefährlich)* enthaltendes Reagenzglas gebracht *(Schutzbrille !)*, Man beobachtet die dabei stattfindenden Farb- und Geruchsveränderungen *(giftige Dämpfe)*.

V2 In einen 250-cm³-Rundkolben gibt man etwa 10 Tropfen *Methanol (feuergefährlich, giftig)* und schüttelt um. Dann wird eine vorher erhitzte Platinspirale eingetaucht *(Schutzbrille!)*. Was ist beim langsamen und beim raschen Eintauchen zu beobachten? Geruchsprobe *(Vorsicht: giftige Dämpfe!)*.

Wie werden Aldehyde nachgewiesen?

V3 In einem gut gereinigten Reagenzglas werden die beiden Fehlingschen Lösungen im Verhältnis 1 : 1 gemischt (Fehling I: Kupfersulfatlösung, Fehling II: *alkalische Seignettesalzlösung (ätzend)*). Dann gibt man einige Tropfen dieser Mischung zu neutraler *Methanal*-Lösung und erhitzt im Wasserbad. *(Siedeverzug möglich!)*

V4 In einem Reagenzglas versetzt man wenig *Silbernitratlösung (ätzend)* so lange mit Ammoniakwasser, bis der auftretende Niederschlag vollständig verschwunden ist. Nach Zugabe von *Methanal*-Lösung wird das Reagenzglas kurz in der heißen Flamme des Bunsenbrenners gedreht *(Siedeverzug möglich!)*.

V5 *Methanal*-Lösung wird mit fuchsinschwefliger Säure (durch Schwefeldioxid entfärbte Fuchsinlösung) versetzt. Was ist zu beobachten?

V6 Mit Glucose (Traubenzucker) wird die Fehling-Probe durchgeführt!

Addition am Aldehyd

V7 Zu ca. 5 cm^3 einer gesättigten Lösung von Natriumhydrogensulfit ($NaHSO_3$) gibt man im Reagenzglas ca 1 cm^3 Benzaldehyd, verschließt mit einem Stopfen und mischt die Flüssigkeiten durch Umschütteln. Was ist zu beobachten?

Primärer Alkohol
↓ Dehydrierung
Aldehyd

1. Bei der vollständigen Oxidation (Verbrennung) von Alkoholen entsteht Kohlenstoffdioxid und Wasser. Mit bestimmten Oxidationsmitteln (Kupferoxid) oder Katalysatoren (Platin) können dagegen, falls es sich um primäre Alkohole handelt, folgende Reaktionen ablaufen:

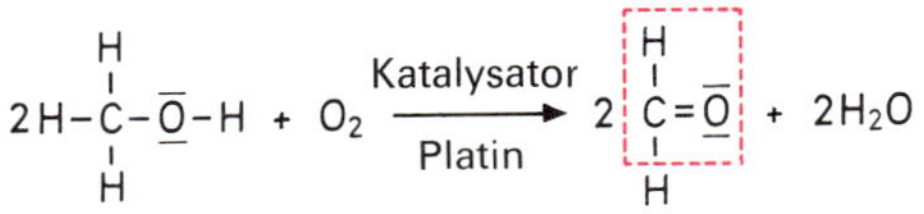

Methanol Methanal

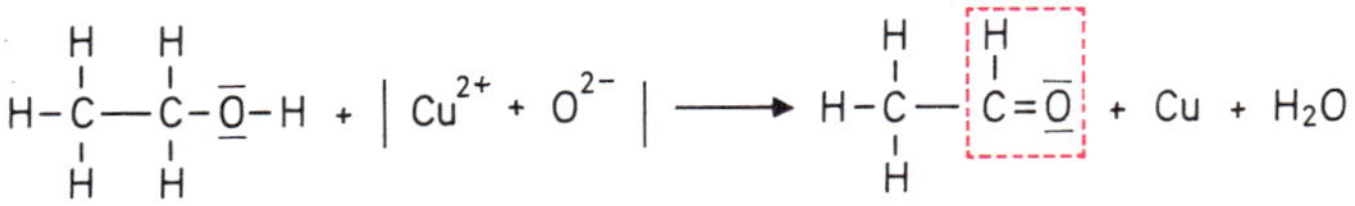

Ethanol Ethanal

Aldehyde: (Alkanale)

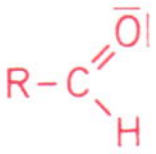

Dem Alkohol wird dabei vom Reaktionspartner Wasserstoff entzogen; er wird dehydriert. Die durch Dehydrierung primärer Alkohole entstehenden Stoffe heißen Aldehyde[1] (Alkanale). Sie haben die allgemeine Formel

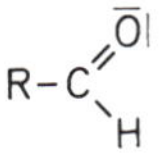

worin R Wasserstoff oder eine Alkylgruppe ist.

2. Die rationellen Namen der Aldehyde (Alkanale) enden mit der Silbe -al, die an die Bezeichnung des entsprechenden Alkans angehängt wird. Auch bei den Aldehyden sind noch Trivialnamen gebräuchlich.

[1] *al*cohol *dehyd*rogenatus = Aldehyd.

Formel	Rationeller Name	Trivialname	Sdt. (°C)
HCHO	Methanal	Formaldehyd	−19,3
CH_3CHO	Ethanal	Acetaldehyd	20,2
CH_3CH_2CHO	Propanal	Propionaldehyd	48,8
$CH_3CH_2CH_2CHO$	Butanal	n-Butyraldehyd	75,7
$CH_3CH_2CH_2CH_2CHO$	Pentanal	n-Valeraldehyd	103

Homologe Reihe unverzweigt kettenförmiger Aldehyde (Alkanale)

Bei Aldehyden keine Wasserstoffbrücken

Zwischen den Aldehydmolekülen sind im Gegensatz zu den entsprechenden Alkoholmolekülen keine Wasserstoffbrücken möglich. Die Siedetemperaturen der Aldehyde liegen deshalb niedriger als die der Alkohole. Mit zunehmender Kohlenstoffzahl steigt erwartungsgemäß die Siedetemperatur und sinkt die Mischbarkeit mit Wasser.

Methanal als Desinfektions- und Konservierungsmittel

3. Methanal (Formaldehyd, HCHO) ist ein stechend riechendes, giftiges Gas, das sich in Wasser leicht löst. Es reagiert mit Eiweißstoffen, kann Bakterien und andere Krankheitserreger abtöten und wird deshalb als Desinfektionsmittel benützt. Die Lösung von Methanal in Wasser (Formalin) dient als Konservierungsmittel in Haarshampoos und für anatomische Präparate.

Ethanal (Acetaldehyd, CH_3CHO) ist eine farblose, leicht brennbare Flüssigkeit mit obstartigem Geruch. Es siedet bei 20 °C und mischt sich mit Wasser und unpolaren Lösungsmitteln. Ethanal kann technisch aus Acetylen hergestellt werden:

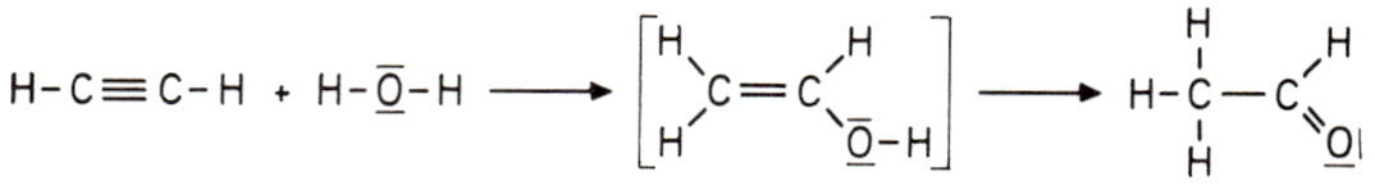

Acetylen (Ethin) Vinylalkohol Ethanal

Ethanal spielt als Zwischenprodukt bei organischen Synthesen eine wichtige Rolle.

Höhere Aldehyde sind gesuchte Riechstoffe (Himbeer- und Erbeeraroma).

Aldehyde sind Reduktionsmittel

4. Die chemischen Eigenschaften der Aldehyde sind zum größten Teil auf Reaktionen an der Aldehydgruppe zurückzuführen. Aldehyde sind besonders in alkalischer Lösung starke Reduktionsmittel, was bei folgenden beiden Nachweisreaktionen ausgenützt wird:

Nachweis durch die Fehlingsche Reaktion

– Fehlingsche Lösung (eine alkalische Kupfersalzlösung) wird in der Hitze zu rotem unlöslichem Kupfer (I)-oxid reduziert:

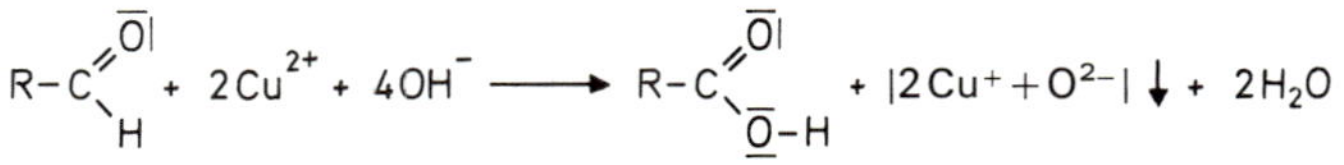

Nachweis durch die Silberspiegel-Reaktion

– Silber-Ionen einer ammoniakalischen Silbersalzlösung werden durch Aldehyde zu metallischem Silber reduziert (Silberspiegel-Reaktion):

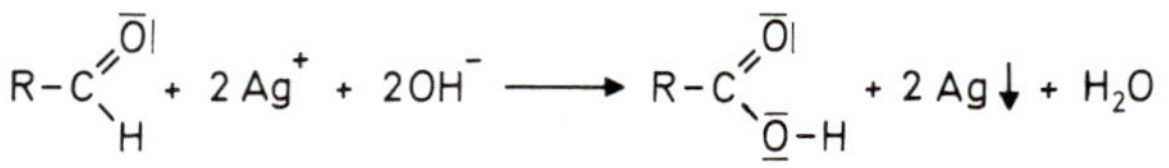

Wie die Reaktionsgleichungen zeigen, wird der Wasserstoff der Aldehydgruppe zur Hydroxylgruppe oxidiert. Dabei entstehen Carbonsäuren[1].
Ein weiterer Nachweis gelingt mit fuchsinschwefliger Säure, die mit Aldehyden eine Violettfärbung ergibt. Der Ablauf dieser Reaktion ist noch nicht vollständig geklärt.

5. Die Aldehydgruppe enthält neben Wasserstoff auch die >C=O-Gruppe, die als Carbonylgruppe bezeichnet wird. Wie die C=C-Doppelbindung, ist die C=O-Doppelbindung aus einer σ-Bindung und einer π-Bindung aufgebaut.
Aufgrund der unterschiedlichen Elektronegativität von Kohlenstoff und Sauerstoff sind die beiden Elektronenpaare, besonders aber das π-Elektronenpaar, zum Sauerstoff hin verschoben:

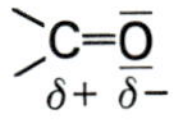

Addition an die Carbonylgruppe

Dadurch bekommt der Kohlenstoff eine positive, der Sauerstoff eine negative Partialladung. Bei Additionen an die Carbonylgruppe greifen deshalb nukleophile Teilchen an dem eine positive Partialladung tragenden Kohlenstoff, elektrophile dagegen an dem eine negative Partialladung tragenden Sauerstoff an. Dies soll an zwei Beispielen gezeigt werden:
– Addition von Hydrogensulfit (HSO_3^-) an Methanal:

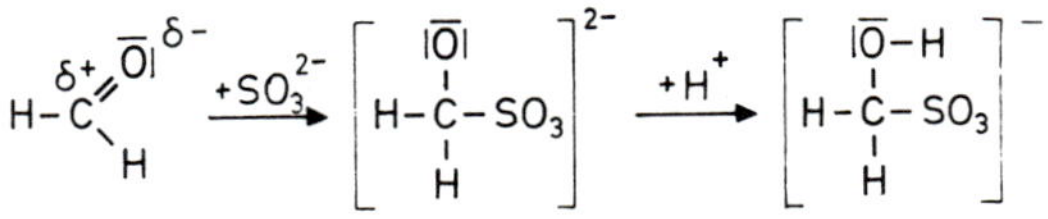

– Addition von Wasser an Methanal:

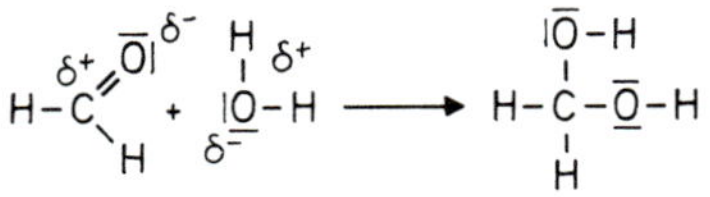

Methanal-Hydrat

Bei Aldehyd-Hydraten Wasserstoffbrücken

Die Hydroxylgruppen des Aldehyd-Hydrats können mit Wassermolekülen Wasserstoffbrücken bilden. Darauf beruht die gute Wasserlöslichkeit der niederen Aldehyde. Die Hydratmoleküle enthalten zwei OH-Gruppen am gleichen C-Atom und sind deshalb unbeständig. Beim Eindampfen der Lösung zerfallen sie wieder in Aldehyd und Wasser.

Polykondensation: Bildung von Makromolekülen unter Abspaltung eines Nebenprodukts

6. In konzentrierten Methanal-Lösungen bildet sich nach längerem Stehen ein weißer Niederschlag, der von Staudinger[2] als makromolekularer Stoff identifiziert wurde. Unter Abspaltung von Wasser reagieren die Methanalhydratmoleküle zu kettenförmigen Riesenmolekülen:

[1] Da die Reaktionen in alkalischer Lösung ablaufen, entstehen genau genommen nicht die freien Säuren, sondern deren Salze.
[2] Hermann Staudinger, deutscher Chemiker (1881–1965), Erforschung der Makromoleküle, Chemie-Nobelpreis 1953.

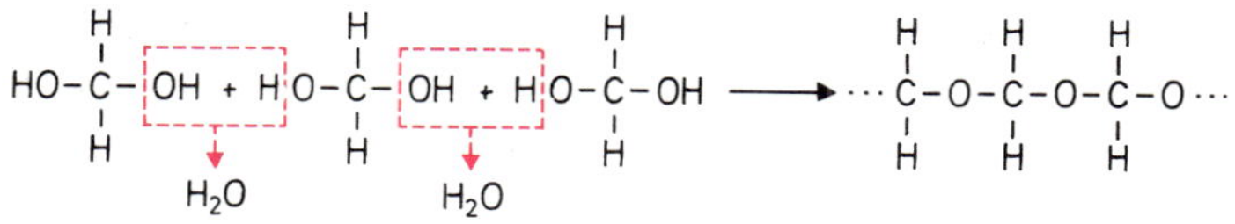

Ausschnitt aus einer Polyoxymethylen-Kette

Die Bildung eines Makromoleküls unter Abspaltung eines Nebenprodukts heißt Polykondensation. Polykondensationen mit Methanal liefern technisch wichtige Kunststoffe.

7. Ein wichtiger Bestandteil vieler Organismen ist die Glucose. Sie ist ein weißer Feststoff mit der Summenformel $C_6H_{12}O_6$ und kann vor allem in Früchten leicht nachgewiesen werden. Als «Traubenzucker» schmeckt Glucose süß und löst sich sehr gut in Wasser. Die Fehlingsche Probe verläuft positiv und zeigt, daß das Glucosemolekül eine Aldehydgruppe enthalten muß. Weitere Untersuchungen zeigen, daß das Molekül neben der Aldehydgruppe noch fünf Hydroxylgruppen enthält.

Glucose (Traubenzucker) als Aldehyd-Alkohol

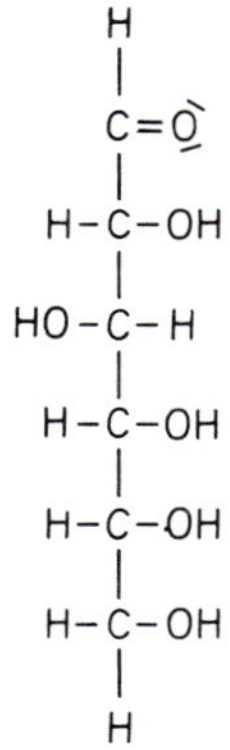

A1 Was entsteht bei der katalytischen Addition von Wasserstoff an Ethanal?

A2 Konzentrierte Methanal-Lösung kann mit Fehlingscher Lösung unter Bildung eines Kupferspiegels reagieren. Wie lautet die Reaktionsgleichung?

A3 Welche Strukturformel hat die Verbindung, die bei der Dehydrierung von Glykol entsteht?

A4 Die gute Wasserlöslichkeit der Glucose soll aus ihrer Struktur erklärt werden.

13.5 Ketone (Alkanone)

Vorsicht: Aceton ist leicht entzündlich; sein Dampf bildet mit Luft explosive Gemische.

Herstellung von Aceton

V1 In einem 100-cm^3-Destillierkolben werden 10 g Kaliumdichromat in 40 cm^3 Wasser gelöst und 4 cm^3 *konzentrierte Schwefelsäure (ätzend)* vorsichtig zugegeben *(Schutzbrille!)*. Nach dem Erkalten gibt man 10 cm^3 *2-Propanol (feuergefährlich)* dazu und destilliert etwa 5 cm^3 in die Vorlage. Das *Destillat (feuergefährlich)* wird auf seinen Geruch und auf seine Mischbarkeit mit Wasser geprüft.

Eigenschaften und Reaktionen des Acetons

V2 Man untersucht die Mischbarkeit von *Aceton* mit Wasser, *Ethanol (feuergefährlich), Tetrachlorkohlenstoff (giftige Dämpfe)* und *Benzin (feuergefährlich)*.

V3 Einige Körnchen Kaliumpermanganat werden im Reagenzglas mit *Aceton* übergossen.

V4 In einem Becherglas wird ein Tischtennisball auf die Flüssigkeitsoberfläche von *Aceton* gebracht. Was ist nach einiger Zeit zu beobachten?

V5 In einer Porzellanschale werden einige Kubikzentimeter *Aceton* auf Brennbarkeit geprüft.

V6 3 cm^3 gesättigte Natriumhydrogensulfitlösung werden im Reagenzglas unter Kühlung mit etwa 3 cm^3 *Aceton* versetzt.

V7 Man wiederholt die Versuche V3 und V4 des Kapitels 13.4 (Fehlingsche Probe und Silberspiegelreaktion) mit *Aceton*.

Sekundärer Alkohol
↓ Dehydrierung
Keton

1. Bei der Dehydrierung primärer Alkohole entstehen Aldehyde. Dehydriert man sekundäre Alkohole, so entstehen Ketone (Alkanone):

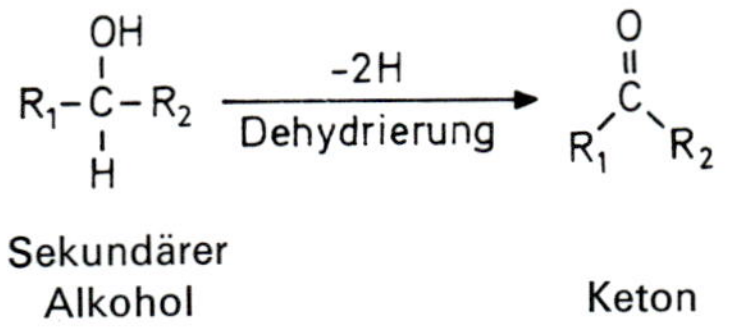

Ketone: (Alkanone)

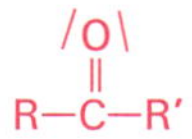

Die Abspaltung von Wasserstoff erfolgt am positiv polarisierten Kohlenstoff und an der Hydroxylgruppe.
Die Ketone enthalten als funktionelle Gruppe ebenfalls die Carbonylgruppe >C=O. Der Unterschied zu den Aldehyden besteht darin, daß an das Kohlenstoffatom der Carbonylgruppe kein Wasserstoff gebunden ist. Die Ketone sind deshalb keine Reduktionsmittel. Sie reagieren also nicht mit Fehlingscher Lösung oder mit Silbernitrat-Ammoniak-Lösung. Dafür zeigen sie die für die Carbonylgruppe charakteristischen Reaktionen, z. B. Additionsreaktionen:

Addition an die Carbonyl-Gruppe

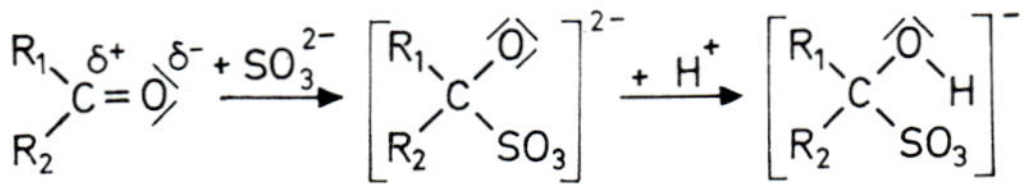

2. Die rationellen Namen der Ketone werden in der Weise gebildet, daß man der zugrunde liegenden Kohlenwasserstoffverbindung die Endung -on anhängt. Eine vorgesetzte Zahl (mit Bindestrich) bezeichnet auch hier die Position des doppelt gebundenen Sauerstoffatoms.
Die von den Alkanen abgeleiteten Ketone bilden die homologe Reihe der Alkanone. Die folgende Tabelle faßt deren wichtigste Vertreter zusammen.

Homologe Reihe unverzweigt kettenförmiger Ketone (Alkanone)

Formel	Rationeller Name	Trivialname	Sdt. (°C)
$CH_3-CO-CH_3$	Propanon	Aceton	56,2
$CH_3-CO-CH_2-CH_3$	2-Butanon	Methylethylketon	79,6
$CH_3-CO-CH_2-CH_2-CH_3$	2-Pentanon	Methylpropylketon	101,7
$CH_3-CH_2-CO-CH_2-CH_3$	3-Pentanon	Diethylketon	102,7

IR-Spektren von Aceton und Methylethylketon

Bande	Schwingung
A	C—H-Valenz
B	C=O-Valenz
C D E	CH-Deformation in der Ebene
F	C—C-Valenz
G H	CH-Deformation aus der Ebene
J	C—C—C-Deformation

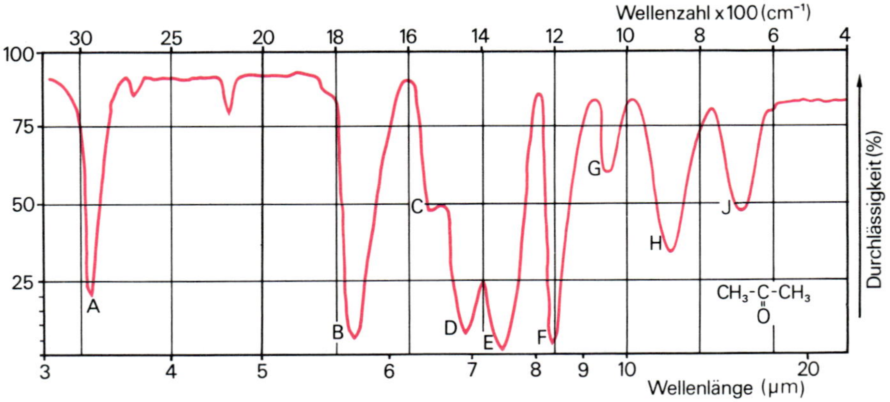

Die Siedetemperatur der Ketone nimmt mit steigender Kohlenstoffzahl zu, die Mischbarkeit mit Wasser dagegen ab.

3. Wichtigstes Alkanon ist das Aceton (Propanon, CH_3–CO–CH_3). Aceton ist eine leicht brennbare Flüssigkeit mit niedriger Siedetemperatur. Es mischt sich mit hydrophilen und hydrophoben Substanzen und ist daher ein hervorragendes Lösungsmittel für Lacke, Harze und Klebstoffe. Es wird zur Quellung von Nitrocellulose und zum Lösen von Acetatseide verwendet.

Aceton (Propanon) $CH_3-CO-CH_3$

Die Wasserstoffatome der Methylgruppen des Acetons können durch Halogenatome ersetzt werden:

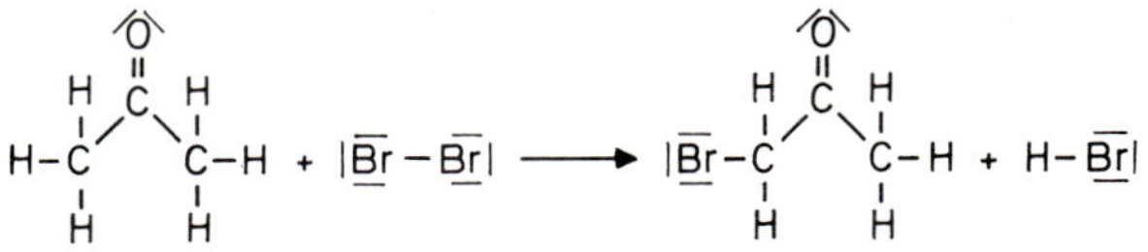

Bromaceton

Im Vergleich mit den Alkanen ist dabei die Substitution durch die Nachbarschaft der Carbonylgruppe wesentlich erleichtert. Bromaceton wird wegen seiner stark augenreizenden Wirkung als Tränengas verwendet.

A1 Wie die Aldehyde, bilden Ketone beim Mischen mit Wasser Hydrate. Welche Strukturformel hat Acetonhydrat?

A2 Aceton mischt sich mit Wasser, Dimethylether dagegen ist nur wenig wasserlöslich. Wie kann dieser Unterschied erklärt werden?

A3 Aus welchem Alkohol kann Methylethylketon hergestellt werden? Geben Sie die Reaktionsgleichung an.

A4 Bestimmen und vergleichen Sie die Oxidationszahlen der Kohlenstoffatome in 2-Propanol und in Aceton.

13.6 Carbonsäuren (Alkansäuren)

Vorsicht! Flüssige Carbonsäuren und ihre Lösungen wirken ätzend!

Wie entsteht Essigsäure?

V1 In einem Destillierkolben gibt man zu 100 cm^3 konzentrierter Kaliumpermanganatlösung 5 cm^3 *Ethanol (feuergefährlich)* und vorsichtig 4 cm^3 *konzentrierte Schwefelsäure (ätzend; Schutzbrille!)*. Nach dem Auftreten eines braunen Niederschlags wird das Gemisch langsam erwärmt. *(Siedesteinchen verwenden!)* und es werden ungefähr 10 cm^3 *Flüssigkeit (ätzend)* abdestilliert. Man versetzt das *Destillat* mit Bromthymolblau und tropft aus einer Pipette verdünnte Natronlauge zu.

Wie reagieren Carbonsäuren?

V2 In Reagenzgläsern gibt man zu *verd. Ameisensäure (ätzend)* und *verd. Essigsäure (ätzend)* jeweils einige Magnesiumspäne und prüft das *entstehende Gas (brennbar)* mit Hilfe der Knallgas-Probe.

V3 *Verd. Ameisensäure (ätzend)* und *verd. Essigsäure (ätzend)* werden in Reagenzgläsern jeweils mit etwas Bromthymolblau-Lösung und dann tropfenweise mit *verd. Natronlauge (ätzend)* versetzt.

V4 Einige Kubikzentimeter *verd. Ameisensäure (ätzend)* und *verd. Essigsäure (ätzend)* werden jeweils mit *verd. Natronlauge (ätzend)* neutralisiert (Phenolphthalein als Indikator); dann versetzt man mit fuchsinschwefliger Säure.

V5 In einem Reagenzglas versetzt man etwa 1 cm^3 *Ameisensäure (ätzend)* vorsichtig mit etwa 2 cm^3 *konzentrierter Schwefelsäure (ätzend; Schutzbrille!)* und erwärmt schwach. Die Brennbarkeit des *entstehenden Gases (giftig; feuergefährlich)* wird *nach Verdrängung der Luft* an der Mündung eines aufgesetzten Röhrchens geprüft *(Abzug!)*.

V6 Kleine Mengen Palmitinsäure, Stearinsäure und Ölsäure werden jeweils in *Eisessig (ätzend)* gelöst. Dann versetzt man tropfenweise mit einer Lösung von wenig *Brom in Eisessig (ätzend)*.

Aldehyde
↓ Oxidation
Carbonsäuren

1. Durch Oxidation von Aldehyden entstehen sauer reagierende organische Verbindungen, die Carbonsäuren (V_1). Ihre Moleküle enthalten die Carboxylgruppe[1] $-COOH$.

Carbonsäuren:

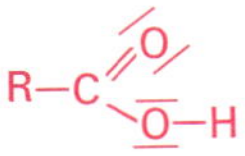

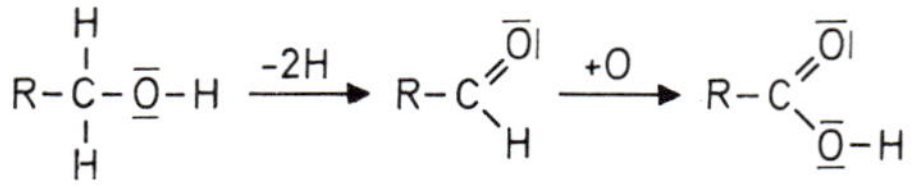

Alkohol | Aldehyd | Carbonsäure

2. Bei der sauren Reaktion der Carboxylgruppe wird der Hydroxylwasserstoff als Proton auf den Reaktionspartner übertragen:

Säurewirkung der Carboxylgruppe

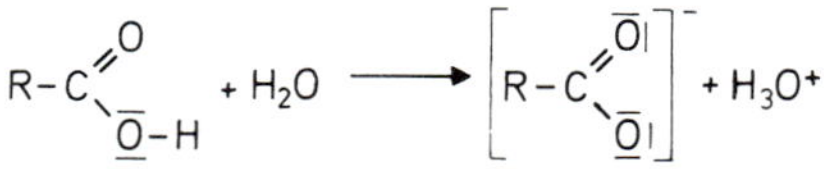

Auch Alkohole besitzen eine an Kohlenstoff gebundene OH-Gruppe, doch ist ihre Säurestärke erheblich geringer als die der Carbonsäuren. Die leichte Abspaltbarkeit des Protons von Carbonsäuren muß daher mit der Nachbarschaft des Sauerstoffs der Carbonylgruppe zusammenhängen. Er ist stark elektronegativ und zieht die beiden Bindungselektronenpaare auf seine Seite.

Wichtige Monocarbonsäuren

Formel	Rationeller Name	Trivialname	Smt. (°C)	Sdt. (°C)	Dichte (g/cm^3)
$H-COOH$	Methansäure	Ameisensäure	8,4	100,5	1,22
CH_3-COOH	Ethansäure	Essigsäure	16,6	118,1	1,05
CH_3-CH_2-COOH	Propansäure	Propionsäure	− 22	141,3	0,99
$CH_3-CH_2-CH_2-COOH$	Butansäure	Buttersäure	− 7,9	164,0	0,96
$CH_3-CH_2-CH_2-CH_2-COOH$	Pentansäure	Valeriansäure	− 34,5	186,4	0,94
$C_{15}H_{31}-COOH$	Hexadecansäure	Palmitinsäure	64	–	0,85
$C_{17}H_{35}-COOH$	Octadecansäure	Stearinsäure	70,1	–	0,84

[1] *Carb*onyl + Hydr*oxyl* = *Carboxyl*.

Dieser Elektronenzug wirkt sich auch auf die benachbarten Bindungen aus:

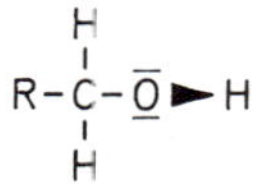

Alkohol

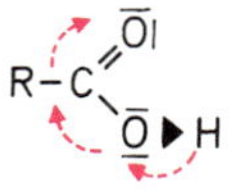

Carbonsäure

Die Wirkung, die ein Atom auf die Polarität mehrerer Atombindungen in einem Molekül ausübt, wird als induktiver Effekt (I-Effekt) bezeichnet. Wirkt dieses Atom, wie in unserem Beispiel, elektronenanziehend, so spricht man von einem –I-Effekt. In der Carboxylgruppe wird dadurch die Polarität der O–H-Bindung verstärkt. Sie kann leichter heterolytisch gespalten werden, wobei ein Proton an den Reaktionspartner abgegeben wird[1].

–I-Effekt: Elektronenzug

3. Je nach Anzahl der Carboxylgruppen unterscheidet man Monocarbonsäuren, Dicarbonsäuren, Tricarbonsäuren usw. In der auf der vorhergehenden Seite stehenden Tabelle sind die Namen und die physikalischen Eigenschaften wichtiger Monocarbonsäuren zusammengestellt.
Wie in den früher erwähnten homologen Reihen, steigt mit der Verlängerung der Kohlenstoffkette die Siedetemperatur und sinkt die Mischbarkeit mit Wasser. Monocarbonsäuren mit mehr als vier Kohlenstoffatomen sind nicht mehr in jedem Verhältnis mit Wasser mischbar; Säuren mit mehr als zehn Kohlenstoffatomen sind feste, wasserunlösliche Substanzen.

4. Ameisensäure (HCOOH), eine stechend riechende Flüssigkeit, kommt in den Giftdrüsen von Ameisen und Brennesseln vor. Verdünnte Ameisensäure reagiert stark sauer. Mit Metallen, Metalloxiden und Metallhydroxiden bildet sie Salze, die sogenannten Formiate:

Ameisensäure mit Aldehydgruppe

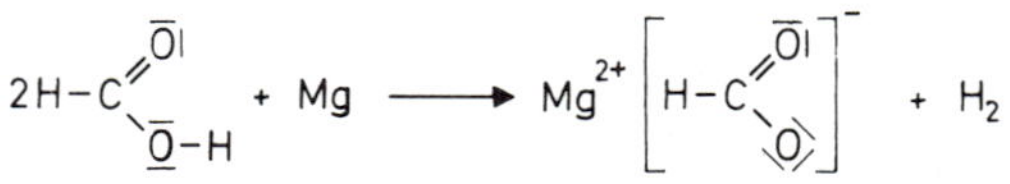

Magnesiumformiat

Die nebenstehende Strukturformel zeigt, warum Ameisensäure neben der Säurewirkung auch die Eigenschaften eines Aldehyds besitzt (V4). Sie wirkt deshalb reduzierend und wird dabei zu Kohlenstoffdioxid und Wasser oxidiert:

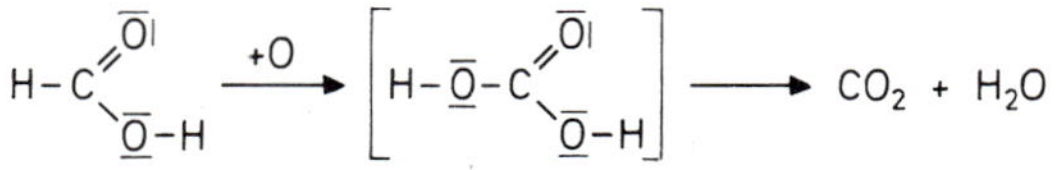

Kohlensäure

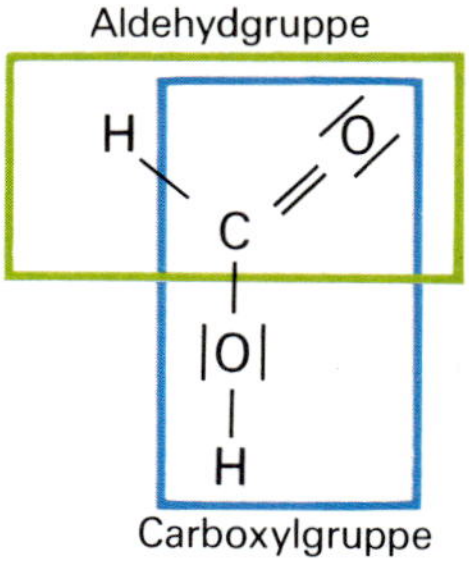

[1] Für die höhere Säurestärke der Carbonsäuren ist noch ein weiterer Effekt verantwortlich, der mit der Stabilität der Säureanionen zusammenhängt.

Durch konzentrierte Schwefelsäure wird Ameisensäure in Kohlenstoffmonoxid und Wasser zerlegt:

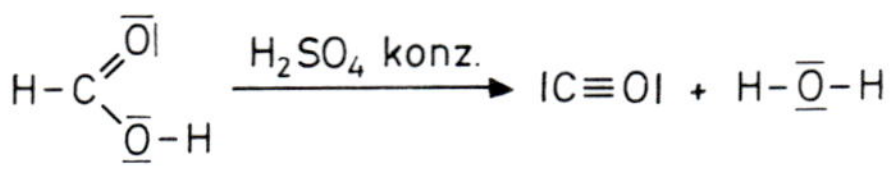

Essigsäure

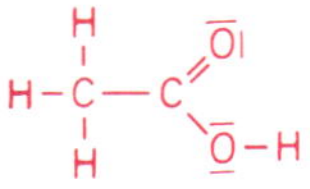

5. Essigsäure (CH_3COOH) ist eine farblose Flüssigkeit mit stechendem Geruch. Da reine Essigsäure schon bei 16,5°C erstarrt, wird sie als Eisessig bezeichnet. Die Salze der Essigsäure heißen Acetate. Sie können durch die bekannten Verfahren hergestellt werden, z. B.

$$CH_3COOH + Na^+_{aq} + OH^-_{aq} \rightarrow \underset{\text{Natriumacetat}}{CH_3COO^-_{aq} + Na^+_{aq}} + H_2O$$

Infrarotspektrum des Acetat-Ions

Bande	Schwingung
A	C—H-Valenz
B	C⋯O-Valenz (asymmetrisch)
C	C⋯O-Valenz (symmetrisch) CH_3-Deformation in der Ebene
D E	CH_3-Deformation aus der Ebene
F	C—C-Valenz
G H J	COO-Deformation

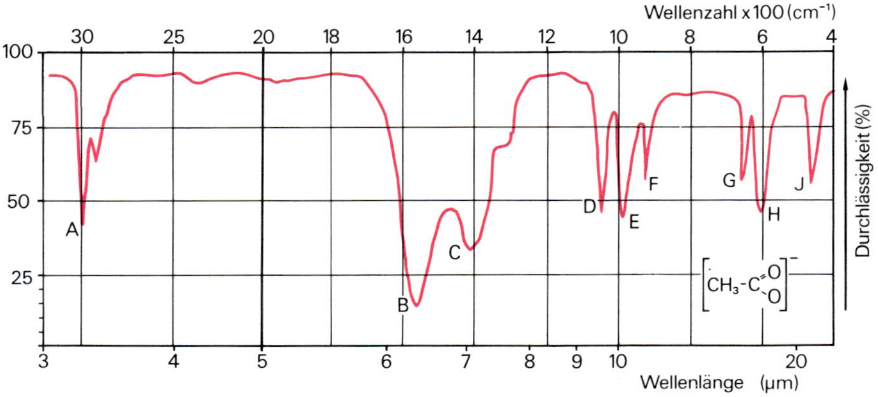

Bakterien oxidieren Alkohol zu Essigsäure

Speiseessig, der etwa 4,5% Essigsäure enthält, wird in einem biochemischen Prozeß aus alkoholhaltigen Flüssigkeiten (Wein) hergestellt. Dabei oxidieren Essigsäurebakterien Ethanol zu Essigsäure. Das Verfahren wird neuerdings in großen Stahlbehältern durchgeführt, in denen starke Pumpen die zur Oxidation notwendige Luft von unten durch die alkoholhaltige Flüssigkeit pressen. Dadurch werden die Essigsäurebakterien in der Schwebe gehalten. Die bei der Oxidation auftretende Reaktionswärme wird durch Kühlwasser abgeführt, so daß die Temperatur nicht über den für die Bakterien optimalen Bereich von 25 bis 30°C steigt.

Ungesättigte Fettsäuren mit C=C-Doppelbindungen

6. Buttersäure (C_3H_7COOH), eine unangenehm riechende Flüssigkeit, entsteht bei der Zersetzung von Butterfett. Palmitinsäure ($C_{15}H_{31}COOH$) und Stearinsäure ($C_{17}H_{35}COOH$) sind Bestandteile der Fette. Wichtige Bestandteile flüssiger Fette sind die Ölsäure ($C_{17}H_{33}COOH$), die Linolsäure ($C_{17}H_{31}COOH$) und die Linolensäure ($C_{17}H_{29}COOH$). Linol- und Linolensäure können vom menschlichen Körper nicht synthetisiert werden und müssen deshalb als sogenannte essentielle Fettsäuren mit der Nahrung zugeführt werden. Durch Addition von Iod oder Brom an die Doppelbindung kann der ungesättigte Charakter dieser Säuren nachgewiesen werden (V6).

Höhere Fettsäuren

	18	17	16	15	14	13	12	11	10	9	8-2	1
Stearinsäure	CH_3-	CH_2-	CH_2-	CH_2-	CH_2-	CH_2-	CH_2-	CH_2-	CH_2-	CH_2-	$(CH_2)_7-$	$COOH$
Ölsäure	CH_3-	CH_2-	CH_2-	CH_2-	CH_2-	CH_2-	CH_2-	CH_2-	$CH=$	$CH-$	$(CH_2)_7-$	$COOH$
Linolsäure	CH_3-	CH_2-	CH_2-	CH_2-	CH_2-	$CH=$	$CH-$	CH_2-	$CH=$	$CH-$	$(CH_2)_7-$	$COOH$
Linolensäure	CH_3-	CH_2-	$CH=$	$CH-$	CH_2-	$CH=$	$CH-$	CH_2-	$CH=$	$CH-$	$(CH_2)_7-$	$COOH$

A1 Beim Erhitzen von 1,67 g Silberacetat entstehen 1,08 g Silber. Die Atommasse des Silbers beträgt 108 u. Wie groß ist die Molekülmasse der Essigsäure?

A2 Ameisensäure und Ethanol haben die gleiche molare Masse. Warum liegt die Siedetemperatur der Ameisensäure höher als die des Ethanols? In welchen chemischen Eigenschaften unterscheiden sich die beiden Verbindungen?

A3 Warum reagiert wasserfreie Ameisensäure nur schwach, halbkonzentrierte Ameisensäure dagegen sehr stark mit Magnesium?

A4 Warum entsteht beim Erhitzen von Natriumformiat mit Silbernitrat-Ammoniak-Lösung metallisches Silber? Formulieren Sie die Reaktionsgleichung.

A5 Beim Erhitzen von Calciumacetat entsteht Aceton. Wie lautet die Reaktionsgleichung?

A6 Über welche Zwischenprodukte kann aus Calciumcarbid Essigsäure hergestellt werden? Reaktionsgleichungen?

A7 Beschreiben Sie drei Verfahren zur Herstellung von Aluminiumacetat durch die entsprechenden Reaktionsgleichungen.

A8 Wie läßt sich aus Natriumacetat Essigsäure herstellen?

A9 Bei der Reaktion von Bromlösung mit 0,1 mol einer ungesättigten Fettsäure werden 16 g Brom verbraucht. Wie viele Doppelbindungen enthält diese Fettsäure?

13.7 Dicarbonsäuren, Hydroxycarbonsäuren, Aminosäuren

Welche Eigenschaften hat Oxalsäure?

V1 Etwas *Oxalsäure (giftig)* wird im Reagenzglas erhitzt. Man leitet die *gasförmigen Zersetzungsprodukte (giftig; feuergefährlich)* durch Kalkwasser *(Abzug!)*.

V2 *Konzentrierte Oxalsäurelösung (giftig)* wird im Erlenmeyerkolben mit verdünnter Schwefelsäure versetzt. Dann gibt man einige Milliliter Kaliumpermanganatlösung zu und erhitzt. Das entstehende Gas wird durch Kalkwasser geleitet.

Milchsäure in Sauermilch

V3 Mit Hilfe von Universalindikator-Papier prüft man den pH-Wert von Frischmilch und von Sauermilch.

Wie «Brausepulver» reagiert

V4 In einer Reibschale werden gleiche Mengen Natriumhydrogencarbonat und Weinsäure pulverisiert und gemischt. Man übergießt das Gemisch im Becherglas mit Wasser.

Welche Elemente enthält eine Aminosäure?

V5 In zwei Reagenzgläsern erhitzt man nacheinander *Glycin* und *Alanin*. Die entweichenden Gase prüft man vorsichtig auf ihren Geruch und zusätzlich mit feuchtem Universalindikator-Papier.

pH-Wert von Essigsäure und Glycin im Vergleich

V6 In zwei Reagenzgläsern werden nebeneinander 0,1 M-Lösungen von Essigsäure und Glycin mit 3–4 Tropfen Universalindikatorlösung versetzt. Welche pH-Werte können ermittelt werden?

Dicarbonsäuren enthalten zwei Carboxylgruppen

1. Dicarbonsäuren entstehen durch Oxidation zweiwertiger primärer Alkohole:

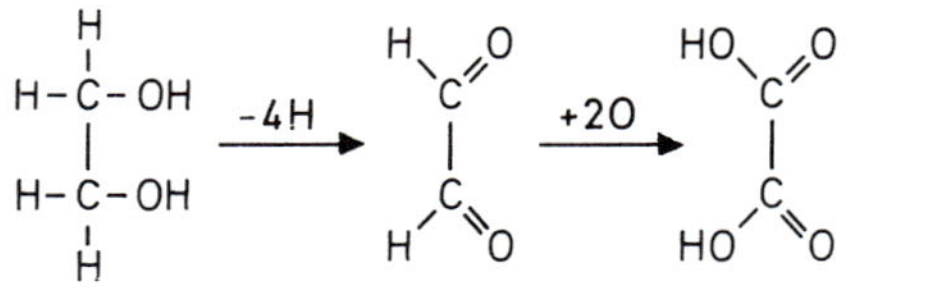

Glykol (1,2-Ethandiol) Glyoxal (Ethandial) Oxalsäure (Ethandisäure)

Homologe Reihe der Dicarbonsäuren

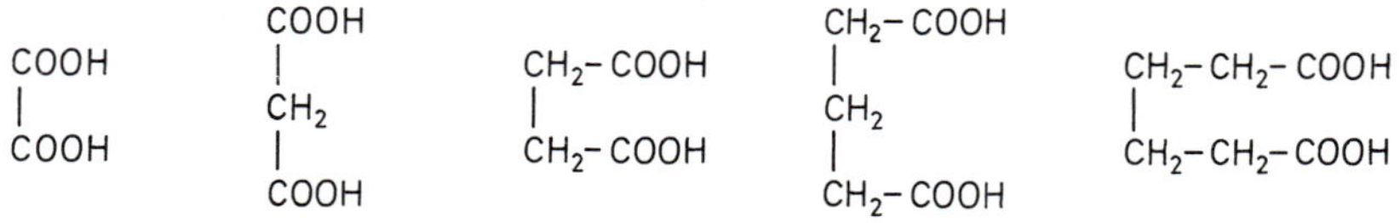

Oxalsäure Malonsäure Bernsteinsäure Glutarsäure Adipinsäure

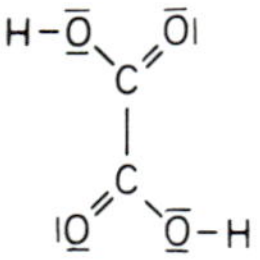

Oxalsäure

2. Im Unterschied zu den Monocarbonsäuren sind alle Dicarbonsäuren Feststoffe, die sich nicht mehr unzersetzt verdampfen lassen. Die wichtigste Verbindung der Reihe ist die Oxalsäure (HOOC – COOH). Da die Polarität ihrer O – H-Bindung durch den – I-Effekt von zwei Carbonyl-Sauerstoffatomen stark erhöht wird, ist sie eine stärkere Säure als die Ameisensäure. Oxalsäure bildet farblose, wasserhaltige Kristalle, die sich leicht in Wasser lösen:

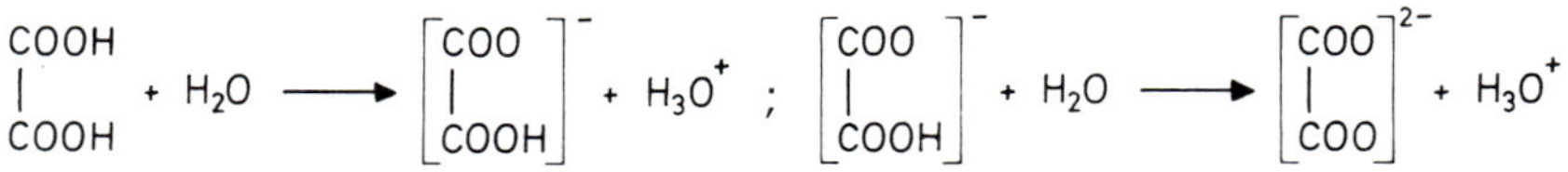

Die Salze der Oxalsäure heißen Oxalate:

Kaliumhydrogenoxalat Calciumoxalat

Kaliumhydrogenoxalat ist im «Kleesalz» in Sauerklee, Rhabarber und anderen Pflanzen enthalten. Weil es, wie die Oxalsäure, mit Eisensalzen lösliche Komplexe bildet, wird es zum Entfernen von Rostflecken verwendet. Calciumoxalat bildet als schwerlösliches Salz in manchen Pflanzenzellen sternförmige Kristalle.

Oxalsäure zerfällt beim Erhitzen leicht in Kohlenstoffmonoxid, Kohlenstoffdioxid und Wasser (V_1):

$$\begin{matrix} COOH \\ | \\ COOH \end{matrix} \xrightarrow{\text{Erhitzen}} CO + CO_2 + H_2O$$

Durch starke Oxidationsmittel, z. B. Kaliumpermanganat, wird Oxalsäure zu Kohlenstoffdioxid und Wasser oxidiert (V2).

3. Ersetzt man in einer Carbonsäure Wasserstoffatome des Alkylrests durch andere Atome oder durch funktionelle Gruppen, so entstehen neue Verbindungen als Vertreter neuer Stoffklassen. Dies soll am Beispiel der Essigsäure gezeigt werden:

Essigsäure und am Alkylrest substituierte Derivate

Formel	Name	Stoffklasse
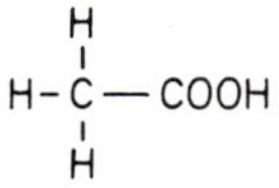	Essigsäure	Monocarbonsäuren
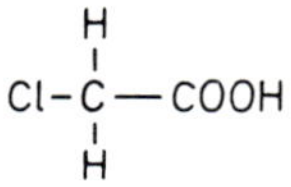	Monochloressigsäure	Halogencarbonsäuren
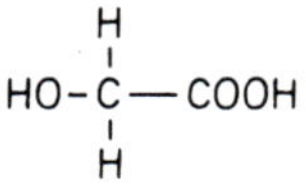	Glykolsäure (Hydroxyessigsäure)	Hydroxycarbonsäuren
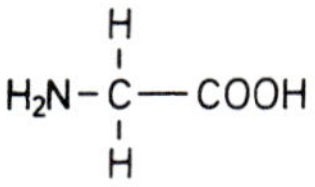	Glycin (Aminoessigsäure)	Aminocarbonsäuren
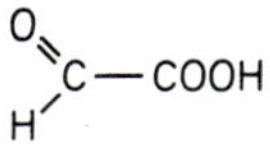	Glyoxylsäure	Aldehydcarbonsäuren
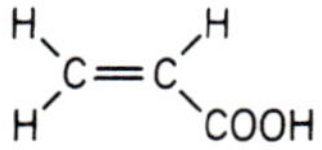	Acrylsäure (Propensäure)	Ungesättigte Carbonsäuren

Hydroxycarbonsäuren mit Carboxylgruppe und Hydroxylgruppe

4. Eine Hydroxycarbonsäure enthält zwei funktionelle Gruppen: die Carboxylgruppe und die Hydroxylgruppe. Die Stellung der Hydroxylgruppe im Alkylrest wird durch Voranstellen der Nummer des betreffenden Kohlenstoffatoms angegeben, wobei der Carboxyl-Kohlenstoff die Nummer 1 erhält. Häufig wird die Position der Hydroxylgruppe auch mit griechischen Buchstaben bezeichnet; dabei beginnt man mit α erst am zweiten C-Atom, da das erste keine zusätzliche Hydroxylgruppe aufnehmen kann:

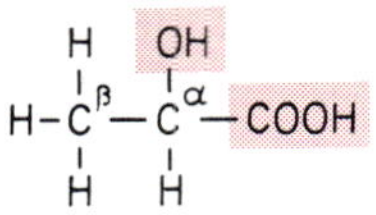

α-Hydroxypropansäure
(2-Hydroxypropansäure)

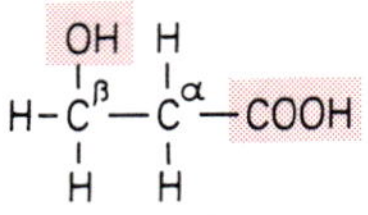

β-Hydroxypropansäure
(3-Hydroxypropansäure)

Für wichtige Hydroxycarbonsäuren sind Trivialnamen gebräuchlich.

Wichtige Hydroxycarbonsäuren, die in der Natur vorkommen

Struktur	Name	Vorkommen
CH_3 | H–C–OH | COOH	Milchsäure (α-Hydroxypropansäure)	Sauermilch, Sauerkraut, Muskulatur Salze: Lactate
HO–CH–COOH | CH_2–COOH	Äpfelsäure (Hydroxybernsteinsäure)	Obst
HO–CH–COOH | HO–CH–COOH	Weinsäure (Dihydroxy- bernsteinsäure)	Obstsäfte Salze: Tartrate; im Wein kann Kalium- hydrogentartrat (Weinstein) ausfallen
CH_2–OH | CH–OH | COOH	Glycerinsäure (Dihydroxypropansäure)	Als Phosphorsäureester im Stoff- wechsel
CH_2–COOH | HO–C–COOH | CH_2–COOH	Citronensäure	Citrusfrüchte Salze: Citrate

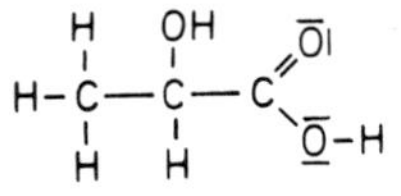

Milchsäure

5. Milchsäure (CH_3–CHOH–COOH) entsteht aus zuckerhaltigen Lösungen bei einem durch Bakterien verursachten Gärungsprozeß, z. B. beim Sauerwerden der Milch oder bei der Herstellung von Sauerkraut. Im wasserfreien Zustand bildet sie farblose Kristalle mit niedrigem Schmelzpunkt (18°C). Sie kommt in Form von konzentrierten Lösungen in den Handel und wird wegen ihres angenehm sauren Geschmacks auch zur Herstellung von Limonaden benützt. Milchsäure bildet sich häufig als Stoffwechselprodukt bei intensiver Bewegung der Muskulatur unter Sauerstoffmangel. Die dabei entstehende Übersäuerung des Muskelgewebes ist Ursache für den sog. Muskelkater.

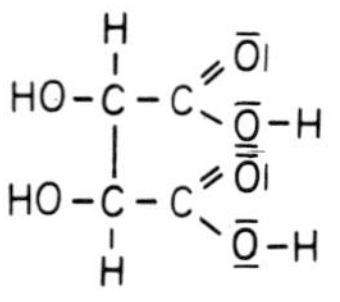

Weinsäure

Weinsäure (HOOC–CH(OH)–CH(OH)–COOH) kommt in vielen Früchten vor, insbesondere in Weintrauben.[1] Die synthetisch hergestellte Weinsäure heißt Traubensäure.
Die Mischung von Weinsäure und Natriumhydrogencarbonat reagiert bei Zugabe von Wasser unter Bildung von Kohlenstoffdioxid-Gas; sie wird deshalb als Brausepulver verwendet.

[1] Sie wurde schon im Jahre 1769 von Scheele entdeckt.

Aminosäuren sind Bausteine der Proteine und enthalten (formal) Amino- und Carboxylgruppen

6. Aminocarbonsäuren, kurz Aminosäuren genannt, sind als Bausteine der Eiweißstoffe (Proteine) von besonderer biologischer Bedeutung. Neben der Carboxylgruppe enthalten die Aminosäuren auch die Aminogruppe ($-NH_2$). Bei allen Aminosäuren, die aus natürlich vorkommenden Proteinen gewonnen werden, steht die Aminogruppe am ersten Kohlenstoffatom nach der Carboxylgruppe, dem sogenannten α-C-Atom. Man spricht in diesem Fall von α-Aminosäuren.

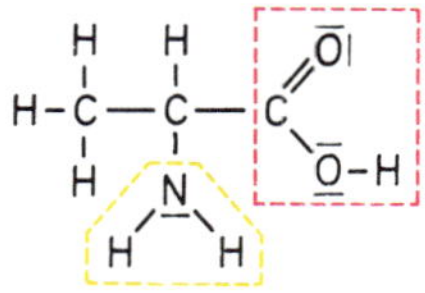

α-Aminopropansäure

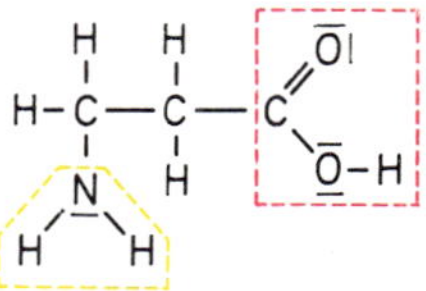

β-Aminopropansäure
(in Proteinen nicht enthalten)

Aminosäuren als «Zwitter-Ionen»

7. Den obigen Formeln kommt indessen nur formale Bedeutung zu. In Wirklichkeit treten Aminosäuren als sogenannte «Zwitterionen» auf, die man sich durch einen Protonenübergang innerhalb des Moleküls denken kann:

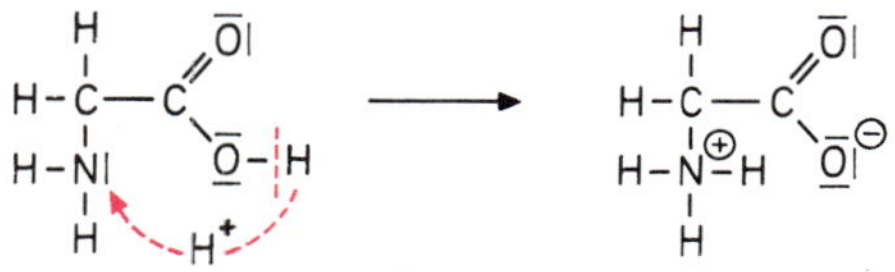

Zwitter-Ionen tragen sowohl negative als auch positive Ladung, sind also elektrisch insgesamt neutrale Teilchen. Infolge der innerhalb der Teilchen auftretenden Ladungen bilden Zwitter-Ionen salzartige Stoffe, die man als «innere Salze» bezeichnen kann.

8. Als salzartige Stoffe mit Ionengitter sind die Aminosäuren bei Zimmertemperatur fest. Beim Erhitzen schmelzen sie nicht, sondern sie werden zersetzt. Die elektrostatischen Kräfte im Ionengitter müssen also stärker sein, als die Bindungskräfte innerhalb der Zwitterionen.
Im Gegensatz zur Essigsäure zeigt die Aminosäure Glycin in wäßriger Lösung fast neutrale Reaktion. Dies wird verständlich, wenn man die Strukturformeln der beiden Stoffe miteinander vergleicht:

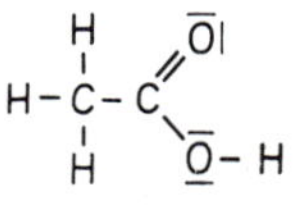

Essigsäure

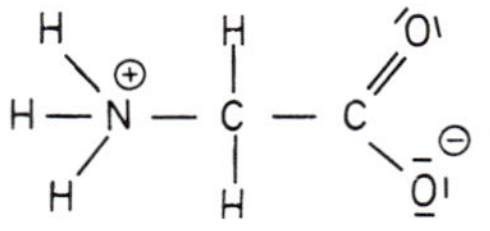

Glycin

Das Essigsäuremolekül besitzt die sauer wirkende Carboxylgruppe. Die NH_3^+-Gruppe des Glycin-Zwitterions reagiert dagegen nur sehr schwach sauer.

Peptidgruppe: $-CO-NH-$

9. Die $-COO^-$-Gruppe einer Aminosäure kann mit der $-NH_3^+$-Gruppe einer anderen Aminosäure reagieren. Unter Abspaltung von Wasser bildet sich zwischen den beiden Aminosäuren eine «Peptidbindung» mit der charakteristischen Gruppierung $-CO-NH-$ aus. Das entstehende Kondensationsprodukt ist ein Dipeptid:

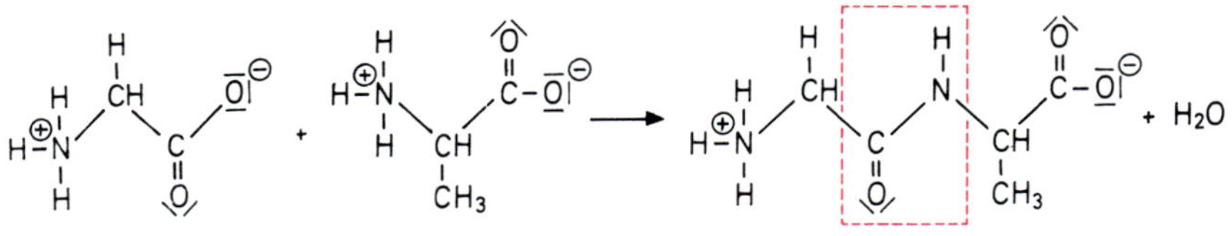

Glycin Alanin Dipeptid

In analoger Weise kann das Dipeptid mit weiteren Aminosäuren reagieren. Dadurch entstehen Tri-, Tetra- und schließlich Polypeptide. Proteine sind Polypeptide, die aus mehr als 100 Aminosäuren aufgebaut sind.

Derivate (Abkömmlinge) der Carbonsäuren

10. Weitere von den Carbonsäuren abgeleitete Stoffklassen erhält man durch Substitution des Wasserstoffatoms der Carboxylgruppe. Auch dies sei am Beispiel einiger Derivate der Essigsäure gezeigt:

An der Carboxylgruppe substituierte Essigsäurederivate

Formel	Name	Stoffklasse
$CH_3-C(=O)-Cl$	Acetylchlorid	Carbonsäurechloride
$CH_3-C(=O)-NH_2$	Acetamid	Carbonsäureamide
$CH_3-C(=O)-O-C(=O)-CH_3$	Essigsäureanhydrid	Carbonsäureanhydride
$CH_3-C(=O)-O-C_2H_5$	Essigsäureethylester	Carbonsäureester

A1 Beim Zusammengeben von Calciumchloridlösung und Oxalsäurelösung entsteht ein weißer Niederschlag. Für die Reaktion soll eine Teilchengleichung formuliert werden.

A2 Malonsäure soll aus einem Alkohol hergestellt werden. Welcher Syntheseweg ist möglich?

A3 Beim Erhitzen von Milchsäure mit verdünnter Schwefelsäure zerfällt Milchsäure unter Bildung von Ethanal und Ameisensäure. Wie lautet die Reaktionsgleichung?

A4 Formulieren Sie die Reaktionsgleichung für die Reaktion von Weinsäure mit Natriumhydrogencarbonat.

A5 Für die folgenden Verbindungen sollen Strukturformeln gezeichnet werden: Weinsäure, Glyoxylsäure, Citronensäure, Glycin und Glutarsäure.

A6 Aus der Struktur der Teilchen soll erklärt werden warum Essigsäure bei Zimmertemperatur flüssig, Aminoessigsäure dagegen fest ist.

13.8 Ester, Fette und Seifen

Vorsicht: tiefsiedende organische Verbindungen sind leicht entzündlich; ihre Dämpfe können mit Luft explosive Gemische bilden.

Wie können Ester hergestellt werden?

V_1 Im Reagenzglas werden zu einer Mischung aus 3 cm³ *Ethanol (brennbar)* und 1 cm³ *Eisessig (ätzend)* vorsichtig 2 cm³ *konzentrierte Schwefelsäure (ätzend)* gegeben *(Schutzbrille!)*. Man erwärmt leicht und prüft den Geruch der *entweichenden Dämpfe*. Das Experiment wird mit einer Mischung aus 4 cm³ *Ethanol*, 1 cm³ Buttersäure und 3 cm³ *konzentrierter Schwefelsäure* wiederholt.

V_2 In einem kleinen Erlenmeyerkolben wird etwas *Borsäure* mit etwa 50 cm³ *Methanol (giftig, feuergefährlich)* versetzt. Man schließt durch einen Stopfen mit Steigrohr und erhitzt. Die *entweichenden Dämpfe* werden *nach Verdrängen der Luft* an der Mündung des Steigrohres angezündet. *(Abzug!)*

Wie können Ester gespalten werden?

V_3 Man mischt im Erlenmeyerkolben etwa 6 cm³ *Oxalsäurediethylester (brennbar, giftig)* mit 30 cm³ verdünnter *Salzsäure* und setzt einen Stopfen mit Glasrohr auf. Die beim Erhitzen durch das Glasrohr *austretenden Dämpfe* werden *nach Verdrängung der Luft* auf ihre Brennbarkeit geprüft. Die Flüssigkeit wird mit verdünntem Ammoniakwasser schwach alkalisch gemacht und mit Calciumchloridlösung versetzt.

V_4 Im Reagenzglas wird *Borsäuretrimethylester (feuergefährlich, giftig)* mit dest. Wasser versetzt.

V_5 *Essigsäureethylester* wird im Reagenzglas auf Mischbarkeit mit Wasser und *Benzin (feuergefährlich)* geprüft.

Welche Eigenschaften haben Fette?

V_6 Butter bzw. Speiseöl werden in Reagenzgläsern mit Wasser und *Benzin (feuergefährlich)* geschüttelt.

V_7 Auf ein Stück Papier bringt man
a) einen Tropfen Speiseöl
b) eine Lösung von Fett in *Benzin (feuergefährlich)*.

V_8 Je 1 g Speiseöl bzw. 1 g festes tierisches Fett (z. B. Rindertalg) werden in 10 cm³ *Tetrachlorkohlenstoff (giftige Dämpfe)* gelöst. Zu beiden Lösungen gibt man jeweils gleiche Mengen einer Lösung von *Brom in Eisessig (ätzend; giftige Dämpfe)*. Was ist beim Vergleich der Lösungen festzustellen?

Gewinnung von Seife aus Fett und aus Fettsäuren

V_9 Etwa 10 g Palmin werden in einem großen Becherglas geschmolzen und mit 10 cm³ 20%iger *Natronlauge (ätzend)* versetzt. Dabei muß ständig gerührt und die Mischung am Sieden gehalten werden. Nach einiger Zeit erhält man einen zähen Leim (gegebenenfalls wenig destilliertes Wasser zugeben), der sich in warmem destilliertem Wasser löst. Welche Eigenschaft zeigt diese Lösung bei kräftigem Schütteln?

V_{10} In einem Reagenzglas wird ein Spatel Stearinsäure mit 10%iger *Natronlauge (ätzend)* erwärmt, bis weitgehende Lösung eintritt. Dann gibt man destilliertes Wasser zu und schüttelt kräftig.

Welche Eigenschaften hat Seifenlösung?

V_{11} Etwas Seifenpulver wird im Reagenzglas mit destilliertem Wasser versetzt. Was ist festzustellen?

V_{12} In ein großes, mit Wasser gefülltes Becherglas gibt man ein Stück Stangenschwefel und anschließend einige Spatelspitzen Schwefelblüte. Dann wird tropfenweise Seifenlösung zugegeben. Was ist zu beobachten?

Säure + Alkohol →
Ester + Wasser

1. Ester entstehen bei der Reaktion organischer oder anorganischer Säuren mit Alkoholen unter Abspaltung von Wasser:

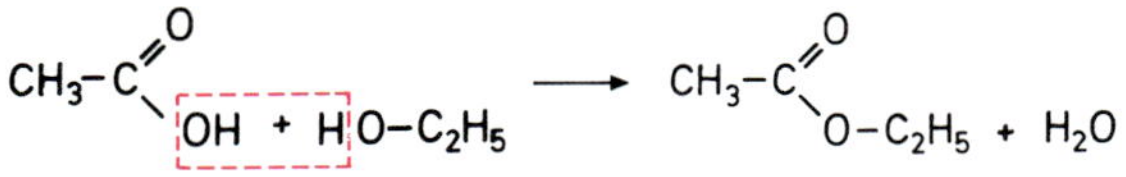

Essigsäure Ethanol Essigsäureethylester

$$B(OH)_3 + 3\,HOCH_3 \longrightarrow B(OCH_3)_3 + 3\,H_2O$$

Borsäure Methanol Borsäuretrimethylester

Carbonsäureester:

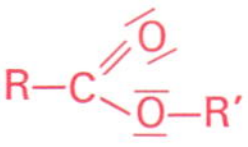

Die Ester von Carbonsäuren sind durch die funktionelle Gruppe $-\overset{\overset{\displaystyle O}{\|}}{C}-O-$ gekennzeichnet. Die Kondensation von Alkohol und Säure zum Ester heißt Veresterung.

2. Umgekehrt können Ester, meist mit Hilfe eines Katalysators mit Wasser unter Bildung von Alkohol und Säure reagieren:

Säure + Alkohol
Umkehrbare ↑↓ Reaktion
Ester + Wasser

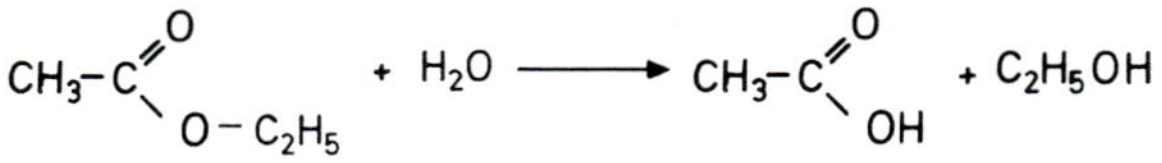

Diese Rückreaktion wird als Esterhydrolyse bezeichnet. Veresterung und Esterhydrolyse sind entgegengesetzt ablaufende Reaktionen; es handelt sich um umkehrbare Reaktionen. Die experimentellen Bedingungen entscheiden darüber, welche Reaktion abläuft.

Ester sind lipophile Stoffe

3. Wie die Ether, sind die Ester relativ schwer mit Wasser mischbar. Ihre Moleküle können keine Wasserstoffbrücken ausbilden und enthalten lipophile Alkylreste. Carbonsäureester mit kleiner Molekülmasse haben niedrige Siedetemperaturen.

Ester als Lösungsmittel und als Aromastoffe

Essigsäureethylester ($CH_3COOC_2H_5$) ist ein ausgezeichnetes Lösungsmittel für Lacke, aber auch für Klebstoffe und Kunststoffe. Essigsäureamylester ($CH_3COOC_5H_{11}$) kommt als Birnenaroma, Buttersäureethylester ($C_3H_7COOC_2H_5$) als Ananasaroma in der Natur vor.

Fette: Fettsäureester des Glycerins

4. Fette sind Ester des dreiwertigen Alkohols Glycerin mit verschiedenen Carbonsäuren. Die im Fett enthaltenen Carbonsäuren werden allgemein als «Fettsäuren» bezeichnet. Das Glycerin kann dabei mit drei Molekülen derselben Fettsäure oder mit verschiedenen Fettsäuremolekülen verestert sein. Die natürlichen Fette sind durchweg Gemische der verschiedensten Glycerinester. Daraus reine Ester mit einheitlichem Molekülbau zu erhalten, ist außerordentlich schwierig. Die Zusammensetzung der Fette wird daher lediglich durch das Mengenverhältnis der bei der Hydrolyse erhaltenen Fettsäuren angegeben.

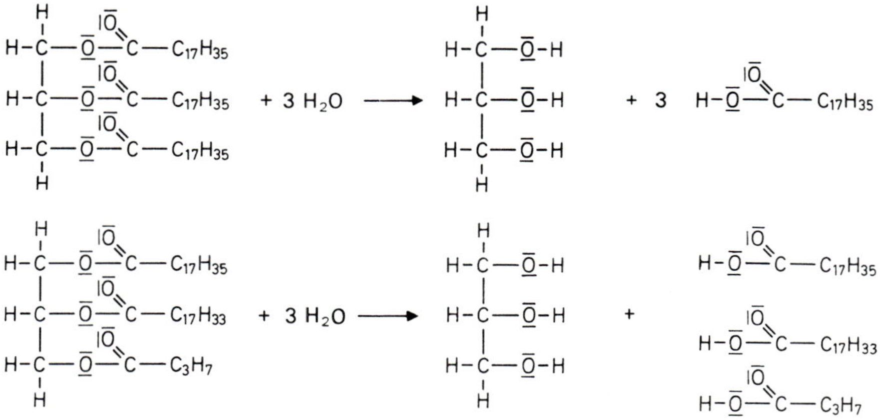

Fette Glycerin Fettsäuren

Hydrolyse der Fette zu Glycerin und Fettsäuren

5. Die am häufigsten auftretenden Fettsäuren sind Palmitinsäure (Hexadecansäure, $C_{15}H_{31}COOH$), Stearinsäure (Octadecansäure, $C_{17}H_{35}COOH$) und Ölsäure (Octadecensäure, $C_{17}H_{33}COOH$). Die Moleküle der Ölsäure besitzen eine C=C-Doppelbindung in der Mitte der Kohlenstoffkette. Am Aufbau der Fette sind eine ganze Reihe anderer Fettsäuren beteiligt, die zum Teil nur in bestimmten Fetten und zum Teil nur in geringer Menge vorkommen. Alle in den natürlichen Fetten vorkommenden Fettsäuren besitzen jedoch eine unverzweigte Kohlenstoffkette und eine gerade Zahl von Kohlenstoffatomen.

Fettsäuren natürlicher Fette haben immer eine gerade Zahl von C-Atomen

Einige wichtige Fettsäuren

Formel	Trivialname	Zahl der C-Atome	Smt. (°C)	Vorkommen
$C_{15}H_{31}COOH$	Palmitinsäure	16	63	
$C_{17}H_{35}COOH$	Stearinsäure	18	70	In den meisten Fetten
$C_{17}H_{33}COOH$	Ölsäure	18	14	
C_3H_7COOH	Buttersäure	4	− 5	Zu 3 bis 4% in der Butter
$C_{17}H_{31}COOH$	Linolsäure	18	− 5	In verschiedenen Pflanzenölen
$C_{17}H_{29}COOH$	Linolensäure	18	−11	Vor allem in Leinöl
$C_{11}H_{23}COOH$	Laurinsäure	12	44	Zu fast 50% im Kokosfett
$C_7H_{15}COOH$	Caprylsäure	8	16	In Ziegenbutter

Flüssige Fette enthalten ungesättigte Fettsäuren

6. Fette enthalten sowohl gesättigte wie auch ungesättigte Fettsäuren. Die gesättigten Fettsäuren haben höhere Schmelztemperaturen und sind bei Zimmertemperatur meist fest. Anders die ungesättigten Fettsäuren: Infolge *cis*-Konfiguration an der Doppelbindung ergibt sich hier ein «Knick» in der Kohlenstoffkette. Die Moleküle können sich daher weniger leicht in ein Kristallgitter einordnen, die Verbindungen besitzen niedrigere Schmelztemperaturen und sind bei Zimmertemperatur flüssig. Dasselbe gilt auch für die Ester dieser Fettsäuren: Je mehr ungesättigte Fettsäuren ein Fett enthält, um so mehr «Knicks» treten in den Kohlenstoffketten der Glycerinester auf und um so schwerer lassen sich diese Moleküle in ein Gitter einordnen. Der Schmelzbereich dieser Fette ist daher niedrig, das Fett weich. Fette mit einem besonders hohen Gehalt an ungesättigten Fettsäuren sind bei Zimmertemperatur flüssig (sogenannte «fette Öle», z. B. Olivenöl oder Leinöl).

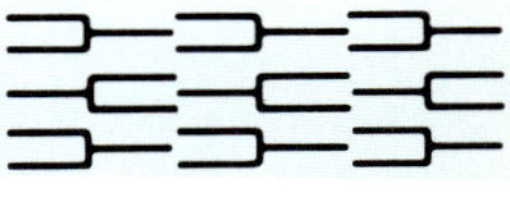

Modell eines gesättigten Fetts

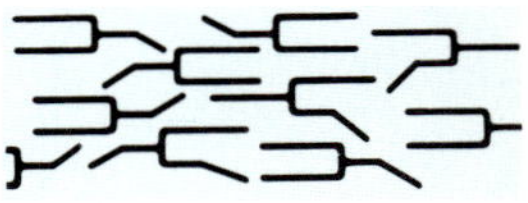

Modell eines ungesättigten Fetts

Fette sind lipophil

7. Die Fettmoleküle enthalten lange Kohlenstoffketten, an die nur Wasserstoff gebunden ist. Fette sind daher ausgesprochen lipophil; sie lösen sich nicht in Wasser, wohl aber in lipophilen Lösungsmitteln wie Benzin oder Tetrachlorkohlenstoff. Emulsionen feinster Fetttröpfchen in Wasser trennen sich meist schnell, können aber durch Zufügen sogenannter Emulgatoren (z. B. Seifen oder Eiweiß) für einige Zeit stabilisiert werden. Eine solche stabilisierte Fettemulsion ist die Milch.

Seifen: Alkalisalze von Fettsäuren

8. Seifen sind Kalium- oder Natriumsalze von Fettsäuren. Sie entstehen neben Glycerin beim Kochen von Fetten mit Kalium- oder Natriumhydroxidlösung. Der Vorgang wird auch als Verseifung bezeichnet:

$$\begin{array}{l} CH_2OCOC_{15}H_{31} \\ | \\ CHOCOC_{17}H_{33} \\ | \\ CH_2OCOC_{17}H_{35} \end{array} + 3\,Na^+OH^- \longrightarrow \begin{array}{l} CH_2OH \\ | \\ CHOH \\ | \\ CH_2OH \end{array} + \begin{array}{l} C_{15}H_{31}COO^-\,Na^+ \\ \\ C_{17}H_{33}COO^-\,Na^+ \\ \\ C_{17}H_{35}COO^-\,Na^+ \end{array}$$

Natürlich können diese Salze auch durch Neutralisation von Fettsäuren mit Natrium- oder Kaliumhydroxidlösung hergestellt werden.
Die Konsistenz der Seifen hängt, ähnlich wie die der Fette, vom Anteil ungesättigter Fettsäuren ab. Seifen mit hohem Anteil an ungesättigten Fettsäuren haben einen niedrigeren Schmelzbereich als solche mit hauptsächlich gesättigten Fettsäuren. Für die Konsistenz der Seifen spielt auch das Alkali-Ion eine Rolle. Kaliumseifen haben einen niedrigeren Schmelzbereich und bleiben bei Zimmertemperatur meist weich und schmierig (Schmierseifen), Natriumseifen sind dagegen bei Zimmertemperatur fest (Kernseifen).

Waschwirkung von Seifenlösungen: Netzwirkung und Disperionswirkung

9. Schon im Altertum ist Seife als Waschmittel verwendet worden. Seife setzt die Oberflächenspannung des Wassers herab. Sie ermöglicht eine bessere Benetzung von fettverschmutzten Textilfasern (Netzwirkung der Seifenlösung). Dadurch wird die Ablösung des Schmutzes von der Faser wesentlich erleichtert. Die abgelösten Schmutzteilchen sinken nicht ab, sondern schweben in feiner Verteilung in der Lösung. Die heterogene Mischung einer Flüssigkeit mit kleinen, schwebenden Teilchen heißt Dispersion[1]. Seifenlösungen haben Dispersionswirkung. Die Waschwirkung beruht auf dem Zusammenspiel der angeführten Effekte.

A1 Ameisensäuremethylester ist teilweise mit Wasser mischbar, Essigsäureethylester mischt sich nicht mit Wasser. Wie ist dieser Unterschied zu erklären?

A2 Formulieren Sie die Reaktionsgleichung für die Verbrennung von Essigsäureethylester.

A3 Der Unterschied zwischen festen und flüssigen Fetten soll aus ihrer Struktur erklärt werden.

A4 Für die Herstellung von Ameisensäureethylester soll eine Reaktionsgleichung mit Strukturformeln formuliert werden.

A5 Versetzt man Borsäuretrimethylester mit Wasser so erhält man einen weißen Niederschlag. Um welchen Stoff handelt es sich dabei? Reaktionsgleichung!

A6 Aus dem Bau ihrer Ionengitter soll erklärt werden, warum Kaliumseifen flüssig, Natriumseifen dagegen fest sind.

[1] von *dispergere* (lat.) = zerteilen. Dispersion umfaßt als Überbegriff die Begriffe Emulsion und Suspension.

Register

Bildnachweis

BASF: Werkfotos Seite 17, 72, 175, 243. Chemie in unserer Zeit, Weinheim: Foto Seite 144. Daimler-Benz, Stuttgart: Foto Seite 50. Deutsches Museum, München: Fotos Seite 29, 193, 207. Diamant Verkaufsförderungs-Dienst im Hause J. Walter Thompson GmbH, Frankfurt am Main: Foto Seite 198. dpa-Bildarchiv, Frankfurt am Main: Foto Seite 96. Fleissner, Günter, Fotograf, Karben: Foto Seite 63. Gesamtverband des deutschen Steinkohlebergbaus, Essen: Fotos Seite 245, 247. Hager, Harald, München: Fotos Seite 13, 23, 37, 45, 71. Heitzmann, Peter, Matzenried: Foto Seite 19, oben. Hoesch AG, Dortmund: Foto Seite 48. Holder, Robert, Bad Urach: Foto Seite 204. Kettler, Ense-Parsit: Foto Seite 51. Lieber, Werner, Fotograf, Heidelberg: Foto Seite 169. Offermann, Erich, Fotograf, Arlesheim: Fotos Seite 91, 92. Schaarschmidt, Dr. L., Göppingen: Fotos Seite 108, 132, 202. Südwestdeutsche Salzwerke AG, Heilbronn: Foto Seite 98. Windstosser, Ludwig, Fotograf, Stuttgart: Foto Seite 19, unten. ZEFA, Düsseldorf: Fotos Seite 49 (G. Steinkeil), 97, 170, 204, 246 (Pfaff).

Entnommen aus:

- Christen, Struktur – Stoff – Reaktion: Bavaria-Verlag, Gauting: Foto Seite 159. Göppinger Apparatebau GmbH: Foto Seite 204, oben links
- Arndt/Halberstadt: Grundzüge der Chemie. H. + R. Schneider, Essen: Foto Seite 95
- Lüthje/Gall/Reuber, Lehrbuch der Chemie: Seite 19

987 654 3

Größen und Einheiten

SI-Basisgrößen und -Basiseinheiten [1]

Basisgröße (Zeichen)	Basiseinheit (Zeichen)
Länge (*l*)	Meter (m)
Masse (*m*)	Kilogramm (kg)
Zeit (*t*)	Sekunde (s)
Elektrische Stromstärke (*I*)	Ampere (A)
Absolute Temperatur (*T*)	Kelvin (K)
Stoffmenge	Mol (mol)

[1] Internationales Einheitensystem

Vorsatzsilben für dezimale Vielfache und Teile von Einheiten

Zehnerpotenz	Vorsatz (Zeichen)
10^{6}	Mega (M)
10^{3}	Kilo (k)
10^{-2}	Zenti (c)
10^{-3}	Milli (m)
10^{-6}	Mikro (μ)
10^{-9}	Nano (n)
10^{-12}	Piko (p)

Abgeleitete Größen mit zugehörigen SI-Einheiten

Abgeleitete Größe (Zeichen)	Einheit (Zeichen)	Ausgedrückt durch Basiseinheiten
Kraft (*F*)	Newton (N)	$1\ \mathrm{N} = 1\ \mathrm{kg \cdot m \cdot s^{-2}}$
Arbeit, Energie (*W*); Wärme (*H*)	Joule (J)	$1\ \mathrm{J} = 1\ \mathrm{W \cdot s} = 1\ \mathrm{kg \cdot m^{2} \cdot s^{-2}}$
Leistung (*P*)	Watt (W)	$1\ \mathrm{W} = 1\ \mathrm{J/s} = 1\ \mathrm{kg \cdot m^{2} \cdot s^{-3}}$
Druck (*p*)	Pascal (Pa)	$1\ \mathrm{Pa} = 1\ \mathrm{N/m^{2}} = 1\ \mathrm{kg \cdot m^{-1} \cdot s^{-2}}$
Volumen (*V*)	Kubikmeter (m^{3})	
	Liter (l)	$1\ \mathrm{l} = 10^{-3}\ \mathrm{m^{3}}$
Stoffkonzentration (*c*)	Mol/Liter (mol/l)	
Entropie (*S*)	Joule/Kelvin (J/K)	
Ladungsmenge (*Q*)	Coulomb (C)	$1\ \mathrm{C} = 1\ \mathrm{A \cdot s}$
Elektrische Spannung (*U*)	Volt (V)	$1\ \mathrm{V} = 1\ \mathrm{W/A} = 1\ \mathrm{kg \cdot m^{2} \cdot s^{-3} \cdot A^{-1}}$

Umrechnung anderer Einheiten in SI-Einheiten

Masse:	1 Atommasseneinheit (u) = $1{,}66 \cdot 10^{-27}$ kg
Temperatur:	Temperatur °C + 273,15° = Temperatur K
Arbeit, Energie, Wärme:	1 Kalorie (cal) = 4,186 J
Druck:	1 Atmosphäre (atm) = 760 Torr = 1,01325 bar = $1{,}01325 \cdot 10^{5}$ Pa

Elektronegativitätswerte der Elemente nach Pauling

						H										
						2,1										
Li	Be											B	C	N	O	F
1,0	1,5											2,0	2,5	3,0	3,5	4,0
Na	Mg											Al	Si	P	S	Cl
0,9	1,2											1,5	1,8	2,1	2,5	3,0
K	Ca	Sc	Ti	V	Cr	Mn	Fe	Co	Ni	Cu	Zn	Ga	Ge	As	Se	Br
0,8	1,0	1,3	1,5	1,6	1,6	1,5	1,8	1,9	1,9	1,9	1,6	1,6	1,8	2,0	2,4	2,8
Rb	Sr	Y	Zr	Nb	Mo	Tc	Ru	Rh	Pd	Ag	Cd	In	Sn	Sb	Te	I
0,8	1,0	1,2	1,4	1,6	1,8	1,9	2,2	2,2	2,2	1,9	1,7	1,7	1,8	1,9	2,1	2,5
Cs	Ba	La-Lu	Hf	Ta	W	Re	Os	Ir	Pt	Au	Hg	Tl	Pb	Bi	Po	At
0,7	0,9	1,0–1,2	1,3	1,5	1,7	1,9	2,2	2,2	2,2	2,4	1,9	1,8	1,9	1,9	2,0	2,2
Fr	Ra	Ac	Th	Pa	U	Np-No										
0,7	0,9	1,1	1,3	1,4	1,4	1,4–1,3										